新世纪工程地质学丛书

泥石流动力特性与活动规律研究

余 斌 唐 川 等著

科学出版社

北 京

内 容 简 介

本书主要研究水力类泥石流的动力特性及活动规律。全书共七章，论述水力类泥石流的形成机理和预测模型、泥石流运动平均速度及计算方法、泥石流容重及计算方法、泥石流堆积厚度和屈服应力及计算方法、地震区泥石流活动特征与泥石流的危险性评价、水下泥石流及浊流的运动和沉积规律、重大泥石流事件调查实例等方面内容。其特点是以水力类泥石流的动力特性、活动规律的最新研究成果为基础，结合汶川地震影响区泥石流特点和重大泥石流事件等研究案例，内容全面，资料翔实。

本书可供从事泥石流研究，泥石流评估与防治研究的科技人员参考，亦可作为大专院校地学的教学重要教材和参考书。

图书在版编目(CIP)数据

泥石流动力特性与活动规律研究 / 余斌，唐川等著. —北京：科学出版社，2016.7

ISBN 978-7-03-049391-0

Ⅰ.①泥… Ⅱ.①余… Ⅲ.①泥石流–动力特性–研究 Ⅳ.①P642.23

中国版本图书馆 CIP 数据核字 (2016) 第 164454 号

责任编辑：杨 岭 刘 琳 / 责任校对：李 娟
责任印制：余少力 / 封面设计：墨创文化

科 学 出 版 社 出版

北京东黄城根北街16 号
邮政编码：100717
http://www.sciencep.com

成都锦瑞印刷有限责任公司 印刷

科学出版社发行 各地新华书店经销

*

2016 年 8 月第 一 版 开本：787×1092 1/16
2016 年 8 月第一次印刷 印张：17
字数：400 千字

定价：128.00 元

本书作者

余　斌　唐　川　刘清华　杨永红
李为乐　朱　静　章书成　王士革
谢　洪　马　煜　梁京涛　鲁　科
常　鸣　韩　林　丁　军　张健楠
苏永超　吴雨夫　李　丽　褚胜名
张惠惠

前　言

　　泥石流是山区常见的地质灾害，每年在我国西部地区都会引起较多的人员伤亡和较大的财产损失，最为典型的例子是 2010 年 8 月 7 日发生在甘肃省南部舟曲县的泥石流，造成 1744 人死亡。在世界范围内，泥石流灾害也常常造成巨大的损失，如 1999 年 12 月 16 日在南美洲的委内瑞拉北部的群发泥石流事件，造成至少 1.5 万人死亡。泥石流造成的破坏有目共睹，对泥石流灾害的防治刻不容缓。

　　对泥石流灾害的防治首先需了解泥石流的各项特征和规律，但目前对泥石流的研究还不能很好地描述其主要特征和规律。对泥石流的研究工作主要集中在近 50 年。随着社会经济的发展、人口增长，泥石流灾害问题越来越严重，对泥石流的研究工作也越来越深入。近年来数值模拟、物理模拟和遥感技术为泥石流研究提供了非常好的手段，使泥石流的研究水平得到了很大的提高。2008 年汶川地震后大量的泥石流暴发，又为泥石流的研究提供了一个新的平台。本书就是在这样的背景下，主要研究了泥石流的动力特征和活动规律，期望能为泥石流的防治提供更科学的依据。

　　本书共包括七章内容，分别是水力类泥石流形成机理研究、泥石流运动平均速度研究、泥石流容重计算方法研究、泥石流堆积厚度研究、地震区泥石流活动特征与危险性研究、水下泥石流特性研究、重大泥石流事件调查实例研究。各章节的作者如下，第 1 章：第 1.1 节：唐川、章书成，第 1.2 节：余斌、鲁科、韩林、褚胜名，第 1.3 节：李丽、余斌，第 1.4 节：张惠惠、余斌，第 1.5 节：张健楠、余斌，第 1.6 节：余斌；第 2 章：第 2.1 节和第 2.2 节：余斌；第 3 章：第 3.1 节和第 3.2 节：余斌；第 4 章：第 4.1 节：余斌，第 4.2 节：马煜、余斌；第 5 章：第 5.1 节：唐川、梁京涛，第 5.2 节：唐川，第 5.3 节：余斌、谢洪、王士革，第 5.4 节：刘清华、唐川、李丽，第 5.5 节：刘清华、唐川、常鸣；第 6 章：第 6.1 节、第 6.2 节、第 6.4 节和第 6.5 节：余斌，第 6.3 节：余斌、王士革、章书成；第 7 章：第 7.1 节：唐川、梁京涛，第 7.2 节：杨永红、唐川、朱静，第 7.3 节：余斌、杨永红、苏永超，第 7.4 节：唐川、李为乐、丁军，第 7.5 节：余斌、马煜、吴雨夫，第 7.6 节：余斌、马煜、张健楠。

　　本书得到了自然科学基金项目"非集中固体物质补给的低频率泥石流形成机理研究"（40871054）、"水力类泥石流起动机理与预报研究"（40772206）、"泥石流入湖的异重流运动模型研究"（40271003）的资助和支持，在此特别表示感谢！

作　者

2016 年 3 月

目　　录

第1章 水力类泥石流形成机理研究

1.1 水力类泥石流起动机理与预报研究进展与方向

泥石流作为灾变性事件、是一种影响山区经济发展和威胁人民生命财产安全的重大自然灾害，它严重威胁到国民经济发展和社会的可持续发展。由于泥石流的成因复杂，量大面广，治理成本高，目前仍然无法进行全面控制（唐邦兴等，2000；费祥俊和舒安平，2004）。泥石流预测预报作为一项重要的减灾手段，受到减灾科技工作者和政府相关管理部门的广泛关注（崔鹏等，2000；吴树仁等，2004）。长期以来，人们都在采用多种理论和方法探索泥石流的形成成因及机理，从而为泥石流灾害预测预报和工程治理提供科学依据。

按照泥石流形成的动力条件，可以将泥石流划分为土力类泥石流和水力类泥石流（吴积善等，1990；Takahashi，1991；李德基等，1997）。前者是泥石流沿较陡的坡面运动，其中土体运动无需水体提供动力，而是靠其自重沿坡面的剪切分力发生和维持运动；而后者则是沿坡面运动，其中的土体在初始阶段是靠水体部分提供推移力发生和维持运动。水力类泥石流具有暴发频率低、间歇周期长的特点，特别是这类泥石流的流域缺少集中活动型滑坡、崩塌，水土流失较轻微，甚至植被良好，因此难于识别和预报，一旦暴发泥石流便可能酿成灾难性损失。例如，四川省喜德东沟和雅安陆王沟、干溪沟及云南东川因民黑水沟（吴积善等，1990；唐邦兴等，2000），以及造成重大灾害的四川青川铁炉坪沟和金沙江支流美姑河泥石流都属于此类（唐川等，2006a）；在俄罗斯、日本、美国等国，此类泥石流也广泛分布（Johnson and Rodine，1984；弗莱施曼，1985；Sassa，1985；Cannon et al.，2001a）。因此，需要进一步加强水力类泥石流起动机理和预报研究，为预测预报和监测预警提供理论和方法上的支撑。对该类泥石流形成机理的研究一直是薄弱环节（崔鹏等，1990；Cui，1992）；相对而言，土力类泥石流起动研究方面已有不少研究成果（Sassa，1984；Fleming et al.，1989；Richard et al.，1997；冯自立等，2005；陈晓清等，2006b），并在减灾预报中发挥了作用。由于水力类泥石流的复杂性，其理论和方法研究程度相对较低，因此本节概述水力类泥石流起动机理和预报研究的国内外发展情况，提出未来的研究方向和研究思路，为进一步认识该类泥石流起动的过程机制和预报提供重要参考。

1.1.1 国内外研究进展

水力类泥石流灾害在全球普遍分布，是日本、俄罗斯、欧洲、北美洲和中国等地区主要的泥石流类型之一，其研究得到重视，各国都从自身特有泥石流的形成条件出发，探讨了其起动机理，也提出了预报方法的构思，为水力类泥石流的进一步研究提供了重要基础条件。下面从三个方面概述当前该领域的国内外研究进展。

1.1.1.1 水力类泥石流起动的过程机制研究

费莱施曼在其《泥石流》一书中就提出水力类泥石流作为主要类型(姚德基和商向朝,1980;弗莱施曼,1985),并认为该类型泥石流起动机理是固体颗粒先遭受水体冲刷,使固体颗粒与下垫面脱离,然后又遭受水体片蚀作用而产生泥石流;其起动的关键因子是暴雨地表径流或融水地表径流;他还提出了固体颗粒在径流流速和流深影响下的固体颗粒起动的判别模式(弗莱施曼,1985)。原苏联学者鲍亚尔斯基和彼罗卡(1974)提出泥石流的起动过程机制是先形成固体物质含量高的山地洪流,再形成阵流,在洪流与阵流共同作用下泥石流开始起动(姚德基等,1980)。原苏联泥石流委员会主席维洛格拉多夫(1979)将水力类泥石流的起动归纳为侵蚀-搬运型泥石流,这类泥石流的起动过程是由于强大水流将河床自保护层破坏,在水侵蚀和搬运作用下起动形成沙水质泥石流(Span,1986)。

日本许多泥石流学者已注意到水力类泥石流的起动问题(Takahashi,1978,1981,1991;Sassa,1985),高桥保(Takahashi)将水力类泥石流作为三大类型之一,认为泥石流起动是沟床堆积物在降雨所产生的表面流或地下水作用下的结果,即水流冲刷沟床堆积物是泥石流起动的关键,这种观点在日本具有代表性,得到日本学者的一致认同。

水力类泥石流在美国亦分布广泛,尤其是在科罗拉多州和亚利桑那州等地区分布数量多,成灾严重(Cannon et al.,2001a;Godt and Coe,2007),如1999年7月28日在科罗拉多州中部的克利尔克里克谷地连续6小时78mm强降雨过程后,480条沟同时暴发泥石流灾害,酿成严重的灾害,其中由于洪流导致沟道松散堆积物起动而形成泥石流过程是主要类型之一(Godt and Coe,2007)。美国联邦地质调查局将这类泥石流起动过程机制称为"消防水管效应"(fire hose)(White,1981;Johnson and Rodine,1984;Coe et al.,1997;Griffiths et al.,2004),即将此类泥石流的起动过程描述为:首先是由位于陡峻石质流域上游的暴雨产生沟道径流,如同"消防水管",导致水流快速集中,并强烈冲刷和侵蚀堆积有丰富松散固体物质的沟道,最终沟道固体物质起动并形成泥石流的过程。

美国联邦地质调查局根据1984~2003年对大峡谷科罗拉多沟的740条泥石流沟调查的资料表明泥石流发生频率为5.1次/年,其起动主要是由于降雨条件下形成地表径流过程(Griffiths et al.,2004)。

我国学者同样注意到这类泥石流现象及过程机制特征。崔鹏(1990)认为水力类泥石流起动机制是由于沟道固体颗粒在一定径流深度水流(清水或挟沙浑水)作用下,当水流对固体颗粒的拖拽力或作用在松散堆积体中固体颗粒的剪切力大于抵抗力时,泥石流便起动。这种过程机制适用于解释和分析山区河道石质沟床或非黏性质河床在水动力作用下起动形成水石流或稀性泥石流的情况(费祥俊和舒安平,2004)。中国泥石流学者(陈光曦等,1983;康志成,1988;中国科学院成都山地灾害与环境研究所,1989)常用"揭底作用"或"滚雪球"过程阐述水力类泥石流的过程机制,即认为起动是沟道受到了强烈的地表径流或洪水冲刷侵蚀,沟槽内的堆积物被掀动并遭受揭底,流体携带的固体物质如同"滚雪球"一般快速增多,使之在极短的时间内将沟谷中的堆积物一扫而光、席卷而去,形成规模较大的以掀揭沟床物质为主要固体物质来源的水力类泥石流。

1.1.1.2　水力类泥石流起动机理与模型研究

在该领域具有代表性的成果是日本 Takahashi(1991)提出的水力类泥石流起动机理和模型，其运用了拜格诺颗粒流理论，即高浓度夹沙水流在运动过程中，固体颗粒彼此碰撞，由此两相体在滑移层间有动量交换，使流体中的固体颗粒呈分散体系，并且具有弥散应力。此外，他认为表面流对泥石流的起动有关键性作用。为此，高桥保在大量水槽模拟实验基础上，推导出了具有一定厚度的松散堆积层在水流作用下泥石流起动的数学模型。日本武居有恒(1981)提出的水力类泥石流起动模型是以长度无限的块地(沟床)堆积层能否稳定为条件，建立了在有表面流条件下，沟床堆积的剪应力与抗剪力关系模型，以作为判别泥石流起动的依据。

俄罗斯学者叶基阿罗夫从河床水力学观点出发，将水力类泥石流的起动机理解释为"膨胀"作用，在分析沟道堆积层静止颗粒剪应力、孔隙水压力基础上，经过室内试验验证后提出了泥石流起动机理(姚德基等，1980)。维诺格拉多夫(1986)通过人工泥石流试验，分析了泥石流的河床自保护层遭破坏的力学过程，建立了相应的起动机理数学表达式。

美国联邦地质调查局学者多是从地质学和地貌学理论出发，研究水力类泥石流的起动机理(Campbell，1975；Costa and Jarrett，1981；Iverson，1997；Cannon et al.，2001b；Coe et al.，2002)，通过大量现场调查和测量获得第一手数据，建立了针对不同类型的沟床堆积物的起动判别经验模型，其模型输入参数包括径流侵蚀能力、堆积物剪应力、地形坡度等若干控制因素(Iverson，1997；Cannon et al.，2001a)。

针对水力类泥石流起动的水文过程特征，有些学者开始注意用水文学方法构建其起动的模型，Tongnacca 等(2000)在其建立的模型中考虑了径流特征参数和颗粒直径；Berti等(Berti et al.，1999；Berti and Simoni，2005)概括野外观测和模型试验，考虑了水力类泥石流起动的地表水流量、地下水流量、下渗水流量在内的水文模型，并用极限平衡方法提出了沟床堆积物在水流作用下是否起动的"安全系数"。

泥石流起动的水文学模型早就经过验证和调整并应用到研究区(Berti et al.，1999；Berti and Simoni，2005)。该模型被应用于 11 个没有资料的研究区，根据泥石流流域上游盆地地质特征和河道几何形态相似性来选择研究区，其中地形特征和地表物质的组成都具有较大的相似性。尽管由于流域面积大小存在着差异，但模型表明了在各个泥石流流域首先都要有相似的降水过程产生地表径流，然后再引发泥石流，这一结论要归结于两点：一是这一地区典型的短时降水过程；二是泥石流沟道的特征。

1.1.1.3　水力类泥石流的预报

利用降水特征进行泥石流的预报已取得了丰硕的成果，国外代表性成果有 Anderson 和 Sitar(1995)、Sitar 等(1992)、David-Novak 等(2004)、Caine(1980)、Wieczorek (1987)、Wilson 和 Wieczorek(1995)和 Takahash 等(1992，1981)完成的研究。国内有一定代表性的成果有陈景武(1989)、谭万沛和王成华(1994)、魏永明和谢又予(1997)、陶云等(1997)的研究。

上述成果为深入研究水力类泥石流预报问题提供了重要的科学基础，但是由于水力类泥石流的暴发频率低，有的基本为 50 年一遇或 100 年一遇，考虑到这类泥石流往往伴随着沟道径流或洪水过程，采用水文或水力学方法预报也是解决该问题的途径之一，其中临界雨量和始发径流量是水力类泥石流预报的关键指标。

弗莱施曼(1985)认为，水力类泥石流的预报应该采用众多的洪流动能指标作出；波可列波伊等以水文气象因素和地质土壤因素作为泥石流预报的度量特征值，提出了高加索地区泥石流时间预报的三个定量指标：最少径流量、土壤含水量和松散物质聚集量。

日本除了采用暴雨作为水力类泥石流预报和预警的指标外，也注重采用水文学方法进行水力类泥石流的预报，其技术方法主要立足于沟槽内洪水流量变化，通过现场观测和室内试验，确定洪水流量或水深临界值，并根据沟槽水深或历史洪水测量分析，建立泥石流预警预报模型(Takhashi，1978；Sassa，1985)。

美国联邦地质调查局从 2004 年 5 月至 2006 年 7 月对科罗拉多州中部的石英二长岩分布区的一条流域面积为 $0.3km^2$ 的泥石流沟进行了 6 场泥石流过程的观测，认为泥石流起动的最少流量大约为 $0.15m^3/s$。

较为典型的实例是 Berti 和 Simoni(2005)对意大利阿尔卑斯东部白云岩地区的水力类泥石流进行的实验研究，认为在泥石流起动区，最小径流深度小于 10cm 便可以起动泥石流。通过大量的实验分析，Berti 和 Simoni 提出了三个不同的起动临界标准，可以作为一种预测手段来确定起动泥石流的最小降水量(降雨强度和历时)。

Berti 等(1999)应用数值模拟对泥石流形成汇水区的临界雨量进行了研究，该模型基于 1996~1999 年在 Acquabona 地区所收集到的一手资料(包括降水、孔隙水压力和观测录像)，得出两个主要结论如下。

(1)在 Acquabona 地区，泥石流是由强烈的沟床侵蚀所引发，这种侵蚀则是由于流域的地表径流所引起。

(2)地表径流是由泥石流流域上游的凹地或石洼汇集雨水后所形成。这也是多洛米蒂山(Dolomites)地区所有泥石流流域的共同特点。

综上所述，目前国内外关于水力类泥石流的形成机理与预报研究的进展主要表现在以下几点。

(1)通过大量现场观测和模型实验，基本弄清了水力类泥石流起动的过程，并用"膨胀作用""跃移作用""消防水管效应"和"揭底作用"分析这类泥石流的起动机制问题。

(2)运用拜格诺颗粒流理论，建立了以日本高桥保的模型为代表的水力类泥石流的起动数学模型；并建立了以俄罗斯学者的模型为代表的沟床自保护层破坏导致泥石流起动的模型。

(3)在水力类泥石流的预报方面，除了采用降水指标外，也考虑了水文学方法，提出了以径流量或径流深度、沟床松散固体物质聚集量和土壤含水量等因子为定量指标的预报方法。

尽管国内外在水力类泥石流的起动机理与预报方面取得了一些进展，但是由于该类泥石流起动的复杂性、现场测试和模型实验困难，其模型要达到准确地预警预报仍然有一定的差距。意大利博罗尼亚大学泥石流学者 Berti 和 Simoni(2005)认为目前水力类泥石流的起动研究仍然是初步的、不完善的，现有的模型不能满足减灾预报的要求。针对最有影响的高桥保模型，其理论是基于对各个颗粒的力平衡的分析，因此，该模型所采用的代表性参数只能描述起动的最初阶段，不能反映起动的整个连续过程；高桥保模型的另一点不足是不能反映沟床和松散物质的颗粒大小，仅是定性描述，即失稳深度必须比代表性颗粒直径大(Berti and Simoni，2005)。同样，Tognacca 等(2000) 及 Armanini 和 Gregeretti(2000)提出的泥石流起动模型与固定颗粒分布概率有关。上述起动模型对于描述自然界中泥石流沟床的无分选性物质的起动不具代表性，这样的方法在实际应用中似乎是主观的，并非常依赖于所选样本的数据和测试技术。

1.1.2　研究方向

由于研究对象的复杂性和研究的难度，在研究中需要解决的主要问题，一是水力类泥石流起动的水文特征参数测定问题，特别是采用不同水深、不同流量、不同含沙量的流体在不同坡度下对不同类型堆积层的冲刷和揭底能力进行试验，并测试其主要参数的沿程、沿时变化；二是建立以水文学和泥沙运动学为基础的水力类泥石流起动模型；三是建立以临界雨量法和分布式水文模型为基础的水力类泥石流预报方法。因此，应重点开展以下五个方面的研究。

(1)水力类泥石流起动的基本条件研究。该研究立足于水力类泥石流原型调查和分析，通过对研究区调查，深入剖析水力类泥石流起动的地形条件、沟床及岸缘堆积物工程地质特性和水流侵蚀特征，并根据沟床堆积物特性和起动规律对水力类泥石流类型作进一步研究；重点研究内容包括水力类泥石流沟道地形条件调查与分析、沟床堆积层类型调查和物理力学特性试验研究、沟谷径流(洪水)的侵蚀和搬运特征调查及历史上水力类泥石流形成和运动过程调查和分析。

(2)水力类泥石流起动的过程机制研究。该内容的研究目的是弄清该类泥石流起动的水体与沟床松散堆积物质的相互作用特征和规律，并分析水力类泥石流起动的全过程和机制；其研究内容包括泥石流起动过程的试验与分析、泥石流起动中固体颗粒的膨胀作用机制与跃移作用机制研究、沟道含沙水流的冲刷作用与"揭底"作用机制分析。

(3)水力类泥石流起动的动力学机理研究。通过理论分析和模型实验，研究沟道中具有不同类型和物理力学特征的堆积物在地表径流、地下水径流和下渗作用等共同作用下的动力学过程和机理。因此，需要开展泥石流起动区堆积层抗剪应力与剪切应力定量分析、堆积层孔隙水压变化特征与物理力学模型研究和有径流条件下沟道堆积物稳定性计算模型构建。

(4)水力类泥石流起动的径流特征参数研究。该内容通过原型现场试验和室内模型试验，研究水力类泥石流起动的关键因子——径流特征参数(径流量、径流深、流速和含沙量)变化，并建立相应关系；分析泥石流起动的径流量(径流深)临界条件、径流速度临界条件和水流含沙量对水力类泥石流起动的影响。

(5)基于流域水文模型的水力类泥石流起动的预报研究。在对水力类泥石流起动多要素的原型调查、试验分析和理论研究的基础上，综合沟床堆积物类型与堆积量、孔压变化、含水量变化、沟道地形条件以及径流特征参数变化，建立以流域水文特征为主线的水力类泥石流起动的预报模型。

1.1.3 小结

水力类泥石流灾害在全球分布广泛，它要求流域内固体物质有一个相当长的积累过程，而且也需要相应频率的水文、水力条件，因此其暴发频率低、间歇周期长，难于识别和预报，一旦暴发泥石流便可能酿成灾难性损失。因此，该类泥石流的研究受到人们格外的重视。同时，水力类泥石流起动和预报也是国内外研究的薄弱环节。它需要从地质学和水文学角度进一步认识水力类泥石流的起动成因和过程，进一步分析其机制；通过对典型研究区的原型调查，进一步总结水力类泥石流起动的水文、地貌和地质条件，并对水力类泥石流进行类型划分，如单颗粒起动、层状起动和整体起动，重点研究常见的以沟床揭底为特征的整体起动类型；在此基础上提出以水文特征为主线的水力类泥石流的起动机理和模型，通过现场试验和室内试验，建立不同类型松散堆积层和不同纵坡条件下的泥石流起动与水文特征参数的关系模型，并提出水力类泥石流的起动水文参数临界条件，建立以临界流量法和分布式水文模型为理论依据的水力类泥石流的预报途径和方法。因此，上述的研究具有较强的创新性，已用于减灾实践中。

1.2 泥石流形成区岩性的研究

为减轻和避免泥石流造成的危害需要对泥石流的发生进行预测和预报，现在泥石流的预测预报方法基本上是建立在对以往发生的泥石流观测和调查基础上的经验方法（中国科学院兰州冰川冻土研究所和甘肃省交通科学研究所，1982；谭万沛，1989b；吴积善等，1990；徐道明和冯清华，1992；Copjean，1994；Arattano et al.，1997；Hirano，1997；Deganutti and Marchi，2000），对于发生频率很低的泥石流则无能为力，而低频率泥石流的暴发恰恰是造成人员伤亡和重大经济损失的主要因素（王士革和范晓岭，2006）。同高频率泥石流相比，低频率泥石流更具有潜在危害性，对低频率泥石流的研究就显得非常重要。目前对于低频率泥石流也有较多的研究，但非常深入的研究并不多见（谭万沛，1989a），主要原因是对低频率泥石流的研究存在一定的困难，其暴发周期长，难以识别，更不利于观测（中国科学院兰州冰川冻土研究所和甘肃省交通科学研究所，1982；徐道明和冯清华，1992），国内外学者对低频率泥石流的暴发原因、防治措施等的研究局限于近期发生的低频泥石流，主要调查其暴发原因、暴发周期等，从而提出该类泥石流的防御方法（王士革和范晓岭，2006），但是这些研究都存在很大的区域条件限制；对泥石流堆积物特征的研究则更少见，仅有的研究也只是对个别泥石流沟的粗化层堆积物特征所进行的研究（李磊等，2009）。

影响低频率泥石流发生的因素很多，但最主要的是降雨因素和固体物源因素。低频率泥石流沟的固体物源需要较长时间积累是造成泥石流暴发频率较低的主要原因，这类泥石流的形成机理是：长时间的固体物质积累在泥石流沟道内，遭遇强降雨形成的洪水冲刷起动沟道内的固体物质从而形成泥石流（王士革和范晓岭，2006）。目前对泥石流的研究在泥石流的固体物源方面已有的知识积累有：泥石流流域的岩性越坚固，固体物源主要由崩塌产生，固体物质颗粒粒径越大，积累时间较长，泥石流暴发频率越低；反之，泥石流流域的岩性越软弱，固体物源主要由滑坡产生，固体物质颗粒粒径越小，不需要长时间的积累，泥石流暴发频率越高。但这只有定性的认识，还没有定量地给出泥石流流域的岩性和固体物质颗粒粒径与泥石流暴发频率的关系（张继等，2008；Wei et al.，2008）。本节主要研究的是物源因素对低频率泥石流的影响，没有考虑降雨、地形等其他因素对泥石流暴发频率的影响。作者通过对四川省西部地区 17 个泥石流流域的野外实地考察，研究流域岩性与泥石流暴发频率之间的关系。

1.2.1　调查区地质背景和研究方法

本节所调查的 17 个泥石流流域分布在四川省西部地区（图 1.1）。该区位于青藏高原与四川盆地两大地貌单元的结合部位，区域性深大断裂发育，地质构造复杂，地震活跃，具有岩层破碎、地势起伏大、降水集中等特征，是我国泥石流极度活跃区域和重度危险区域。

现有的泥石流暴发频率分类较多，在泥石流研究领域中并没有统一的划分标准，本节参照《泥石流灾害防治工程勘查规范》（中华人民共和国国土资源部，2006）中对泥石流暴发频率的定义，将泥石流分为高频率泥石流（一年多次至 5 年暴发 1 次，不含 5 年）、中频率泥石流（5～20 年暴发一次，不含 20 年）、低频率泥石流（20～50 年暴发一次，不含 50 年），极低频率泥石流（50 年以上暴发一次）。

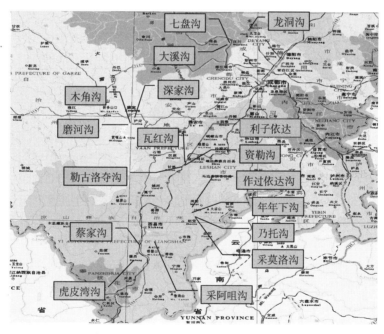

图 1.1　调查区内 17 条泥石流沟分布情况

本节研究围绕泥石流暴发频率和岩性两方面，调查泥石流流域的岩性和暴发频率。由于暴发频率与泥石流形成区沟床物质的岩性相关性较大，因此对形成区粗颗粒的岩性及其基本特征的调查是关键。本节研究的 17 个泥石流流域按暴发频率分布有：1 个高频率泥石流流域、2 个中频率泥石流流域、7 个低频率泥石流流域、7 个极低频率泥石流流域（表 1.1）。

表 1.1　研究区泥石流特征

沟名	位置	流域面积/km²	重现期/a	暴发频率
年年下沟(唐川等，2006b)	美姑县	5.8	2	高频
作过依达沟(唐川等，2006b)	美姑县	4.6	10	中频
勒古洛夺沟(胡绍友，1985)	甘洛县	36.7	10	中频
七盘沟(许忠信，1985)	汶川县	149.1	20	低频
大溪沟	汶川县	3.2	20	低频
采莫洛沟(刘希林等，2006a)	美姑县	16.5	20	低频
乃托沟(刘希林等，2006a)	美姑县	8.2	20	低频
利子依达沟(中国科学院成都地理所，1986)	甘洛县	24.0	20	低频
蔡家沟(中国科学院成都山地灾害与环境研究所，1989)	德昌县	18.0	50	极低频
瓦红沟(中国科学院成都山地灾害与环境研究所，1989)	甘洛县	4.8	50	极低频
木角沟	泸定县	104.4	30	低频
磨河沟	泸定县	121.9	30	低频
深家沟(苏小琴等，2008)	泸定县	3.9	50	极低频
虎皮湾沟(刘希林等，2005c)	德昌县	8.0	60	极低频
龙洞沟(谢洪等，2004)	茂县	14.5	75	极低频
资勒沟(谢洪和钟敦伦，1990)	甘洛县	7.9	75	极低频
采阿咀沟(刘希林等，2003)	普格县	5.2	100	极低频

　　泥石流的粗化层是指泥石流沟道堆积物在长期的堆积过程中被洪水冲刷，堆积层表面的细颗粒大部分被洪水带走，留下的粗颗粒(角砾、砾石)呈无序堆积的层理结构(王裕宜等，2003)。泥石流的粗化层对泥石流的形成影响很大，由于粗化层中粗大砾石较多，一般洪水很难起动它们，只有较大的洪水才能将其起动，并且起动粗化层以下的固体物质，从而形成泥石流。本节主要研究由于强降雨形成的洪水冲刷起动沟道内长期积累的固体物质形成泥石流的暴发频率。研究中对调查区内具有代表性的泥石流粗化层采用随机调查的研究方法，通过对粗化层堆积特征的调查，研究粗化层的岩性与泥石流暴发频率的关系。调查研究工作在泥石流沟道内没有经过人为改造的粗化层中，选择1个纵断面和2个横断面进行测量，对每个断面上粒径>5cm的块石进行三轴测量，采样数量在300个以上，重点收集这些块石的岩性特征。泥石流堆积区内的岩性分布是流域内所有岩性综合，比较全面地反映了流域内岩性的组成。因为到达泥石流形成区往往比较困难，如果能以堆积区粗化层代替形成区粗化层的特性，研究工作将更容易开展。调查工作首先选取了四个流域进行泥石流形成区和堆积区颗粒岩性组成的对比调查。

1.2.2　岩性坚固系数

1.2.2.1　一般岩石坚固系数

　　为了反映泥石流流域岩性的作用，需要对岩石坚硬程度进行分析。借鉴普氏坚固系数(韩晓雷，2003)分类方法对岩性坚固系数进行分类，总体上按不同岩性类别分为坚固、中等坚固、弱坚固三级，并参考普氏坚固系数和岩土体自身特征赋予硬度系数，分类见表 1.2。表 1.2 基本可以区分岩性的坚固特征，以坚固系数 8 为分界，硬度赋值 $F \geq 8$（坚固和中等坚固）为硬岩，$F < 8$（弱坚固）为软岩。

表 1.2　岩石按坚固（软硬）性分类

坚固程度	岩性	坚固系数	平均坚固系数
坚固	玄武岩、石英岩、橄榄岩等	14	13
	辉长岩、闪长岩、安山岩等	13	
	花岗岩、流纹斑岩、角闪岩等	12	
中等坚固	白云岩、灰岩、片麻岩、硅质板岩、大理岩、硅质砂岩、砾岩等	10	9
	石英片岩、板岩等	9	
	钙质砂岩等	8	
弱坚固	千枚岩、凝灰岩、粉砂岩等	6	5
	云母片岩、泥灰岩、泥质砂岩等	5	
	页岩、泥岩等	4	

从坚固系数出发，对比泥石流形成区和堆积区的粗化层岩性，分析形成区与堆积区岩性及坚固系数，可以更直接地了解形成区与堆积区粗化层的关系。由表 1.2 的岩性硬度分级，统计乃托沟、采阿咀沟、虎皮湾沟和磨河沟四个流域不同位置的岩石个数，并核对各岩石的硬度系数，采用加权平均计算得到各流域泥石流堆积区与形成区石块的平均坚固系数。以乃托沟为例，粗颗粒的岩性组成、硬度赋值以及最终的岩性坚固系数见表 1.3。

表 1.3　乃托沟岩性组成及坚固系数

岩性	钙质砂岩	玄武岩	泥质砂岩	泥岩	砾岩	坚固系数
堆积区/个	156	101	53	22	25	9.15
形成区/个	136	98	1	0	7	10.48
硬度赋值 F	8	14	5	4	10	—

由岩石颗粒个数和硬度值的加权平均，得到乃托沟及其他三条沟的泥石流堆积区和形成区的坚固系数，见表 1.4。表 1.4 中还给出了四个流域中堆积区与形成区中坚固、中等坚固和弱坚固岩石所占百分比。

表 1.4　流域内不同位置的岩性坚固系数对比

沟名	测量区域	流域面积/km²	重现期/a	坚固系数	坚固/%	中等坚固/%	弱坚固/%
乃托沟	堆积区	8.2	20	9.15	28.29	50.70	21.01
	形成区			10.48	40.50	59.09	0.41
采阿咀沟	堆积区	5.2	100	8.37	0.00	97.37	2.63
	形成区			8.03	0.65	81.05	18.30

沟名	测量区域	流域面积/km²	重现期/a	坚固系数	坚固/%	中等坚固/%	弱坚固/%
虎皮湾沟	堆积区	8.0	60	11.29	62.33	36.33	1.33
	形成区			10.57	41.38	49.22	9.40
磨河沟	堆积区	121.9	50	12.46	100.00	0.00	0.00
	形成区			12.24	100.00	0.00	0.00

从以上四条沟的对比中可以看出,采阿咀沟、磨河沟形成区与堆积区岩性坚固系数和各类坚固程度岩性的百分比符合程度高,虎皮湾沟和乃托沟符合程度稍差。虎皮湾沟泥石流形成区岩石坚固系数较堆积区小,主要是其形成区有少量弱坚固的泥质砂岩出现,对形成区总体坚固系数有一定影响。而乃托沟形成区坚固系数较堆积区大,主要是由于形成区没有弱坚固类的泥质砂岩和泥岩等,而在流通区出现这样的弱坚固岩石,从而导致堆积区岩石与形成区岩石有所差异,堆积区的坚固系数下降,堆积区相对形成区坚固系数值低。乃托沟和虎皮湾沟泥石流堆积区和形成区的坚固系数有一点区别,但差别不大。考虑测量位置和颗粒选取的随机性等因素,泥石流形成区与堆积区的坚固系数相当,且都代表同一种岩性类型,即堆积区和形成区的坚固系数都是 8 以上,属于硬岩地区,因此泥石流堆积区的岩性组成和坚固系数基本可以代表形成区的岩性组成和坚固系数。以此类推,其他 13 个泥石流流域用堆积区的粗化层岩性及坚固系数也可以代表泥石流形成区的粗化层岩性及坚固系数,因此后续的野外调查工作都在堆积区开展。

将研究调查的 17 个泥石流流域的沟道粗化层岩性组成和硬度值,通过统计及加权平均,得出各流域的坚固系数。同时为了便于对研究成果进行应用研究,也尝试用 1∶20万的地质图分析泥石流流域岩性并计算流域的坚固系数。由于 1∶20 万的地质图比较粗略,而泥石流流域大多都是小流域,因此很难详细区别泥石流流域的每一种岩性在流域内所占的比例,所以采用较粗略的办法。用表 1.2 中的分类方法,对调查的泥石流流域的岩性进行分析,将岩性分为坚固、中等坚固和弱坚固三类并分别取各类的平均值(坚固系数:坚固=13,中等坚固=9,弱坚固=5),赋予各类岩性坚固系数值;再按地质界线统计不同坚固程度的岩性在全流域所占的面积及比例,用加权平均方法计算得到泥石流流域的岩石平均坚固系数值;并以实测坚固系数为标准计算用地质图计算的坚固系数的偏差。流域实测坚固系数与流域主要岩性坚固系数符合程度高。实测坚固系数与地质图上计算的坚固系数也基本相符,偏差程度超过 20% 的仅有 1 个流域,偏差程度超过 10% 的有 4 个流域,都是岩性比较复杂的流域。而岩性比较单一的流域,如大溪沟和磨河沟,偏差程度都较小。

表 1.5 为各泥石流流域的实测坚固系数和地质图计算的坚固系数的对比。从表 1.5 可以看出,实测粗化层岩性坚固系数与 1∶20 万地质图上统计计算的坚固系数没有较大的偏差;按照坚固系数 8 以上为硬岩,8 以下为软岩,各泥石流流域的两种方法得到的结果都在同一硬度级别内,因此总体上实测的坚固系数与地质图上测量的坚固系数符合程度较好。考虑到 1∶20 万地质图的精度较低、实测流域岩性的随机性等因素,可以得出用地质图计算的坚固系数和实测坚固系数基本一致的结论。

表 1.5　沟道内岩性坚固系数统计

沟名	重现期/a	主要岩性硬度	主要岩性	主要岩性坚固系数	实测坚固系数	地质图坚固系数	偏差程度/%
年年下沟	2	软岩	钙质砂岩、泥岩	<8	6.53	7.17	9.81
作过依达沟	10	软岩	钙质砂岩、泥岩	<8	6.19	6.65	7.42
勒古洛夺沟	10	硬岩	钙质砂岩	≥8	9.00	8.32	−7.50
七盘沟	20	硬岩	灰岩	≥8	10.87	11.90	9.48
大溪沟	20	硬岩	花岗岩	≥8	12.96	13.00	0.31
采莫洛沟	20	硬岩	钙质砂岩	≥8	8.03	8.75	8.98
乃托沟	20	硬岩	钙质砂岩	≥8	9.15	8.00	−12.57
利子衣达沟	20	硬岩	钙质砂岩	≥8	8.74	8.46	3.18
蔡家沟	50	硬岩	花岗岩	≥8	12.23	12.06	−1.36
瓦红沟	50	硬岩	灰岩	≥8	9.06	8.86	−2.17
木角沟	30	硬岩	花岗岩	≥8	12.41	13.00	4.75
磨河沟	30	硬岩	花岗岩	≥8	12.46	13.00	4.33
深家沟	50	硬岩	片麻岩	≥8	11.92	13.00	9.06
虎皮湾沟	60	硬岩	花岗岩	≥8	11.29	8.57	−24.06
龙洞沟	75	硬岩	灰岩	≥8	9.64	8.03	−16.71
资勒沟	75	硬岩	白云岩	≥8	9.92	8.88	−10.50
采阿咀沟	100	硬岩	钙质砂岩	≥8	8.37	8.00	4.36

在室内用地质图分析流域岩性可以快速得到泥石流流域的岩性组成及坚固系数，岩性较单一的流域可以达到较高的精度；对于岩性较复杂的流域，地质图精度越高，地质资料越丰富，坚固系数的计算精度就越高。在室内用地质图分析流域岩性使得用室内的地质分析取代现场调查流域岩性成为可能，将有利于快速分析泥石流流域的一部分地质特征。

各类岩石由于成分、结构等的不同，在受力后所表现的力学性质也不同（郭颖和李智陵，2005），这也间接地表现为岩石的坚固程度，而岩石的实际坚固系数还要受其环境条件的影响，这些环境条件包括促使岩石风化的温度、降雨，以及降低岩石坚固程度的地质条件，如地层年代、地震、构造等。

1.2.2.2　风化

岩石的风化主要受外在因素和内在因素的影响。影响岩石风化的外在因素包括：物理风化作用、化学风化作用、生物风化作用。

生物风化作用主要体现在生物活动加剧了岩石机械或化学风化的破坏作用（夏邦栋，2005）。而机械或化学风化的破坏主要体现在物理风化或化学风化当中。因此，生物风化相对较为次要，在此忽略生物风化的作用。

化学风化作用主要是水溶液与地表附近岩石进行化学反应，使岩石逐渐分解的过程。物理风化是主要由于温度的变化引起的岩石破坏（成都理工学院和长春地质学院，1984）。

　　图 1.2 为物理和化学风化等级随年降水量和年平均气温变化关系图（Fookes et al.，1971；郭颖和李智陵，2005），物理风化主要发生在寒带和温带地区，化学风化主要发生在低纬度的热带区域，但在一些温带气候区一些岩石也会发生中等化学风化。本研究区域主要分布于温带以及中高海拔区域，因此存在弱到中等的物理风化和化学风化作用。化学风化对形成泥石流的固体物源的影响远小于物理风化的影响：①对化学风化作用比较敏感的岩石主要有白云质灰岩及石灰岩等，其种类远较对化学风化作用不敏感的岩石如泥岩、页岩、千枚岩、板岩、片岩、花岗岩、玄武岩等少；②在白云质灰岩及石灰岩等对化学风化作用比较敏感的岩石地区，化学风化作用仅使其产生许多空隙，造成水流不易汇集的现象，这是该地区泥石流不易暴发的主要原因；③化学风化作用并不能使岩石破碎直接提供泥石流的物源，为泥石流提供固体物源还需要物理风化的作用（中国科学院成都山地灾害与环境研究所，2000）。因此，在形成泥石流物源的风化影响因素中，化学风化作用除了对白云质灰岩及石灰岩等有影响外，对于其他大多数岩石的影响都较次要。然而物理风化作用，使岩石形成了由机械破坏和寒冻风化形成的岩块碎屑并成为泥石流的物源，对泥石流的形成起到了重要的作用。

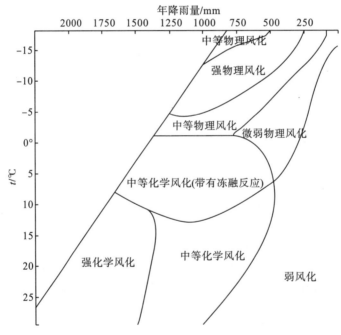

图 1.2　物理和化学风化等级图

　　物理风化作用是形成泥石流物源的关键。物理风化作用主要受昼夜温差的影响，尤其是冰劈作用的影响：昼夜温度在 0℃ 上下波动时，充填于裂隙中的水体融、冻频繁，造成岩石破坏、裂隙扩大（夏邦栋，2005）。图 1.3 为考虑了冰劈作用的物理风化分级图，其风化作用的大小主要受所处区域的年降水量和年平均温度的影响。

　　影响岩石风化的内在因素，即岩石本身的抗风化能力，受影响的因素较多，比较复杂，但与物理风化相关联的岩石抗风化能力主要与岩石的机械强度有关，一般由机械强度大的矿物组成的岩石比由机械强度小的矿物组成的岩石物理风化速度低（成都理工学院和长春地质学院，1984）。由于本研究对于风化的研究主要集中在物理风化，岩石的抗风化能力与其机械强度（坚固系数）成正比关系，岩石本身的坚固系数可以将其机械强度和抗风化能力结合起来，因此表 1.2 的普氏坚固系数包括岩石的机械强度和抗物理风化能力。

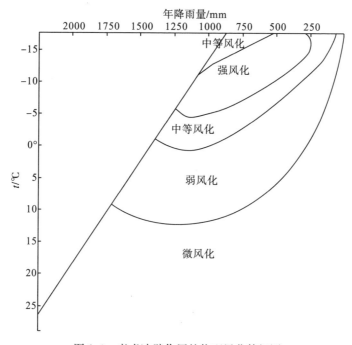

图 1.3　考虑冰劈作用的物理风化等级图

1.2.2.3　地震和构造

地震对岩石坚固程度的影响可以通过所处地震烈度的区域划分获得，Ⅵ度及以下烈度几乎没有影响，因此可以将地震对坚固系数的影响按影响微弱、有较小影响、中等影响、影响较大分为地震烈度Ⅵ度及以下、Ⅶ度、Ⅷ度和Ⅸ度及以上（韩林等，2011）。

构造（断裂带）对岩石坚固程度的影响可以通过所处区域通过的断裂带的多少划分获得，可以将构造对坚固系数的影响按影响微弱、有较小影响、中等影响、影响较大分为没有断裂带通过、有 1 条断裂带通过、有 2 条断裂带通过和有 3 条及以上断裂带通过（韩林等，2011）。

本节研究暂不考虑地层对岩石坚固程度的影响。

1.2.3　岩石坚固系数的修正

地震、构造（断裂带）对岩石坚固程度的影响可以用修正系数表示（韩林等，2011），同样风化对岩石坚固程度的影响也可以用同样的方法给出：将风化对坚固系数的影响按影响微弱、有较小影响、中等影响、影响较大分为微风化、弱风化、中等风化和强风化。表 1.6 为地震、构造（断裂带）和风化作用对岩石坚固程度的影响及参数赋值。

表 1.6　地震、构造(断裂带)和风化作用对岩石坚固程度的影响及参数赋值

赋值系数	1	0.96	0.93	0.9
地震烈度	Ⅵ度及以下	Ⅶ度	Ⅷ度	Ⅸ度及以上
构造断裂带	没有断裂带通过	有1条断裂带通过	有2条断裂带通过	有3条及以上断裂带通过
风化	微风化	弱风化	中等风化	强风化

岩石实际的坚固系数通过表 1.2 的基本赋值和表 1.6 的修正得到，即由表 1.2 的值乘以表 1.6 中的地震、构造和风化修正值，最终得到实际的坚固系数值。表 1.7 为调查的 17 条泥石流沟的调查坚固系数值及其修正值。在物理风化程度的取值中，主要通过查阅资料获取泥石流沟所在县城的年平均温度和降水量。由于大气温度随着海拔高度的增加而降低：海拔每升高 100m，气温下降 0.6℃(雍万里，1985)，因此可以根据泥石流沟的形成区的平均海拔与所在县域海拔的高差以及县城的年平均气温计算得出泥石流形成区的年平均温度。由于降雨因素在山区的复杂性，本研究还无法获得降水量的修正方法，因此以县城的年平均降水量替代泥石流形成区的年平均降水量。在获得泥石流形成区的年平均温度和降水量后，由图 1.3 可以获取物理风化强弱程度分类，再由表 1.6 获得修正参数。地震烈度、构造等参数的获取通过区域地质图和表 1.6 获得修正参数。

表 1.7　岩性坚固系数与频率的关系

沟名	平均坚固系数	构造	地震烈度	风化	修正坚固系数 F	推测频率	重现期/a	实际频率
年年下沟	6.53	0.96	0.96	0.96	5.77	中高频	2	高频
作过依达沟	6.19	0.96	0.96	0.96	5.48	中高频	10	中频
勒古洛夺沟	9.00	0.90	0.96	0.96	7.46	(极)低频	10	中频
七盘沟	10.87	0.90	0.93	0.96	8.73	(极)低频	20	低频
大溪沟	12.96	0.90	0.93	0.96	10.41	(极)低频	20	低频
采莫洛沟	8.03	0.93	0.93	0.96	6.67	(极)低频	20	低频
乃托沟	9.15	0.93	0.93	0.96	7.35	(极)低频	20	低频
利子依达沟	8.74	0.93	0.93	0.96	7.49	(极)低频	20	低频
蔡家沟	12.23	0.90	0.93	0.96	9.83	(极)低频	50	极低频
瓦红沟	9.06	0.90	0.93	0.96	7.28	(极)低频	50	极低频
深家沟	11.92	0.90	0.93	0.96	9.58	(极)低频	50	极低频
虎皮湾沟	11.29	0.90	0.93	0.9	8.50	(极)低频	60	极低频
龙洞沟	9.64	0.93	0.93	0.9	8.00	(极)低频	75	极低频
资勒沟	9.92	0.90	0.93	0.9	7.97	(极)低频	75	极低频
采阿咀沟	8.37	0.90	0.93	0.96	6.73	(极)低频	100	极低频

1.2.4　泥石流暴发频率与流域岩性关系分析

平均坚固系数由实地调查计算得到，修正坚固系数由构造、地震烈度和风化及平均坚固系数计算得到。调查的 17 个泥石流流域的岩性坚固系数和泥石流暴发频率关系基本符合前人研究的结果：流域岩性越坚固，泥石流暴发频率越低。在考虑岩石构造、地震

裂度和风化等因素的影响后，岩石的坚固系数由原来的普氏坚固系数(考虑了岩石本身的抗物理风化条件)降低了 0.71～2.79，已经明显低于其初始坚固程度。根据表 1.2 中的定义，坚固系数≥8 为中等坚固以上的硬岩；而坚固系数<8 为弱坚固的软岩。但实际上表 1.2 中的软硬岩石的分界线在 6～8，还无法直接从表 1.2 中确定。由表 1.7 的实际泥石流暴发频率和计算的修正坚固系数值，取坚固系数 6.5 为软硬岩石的分界线：$F \geqslant 6.5$ 为坚固和中等坚固岩石，为硬岩；$F < 6.5$ 为弱坚固岩石，为软岩。根据对泥石流暴发频率的分类，这里将泥石流的暴发频率粗略地分成两大类：(极)低频率：20 年及以上暴发一次泥石流；中高频率：20 年以内(不包括 20 年)暴发泥石流。用硬岩和软岩可以较准确地判断表 1.7 中的泥石流暴发频率：在 17 条沟的判断中，仅有 1 条沟不符合，准确率为 94.1%。

　　用软硬岩判断泥石流暴发频率出现偏差的是勒古洛夺沟，该流域是中高频率泥石流流域，修正的坚固系数值 7.46，与软硬岩的分界 6.5 有一定的差距。修正坚固系数比较接近临界值 6.5 的有：采莫罗沟和采阿咀沟，如果出现偏差都可能低于临界值。尽管 17 个流域有 1 个流域出现偏差，2 个流域接近临界值，但总体上用修正的坚固系数值和岩性的坚硬程度可以区分流域泥石流的暴发频率，用修正坚固系数及软硬岩区分泥石流流域的暴发频率与实际调查结果基本一致。

　　为了验证流域岩性坚固系数判定泥石流暴发频率的可靠性和适用性，通过收集其他地区的资料，选取了 39 个具有流域或区域岩性和暴发频率资料的泥石流流域或群发泥石流地区作为参考验证流域。因文献中没有具体的岩性比例等详细资料，而表 1.5 中流域实测坚固系数与流域主要岩性坚固系数符合程度高，因此验证方法采用以文献中主要岩性判断其坚固系数，再用构造、地震烈度和风化修正得到修正的坚固系数，进而判断其暴发频率。验证结果见表 1.8。

表 1.8　其他地区流域坚固系数和泥石流暴发频率关系验证

沟名	主要岩性	坚固系数	构造系数	地震烈度系数	风化系数	修正坚固系数	推测频率	实际频率	重现期/a	文献
海腊沟	花岗岩	13	0.90	1.00	0.96	11.01	(极)低频	(极)低频	100	黄润秋等，2002
沙湾沟	片岩	10	0.96	0.96	0.96	8.49	(极)低频	(极)低频	50	孙书勤等，2001
黑山沟	白云岩	9	0.96	0.96	0.96	7.64	(极)低频	(极)低频	40	田连权，1986a
海流沟	花岗岩	13	0.90	0.93	0.96	10.24	(极)低频	(极)低频	50	章书成等，2005a
出路沟	灰岩	9	1.00	0.93	0.93	7.47	(极)低频	(极)低频	50	章书成等，2005b
三飞下沟	灰岩	9	0.90	0.96	0.93	6.94	(极)低频	(极)低频	50	唐川等，2006b
牛尾沟	泥岩	5				3.50	中高频	中高频	1	唐川等，2006b
年年坡沟	玄武岩	13	0.90	0.90	0.96	9.70	(极)低频	中高频	7	唐川等，2006b
磨子沟	花岗岩	13	0.96	0.96	0.96	11.27	(极)低频	(极)低频	50	吴义鹰等，2008
尔古木沟	砂岩	9	0.93	0.96	0.96	7.17	(极)低频	(极)低频	100	罗德富等，1986
陆王沟	砂岩	9	0.96	0.93	0.96	7.17	(极)低频	(极)低频	100	徐俊名等，1984
茶园沟	千枚岩	5	0.90	0.93	0.93	3.58	中高频	(极)低频	55	王士革等，2003
罗烈溪沟	砂岩	9	0.90	0.93	0.93	6.38	(极)低频	(极)低频	100	蒋忠信等，1999

续表

沟名	主要岩性	坚固系数	构造系数	地震烈度系数	风化系数	修正坚固系数	推测频率	实际频率	重现期/a	文献
冷水沟	砂岩	9	1.00	1.00	0.96	7.86	(极)低频	(极)低频	75	蒋忠信等,1999
大沙滩沟	砂页岩	5	0.93	0.96	0.96	3.86	中高频	中高频	1	蒋忠信等,1999
邛山沟	花岗岩	13	0.96	1.00	0.93	11.37	(极)低频	(极)低频	50	黄润秋等,2003
鹅狼沟	花岗岩	13	0.96	1.00	0.96	11.74	(极)低频	(极)低频	100	黄润秋等,2003
大寨沟	玄武岩	13	0.93	0.93	0.96	10.79	(极)低频	(极)低频	30	陈宁生等,2006
关庙沟	砂岩	8	0.96	0.96	0.93	6.24	(极)低频	(极)低频	90	游勇等,2003
深沟	白云岩	9	0.96	0.96	0.96	7.64	(极)低频	(极)低频	50	张信宝,1986
南拱河	花岗岩	13	0.96	0.96	0.96	11.27	(极)低频	(极)低频	100	张信宝,1986
鹿鸣河群发泥石流	砂岩	9	0.90	0.96	0.96	6.72	(极)低频	中高频	3	王士革,1994
汗峪沟	灰岩	9	0.96	0.96	0.96	7.64	(极)低频	(极)低频	55	刘德昭,1986
松树沟	花岗岩	13	0.93	0.93	0.96	10.58	(极)低频	(极)低频	50	钟敦伦等,2004
番字牌西沟	花岗岩	13	0.93	0.93	0.96	10.58	(极)低频	中高频	10	谢洪和钟敦伦,2001
柯太沟	片麻岩	9	0.93	0.93	0.96	7.17	(极)低频	(极)低频	25	钟敦伦等,2001
岫岩县群发泥石流	花岗岩	13	0.90	0.93	0.96	10.24	(极)低频	(极)低频	50	钟敦伦等,1993
老帽山群发泥石流	花岗岩	13	0.90	0.93	0.96	10.24	(极)低频	(极)低频	50	钟敦伦等,1986
小黄河泥石流	花岗岩	13	0.90	0.93	0.93	9.92	(极)低频	(极)低频	30	钟敦伦等,1993
背石坪泥石流	花岗岩	13	0.96	0.96	1.00	11.74	(极)低频	(极)低频	50	刘金荣和梁耀成,2000
莲花县群发泥石流	石英岩	13	0.90	0.93	1.00	10.88	(极)低频	(极)低频	50	王汉存,1986
委内瑞拉群发泥石流	花岗岩	13	0.90	0.90	0.96	9.91	(极)低频	(极)低频	50	韦方强和谢洪,2000
哈尔木沟	千枚岩	5	0.90	0.96	0.96	3.82	中高频	中高频	1	谢洪等,1994
凹米罗沟	砂岩	5	0.96	0.96	0.96	4.03	中高频	中高频	10	刘希林和兰肇生,2005
八步里沟	砂岩	5	0.90	0.96	0.93	3.62	中高频	中高频	10	李德基等,1986
三滩中桥沟	灰岩	9	0.96	0.96	0.96	7.02	(极)低频	中高频	10	中国科学院成都山地灾害与环境研究所,1989
白泥沟	砂页岩	5	0.90	0.96	0.96	3.54	中高频	中高频	3	刘希林等,1995
甘家沟	千枚岩	5	0.96	0.96	0.96	4.07	中高频	中高频	1	祁龙和高守义,1994
培秀村群发泥石流	花岗岩	13	0.96	0.96	0.96	11.27	(极)低频	中高频	10	米德才等,2005

在验证的 39 个泥石流流域或区域中,用流域或区域主要岩性及其构造、地震裂度和风化等修正的坚固系数准确判断泥石流暴发频率的有 33 个,不正确的有 6 个,正确率为 84.6%,可以用于泥石流暴发频率的判断。由于验证中对泥石流流域或区域的岩性只能

是粗略地以主要岩性进行分析，分析的精度不高，其结果难免存在偏差。当有更丰富的地质资料分析泥石流的暴发频率时，正确率将会更高。

1.2.5　小结

在验证中错判的硬岩地区的出路沟和三滩中桥沟流域内分别有大型滑坡(章书成等，2005b)和大型坍塌体(中国科学院成都山地灾害与环境研究所，1989)存在；同样是硬岩地区的培秀村群发泥石流沟流域内有 10~30m 厚的花岗岩风化层以及残坡积层岩屑(米德才等，2005)；而其他硬岩地区的年年坡沟在历史上有多次泥石流暴发，但目前处于间歇或衰退期(唐川等，2006b)；处于软岩地区的三飞下沟的固体物源主要分布在其形成区的下部，天然状态整体稳定，可移动量较小，泥石流暴发频率较低(唐川等，2006b)；同样是软岩地区的尔古木沟的流域内森林植被覆盖率较大，山坡、沟床基本稳定，固体物源量较小，泥石流暴发频率较低(罗德富等，1986)。对这些泥石流流域用本节的研究方法判断出现了误差，说明本节方法仅考虑岩性、坚固系数、构造、地震烈度和风化确定泥石流暴发频率的方法还有许多欠缺，在有些流域比较复杂，如存在大型滑坡、坍塌体或很厚的风化层时还不能综合考虑予以正确判断，对于处于间歇或衰退期的泥石流沟的活动频率也不能正确判定，对于有些软岩地区固体物源较少还不能有效地判断，这些问题还需要深入的研究，有待在今后的工作中进一步完善。

本节通过对泥石流暴发频率与岩性的坚固系数、构造、地震烈度和风化等的关系研究，从定量上分析并得出了相关的结论，但这部分内容的研究工作还不够深入，还需要在以下几个方面做深入的研究：①本节的结论是经过野外实际考察并结合实例对比验证而来，但实际考察的 17 个泥石流流域都集中在四川省阿坝藏族羌族自治州、甘孜藏族自治州以及凉山彝族白族州附近，在泥石流流域位置的选择上存在局限性，还需通过大量其他地区的实测数据对结论进行进一步验证；②对地质因素的研究还没有考虑突发性事件，主要是区域遭遇强烈地震事件还没有考虑，如 1999 年的台湾集集地震和 2008 年四川汶川地震事件，都极大地改变了所在区域的泥石流形成的地质条件和物源条件，对泥石流的暴发频率的影响非常大，且将持续较长时间；③本节仅分析了地质因素对泥石流暴发频率的影响，并没有考虑降雨、地形等其他影响因素，因此结果还存在偏颇，将来还需要进一步研究降雨与地形的影响和作用，更全面地研究泥石流的暴发频率。

通过对川西地区的 17 个泥石流流域的野外现场调查，获得了泥石流流域的沟道表面粗化层颗粒的岩性及坚固系数、泥石流暴发频率等资料，并在此基础上分析了泥石流暴发频率同岩性坚固系数的关系，最终用其他地区资料验证了这个关系，得出以下结论。

(1)通过对比泥石流形成区与堆积区粗化层的岩性组成和岩性坚固系数，可以得出泥石流形成区与堆积区岩性组成和岩性坚固系数相近，堆积区的岩性组成和岩性坚固系数基本可以代表形成区的岩性组成和岩性坚固系数。

(2)粗化层颗粒岩性坚固系数的野外调查值与地质图分析计算的坚固系数值基本一致，若流域岩性单一符合程度更高。

(3)考虑流域岩性的坚固系数、构造、地震烈度和风化等得出的修正坚固系数与泥石流的暴发频率之间的关系为：泥石流流域岩性修正坚固系数<6.5 为软岩地区，对应中高频率泥石流；坚固系数≥6.5 为硬岩地区，对应(极)低频率泥石流。

(4)用其他地区的39个泥石流流域或区域的主要岩性坚固系数、构造、地震烈度和风化等得出的修正坚固系数以及泥石流暴发频率对比验证结果：与流域或区域岩性坚固系数和泥石流的暴发频率关系相吻合的有33个流域或区域，占总数的84.6%。

1.3 地形条件在水力类泥石流形成中的作用

沟谷型泥石流是造成重大泥石流灾害的主要原因，如1999年委内瑞拉泥石流造成15000人死亡(Lopez et al.，2003)，2010年中国舟曲泥石流造成1744人死亡(余斌等，2010b)等都是沟谷型泥石流造成的。本节着重研究沟谷型泥石流的特点。减轻和防止泥石流灾害需要深入认识泥石流并预测泥石流的发生。预测泥石流的发生必须从泥石流的形成入手。沟谷型泥石流的形成有地形、地质和降水三大条件。地形因素包括流域面积、纵比降、形状因子、发育程度等(Lin et al.，2002，2009；Lan et al.，2004；Ranjan et al.，2004；Catani et al.，2006；Chang and Chao，2006；Chang 2007；Chang and Chien，2007；Lee and Pradhan，2007；Lu et al.，2007；Akgun et al.，2008；Tiranti et al.，2008；Tunusluoglu et al.，2008)；地质因素包括地层年代、岩性、构造、断裂带等因素(Lin et al.，2002；Ohlmache and Davis，2003；Lan et al.，2004；Ranjan et al.，2004；Catani et al.，2006；Lee and Pradhan，2007；Lu et al.，2007；Akgun et al.，2008；Tiranti et al.，2008)；降水条件包括前期降雨、降雨强度(如日降水量、1h降雨强度、30min降雨强度和10min降雨强度)、总降水量等因素(Chang and Chao，2006；Chang，2007；Chang and Chien，2007；Lee and Pradhan，2007；Tiranti et al.，2008)，因此泥石流的形成条件非常复杂。如果分别仅用一个因子就能表示地形、地质和降水条件，研究泥石流的形成条件就容易多了。要研究单一影响因素的泥石流形成条件，如地形条件，必须在相同的地质和降水条件下进行，否则难以找到正确的答案。本节的目的为研究影响形成泥石流的地形因素，因此首先需要找到地质条件和降水条件相同的泥石流流域。寻找地质条件相同的泥石流流域并不难，在相邻地点往往很容易发现地质条件几乎相同的泥石流流域。但要对比降水条件就困难多了，即使是相邻的两个流域，降水也可能完全不同，泥石流发生在山区，由于山区地形的起伏和降水的不均匀性，降水往往会在很近的距离内有较大的变化，因此要研究相同条件下，即相同的地质和降水条件下的地形因素并不容易。2010年发生在汶川地震极重灾区的龙溪河流域群发泥石流为研究影响泥石流形成的地形因子提供了很好的条件：流域内大范围的降雨使得流域内的降水条件几乎一致，在较小的范围内更可以认为降水是完全相同的；在地质条件相同时，可以对比地形因素在泥石流暴发中的作用，使得研究单一条件——地形条件对泥石流形成的影响成为可能。

1.3.1 研究区背景

龙溪河位于四川省都江堰市龙池镇，是岷江的一级支流。龙溪河源出龙溪河流域北端的龙池岗，至南端的楠木园入岷江，流向总体由北向南，流域面积96.78km²；龙溪河全长18.22km，平均流量3.44m³/s，最大流量300m³/s，最小流量0.2m³/s。全流域内最高点为北端的龙池岗山顶，海拔3290m，最低点位于南端紫坪铺水库边，海拔770m，相对高差 2520m。大部分泥石流流域面积都小于 $1.0km^2$，仅个别泥石流沟流域面积大于 $3.0km^2$。

龙溪河流域内出露的岩性以花岗岩、砂岩、泥岩、碳质页岩为主，安山岩、凝灰岩及安山玄武岩次之。龙溪河流域位于汶川地震极震区，汶川地震的发震断裂带从流域的中间穿过。

通过对都江堰市龙池镇区域 1955 年以来 50 余年的气温和降水资料统计分析，龙池镇极端最高气温 35℃，极端最低气温 -4.1℃，年平均气温 12.2℃；年平均降水量 1134.8mm，年平均降水量少于 1000mm 的仅两年，最少年仅 713.5mm(1974 年)，最多年达 1605.4mm(1978 年)。最大月降水量为 592.9mm，最大日降水量达 245.7mm，最大 1h 降水量为 83.9mm，十年一遇 1h 降水量为 71.3mm，二十年一遇 1h 降水量为 74.8mm；最大 10min 降水量为 23.98mm，一次连续最大降水量为 457.1mm，一次连续最长降水时间为 28 天。平均月降水量最多的 8 月平均降水量为 289.9mm，最少的 1 月为 12.7mm。降水主要集中在 5~9 月，这五个月的降水量占全年降水量的 80% 以上。

2010 年 8 月 13 日流域内遭遇大范围强降雨过程，共有 44 处暴发泥石流灾害，其中 34 处沟谷型泥石流，10 处坡面型泥石流，泥石流冲出总量共 $334\times10^4m^3$，大量泥沙淤积在龙溪河下游河道内，使该段河床整体抬升 3~8m，平均淤高 5m，危害公路 4240m，河堤 3130m，233 栋民房受损(图 1.4)，造成经济损失 5.5 亿元，这些灾害主要由沟谷型泥石流造成。尽管龙溪河流域内有的小流域周围有多处泥石流暴发，但这些小流域并没有发生泥石流(见文后彩图 1)。

在龙溪河流域 1:50000 地形图基础上得到了 34 条暴发沟谷型泥石流流域、10 处坡面型泥石流流域和 15 条没有暴发泥石流流域的基本地形因素(表 1.9)。

a. 峰洞岩沟泥石流危害民房　　　　　　b. 黄央沟泥石流淤埋公路(淤埋厚度 7m)

图 1.4　8·13 泥石流毁坏房屋和公路

表 1.9　龙溪河流域泥石流流域地形及地质特征

编号	沟名	岩性	上/下盘	位置 /km	流域面积 A_0/km^2	形成区						泥石流	类型
						A_0 /km²	L_0 /km	H_0 /km	δ_0	J_0	$T = F_0 \times J_0$		
1	王家沟	砂岩/泥岩	下盘	1~4	3.45	0.84	1.47	0.47	0.39	0.34	0.13	是	沟谷
2	磨刀沟	砂岩/泥岩	下盘	1~4	2.76	1.36	2.30	0.89	0.26	0.42	0.11	是	沟谷
3	三神公沟	砂岩/泥岩	下盘	1~4	0.11	0.07	0.37	0.19	0.51	0.60	0.30	是	沟谷

编号	沟名	岩性	上/下盘	位置 /km	流域面积 A_0/km²	形成区						泥石流	类型
						A_0 /km²	L_0 /km	H_0 /km	δ_0	J_0	$T=F_0 \times J_0$		
4	茶马古道	砂岩/泥岩	下盘	1～4	0.23	0.14	0.49	0.20	0.58	0.45	0.26	是	沟谷
5	燕子窝	砂岩/泥岩	下盘	1～4	0.08	0.04	0.29	0.16	0.47	0.66	0.31	是	沟谷
6	煤炭坪	砂岩/泥岩	下盘	1～4	0.26	0.15	0.58	0.31	0.45	0.63	0.28	是	沟谷
7	簸箕沟	砂岩/泥岩	下盘	1～4	0.10	0.05	0.36	0.20	0.39	0.67	0.26	是	沟谷
8	曹家岭沟	砂岩/泥岩	下盘	1～4	0.19	0.09	0.51	0.29	0.35	0.77	0.27	是	沟谷
9	栗子坪	砂岩/泥岩	下盘	1～4	0.14	0.06	0.47	0.33	0.27	0.99	0.27	是	沟谷
10	水打沟	砂岩/泥岩	下盘	1～4	0.39	0.19	0.58	0.35	0.56	0.76	0.42	是	沟谷
11	黄羊沟	砂岩/泥岩	下盘	1～4	0.81	0.35	1.05	0.66	0.32	0.81	0.26	是	沟谷
12	水鸠坪	安山岩	下盘	<1	2.87	2.79	2.43	0.98	0.47	0.44	0.21	是	沟谷
13	八一沟	安山岩	下盘	<1	8.55	5.67	3.73	1.43	0.41	0.42	0.17	是	沟谷
14	麻柳沟	安山岩	下盘	<1	1.01	0.41	1.27	0.65	0.25	0.60	0.15	是	沟谷
15	陈家坡	安山岩	下盘	<1	0.09	0.04	0.30	0.21	0.44	0.89	0.39	是	沟谷
16	蒋家沟	安山岩	下盘	<1	0.40	0.30	0.86	0.53	0.41	0.78	0.32	是	沟谷
17	麻柳槽沟	安山岩	下盘	<1	0.91	0.74	1.42	0.75	0.37	0.62	0.23	是	沟谷
18	李泉太沟	花岗岩	上盘	<1	0.31	0.18	0.70	0.48	0.37	1.02	0.38	是	沟谷
19	木瓜园沟	花岗岩	上盘	<1	0.47	0.37	1.01	0.61	0.36	0.76	0.27	是	沟谷
20	核桃树沟	花岗岩	上盘	<1	0.26	0.11	0.52	0.35	0.40	0.91	0.36	是	沟谷
21	马家屋脊	花岗岩	上盘	<1	0.30	0.26	0.71	0.30	0.52	0.47	0.24	是	沟谷
22	核桃树 3号沟	花岗岩	上盘	<1	0.16	0.09	0.53	0.40	0.32	1.15	0.37	是	沟谷
23	峰洞岩2号	花岗岩	上盘	<1	0.11	0.06	0.37	0.24	0.44	0.82	0.36	是	沟谷
24	碱坪沟	花岗岩	上盘	<1	3.58	1.39	1.95	0.89	0.36	0.51	0.18	是	沟谷
25	纸厂沟	花岗岩	上盘	<1	2.8	1.50	2.42	1.16	0.26	0.55	0.14	是	沟谷
26	孙家沟	花岗岩	上盘	1～4	1.54	1.02	1.71	0.82	0.35	0.55	0.19	是	沟谷
27	双养子沟	花岗岩	上盘	1～4	2.45	1.27	1.98	0.94	0.35	0.54	0.17	是	沟谷
28	冷浸沟	花岗岩	上盘	1～4	2.89	1.28	1.90	0.89	0.35	0.53	0.19	是	沟谷
29	椿芽树沟	花岗岩	上盘	1～4	0.64	0.42	1.09	0.73	0.35	0.90	0.32	是	沟谷
30	漆树坪沟	花岗岩	上盘	1～4	0.48	0.38	0.83	0.45	0.55	0.65	0.35	是	沟谷
31	猪槽沟	花岗岩	上盘	4～8	2.50	1.21	1.98	1.05	0.31	0.63	0.19	是	沟谷
32	烂泥沟	花岗岩	上盘	4～8	0.99	0.26	1.04	0.75	0.24	1.07	0.26	是	沟谷
33	长河坝沟	花岗岩	上盘	4～8	0.76	0.28	1.03	0.70	0.26	0.93	0.24	是	沟谷
34	斑鸠岗1号	花岗岩	上盘	4～8	0.17	0.11	0.51	0.30	0.42	0.73	0.31	是	沟谷
35	谭家屋脊	花岗岩	上盘	<1						0.47		是	坡面
36	桂花树	花岗岩	上盘	<1						0.73		是	坡面
37	陡洪口	花岗岩	上盘	1～4						0.49		是	坡面

续表

编号	沟名	岩性	上/下盘	位置/km	流域面积 A_0/km²	形成区						泥石流	类型
						A_0/km²	L_0/km	H_0/km	δ_0	J_0	$T=F_0 \times J_0$		
38	斑鸠岗	花岗岩	上盘	4~8						0.73		是	坡面
39	斑鸠岗 2 号	花岗岩	上盘	4~8						0.47		是	坡面
40	廖家沟	安山岩	下盘	<1						0.58		是	坡面
41	黄柏槽	安山岩	下盘	<1						0.34		是	坡面
42	沙子坪	安山岩	下盘	<1						0.47		是	坡面
43	白果堂	砂岩/泥岩	下盘	1~4						0.40		是	坡面
44	水井槽	砂岩/泥岩	下盘	1~4						0.67		是	坡面
45	公家沟	砂岩/泥岩	下盘	1~4						0.29		是	坡面
46	1#	砂岩/泥岩	下盘	1~4	0.80	0.34	0.95	0.41	0.38	0.48	0.18	否	沟谷
47	2#	砂岩/泥岩	下盘	1~4	0.16	0.08	0.52	0.26	0.30	0.58	0.17	否	沟谷
48	3#	砂岩/泥岩	下盘	1~4	0.28	0.22	0.75	0.37	0.39	0.57	0.22	否	沟谷
49	4#	砂岩/泥岩	下盘	1~4	0.16	0.10	0.60	0.30	0.28	0.58	0.16	否	沟谷
50	5#	砂岩/泥岩	下盘	1~4	0.29	0.13	0.55	0.25	0.43	0.51	0.22	否	沟谷
51	6#	砂岩/泥岩	下盘	1~4	0.42	0.20	0.67	0.30	0.44	0.50	0.22	否	沟谷
52	7#	砂岩/泥岩	下盘	1~4	0.47	0.23	0.79	0.31	0.37	0.43	0.16	否	沟谷
53	8#	砂岩/泥岩	下盘	1~4	0.12	0.06	0.45	0.23	0.30	0.60	0.18	否	沟谷
54	9#	砂岩/泥岩	下盘	1~4	0.25	0.07	0.50	0.31	0.28	0.79	0.22	否	沟谷
55	10#	砂岩/泥岩	下盘	1~4	3.68	1.83	2.06	0.44	0.43	0.22	0.09	否	沟谷
56	11#	砂岩/泥岩	下盘	4~8	0.11	0.06	0.39	0.23	0.39	0.73	0.28	否	沟谷
57	12#	灰岩	下盘	4~8	0.03	0.02	0.22	0.16	0.41	1.06	0.43	否	沟谷
58	13#	花岗岩	上盘	<1	0.08	0.03	0.36	0.16	0.23	0.50	0.11	否	沟谷
59	14#	花岗岩	上盘	1~4	1.34	1.01	1.26	0.19	0.64	0.15	0.10	否	沟谷
60	15#	花岗岩	上盘	4~8	1.04	0.28	1.18	0.74	0.20	0.81	0.16	否	沟谷

　　泥石流活动集中在汶川地震发震断裂带附近，在发震断裂带附近 1km 范围内，集中了 8·13 暴发的 34 处沟谷型泥石流中的 14 处，其中上盘 8 处，下盘 6 处。距发震断裂带 1~4km 范围内，集中了 16 处沟谷型泥石流，其中上盘 5 处，下盘 11 处。距发震断裂带 4~8km 范围内，有 4 处沟谷型泥石流，全部在上盘。

　　泥石流活动受岩性和地形的影响，龙溪河流域泥石流沿龙溪河的分布有三段截然不同的特征：①在映秀—北川断裂南支上游（含断裂带）的龙溪河段，泥石流的分布基本是沿两岸均匀分布，左右岸分别有 16 处和 14 处沟谷型泥石流；②在映秀—北川断裂南支下游（不含断裂带），飞来峰构造上游的龙溪河段，泥石流的分布全部是沿右岸分布，共有 14 处沟谷型泥石流，而左岸没有泥石流灾害点；③飞来峰构造下游泥石流不发育，两岸都没有泥石流灾害点。形成这样的泥石流分布规律的原因如下：①在映秀—北川断裂南支上游（含断裂带）的主河两侧主要岩性为灰绿色安山岩、凝灰岩、安山玄武岩以及花岗岩，两岸山坡坡度相似，都非常陡峻，因此都有较多的泥石流分布；②在映秀—北川断裂南支下游(不含断裂带)和飞来峰构造之间主河两侧主要岩性为砂岩、泥岩、碳质页岩,但左岸山坡坡度较右岸山坡坡度平缓,因此右岸泥石流较多,而左岸泥石流不发育;③在飞来峰构造下游右岸主要岩性为石炭系灰岩,山坡坡度比龙溪河上游龙池湖附近的山坡坡度平缓,因此泥石流不发育;左岸主要岩性为二叠系下统梁山组砂岩和页岩,但左岸山坡坡度较平缓,泥石流也不发育。

泥石流流域以小流域为主,流域面积≤1km² 的沟谷型泥石流有 20 处,流域面积在 1~3km² 的沟谷型泥石流有 11 处,流域面积>3km² 的泥石流仅有 3 处。

1.3.2　影响泥石流形成的地形因子

流域内大范围的降雨使得流域内的降水条件几乎一致,在较小的范围内更可以认为降水条件是完全相同的;相近位置的地质条件也一致时,地形条件就成为决定泥石流形成的唯一因素。

地形因素包括流域面积、纵比降、形状因子、发育程度等。但不同位置的地形因素具有不同的作用。图 1.5 是典型的沟谷型泥石流的分区图。沟谷型泥石流流域可以分为形成区、流通区和堆积区。形成区是泥石流的形成区域;流通区是泥石流形成运动的区域;堆积区是泥石流最终堆积的区域。对泥石流的形成产生影响的区域主要在形成区,而流通区和堆积区对泥石流形成的影响很小。因此,研究影响泥石流形成的地形因素应该以形成区的地形因素为主。当较大流域有支沟,有 2 个或更多的形成区时,选取最容易暴发泥石流的支沟形成区作为研究对象。

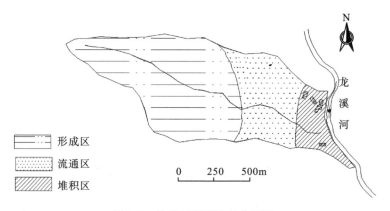

图 1.5　沟谷型泥石流的分区图

地形因素的表达有:全流域面积 $A(\text{km}^2)$;形成区面积 $A_0(\text{km}^2)$;形成区沟道长 L_0(km);形成区高差 H_0(km);形成区周长 W_0(km);形成区纵比降 $J_0 = H_0/L_0$;形成区形状因子 $F_0 = A_0/L_0^2$;形成区发育程度 $D_0 = H_0/W_0$。研究龙溪河流域的泥石流流域形成区的纵比降和发育程度后得出,形成区的纵比降和发育程度成正线性关系,因此可以忽略发育程度因子。形成区形状因子和纵比降这两个无量纲量作为主要的地形因子对泥石流的形成有很大的影响:形状因子越大,对水流汇流越有利,越有利于形成较大的洪水,形成泥石流;纵比降越大,为水流和泥沙提供的势能越大,越有利于泥石流的形成。

小泥石流流域的沟道较短,因此其纵比降较大。为了能区别研究小流域的地形因素,将龙溪河流域的泥石流分为两类:全流域面积≤1km² 的小流域和全流域面积>1km² 的大流域。

引入泥石流形成区地形因子 T：

$$T = F_0 J_0 = \frac{A_0 H_0}{L_0^3} \tag{1.1}$$

从图 1.6～图 1.11 可以看出，用地形因子 T 可以很好地区别泥石流与非泥石流的暴发：较大的地形因子 T 容易暴发泥石流，小的地形因子 T 暴发泥石流的条件(降雨条件)更高。在相同的降水和地质条件下，地形因子 T 越大，越容易形成泥石流；总体上发震断裂带的上盘流域比下盘流域形成泥石流所需的地形因子 T 小；距断裂带越远，形成泥石流的地形因子 T 越大(图 1.12)；全流域面积在 1km^2 以下的流域形成泥石流的地形因子 T 远大于 1km^2 以上流域。石灰岩地区形成泥石流所需要的地形因子 T 大于砂岩地区形成泥石流的地形因子。因此在龙溪河流域用形成区地形因子 T 这一个因子就可以代表泥石流形成的地形条件。如果这个结果在其他地区也成立，形成区地形因子 T 将可以替代其他地形因素表示沟谷型泥石流形成的地形条件，使泥石流的研究更简单、容易。

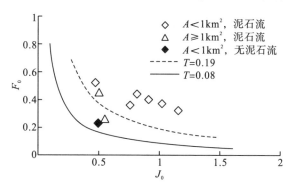

图 1.6 距发震断裂带上盘 1km 内的泥石流流域形成区形状因子-纵比降图

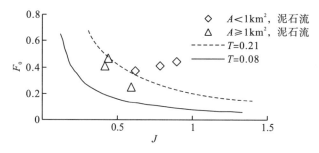

图 1.7 距发震断裂带下盘 1km 内的泥石流流域形成区形状因子-纵比降图

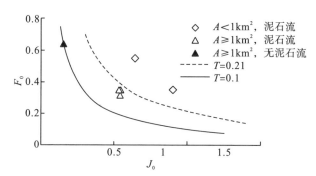

图 1.8 距发震断裂带上盘 1～4km 内的泥石流流域形成区形状因子-纵比降图

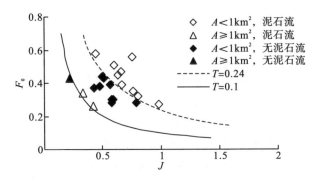

图 1.9 距发震断裂带下盘 1~4km 内的泥石流流域形成区形状因子-纵比降图

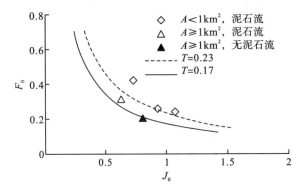

图 1.10 距发震断裂带上盘 4~8km 内的泥石流流域形成区形状因子-纵比降图

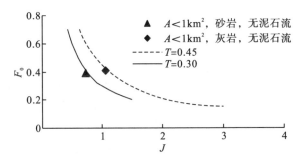

图 1.11 距发震断裂带下盘 4~8km 内的泥石流流域形成区形状因子-纵比降图

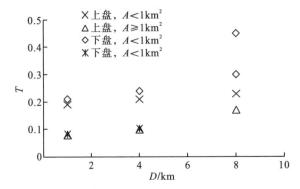

图 1.12 距发震断裂带的距离与地形因子 T 的临界值关系

1.3.3 小结

研究单一影响因素的泥石流形成条件，如地形条件，在相同的地质和降水条件下进行才能找到正确的答案。2010 年发生在汶川地震极重灾区的龙溪河流域群发泥石流为研究影响泥石流形成的地形因子提供了很好的条件。大范围的降雨使流域内的降水条件一致，相邻位置的地质条件也一致时，地形条件就成为决定泥石流形成的唯一因素。在对比了 34 条暴发沟谷型泥石流流域和 15 条没有暴发泥石流的流域形成区的地形因子 T 后得出如下结论。

(1)在相同的降水和地质条件下，地形因子 T 越大，越容易形成泥石流；

(2)发震断裂带的上盘流域比下盘流域形成泥石流所需的地形因子 T 小；

(3)距断裂带越远，形成泥石流的地形因子 T 越大；

(4)全流域面积在 1km² 以下的流域形成泥石流的地形因子 T 远大于 1km² 以上流域。

1.4 水力类泥石流起动的实验研究

5·12 汶川特大地震后，在强震区由地震诱发大量崩塌滑坡碎屑物堆积在泥石流沟道中，后续的强降雨形成洪水冲刷沟床堆积体，从而起动固体物质形成泥石流，是典型的后发型地震泥石流。在地震后相当长的时期内，崩塌滑坡仍然相当活跃，滑坡的活动尤为突出，在未来 5~10 年泥石流活动转为旺盛(唐川，2008)，如西藏察隅地震后，古乡沟自 1953 年起的 40 年内，间断暴发特大、大、中、小规模不等的泥石流近 1000 次(刘树根等，1995；朱平一等，1999)。震后泥石流起动和运动方式发生明显变化，震后泥石流起动的主要形式为：强降雨使洪水形成"消防水管效应"(Coe et al.，1997)，沟道水流快速集中，并强烈冲刷沟床中的松散固体物质，导致沟床物质起动并形成泥石流。Meyer 和 Wells(1997)强调了坡面细颗粒的补给加上沟道中粗颗粒的参与是这类泥石流起动的重要因素。由于震后各流域松散物质特别丰富，即使较小流域面积的泥石流的冲出量也比震前一般泥石流大得多，在与震前相当的降水条件下，震后形成泥石流的规模和危害更大(游勇和柳金峰，2009)，对这类泥石流的研究显得尤为重要。但目前还没有深入研究这类泥石流的形成条件，尤其是其形成的水力条件，相关研究主要还是颗粒的起动研究。有关颗粒起动的研究多集中在河床颗粒的起动上，绝大多数的起动坡度较小，而泥石流形成的坡度一般都大于 5°。研究大坡度的颗粒起动的成果较少，其起动颗粒的粒径也较泥石流形成的起动颗粒小很多，粒径分布也较窄，不同于泥石流的起动粒径的较大和较宽分布(陈奇伯等，1996；窦国仁，1999；何文社等，2002，2003b)。

本书在前人研究斜坡颗粒起动的基础上，采用室内实验研究的方法得到洪水起动沟床物质形成泥石流的机理和临界起动水力条件，为震后地震灾区泥石流的预测，防灾减灾提供依据。

1.4.1 实验设计和过程

1.4.1.1 实验装置

实验是采用成都理工大学地质灾害防治与地质环境保护国家重点实验室的泥石流动

力模拟装置进行的。实验装置主要由储供水系统、水槽和控制系统组成。水槽共分为两段，本次实验中主要用水槽的上半段，水槽长 8.0m、宽 0.352m、高 0.5m，水槽底部为波纹钢板，糙率系数 $n=0.01$，水槽底坡坡度可以通过液压系统调节，坡度变坡范围为 $7°\sim20°$，实验供水由上游水池放出水流到水槽中。

1.4.1.2　主要实验参数

(1)实验材料：泥石流沟道内颗粒的磨圆度较小，多为棱角状，故选择用 $10\sim60mm$ 的碎石作为粗颗粒，细颗粒部分采用粗沙和细沙。

(2)颗粒级配：泥石流的颗粒粒径范围较广，实验中采用两种级配来模拟野外泥石流沟道中的物质组成。一种为不均匀系数($C_u=d_{60}/d_{10}$)为 26 的非均匀沙，一组为不均匀系数为 4.1 的均匀沙(表 1.10)。

表 1.10　实验颗粒级配表

粒径/mm	百分比含量/%								d_{10}/mm	d_{50}/mm	d_{60}/mm	C_u
	<60	<20	<10	<5	<1	<0.5	<0.25	<0.074				
级配一	100	56	44	40	12.4	7.78	5.8	0.7	0.9	15	23	26
级配二	100	36	14	9.52	1.48	0.93	0.7	0.1	7.3	25	30	4.1

(3)实验坡度：泥石流沟形成区的坡度一般较大，多数在 5°以上。结合室内实验装置的可变坡范围(7°~20°)，选择五个坡度进行实验研究，分别为 10°、12°、14°、16°、18°。

(4)实验流量：在每组实验中控制流量的变化，由较小流量逐渐增加，每次增加流量后稳定 5min 观测颗粒的起动状态，如没有变化就再增加流量，再观察颗粒起动状态，直到起动形成泥石流。实验中根据观察颗粒的起动状态，分别记录个别起动、少量起动和泥石流形成时的水流流量以及水深。

1.4.1.3　实验过程

本节的研究重点是泥石流形成时的临界起动流速。实验前先把配制好级配的泥沙搅拌均匀后铺床，表面无明显粗化层。在距上游入口 6m，距下游 1.7m 的位置，设长为 30cm 的起动观测段，观测颗粒的起动状态。在实验中通过改变上游清水流量实现颗粒起动。颗粒的起动可以分为三种情况：个别起动、少量起动、大量起动(何文社等，2002，2003b)，本节的研究还需要研究泥石流形成时的临界起动流速以及颗粒的起动状态。实验初期的较小清水流量并不能带走较粗颗粒，只有部分细沙被起动带走。当流量逐渐增加到个别起动流量时，有较粗颗粒零星起动，但运动很短距离即停止，这时不改变流量无法引起其他颗粒的起动形成少量起动。这种情况的起动概率为 $P_{C1}=0.00135$(何文社等，2004)。

随后加大流量，起动的颗粒数量增加，在达到少量起动概率标准 $P_{C2}=0.0227$(何文社等，2004)时，形成少量的颗粒起动，但是无法带动底层颗粒起动，还无法形成泥石流，即少量起动时无法形成泥石流。

再加大流量后，起动概率为 0.05 时，这时的颗粒起动引起了下层颗粒的起动，形成了泥石流，但是此时的起动概率小于颗粒的大量起动标准 $P_{C3}=0.159$(何文社等，2004)。

因此，形成泥石流的起动概率介于少量起动和大量起动之间，约为少量起动的 2 倍，大量起动的 1/3。

泥石流的形成过程中还出现明显的成层起动的现象，即上层起动后带动下层颗粒起动，由部分起动引起底层颗粒大量起动最终形成泥石流。这种现象在不均匀系数越大的情况下越明显，在小均匀系数的时候不明显，但仍有部分起动引起底层颗粒大量起动最终形成泥石流的现象，这是底层颗粒的不均匀性造成的：当表层颗粒出现少量起动且起动逐渐增加时，底层颗粒的保护层被逐渐揭开，颗粒分布较广的泥沙被成层起动，形成大规模起动状态。这也是泥石流能够在大量起动概率的 1/3 时形成的原因。

1.4.2　实验结果

1.4.2.1　天然沙起动流速

天然河流的底坡坡度都较小，山区河流底坡坡度稍大，而泥石流的形成区的沟道坡度则很大。何文社(窦国仁，1999)等研究了在不同底坡，不同起动状态下的天然均匀沙的起动条件，给出了不同起动状态下的起动流速公式，并验证了陈奇伯等(1996)、何文社等(2003b)的实验。

$$
\left.
\begin{array}{l}
V = F(1+\varepsilon)^{1/2}(f\cos\beta - \sin\beta)^{1/2}d^{1/3}h^{1/6} \\
F = \begin{cases} 4.69, \text{个别起动} \\ 5.69, \text{少量起动} \end{cases}
\end{array}
\right\}
\tag{1.2}
$$

式中，V 为起动流速，m/s；ε 为床面泥沙颗粒相对荫暴系数，0~1；f 为床面沙粒间的摩擦系数，0.63；β 为床面与水平面的夹角，即底坡坡度，°；d 为泥沙颗粒粒径，一般为颗粒中值粒径 d_{50}，m；h 为起动水深，m。

何文社等(2003b)、陈奇伯等(1996)在前人研究的基础上推导了斜坡上天然非均匀沙不同起动状态时的起动流速公式，式(1.3)为非均匀沙个别起动和少量起动时的流速公式，与式(1.2)天然均匀沙的区别主要是 F 的取值不同：

$$
\left.
\begin{array}{l}
V = F(1+\varepsilon)^{1/2}(f\cos\beta - \sin\beta)^{1/2}d^{1/3}h^{1/6} \\
F = \begin{cases} 5.9, \text{个别起动} \\ 7.2, \text{少量起动} \end{cases}
\end{array}
\right\}
\tag{1.3}
$$

在泥沙起动的研究中，所研究的泥沙多数为天然沙，颗粒粒径都比较小，其中值粒径和非均匀系数范围为：天然均匀沙的中值粒径在 0.35mm 左右，而其不均匀系数在 3 以下；天然非均匀沙的中值粒径为 1.2~5.2mm，其不均匀系数 C_u 值在 6 以上(韩文亮等，1998；何文社等，2002)。

式(1.2)和式(1.3)所采用的颗粒粒径相当，但起动系数 F 却有差别，说明天然沙的起动流速除了与粒径、坡度、起动水深、荫暴系数和摩擦系数有关外，还与其不均匀系数有一定的关系，不均匀系数越大，所需要的临界起动流速越大，所对应的 F 值越大。

1.4.2.2　临界起动条件与中值粒径和坡度的关系

泥石流形成的模拟实验研究中分别记录个别起动、少量起动和泥石流形成时的流量和水深，由流量和水深计算得到对应的单宽流量 $q[\text{m}^3/(\text{s}\cdot\text{m})]$ 和平均速度 $V(\text{m/s})$，实验结果见表1.11。

表 1.11　不同起动状态的实验结果

坡度 J/度（°）	d_{50}/mm	q/[m³/(s·m)]			V/(m/s)		
		个别起动	少量起动	泥石流形成	个别起动	少量起动	泥石流形成
10	15	0.0052	0.0120	0.0140	1.03	1.07	1.26
	25	0.0078	0.0180	0.0230	1.16	1.22	1.44
12	15	0.0043	0.0066	0.0082	0.96	1.01	1.19
	25	0.0068	0.0155	0.0190	1.13	1.19	1.40
14	15	0.0028	0.0061	0.0077	0.88	0.92	1.08
	25	0.0063	0.0130	0.016	1.12	1.16	1.37
16	15	0.0026	0.0057	0.0071	0.85	0.88	1.04
	25	0.0057	0.0118	0.0150	1.09	1.14	1.34
18	15	0.0023	0.0052	0.0064	0.81	0.87	1.02
	25	0.0051	0.0110	0.0130	1.07	1.12	1.32

　　由表1.11的实验数据作出个别起动、少量起动和泥石流形成时平均流速 V 随中值粒径 d_{50} 和坡度 J 的变化关系图，如图1.13和图1.14所示。

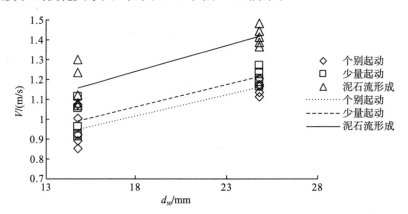

图 1.13　不同起动状态起动流速与 d_{50} 的关系

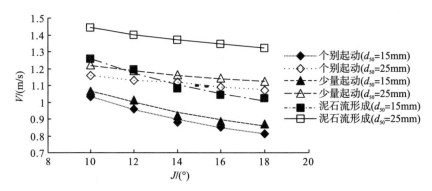

图 1.14　不同起动状态起动流速与坡度的关系

通过图 1.13 和图 1.14 可以得出，在坡度一定的条件下，个别起动、少量起动和泥石流形成时，所需要的临界起动流速随着中值粒径 d_{50} 的增加而增加；而当中值粒径一定时，个别起动、少量起动和泥石流形成时，所需要的临界起动流速随着坡度的增加而减小。

1.4.2.3 与其他研究成果对比

何文社(陈奇伯等，1996；窦国仁，2003b)等研究了天然均匀沙和非均匀沙的起动条件，用式(1.2)和式(1.3)分别计算个别起动和少量起动的平均流速与坡度的关系，与实验结果对比见图 1.15 和图 1.16。

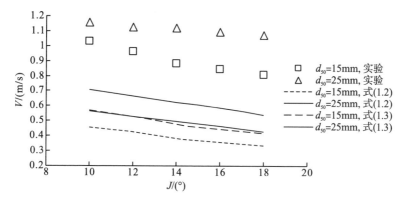

图 1.15 个别起动的平均流速与坡度的关系

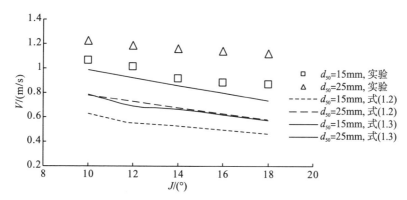

图 1.16 少量起动的平均流速与坡度的关系

实验结果与式(1.2)和式(1.3)的对比可以得出：室内实验结果的趋势与式(1.2)和式(1.3)的趋势是一致的，但是起动所需要的平均流速是式(1.2)和式(1.3)计算结果的 1.28~2.46 倍，其中与式(1.2)的差别较大，与式(1.3)的差别较小。少量起动的实验速度较式(1.3)的计算速度大 28%~46%，个别起动的实验速度较式(1.3)的计算速度大 71%~95%。本节实验研究结果与何文社的研究结果存在差异的原因主要有如下几个方面。

(1)式(1.2)和式(1.3)所研究的颗粒为天然的均匀沙和非均匀沙，天然均匀沙的中值粒径为 0.35mm，天然非均匀沙的中值粒径为 1.2~5.2mm(韩文亮等，1998；何文社等，2002)。何文社两个公式的研究中均匀沙所对应的中值粒径为 0.75mm、1.5mm 和

3.5mm，非均匀沙的中值粒径为 1.5mm 和 3.5mm。本节实验所采用的泥沙为大粒径 ($d_{50}=25$mm) 和大不均匀系数 ($C_u=26$)，中值粒径比式(1.2)和式(1.3)所用颗粒中值粒径大很多：均匀沙的中值粒径比式(1.2)和式(1.3)中所采用的最大颗粒中值粒径大 7.1 倍，非均匀沙中值粒径比式(1.2)和式(1.3)中所采用的最大颗粒中值粒径大 4.3 倍，较大的颗粒粒径可能超出了式(1.2)和式(1.3)的适用范围。

(2)泥沙颗粒的起动与颗粒的不均匀系数也有很大的关系，这种关系在天然均匀沙和不均匀沙的研究中就已经存在。式(1.2)和式(1.3)研究的是天然均匀沙和天然非均匀沙，两种沙的中值粒径相当，但天然均匀沙的不均匀系数一般在 3 以下，而天然非均匀沙的不均匀系数在 6 以上，即天然非均匀沙的不均匀系数比天然均匀沙的不均匀系数大 2~3 倍，其结果是同样的颗粒粒径条件下天然非均匀沙的个别起动和少量起动的系数 F 比天然均匀沙的个别起动和少量起动的系数 F 分别增加了 26％和 27％(韩文亮等，1998；何文社等，2002)。而本研究的实验中颗粒的不均匀系数最大为 26，较式(1.3)的不均匀系数大 3~4 倍，因此颗粒的不均匀使颗粒的起动速度增大，其起动速度大于式(1.3)的计算速度。

(3)实验中少量起动的速度较式(1.3)的计算速度大 28％~46％，个别起动的速度较式(1.3)的计算速度大 71％~95％，少量起动的计算速度比较接近实验速度，这可能与本实验研究条件下的"成层起动的现象"有关，即实验条件是在表层下还有很多颗粒被覆盖，当表层被起动后，表层下的颗粒，特别是细小颗粒，将很容易被起动，形成更容易起动的现象。这种现象在形成泥石流时更明显。因此在起动颗粒较多时，本节实验研究与式(1.3)的计算更接近。

通过室内实验数据与式(1.2)和式(1.3)的比较，实验数据与式(1.2)和式(1.3)在趋势上一致，这说明了实验研究具有一定的正确性。式(1.2)和式(1.3)针对的天然沙的粒径比较小，不均匀系数也较小，对泥石流沟道内的大颗粒和较大不均匀系数的泥沙的计算缺乏准确性。对于泥石流沟道内的大颗粒和不均匀系数较大的泥沙，其起动流速与天然沙起动流速的差距可以采用改进的系数 F 对式(1.3)进行适当的修正，获得大颗粒和不均匀系数较大泥沙的起动流速。修正之后个别起动、少量起动和泥石流形成时的流速公式如下：

$$V_c = F(1+\varepsilon)^{1/2}(f\cos\beta - \sin\beta)^{1/2}d^{1/3}h^{1/6}$$

$$F = \begin{cases} 10.2,\text{个别起动} \\ 10.4,\text{少量起动} \\ 11.6,\text{泥石流形成} \end{cases} \qquad (1.4)$$

式(1.4)计算的个别起动、少量起动和泥石流形成时的流速 V_c 与实验流速 V_m 的对比如图 1.17。

式(1.4)与式(1.2)和式(1.3)的不同点在系数 F 的差别，式(1.4)的个别起动系数 F 比式(1.2)和式(1.3)的个别起动系数 F 分别大 117％和 73％，式(1.4)的少量起动系数 F 比式(1.2)和式(1.3)的少量起动系数 F 分别大 83％和 44％。式(1.4)来自于本节实验结果的拟合，实验中所用中值粒径为 15mm 和 25mm，泥沙不均匀系数分别为 26 和 4.1，因此其适用范围为最大泥沙颗粒粒径在 25mm 左右，最大泥沙不均匀系数在 30 左右。对于泥沙颗粒粒径和泥沙不均匀系数更大的泥沙起动条件，式(1.4)是否适用，还需进一步的研究。

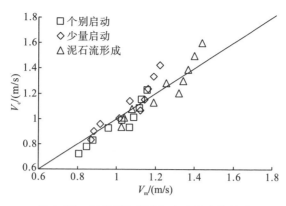

图 1.17 起动平均流速与实验流速的关系

1.4.3 小结

本节通过室内实验研究洪水起动沟床物质形成泥石流的机理和临界起动水力条件，得出了大颗粒粒径和大不均匀系数的泥沙和泥石流起动临界水流速度条件，得出如下结论。

(1)泥石流形成时的颗粒起动条件介于少量起动和大量起动之间，临界起动概率为0.05，约为少量起动的 2 倍，大量起动的 1/3。

(2)泥石流形成的临界流速随起动颗粒的中值粒径的增加而增加，随沟床坡度的增加而减小；颗粒的不均匀系数越大，起动所需的临界流速也越大。

(3)修正的泥沙起动和泥石流起动公式适用于颗粒粒径和不均匀系数较大的泥沙起动条件。

1.5 堰塞湖溃决形成泥石流的实验研究

5·12 汶川特大地震后，震区泥石流沟道内存在大量地震诱发滑坡形成的堰塞坝，也有许多潜在的滑坡可能在降雨的作用下活动形成堰塞坝。堰塞坝溃决后极易形成泥石流，其形成过程和减灾对策都不同于一般的暴雨泥石流，如位于震区的都江堰虹口大干沟 2009 年 7 月 17 日发生的泥石流灾害，就是由于 2008 年 5·12 汶川地震作用形成松动的山体在强降雨作用下发生滑坡堵塞沟道，在强大洪水作用下溃决形成的，是典型的地震泥石流(张健楠等，2010)；四川省平武县唐房沟震后发生的泥石流灾害则是由于流域内地震诱发的滑坡堵塞沟道，造成泥石流规模增大(柳金峰等，2010)；另外还有汶川茶园沟、七盘沟等，沟内均存在地震诱发的堰塞坝，虽然至今未暴发泥石流，但堰塞体的存在，增大了沟道形成大规模泥石流的危险性。

堰塞体溃决过程是水、土两相介质相互作用的复杂过程，而堰塞坝漫顶溃决是其最常见的溃决方式(Xu et al.，2009)。目前，对堰塞体溃决因素的研究主要集中在两方面：堰塞坝以及堰塞湖的几何特性和堰塞坝堆积物的性质(Fread，1985；Costa and Schuster，1988)。对这两个方面很多学者采用水槽试验的手段对其溃决机理进行了研究，朱勇辉等(2011)进行了 5 组堰塞坝溃决试验，采用粉砂、黏土、砂组成不同的坝体，得到了坝体溃决时的断面变化曲线，指出不同材料组成的堤坝的溃决冲刷的速度有差异。张大伟等

(2011)采用两种粒径相差较大的砂样进行了无黏性均质坝漫顶溃决试验，并对溃决现象进行描述，邓明枫等(2011)进行了弱固结与松散堰塞体的不同破坏形式与流量过程的实验研究，张建云等(2009)针对我国现有土石坝黏粒含量范围，开展了国内外最高均质黏土坝漫顶溃决实体试验，并提出坝体材料的黏性对溃决特征有一定影响。

尽管目前已经进行了大量的实验研究并取得了一些认识，但当前对溃决机理的掌握仍然不尽如人意。本节以室内实验为基本手段，研究沟道内堰塞体溃决机理及特征，并研究由沟道内堰塞体溃决形成泥石流的条件，为防治泥石流灾害提供依据。

1.5.1　实验设计

1.5.1.1　实验装置

实验采用成都理工大学地质灾害防治与地质环境保护国家重点实验室的泥石流动力模拟装置。实验装置主要由储供水系统、水槽和控制系统组成。水槽共分为两段，本节实验使用的是水槽的下半段，该段水槽长 10.0m、宽 0.386m、高 0.5m，水槽底部为波纹钢板，糙率系数 $n=0.01$，水槽底坡坡度可以通过液压系统调节，坡度变坡范围为 $2°\sim 12°$，实验中采用水箱供水，水量通过水阀调节，流量通过测量单位时间内流出水体的体积得到。

1.5.1.2　实验参数

1. 实验中各实验参数

实验中的各实验参数如表 1.12 所示。

表 1.12　实验参数

实验参数	参数说明
沟床坡度	恒定坡度 5°
坝体尺寸	坝体概化为梯形体，坝高为 0.25m，坝顶宽为 0.4m
坝体坡度	堰塞体迎水面、背水面坡度均为休止角
堰塞体密实度	模拟刚由滑坡形成的堰塞坝，实验中对堰塞体模型均不进行压实，为天然松散堆积状态

2. 级配特征

本实验主要研究不同级配组成的堰塞体临界溃决条件，实验级配如表 1.13。

1)堰塞坝临界流量实验

实验颗粒级配以 d_{50} 和 C_u 为主要控制因素，d_{50} 为一个样品的累计粒度分布百分数达到 50% 时所对应的粒径，不均匀系数 C_u 是反映土颗粒粒径分布均匀性的系数，定义为限制粒径(d_{60})与有效粒径(d_{10})之比值(卢廷浩，2002)。实验中 d_{50} 分别为 5mm、10mm、20mm，不均匀系数 C_u 在不同的 d_{50} 条件下有不同的值，范围在 2.4~131.6。实验级配共有 16 组，详见表 1.13。实验共分 16 个组次。

2)增大来流流量实验

以临界溃决流量为基数，增大上游来流流量，堰塞坝组成由两种级配组成：表 1.13 中的级配 6 和 10。实验共有 4 个组次。

表 1.13　堰塞坝颗粒级配

级配	0~5mm/kg	5~10mm/kg	10~20mm/kg	20~50mm/kg	总质量/kg	d_{10}/mm	d_{50}/mm	d_{60}/mm	C_u
1	55.00	27.50	16.50	11.00	110.00	1.00	5.00	7.00	7.00
2	55.00	11.00	33.00	11.00	110.00	0.50	5.00	10.00	20.00
3	61.95	32.60	21.59	—	116.14	0.18	5.00	6.50	36.11
4	55.00	27.50	16.50	11.00	110.00	0.19	5.00	7.00	36.84
5	55.00	11.00	16.50	27.50	110.00	0.19	5.00	10.00	52.63
6	55.00	11.00	33.00	11.00	110.00	0.19	5.00	10.00	52.63
7	55.00	5.50	22.00	27.50	110.00	0.19	5.00	14.00	73.68
8	55.00	—	—	55.00	110.00	0.19	5.00	25.00	131.58
9	11.00	44.00	55.00	—	110.00	5.00	10.00	12.00	2.40
10	27.50	27.50	27.50	27.50	110.00	0.60	10.00	14.00	23.33
11	19.00	36.00	30.00	25.00	110.00	1.00	10.00	15.00	15.00
12	44.00	11.00	11.00	44.00	110.00	0.25	10.00	20.00	80.00
13	11.00	16.50	27.50	55.00	110.00	5.00	20.00	25.00	5.00
14	27.50	5.50	22.00	55.00	110.00	0.60	20.00	25.00	41.67
15	19.00	15.00	21.00	55.00	110.00	1.00	20.00	25.00	25.00
16	30.00	5.00	15.00	50.00	100.00	0.45	20.00	25.00	55.56

1.5.2　实验过程及结果

1.5.2.1　堰塞坝溃决

实验中采取逐渐增大上游来流流量直至堰塞体溃决的方法，获取临界溃决流量。实验中在上游来流流量近于水流漫顶时，保持来流流量不变 5min，如堰塞体未溃决，则继续增大水流量并保持流量不变 5min，如堰塞体未溃决，再增加流量，直到堰塞体溃决，其上游流量即为临界溃决流量。

通过观测堰塞体的溃决过程，得出实验中典型的溃决过程为：堰塞湖形成—堰塞坝体渗流—漫顶—冲刷—溃决。详细过程如下：①在上游持续来流状况下，其来流流量大于堰塞体渗流流量时，水位逐渐升高至漫顶，漫顶水流开始冲刷堰塞体下游坡面，坝顶与坝下游坡面之间的过渡区为最早和最主要的冲刷位置(图 1.18)；②过渡区被冲刷后，冲刷向上游方向逐渐形成溯源侵蚀冲刷，溃口变化以下切为主，横向扩展较小，一旦溯源冲刷至堰塞湖湖面处，便形成一个连通的溃口(图 1.19)；③溃口连通后，堰塞湖库区洪水开始下泄，随着洪水下泄，溃口也在增大，溃决流量逐渐增大，下泄的洪水加速了堰塞体的溃决过程，下泄的水流流速较大，水流挟沙力亦较大，水流冲蚀能力较强，溃口此时向两个方向同时快速扩展，即横向展宽，垂向下切，溃口两侧土体发生崩滑，溃口下部土石被冲刷起动(图 1.20)；④随着堰塞体库区水量逐渐减小，下泄流量经历了洪峰流量之后，水流的冲刷能力减小，溃口展宽减缓，侵蚀以水流冲刷溃口底面为主，直至溃口深度和宽度趋于稳定(图 1.21)。

图 1.18　溢流初始阶段

水流方向由左向右，下同

图 1.19　溃口连通

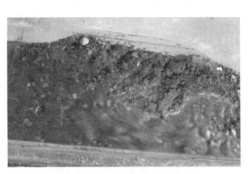

图 1.20　溃口快速下切扩宽

图 1.21　溃决后溃口稳定

实验溃决过程中还存在两种重要现象：一为"陡坎"，二为坝下游边坡失稳。

"陡坎"是指水流床面在高程上垂直或近似垂直的突降或高程不连续的地貌形态（朱勇辉等，2011）（图 1.22）。不均匀系数 C_u 较大时，漫顶水流在斜坡上首先起动大颗粒周围的小颗粒，并绕开大颗粒继续起动小颗粒，剩下的大颗粒逐渐形成陡坎；水流继续冲刷坎底，陡坎在水流的作用下进一步扩大，并且可以形成多级坎。此时水流在堰塞坝背水坡后形成跌水，水流冲击作用产生很大的冲刷力，水流逐渐溯源冲蚀，当冲蚀至坝顶，形成连通的溃口，溃口逐渐发展，形成堰塞体溃决。

由于堰塞体组成材料为松散堆积的碎石土体，坝的上游边坡与下游边坡堆积角度均为自然休止角。在堰塞体蓄水过程中，水位不断上涨，渗流量不断增大，浸润线不断升高，堰塞体下游边坡会出现失稳过程，失稳体高度由边坡下部向上部逐渐增高（图 1.23），该现象在堰塞体组成物质的孔隙率较大（即 C_u 较小）时更明显。这种失稳是一种短历时的、小范围的局部失稳。下游边坡在局部失稳后又会再次稳定，因此这种失稳过程并不会破坏堰塞体的整体性，只会改变坝下游边坡的角度。

实验中采用不同 d_{50} 与不均匀系数 C_u 组成不同颗粒级配的堰塞体，共获得 16 组临界溃决流量与 d_{50} 和 C_u 的关系（图 1.24）。

从图 1.24 中可以得出：①在同样的 d_{50} 条件下，临界溃决流量随 C_u 的增大而减小，在 $C_u>50$ 后临界溃决流量趋于逐渐稳定的值。堰塞体溃决所需流量由两部分组成，一为堰塞体的渗流流量，二为漫顶后的溢流流量。C_u 越大，则级配越不均匀，大颗粒被小颗粒包围，不容易渗流，同样的上游来流流量下漫顶的溢流流量较大，漫顶水流起动更多的颗粒，更容易形成下切和溃决。②同样的 C_u 条件下，临界溃决流量随 d_{50} 的增加而增大，主要是由于 d_{50} 增大，泥沙的起动流速增大，所需要的起动流量也增大。泥沙的起动流速可以用斜坡上非均匀沙的起动流速计算获得(何文社等，2004)：

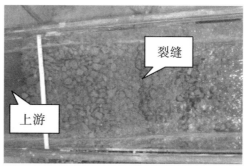

图 1.22　冲蚀形成陡坎　　　　　　　图 1.23　下游先开始失稳

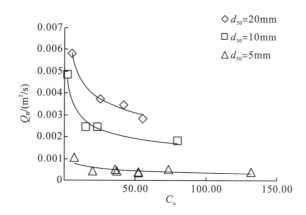

图 1.24　d_{50} 和 C_u 与临界溃决单宽流量的关系

$$V_c = 5.9(1+\varepsilon)^{1/2}(f\cos\beta - \sin\beta)^{1/2}d^{1/3}h^{1/6} \tag{1.5}$$

式中，V_c 为起动平均流速，m/s；ε 为床面泥沙颗粒相对荫暴系数，取值为 0~1；f 为床面砂粒间的摩擦系数，取值为 0.63；β 为床面与水平面的夹角；d 为泥沙颗粒粒径，m；h 为起动水深，m。

图 1.25 为实验临界溃决单宽流量和式(1.6)计算单宽流量(Q_C)对比图。图 1.25 中临界溃决单宽流量 Q_B 为实验水槽单宽流量，即上游流量与水槽宽度之比。

由图 1.25 中的实验结果，通过数据拟合，可以得到临界溃决的单宽流量：

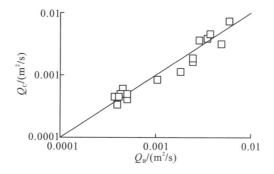

图 1.25　实验临界溃决单宽流量与计算单宽流量对比图

$$Q_C = CD_0^{1.5}C_u^{-0.3} \tag{1.6}$$

式中，Q_C 为临界溃决的单宽流量，m^2/s；C 为系数，$C=0.53m^2/s$；D_0 为相对中值粒径，

$$D_0 = \frac{d_{50}}{H} \tag{1.7}$$

式中，H 为堰塞坝坝高(本节中 $H=0.25m$)。

1.5.2.2 上游流量与溃决后流量关系实验

溃坝引起的溃口流量及其过程直接关系到溃坝致灾后果，也是形成泥石流的条件，一直以来是国内外学者研究的重点。本节实验中采用摄像机记录了库区水位变化的过程，采用水库水量动态平衡方程计算溃口下泄流量。

实验中，当堰塞湖的上游来水流量大于其渗流流量时，堰塞湖开始蓄水，水位上升至漫顶，最后发生堰塞体破坏溃决，形成溃决洪水。

在堰塞体溃决形成水流下泄过程中，库区水量平衡方程为(陈生水等，2008)

$$W_i = W_{i-1} - Q_1 \cdot \Delta T \tag{1.8}$$

式中，W_i 为第 i 时段末库区水位的库容，L；Q_1 为溃口处下泄水量，L/s；ΔT 为间隔时间，s。

在堰塞体溃决过程中，溃口处土石体被冲刷侵蚀搬运移动，因此，下泄流量中应增加堰塞体固体物质量。此时溃决流量为

$$Q = Q_1 + Q_C \tag{1.9}$$

式中，Q_C 为单位时间内固体物质冲刷量。

溃口随时间变化，通过对实验录像解析和测量溃坝后的溃口，可得到堰塞体固体物质随时间的冲刷量。

图 1.26 和图 1.27 为相同的堰塞体颗粒级配参数下得到的不同洪水下泄流量过程线。

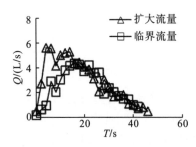
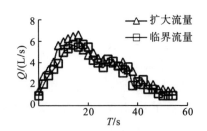

图 1.26　级配 6 溃决后流量过程曲线　　图 1.27　级配 10 溃决后流量过程曲线

从流量过程线可以得出：级配 $6(d_{50}=5mm)$ 条件下，较大的上游来流流量使溃决流量到达下泄洪峰流量的速度加快，即溃决的速度加快，同时较大的上游来流流量形成下泄洪峰流量增大；级配 $10(d_{50}=10mm)$ 条件下的实验中，较大的上游来流流量使溃决流量到达下泄洪峰流量的速度加快，但没有级配 6 明显，d_{50} 的增大使得溃决速度减慢；较大的上游来流流量也导致下泄洪峰流量增大。

过程线为一条具有较明显波动的曲线，坝体溃决时，库内水体宣泄而下，坝址上游水位陡落，下游水位陡涨，流态变化剧烈，形成特有的水流波动现象，称为溃坝波。溃坝波在溃决瞬间，波面陡立，随即在溃口附近分为逆水负波和顺水正波分别向坝址上、

下游传播(王立辉，2006)。

溃决后洪水下泄流量比上游来流流量的增加量计算如下：

$$\Delta Q = Q_{\max} - Q_2 \tag{1.10}$$

式中，ΔQ 为增加量，L/s；$Q_{\max}$ 为溃决后洪水洪峰流量，L/s；Q_2 为上游来流流量，L/s。

根据实验中数据得到表 1.14。

表 1.14 流量放大参数

工况	d_{50}/mm	Q_2/(L/s)	$Q_{\max}$/(L/s)	ΔQ/(L/s)
级配 6 临界流量	5	0.16	4.38	4.22
级配 6 扩大流量	5	0.52	5.62	5.10
级配 10 临界流量	10	0.935	5.71	4.78
级配 10 扩大流量	10	1.34	6.58	5.24

由表 1.14 可以得出：在增大来流流量情况下，下泄洪水洪峰流量的增加量略有增加，其原因是较大的流量使溃决速度加快，流量有所增加。但影响洪水溃决洪峰流量的主要原因是堰塞体的库容水量，上游来流对下泄洪峰流量贡献较小，洪峰流量主要由堰塞体的库容水量决定。

溃决形成泥石流的过程中，溃决洪峰流量是形成泥石流的关键，因此形成泥石流的洪水洪峰流量主要由堰塞坝的库容水量决定，溃决时的上游来流流量的影响较小。

1.5.3 小结

本节通过松散堆积堰塞体的临界溃决实验，研究了堰塞体在不同颗粒级配、堰塞体溃决临界溃决流量以及堰塞体溃决后的溃决下泄流量，得出以下结论。

(1)堰塞体的临界溃决流量随颗粒的中值粒径 d_{50} 的增大而增大；在相同的 d_{50} 条件下，临界溃决流量随 C_u 的增大而减小，在 $C_u > 50$ 后临界溃决流量逐渐趋于稳定，临界溃决流量与 d_{50} 和不均匀系数的关系：$Q_B = CD_0^{1.5} C_u^{-0.3}$ (D_0 为相对中值粒径，$C = 0.53 \text{m}^2/\text{s}$)。

(2)上游来流流量与堰塞体溃决后的下泄洪水洪峰流量关系为：上游来流流量对溃决后洪峰流量的贡献较小，溃决后洪峰流量主要由堰塞体的库容水量决定。

(3)在堰塞坝溃决形成泥石流的过程中，形成泥石流的洪水洪峰流量主要由堰塞坝的库容水量决定，溃决时的上游流量的影响较小。

本节的研究工作是在没有考虑堰塞体坝体的压实程度和坝体体积的条件下取得的结果，与其他学者对堰塞体溃决的研究有所不同。要全面了解堰塞体溃决的机理和特征，还需要研究堰塞体的体积和堰塞体组成物质的性质等的影响，这是下一步工作的重点。

1.6 泥石流的形成与规模预测——以云南东川蒋家沟为例

泥石流是一种常见的山地灾害，它常常突发性地以很高的流速携水、泥沙和巨石冲毁民房、公路、铁路和电站等设施，造成大量的经济损失和人员伤亡。如果能对泥石流的暴发做出及时的预测预报，许多经济损失和人员伤亡是可以避免的。国内外学者对泥石流预报的研究已有多年的历史，近年来也有不少参考文献对降雨的泥石流预报做出了研究，在这些研究中均以降雨或水位为泥石流暴发的基本条件，结合流域地理、地貌和地质特点，对泥石流的暴发作短期预报或中长期预测。降雨泥石流预报的方法均以降雨或水位为预报泥石流的基本依据，而较深入、应用较广的方法还是以降雨为基本依据。降雨参数有雨量和雨强，雨量包括总雨量、日雨量、3h 雨量；雨强包括平均雨强、1h 雨强、30min 雨强、10min 雨强等特征值。其中应用 1h 雨强和 10min 雨强作为预报指标较多。Deganutti 和 Marchi(2000)分析了降水量、降雨持续时间、平均雨强、1h 最大雨强等与泥石流发生的关系，得出了降雨对泥石流的发生有非常重要的作用的结论。Caine(1980)和 Gostelow(1991)分析了泥石流与降雨要素的关系后分别给出了泥石流的发生与 1h 降雨强度和降雨历时的关系。弗莱施曼(1986)提出用降水量、松散碎屑物质聚集量和土壤前期含水量三个变量预报泥石流的发生。陈亚宁等(1992)、徐道明和冯清华(1992)、中国科学院兰州冰川冻土研究所和甘肃省交通科学研究所(1982)、Iwao 等(1978)都用单一降雨指标——雨强作为泥石流暴发的临界参数，这种方法可用于单沟泥石流预报。吴积善等(1990)对单沟泥石流预报采用组合降雨条件——10min 雨强、泥石流暴发前 20 天有效雨量、该次降雨在泥石流暴发前的总降水量。谭万沛(1989b)以 10min 雨强和总有效日雨量结合预报泥石流，降雨参数有 10min 雨强、泥石流暴发当日降水量和前 14 天有效雨量之和。Tanabashi 等(1989)将 1h 雨强与日雨量结合给出了泥石流预报方法。Katsumi 和 Senuo(1978)以有效雨强和有效降水量结合预报泥石流。李德基等(1997)将日雨量与 1h 雨强和 10min 雨强结合给出了泥石流预报方法。谭万沛(1998)以年最大日雨量和月雨量比值预报泥石流。钟敦伦等(1990)以日降水量为判断依据，在具备物质条件的区域发生泥石流的临界日降水量为 50mm。泥石流的发生过程与沟道内的洪水流量紧密相关，武居有恒等(1981)通过沟道水深或历史洪水测量分析建立了泥石流预报模型：以水槽模型研究降水量与水槽内蓄水深的关系，从而以降雨时流入量与流出量之高差为泥石流暴发判据。

　　根据降雨判断泥石流暴发虽然有一定的准确性，应用也较容易，但对泥石流的暴发原因并未深究，不能解释泥石流的发生机理。Caine(1980)、Gostelow(1991)、弗莱施曼(1986)、陈亚宁等(1992)、徐道明等(1992)、中国科学院兰州冰川冻土研究所(1982)、Iwao 等(1978)、吴积善等(1990)、谭万沛(1989b)、Tanabashi 等(1989)、Katsumi 等(1978)、李德基等(1997)、谭万沛(1998)和钟敦伦等(1990)得出的经验公式仅限于研究的泥石流沟，对别的泥石流沟无能为力。这种方法对泥石流暴发频率较低，或无详细降雨观测资料的地区也无法分析，甚至于研究的泥石流沟的条件一有改变，如地震等，原有的经验公式就不再适用。Hirano(1997)以降雨形成沉积物表面流从而引发泥石流为基础，分析了泥石流的形成与沟道坡度、降水量和降雨历时的关系，给出了受沟道坡度影响的泥石流发生的降水量和降雨历时条件，但其研究中形成泥石流的沟道坡度大于 22°，比一般泥石流沟道大得多。目前对泥石流预报研究中涉及泥石流到达时间和暴发规模预报的很少。Suwa 和 Yamakoshi(1997)分析了降雨的 1h 雨强、10min 雨强与泥石流总量的关系，泥石流总量被划分为三个等级，初步分析得出泥石流暴发规模与短历时的降雨雨强关系密切。Hirano(1997)以无泥石流的瞬时单位水文计算法推导出无泥石流和有泥石流时的流量，但该方法对流量过程变化很大的泥石流流量过程无法模拟。要减轻与避免经济损失和人员伤亡,不仅要有泥石流暴发的预测预报,还须对到达的时间和暴发规模作出预报。

本节以云南省东川蒋家沟为例,从泥石流发生的机理入手,以流域降雨流量为基础,对泥石流的发生、到达的时间及暴发的规模预报做出了研究,并与泥石流观测资料进行了对比。

1.6.1　泥石流发生的机理

泥石流流域暴发泥石流有两个基本条件:充沛的固体物质和大量与高强度的降雨。充沛的固体物质指在沟道内有大量的松散固体物质,包括降雨时崩塌、滑坡提供的固体物质。大量与高强度的降雨能使沟道内有流量足够大的洪水带动沟道内的固体物质运动从而形成泥石流。流域内有充足的固体物质和滑坡体是泥石流发生的必要条件,而大量与高强度的降雨是泥石流发生的充分条件。本节只研究已具备必要条件的泥石流形成的充分条件——降雨条件。一般泥石流的形成有以下几种可能:水流将沟道内的固体物质带动形成泥石流;坡面上大量的固体物质运动到沟道内并在沟道中形成泥石流(或称为坡面型泥石流);滑坡直接转化为泥石流;滑坡形成土坝,水流将土坝冲开形成溃坝泥石流。径流冲刷固体物质起动形成泥石流需要足够的水力条件。水力条件是形成水力类泥石流的根本条件(有充足的固体物质时),大量与高强度的降雨形成的大流量的沟道径流将固体物质起动并和洪水径流一起运动,从而形成泥石流。

坡面型泥石流形成沟道泥石流所需的水力条件,同滑坡形成土坝溃决形成泥石流所需的水力条件和径流冲刷固体物质起动形成泥石流所需的水力条件相比,后者条件更高,因此以径流冲刷固体物质起动形成泥石流所需的水力条件为泥石流条件更可靠。不同流量或流速的径流所能带动的固体颗粒直径不同。小流量或低流速的径流只能带动小粒径颗粒,随着流量或流速的增大,径流所带动的颗粒直径也增大。在一般洪水或常流水时,沟床上的细颗粒被带走,造成床面粗化。当起动的颗粒大到一定界限,洪水能将床面粗颗粒都带走,造成大规模的沟道侵蚀时,就形成了泥石流。因此,一般洪水或常流水只能起动床面细小颗粒,当沟道内有充足的松散固体物质时,大流量或流速的洪水可以将粗颗粒起动并大规模起动沟道松散固体物质,泥石流就发生了。判断泥石流的发生,要确定径流冲刷固体物质起动形成泥石流所需的水力条件,首先要确定洪水起动粗颗粒形成泥石流的粗颗粒粒径,而该粗颗粒一般洪水不能起动。

中国云南省昆明市东川蒋家沟从1960年以来连年暴发泥石流,平均次数达12次/年,也曾数次堵断小江。蒋家沟流域面积32.6km²(到观测段止),观测段比降7%。在蒋家沟不仅能观测到常见的阵性泥石流,也能观测到连续的泥石流。从物理性质上分析这些泥石流,蒋家沟泥石流容重为1.36~2.36g/cm³;颗粒的级配分布也随容重的变化而大不相同。蒋家沟泥石流的粗颗粒由板岩组成,容重2.75g/cm³,内摩擦角34.5°。蒋家沟泥石流频繁暴发的原因如下:①上游有大量的崩塌和滑坡体,为泥石流的发生提供了充足的物质基础;②蒋家沟上游降雨非常集中,尤其是局部暴雨为泥石流的发生提供了充沛的水力条件。尽管蒋家沟流域年降水量不大,但该流域雨、旱两季分明,因此泥石流常在雨季6~8月暴发。蒋家沟流域属于具备泥石流发生必要条件——充足固体物质的流域,本节将以蒋家沟为例研究泥石流的发生和预报。

图 1.28 为沟道内流体固体颗粒分布累积曲线。样品来自蒋家沟 1999 年 4 场泥石流样品和 2000 年 4 次无降雨和有降雨但无泥石流发生时沟道流体。图中 d 为颗粒粒径，P 为累积百分率（%），r 为流体容重（g/cm³）。不难发现，一般洪水可以使 10~20mm 的颗粒起动，但不能形成泥石流。而泥石流样中都有直径大于 20mm 的粗颗粒。因此，要形成泥石流，洪水起动床面粗颗粒粒径应大于 20mm。20mm 可以作为蒋家沟泥石流与洪水的粗颗粒分界粒径，也是洪水起动泥石流的大颗粒起动粒径。

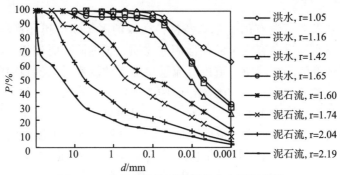

图 1.28　沟道内流体固体颗粒分布累积曲线

王兆印和张新玉（1989）给出了洪水冲刷沟床质形成泥石流的条件：

$$\gamma q_1 J \geqslant K_C \qquad (1.11)$$

式中，γ 为液相容重，g/cm³；q_1 为流体单宽流量，m³/(s·m)；J 为沟床比降；K_C 为泥石流形成条件，g/(cm·s)，与液相固体体积浓度 C_V 有关。

式（1.11）由试验得出，试验中液相颗粒粒径最大为 0.1mm，粗颗粒粒径在 5~20mm，中值粒径为 10mm。表 1.15 为按式（1.11）计算图 1.29 中有泥石流的四种泥石流样的起动单宽流量。其中液相颗粒最大粒径为 0.1mm；γ_C（g/cm³）为泥石流容重；γ（g/cm³）为小于 0.1mm 的液相容重。泥石流形成区比降 J 为 0.16；K_C 取值按王兆印和张新玉（1989）给出的曲线及延长线得出；p 为小于 0.1mm 的颗粒占所有颗粒的重量百分比。

表 1.15 中按式（1.11）计算的泥石流起动单宽流量范围为 0.13~0.22m³/(s·m)。但王兆印和张新玉（1989）试验起动的粗颗粒最大粗颗粒粒径为 20mm，中值粒径为 10mm，因此用王兆印和张新玉（1989）的方法计算蒋家沟泥石流起动颗粒粒径偏小，起动的洪水单宽流量也偏小。

表 1.15　泥石流起动单宽流量

参数	计算结果			
	泥石流 1	泥石流 2	泥石流 3	泥石流 4
γ_C/(g/cm³)	2.19	2.04	1.74	1.60
p/%	13.2	20.9	37.1	49.2
γ/(g/cm³)	1.39	1.42	1.38	1.36
C_V	0.23	0.25	0.22	0.21
K_C/[g/(cm·s)]	400	500	350	285
q_1/[m³/(s·m)]	0.18	0.22	0.16	0.13

　　中国科学院成都山地灾害与环境研究所(2000)用沟道单宽流量直接确定粗颗粒的起动颗粒粒径:

$$d_0 = 0.04q_0^{\frac{2}{3}} \qquad (1.12)$$

式中，d_0 为起动颗粒粒径，m；q_0 为起动洪水单宽流量，$m^3/(s \cdot m)$。

　　由式(1.12)可得起动粒径为 20mm 颗粒所需单宽流量为

$$q_0 = 0.35m^3/(s \cdot m) \qquad (1.13)$$

　　粗颗粒起动需要一定的水流流速或水流流量。除用单宽流量作为粗颗粒起动条件外，韩其为和何明民(1999)用垂线平均流速确定的非均匀颗粒的起动条件为

$$V_m = 0.082f(\lambda)\varphi(\Delta')\phi\left(\frac{H}{D}\right)\omega_0 \qquad (1.14)$$

式中，V_m 为垂线平均流速，m/s；D 为起动颗粒粒径，m；H 为水深，m。根据在蒋家沟沟道内测水，一般洪水水深均小于 0.2m，因此取泥石流起动水深 $H = 0.2m$。

$$f(\lambda) = \lambda^{0.45} \qquad (1.15)$$

式中，λ 为起动颗粒的扁度:

$$\lambda = \frac{\sqrt{ab}}{c} \qquad (1.16)$$

式中，a、b、c 分别为起动颗粒的长、中、短径。其中中径 b 等同于颗粒直径 D。在蒋家沟沟道内的 37 个砾石颗粒，长径在 25.0~68.4mm，中径在 17.8~37.5mm，短径在 4.6~23.4mm。由式(1.16)及颗粒的长、中、短径计算并取平均值，$\lambda = 3.13$。

$$\varphi(\Delta') = \sqrt{\frac{\sqrt{2\Delta' - \Delta'^2}}{\left(\frac{4}{3} - \Delta'\right) + \frac{1}{4}\left(\frac{1}{3} + \sqrt{2\Delta' - \Delta'^2}\right)}} \qquad (1.17)$$

式中，Δ' 为起动颗粒相对暴露度，对于蒋家沟沟道内颗粒，$\Delta' = 1$。

$$\phi\left(\frac{H}{D}\right) = 6.5\left(\frac{H}{D}\right)^{\frac{1}{4 + \lg\left(\frac{H}{D}\right)}} \qquad (1.18)$$

$$\omega_0 = \sqrt{53.9D + \frac{2.98 \times 10^{-7}}{D}(1 + 0.85H)} \qquad (1.19)$$

由式(1.14)~式(1.19)可求得起动粒径为 20mm 颗粒所需垂线平均流速为

$$V_m = 1.76m/s \qquad (1.20)$$

　　为了与前面公式保持一致，统一用单宽流量作为颗粒起动条件，由式(1.14)和起动水深 H 可求得起动粒径为 20mm 颗粒所需洪水单宽流量为

$$q_i = 0.35m^3/(s \cdot m) \qquad (1.21)$$

式中，q_i 为起动单宽流量。

　　由蒋家沟泥石流的起动颗粒粒径为 20mm 和式(1.12)及式(1.14)可得，对应的起动洪水单宽流量都为 $0.35m^3/(s \cdot m)$。根据 2000 年及 2001 年 6~8 月在蒋家沟观测站附近的测水值，有降雨而无泥石流暴发时在沟道内洪水单宽流量为 $0.10~0.25m^3/(s \cdot m)$。由式(1.12)和式(1.14)可得，15mm 的颗粒起动洪水单宽流量为 $0.23m^3/(s \cdot m)$。式(1.14)中对应水深 $H = 0.15m$，这与测水结果一致，说明式(1.12)和式(1.14)计算粗颗粒起动较准确，也说明式(1.11)计算泥石流起动流量偏小。

综合式(1.11)、式(1.12)和式(1.14)计算结果，蒋家沟泥石流起动临界单宽流量为

$$q_{\text{C}} \geqslant 0.35\text{m}^3/(\text{s} \cdot \text{m}) \tag{1.22}$$

式中，q_{C} 为泥石流起动临界洪水单宽流量。

式(1.22)可作为蒋家沟泥石流暴发的判断指标。

1.6.2　东川蒋家沟泥石流的预报

我国云南省昆明市东川区蒋家沟泥石流沟沟道内不仅松散固体物质非常丰富，而且崩塌、滑坡体在泥石流形成区随处可见，因此蒋家沟泥石流形成的必要条件已具备，泥石流的发生条件就只有充分条件——降雨条件。根据泥石流形成机理给出了泥石流暴发的判断指标，要预报泥石流发生还需要计算洪水单宽流量。许多文献对云南东川蒋家沟泥石流的研究已相当深入，除运动、形成、堆积等研究外，也有预报、坡面产流产沙研究(吴积善等，1990)，还有对流域产流量的研究(余斌等，2001)：

$$W_{\text{w}} = \frac{C_{\text{w}}}{R_1} I^2 tA \tan\theta r \tag{1.23}$$

式中，W_{w} 为产流量，L；C_{w} 为产流系数，土壤可蚀因数 $C_{\text{w}} = 5$；I 为降雨雨强，mm/min；t 为降雨时间，min；A 为降雨产流产沙面积，m^2；θ 为坡面坡度；R_1 为与土地利用类型有关的流体参数，耕地：$R_1 = 71$mm/min；裸露地：$R_1 = 71$mm/min；林草地：$R_1 = 710$mm/min；$r =$ 前期有效降雨，%，由前期降水量决定，范围在 8%～15%。

蒋家沟的主沟上游多照沟和另条一级支沟门前沟，是蒋家沟泥石流的两个发源地。在两条沟的上游都设有雨量站获取降雨参数。由于泥石流的大冲大淤特点，门前沟和多照沟的沟道宽度常常改变，根据对两条沟的实测取平均值，门前沟沟宽28m，多照沟沟宽19m。不考虑汇流的时间等因素，由式(1.23)可计算最大10min降雨的产流在沟道内所产生的径流平均单宽流量。

图1.29为最大10min降雨产流在沟道内径流平均单宽流量与该次降雨的前期降水量 R_{be} 关系图。降雨过程是1998年8月和1999～2001年的6～8月蒋家沟上游门前沟和多照沟有较大降雨共73次。图中还给出了式(1.22)的计算线。用式(1.22)作为泥石流是否暴发的判断依据，可以预报该期间暴发的39次泥石流中的28次，准确率为71.8%。有11次泥石流在计算中无法判别出泥石流的发生，属漏报。在总共73次计算判别中，有11次错误预测泥石流的发生，误报率为15.1%。

蒋家沟泥石流多在雨季有大暴雨时暴发。与其他泥石流沟一样，前期降雨、雨量和雨强是泥石流暴发的主要原因。在降雨的诸多因素中，雨强是最重要的因素，因为只有大的雨强才能有大的产流并在沟道内形成较大的径流，从而激发泥石流。在蒋家沟流域上游山区的降雨分布不均匀，特别是暴雨常常仅在局部范围发生，如果雨量站设点不能与泥石流的暴发点重合，雨量站资料就不能反映泥石流暴发点的真实降雨过程。如在泥石流发源地区之一的多照沟两岸相距仅600m的两个雨量站所获得的降雨过程大多数是一致的，但也有时出现一个雨量站大雨倾盆，而另一个雨量站滴水未下的情况。泥石流的暴发点往往也是崩塌和滑坡多发地，安装雨量站和监测雨量很困难，雨量站都设在无滑坡的居民居住区，所有雨量站与泥石流的暴发点都有一定的距离差距，降雨资料与泥石流暴发点的降雨实际情况有出入在所难免。由于上述原因，在图1.29中存在无大雨强

降雨(雨量站)有泥石流暴发,有大雨强降雨(雨量站)无泥石流暴发的漏报误报现象。撇开雨量站与泥石流的暴发点不重合的因素,用式(1.23)计算的降雨产流的单宽流量和式(1.22)的泥石流临界判别式预报泥石流发生仍然有很高的准确性。

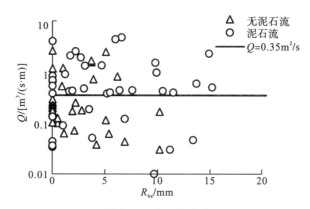

图 1.29　单宽流量与前期降水量的关系

1.6.3　东川蒋家沟泥石流的到达时间预报

从泥石流的发生到泥石流成灾有一个时间过程,时间的长短取决于发生的地点与致灾地点的距离以及泥石流的运动速度。以往的泥石流预报建立在已发生的泥石流经验数据上,只能预报泥石流的发生,对泥石流的成灾时间无能为力。但要预防和减少泥石流灾害,仅有泥石流的发生预报是不够的,预测泥石流到达居民点和建筑物的时间同样很重要。通过分析降雨过程,达到临界雨量的 10min 雨强发生时间,降雨产流形成沟道内径流,由径流的平均单宽流量、沟床比降和泥石流运动距离,可以预测泥石流的到达时间。

蒋家沟泥石流运动流速根据多年的观测,可由水深、沟床比降确定(余斌,2008a):

$$U = 1.1(gR)^{\frac{1}{2}} J^{\frac{1}{3}} \left(\frac{d_{50}}{d_{10}}\right)^{\frac{1}{4}} \tag{1.24}$$

式中,U 为泥石流平均流速,m/s;R 为水力半径,m;g 为重力加速度,m/s²;J 为沟床纵比降;d_{50} 为泥石流颗粒中值粒径,mm;d_{10} 为泥石流中质量百分比小于 10% 的颗粒粒径,mm。从泥石流发源地到观测断面沟道长 7km,平均沟床比降 0.11。

虽然泥石流在运动过程中流量不断增大,流速也随之提高,但由于沟道堵塞,泥石流铺床前阻力较大等,可以近似地用式(1.24)和形成泥石流的洪水单宽流量计算泥石流流速。计算中泥石流流量用激发泥石流的洪水流量代替。图 1.30 为实测时间与计算时间对比图。其中 T_m 为实测最大 10min 雨强时间与泥石流到达观测断面时间差(min),最大 10min 雨强指达到泥石流暴发的临界雨强;T_c 为计算最大 10min 雨强时间与泥石流到达观测断面时间差(min)。蒋家沟 1998 年 8 月、1999 年、2000 年和 2001 年共暴发了 39 场泥石流,除去图 1.29 中未能预报的 11 场泥石流,还有 28 场泥石流实测与计算时间对比在图 1.30 中。图中计算泥石流到达时间范围较小,介于 14.6~28.1min,而实测的泥石流到达时间范围很大,介于 5~357min。泥石流在形成区有大量的崩塌、滑坡发生,在流通区由于径流对坡脚的掏蚀,也常出现崩塌和滑坡。崩塌与滑坡体在沟道中常会引起堵塞现象，对泥石流运动速度和到达时间都会有影响。蒋家沟泥石流多以阵性流出现，即泥石流呈间歇性地流出，每阵泥石流流动有明显的头、身和尾，阵与阵之间有一时间间隔。由于泥石流体存在屈服应力，沟床坡度较小，因此泥石流在流过原沟床之后会有残留层留在沟床上，同时由于流深的降低使泥石流流速减慢直到该阵全部泥石流体作为残留层留在沟床上而停止运动。这种现象被称为"泥石流铺床"。在前阵的泥石流铺床后，后阵泥石流将不再受残留层的影响而保持较高的流速运动直到前阵铺床结束的地方，后阵泥石流将残留层留在沟床上、铺床、减速直到停止运动。泥石流铺床过程由上游随一阵阵泥石流铺到下游，直到泥石流沟与江河的汇合处。铺床结束后，泥石流才能从上游一气呵成地流到下游。在蒋家沟泥石流运动过程中存在铺床现象使泥石流从上游到下游时间延缓，要准确预报泥石流的到达时间很困难，只能用降雨和形成泥石流的洪水单宽流量近似预测泥石流的到达时间。图 1.30 中近半数预测时间和实测时间很接近，说明利用降雨和形成泥石流的洪水单宽流量可以预测泥石流的到达时间。

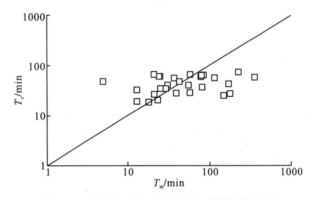

图 1.30　泥石流到达实测时间与计算时间对比

1.6.4　东川蒋家沟泥石流的规模预报

对泥石流的预报仅有是否暴发的判断和到达时间是不够的。要减轻与避免经济损失和人员伤亡，降低防灾减灾费用，还需要对暴发的规模做出预报。目前对泥石流发生与规模预报结合的研究也仅限于对比降水量和泥石流总量的关系（Suwa and Yamakoshi，1997），其中泥石流流量也仅划分为大、中、小三种。而对泥石流的流量过程计算仅有单洪峰过程，对常见的变化很大的泥石流流量过程不适用（Hirano，1997）。泥石流的发生过程与降雨密切相关，泥石流总量和降水量也关系密切，尤其是降雨产流量与泥石流总量有直接的联系。由流域降雨产流量，特别是泥石流暴发时总流量的计算（余斌，2008b），结合泥石流预报和泥石流的形成过程，可以将泥石流的预报由仅仅是发生和到达时间预报发展到规模预报。

泥石流流量来源基础是降雨产流，降雨产流主要来源于高强度的大暴雨，因此小雨强的降雨对流域产流的贡献不大。触发泥石流的 10min 雨强降雨的产流是形成泥石流的水力条件，也是产生泥石流流量和形成泥石流总量的基础。将触发泥石流的 10min 雨强的降雨产流作为泥石流暴发规模计算的基本依据，由式（1.23）可得产流清水总量。正如余斌（2008b）指出的，在高浓度泥石流径流中，水的体积含量比泥沙体积含量少，因此在用清水径流计算泥石流径流时，必须考虑泥沙体积浓度的影响。与径流流量计算相同，在计算径流总量时，水的体积含量比泥沙体积含量少，也必须考虑泥沙体积浓度的影响。泥沙体积浓度与泥石流总量关系为(余斌，2008b)

$$C = \frac{r - r_w}{r_s - r_w} \tag{1.25}$$

$$r = P_{05}^{0.35} P_2 r_v + r_0 \tag{1.26}$$

式中，C 为泥沙体积浓度；r 为泥石流容重，g/cm^3；r_w 为水的容重，g/cm^3；r_s 为沙的容重，g/cm^3；P_{05} 为细颗粒的百分含量；P_2 为粗颗粒的百分含量；r_v 和 r_0 为常数，$r_v = 2.0\text{g/cm}^3$，$r_0 = 1.5\text{g/cm}^3$。

除此之外，由于沟道内的松散固体物质、滑坡等，在计算泥石流总量时还要考虑泥石流流域的堵塞系数。参照余斌等(2001)的堵塞系数 $\varphi = 3$。因此，由清水总量计算泥石流总量(余斌等，2001)：

$$W = \frac{\varphi W_{10}}{1 - C} \tag{1.27}$$

式中，W 为泥石流总量，m^3；W_{10} 为触发泥石流的 10min 雨强的降雨产流形成洪水的总量。

图 1.31 为蒋家沟 1998 年 8 月、1999 年、2000 年和 2001 年 28 场泥石流径流总量实测值与计算值对比图。其中 W_m 为实测值，W 为用触发泥石流的 10min 雨强的产流清水总量按式(1.27)计算的泥石流径流总量值。与图 1.30 一样，有 28 场被预报的泥石流总量实测值与计算值对比在图 1.31 中。在流域内的降雨过程中，泥石流发生地点与雨量点不一致，使雨量资料不能完全反映泥石流发生点的降雨情况。此外，仅最大 10min 雨强的降雨产流也只是整个降雨产流的大部分，并非全部降雨产流。因此用雨量点触发泥石流的 10min 雨强的降雨产流估算流域降雨产流总量进而预报泥石流总量会有一定的偏差。同时，在泥石流观测点对泥石流的流量和总量的观测也受观测设备、天气和能见度等的影响，还不能完全真实地反映泥石流的流量和总量。图 1.31 中大多数预报规模和实测规模较接近，因此综合考虑观测误差、流域局部降雨和降雨产流近似计算等因素，利用触发泥石流的 10min 雨强的降雨产流、泥石流泥沙浓度和流域堵塞系数可以预报泥石流的发生规模。

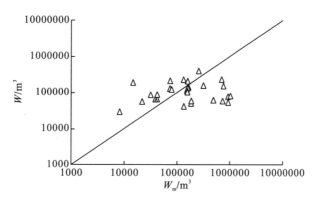

图 1.31　泥石流径流总量实测值与计算值对比图

1.6.5　小结

准确地预测预报泥石流，减轻与避免经济损失和人员伤亡，是目前泥石流研究的热点和难点。大多数预报方法是以降雨为基本参数进行预报，仅预报泥石流暴发的发生，还无泥石流的到达时间预报和规模预报。准确地预报泥石流的发生、到达时间和规模，需要了解流域的基本情况、泥石流形成的原因和条件，还要掌握流域的降雨、降雨产流泥沙输运特点等情况。在对上述资料进行分析研究时，还要充分考虑流域局部降雨、雨量站与泥石流的暴发点不重合、泥石流观测的误差等因素，从中发现激发泥石流暴发的真正原因和影响泥石流到达时间与规模的关键因素。本节以云南省东川蒋家沟为例，在已具备必要条件的基础上，只考虑泥石流形成的充分条件，从泥石流发生的机理入手，以流域降雨产流量为基础，对泥石流暴发、到达时间及暴发规模的预报作了系统的研究，得出以下结论。

(1)泥石流形成有两个基本条件：充足的固体物质和大量与高强度的降雨。降雨泥石流的发生是在足够的降雨产流下，在较短的时间内形成较大的沟道径流，冲刷沟道内的固体物质和滑坡等，最终形成更大径流的泥石流。

(2)在常流水或一般洪水将细颗粒带走，形成沟床床面粗化后，要形成泥石流必须能搬运粗颗粒。形成蒋家沟泥石流必须能搬运直径≥20mm的粗颗粒。根据颗粒起动条件，搬运直径≥20mm的粗颗粒的水力条件是洪水单宽流量≥0.35m³/(s·m)。由于蒋家沟沟道内松散固体物质非常丰富，因此形成蒋家沟泥石流的条件与搬运直径≥20mm的粗颗粒的水力条件是一致的：洪水单宽流量≥0.35m³/(s·m)。

(3)降雨产流受降雨雨强影响很大，形成泥石流的降雨产流大部分来源于高强度的降雨。因此，降雨泥石流的发生是由短历时的高强度暴雨触发的。以10min雨强为基本依据，计算10min降雨的产流及形成径流的单宽流量，可以预报泥石流的发生。

(4)以触发泥石流的10min雨强降雨的产流及形成径流的单宽流量为基本依据，结合泥石流运动特征，可以计算泥石流的运动速度，从而预报泥石流的到达时间。

(5)降雨过程中低强度降雨对产流的贡献很小。10min最大雨强降雨为触发泥石流降雨，并以10min降雨为基本依据，计算该10min降雨的产流及形成径流总量，结合泥石流中泥沙体积浓度和流域堵塞系数，计算出泥石流总量，可以预报泥石流的发生规模。

第2章 泥石流运动平均速度研究

2.1 黏性泥石流运动平均速度

泥石流的运动速度是泥石流的动力学参数中最重要的参数，也是对泥石流灾害评估和防治中最重要的参数。黏性泥石流是泥石流类型中最常见也是危害最大的类型，大多数造成人员伤亡和巨大经济损失的泥石流灾害都是黏性泥石流造成的，因此准确而简洁地计算黏性泥石流的运动速度显得非常重要。对黏性泥石流的运动速度的研究始于20世纪50年代，经历了理论公式、区域或单沟经验公式，再到综合性经验公式的发展阶段（吴积善等，1993），但黏性泥石流的运动（平均）速度的研究仍然需要进一步改进：能适应各种类型的泥石流沟，能简洁地获得有关计算参数，计算的速度有较好的稳定性以及正确的物理意义。

作者通过总结近20年来的综合性黏性泥石流运动平均速度经验公式，提出了用泥石流的不均匀系数结合泥石流运动的底坡坡度和水力半径计算黏性泥石流运动平均速度经验公式，该公式能适应各种类型的泥石流沟，可以简洁地获得有关计算参数，也有较好的稳定性以及正确的物理意义，与其他系列的黏性泥石流运动平均速度观测资料对比有很好的一致性，为泥石流的减灾防灾提供了一个更好的评估和防治工具。

2.1.1 现有的黏性泥石流平均速度公式存在的问题

在近60年的泥石流研究历史中，各国学者研究得出的黏性泥石流运动平均速度计算公式在30个以上，其中理论公式出现较早（主要集中在20世纪50~60年代），计算精度随地区的不同差别很大，有的计算参数[如黏度系数（又称刚度系数）及屈服应力等]难以准确而简洁地获取，因此理论公式已较少被应用在黏性泥石流运动平均速度的计算中。由于仅在我国有大量的不同地区的泥石流观测资料，因此泥石流的经验公式主要出现在我国的科研成果中。在以20世纪60~70年代为主的区域或单沟经验公式创建时期，西藏古乡沟公式、云南省东川蒋家沟公式、甘肃武都地区公式、云南大盈江浑水沟公式及四川西昌黑沙河马颈沟公式等地区公式有了很大的发展，但这些公式仅适用于该经验发生地区，在别的地区误差较大（吴积善等，1993）。1980年后综合性黏性泥石流运动平均速度经验公式也逐渐发展起来，但这些综合性的黏性泥石流运动平均速度经验公式还存在各种问题：东川改进公式虽然对相当一部分地区的观测资料吻合较好（陈光曦等，1983），但该公式因为经验系数的原因，在水深3~5m的范围内，泥石流运动速度随水深的增加反而降低，这点不具有正确的物理意义，在有较大水深的黏性泥石流速度计算时会有很大的偏差。采用各黏性泥石流观测速度资料回归分析得到的经验公式虽然是最为简单的公式（洪正修，1996），但该公式在一些中高阻力地区（吴积善等，1993）的计算误差较大，无法兼顾所有的泥石流沟。用黏性泥石流中的粗颗粒（>2mm）和粗颗粒以外的颗粒(<2mm)的比例及泥沙体积浓度，结合水力半径和坡度得到的运动平均速度经验公式(祁龙，2000)在速度较大时计算点很分散，特别是计算蒋家沟黏性泥石流的平均速度在6m/s以上时很明显，这是因为泥石流中的粗颗粒(>2mm)和粗颗粒以外的颗粒(<2mm)的比例与其运动速度并不存在相关关系，在蒋家沟更是如此。用泥石流颗粒的中值粒径(d_{50})及泥沙体积浓度，结合水力半径和坡度得到的运动平均速度经验公式(Yu，2001)在一些高阻力地区仍然有较大的误差，不能概括所有泥石流沟。以粗颗粒的平均粒径、泥石流的龙头泥位、体积浓度及泥面相对比降等参数结合蒋家沟观测资料及实验研究得到的黏性泥石流运动平均速度公式(徐永年等，2001)对中高阻力地区的速度计算误差较大，该公式不能覆盖所有的泥石流沟。以泥浆(<2mm)中的泥沙比(即<0.05mm的颗粒含量与>0.05mm的颗粒含量之比)为基本参数，分析不同阻力地区的泥沙比与曼宁(Manning)糙率系数关系得出的黏性泥石流运动平均速度经验公式(王裕宜等，2003)在甘肃武都地区柳弯沟等中阻力地区误差较大，这是因为该公式的分析中甘肃武都地区的火烧沟和柳弯沟是中阻力沟，尽管两条沟属于同一地区，泥沙比也很接近，但柳弯沟阻力却比火烧沟大，用泥沙比得到的黏性泥石流运动平均速度经验公式对有的泥石流沟不适用。由泥石流颗粒中细颗粒(D_{10}值)及泥沙体积浓度，结合水力半径和坡度得到的运动平均速度经验公式(费祥俊和舒安平，2004)在蒋家沟数据较分散，虽然采用平均D_{10}值后计算数据不再分散，但在实际应用中很难像蒋家沟那样拥有大量的观测资料可以平均，而且公式中的D_{10}值的指数因子是2/3，如果取样时D_{10}值的变动差别是100%(这在取样中是常有的，尤其是小样)，那么计算的差别就是58.7%，如此大的差别使计算的稳定性很差，应用时很困难；有的地区D_{10}值与泥石流运动速度的关系成正比而不是公式中的反比，公式中的浓度因子$C(1-C)$与泥石流运动速度的关系成反比而不是公式中的正比(C为体积浓度)，这些都使该公式计算的黏性泥石流平均速度在其他地区难以应用。

2.1.2 泥石流中泥沙的不均匀性系数

泥沙中的一个重要参数是不均匀系数。不均匀系数越大，表明泥沙的粒度成分越不均匀，级配越好(《工程地质手册》编写组，1975)。泥沙的不均匀系数由下式计算：

$$K_H = \frac{d_{60}}{d_{10}} \tag{2.1}$$

式中，K_H为泥沙的不均匀系数；d_{60}为泥沙颗粒中百分比小于60%的颗粒粒径；d_{10}为泥沙颗粒中百分比小于10%的颗粒粒径。

$K_H < 5$，泥沙的粒度均匀；$5 < K_H < 10$，泥沙的粒度均匀程度中等；$K_H > 10$，泥沙的粒度不均匀。

泥石流中的泥沙也存在不均匀性，这个不均匀性随不同的地区和泥石流沟有很大不同。根据余斌(2001)及费祥俊和舒安平(2004)使用泥石流颗粒中的d_{50}和d_{10}，本节引入泥石流的颗粒不均匀系数：

$$K = \frac{d_{50}}{d_{10}} \tag{2.2}$$

式中，K为泥石流体中泥沙的不均匀系数；d_{50}为泥沙颗粒中百分比小于50%的颗粒粒径(也称为中值粒径)。

同样的泥沙颗粒分布，因为其 $D_{50}<D_{60}$，用泥石流的颗粒不均匀系数 K 得到的不均匀系数比一般泥沙的不均匀系数 K_H 得到的不均匀系数小。因此泥石流的颗粒不均匀系数 $K>10$ 时更应该属于不均匀泥沙。对于泥石流体中的泥沙颗粒，以 $K>10$ 作为不均匀度判别指标，绝大多数泥石流，特别是黏性泥石流，都属于不均匀的泥沙分布。图 2.1 为云南东川蒋家沟(1999 年观测资料)、云南大盈江浑水沟(张信宝和刘江，1989)及甘肃武都地区柳弯沟(1963 年与 1964 年观测资料)的黏性泥石流不均匀系数与其平均运动速度关系图。

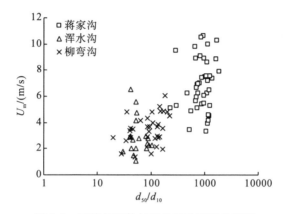

图 2.1　不均匀系数与平均运动速度关系图

图 2.1 中蒋家沟和浑水沟的黏性泥石流不均匀系数与运动平均速度无关，但两条沟的不均匀系数差别很大：低阻力地区的蒋家沟的黏性泥石流不均匀系数范围为 227.5～1867.6，算数平均值为 946.0；而高阻力地区的浑水沟的黏性泥石流不均匀系数范围为 30.0～106.3，算数平均值为 60.9。中阻力地区的柳弯沟的黏性泥石流不均匀系数与运动平均速度呈正比关系，范围为 19.4～222.8；算数平均值为 94.6。由中国科学院兰州冰川冻土研究所和甘肃省交通科学研究所(1982)的甘肃武都地区观测资料(各有 3 个颗粒分布资料)可计算出中阻力地区的火烧沟、泥弯沟、山背后沟及柳弯沟的黏性泥石流不均匀系数算数平均值分别为 346.3、241.1、292.8 和 154.3。西藏古乡沟属于高阻力地区，其黏性泥石流不均匀系数仅为 16(杜榕桓等，1984)。柳弯沟观测资料仅有 3 个颗粒分布资料，其黏性泥石流不均匀系数算数平均值为 154.3，与图 2.1 中同为柳弯沟的 38 个观测资料的不均匀系数算数平均值 94.6 相差较大，但仍然在图 2.1 中柳弯沟的黏性泥石流不均匀系数的范围内。导致柳弯沟黏性泥石流不均匀系数算数平均值大于图 2.1 中柳弯沟黏性泥石流的不均匀系数算数平均值的原因是柳弯沟黏性泥石流的容重值分别为 2.10g/cm³、2.19g/cm³ 和 2.24g/cm³，而柳弯沟泥石流的不均匀系数与其容重成正比(图 2.2)，蒋家沟也是如此，但浑水沟泥石流的不均匀系数与容重无关。

吴积善等(1993)将黏性泥石流的阻力特征归纳为三种：低阻力，云南蒋家沟和云南大白泥沟；中阻力，甘肃武都地区泥石流沟；高阻力，云南浑水沟和西藏古乡沟。由阻力特征和不均匀系数平均值关系可以用不均匀系数将黏性泥石流的阻力特征归纳为：$d_{50}/d_{10}<100$，高阻力；$100<d_{50}/d_{10}<400$，中阻力；$d_{50}/d_{10}>400$，低阻力。该不均匀系数确定的阻力范围适用于平均的不均匀系数，对于单个泥石流的不均匀系数与阻力的关系不适用。

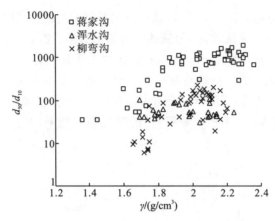

图 2.2　泥石流容重与不均匀系数关系

2.1.3　黏性泥石流平均速度公式及验证

黏性泥石流的运动速度大多采用曼宁公式表达，确定泥石流沟的阻力特征的高阻力地区、中阻力地区和低阻力地区的方法也是使用曼宁糙率系数值，即将观测资料带入曼宁公式，得出经验的曼宁糙率系数 n_c，根据 n_c 值的大小，确定阻力的高低（n_c 值越大，阻力越大，属于高阻力地区；反之，阻力越小，属于低阻力地区）。由于黏性泥石流的曼宁糙率系数 n_c 都是水深的函数，因此在不同水深下曼宁糙率系数 n_c 不同。图 2.3 所示为黏性泥石流的不均匀系数与曼宁糙率系数 n_c 的关系。平均值为水深 1m 时的不均匀系数和糙率系数，资料来源于云南蒋家沟（1998 年观测资料）、云南浑水沟（张信宝和刘江，1989）、西藏古乡沟（杜榕桓等，1984；王文濬等，1984）、甘肃武都地区（中国科学院兰州冰川冻土研究所和甘肃交通科学研究所，1982；陈光曦等，1983）火烧沟、泥弯沟、山背后沟及柳弯沟（1963 年及 1964 年观测资料）黏性泥石流的平均不均匀系数及平均曼宁糙率系数。

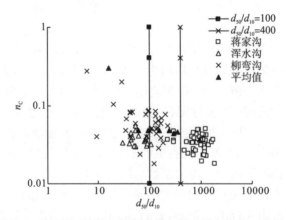

图 2.3　黏性泥石流的不均匀系数与曼宁糙率系数 n_c 的关系

图 2.3 中蒋家沟和浑水沟的不均匀系数与曼宁糙率系数 n_c 关系不明显，但柳弯沟的不均匀系数与曼宁糙率系数 n_c 呈反比关系，平均值的不均匀系数与平均值的曼宁糙率系数 n_c 也呈反比关系，说明不均匀系数越大，曼宁糙率系数 n_c 越小，阻力越小；反之，曼

宁糙率系数 n_c 越大，阻力越大。

　　黏性泥石流运动平均速度的公式大多数以曼宁公式的形式出现，或在曼宁公式的基础上做出改进后得到。曼宁公式作为一般清水运动平均速度计算公式非常准确和可靠，但黏性泥石流的运动条件与清水运动不完全相同：①黏性泥石流的运动状态是层流，而清水的运动状态是紊流；②黏性泥石流的运动与底部糙率关系不大，特别是在有底部铺床时(如云南蒋家沟的绝大多数观测速度都是有底部铺床的速度)其运动与原沟床底部糙率无关，而清水运动的阻力与底部糙率关系很大；③黏性泥石流的运动坡度范围在 $5\%\sim20\%$，而清水运动的坡度范围一般$<3\%$。因此黏性泥石流的运动速度计算不能直接用曼宁公式，可以在曼宁公式的基础上做出改进得到适用于黏性泥石流运动速度计算的公式。

　　根据泥石流不均匀系数和黏性泥石流的运动速度的关系，分析云南蒋家沟(1998 年观测资料)、云南浑水沟(张信宝和刘江，1989)、甘肃柳弯沟(1963 年及 1964 年观测资料)的运动平均速度与不均匀系数、水力半径和运动纵比降关系，得出黏性泥石流运动平均速度计算公式：

$$U = 1.1\,(gR)^{\frac{1}{2}} S^{\frac{1}{3}} \left(\frac{d_{50}}{d_{10}}\right)^{\frac{1}{4}} \tag{2.3}$$

式中，U 为黏性泥石流运动平均速度，m/s；g 为重力加速度，m/s^2；R 为黏性泥石流运动水力半径，m；S 为黏性泥石流运动纵比降。

　　图 2.4 为式(2.3)计算的黏性泥石流的平均速度计算值和观测值对比图。U_c 为计算速度，U_m 为观测速度。式(2.3)能兼顾低阻力和高阻力地区的泥石流运动速度计算，计算参数的获取也很容易，计算稳定性较好，具有正确的物理意义。

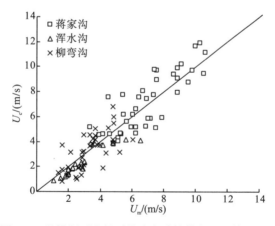

图 2.4　黏性泥石流的平均速度计算值与观测值对比图

　　图 2.5 为式(2.3)计算的其他地区的黏性泥石流的平均速度与观测值对比图。计算中这些泥石流观测资料缺乏详细的一一对应的不均匀系数值，因此对西藏古乡沟(杜榕桓等，1984；王文濬等，1984)，甘肃武都地区火烧沟、泥弯沟、山背后沟及柳弯沟(柳弯沟不包括 1963 年及 1964 年观测资料)的不均匀系数取其平均值(中国科学院兰州冰川冻土研究所和甘肃省交通科学研究所，1982)，根据大白泥沟为低阻力泥石流沟(吴积善等，1993)，取不均匀系数为 500；原苏联杜鲁德日河(陈光曦等，1983)，按中阻力沟计算，取不均匀系数为 250。实验数据来自余斌(2007)的实验研究。

图 2.5 中的观测值和计算值对比，除西藏古乡沟和甘肃火烧沟、泥弯沟及柳弯沟的小部分偏差稍大外，其余的吻合性都较好，式(2.3)能兼顾高、中、低阻力泥石流沟的黏性泥石流平均速度计算。

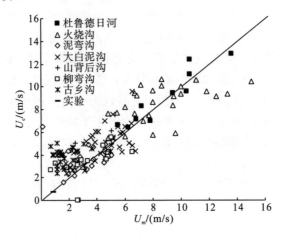

图 2.5　式(2.3)计算的黏性泥石流的平均速度与其他观测值对比图

黏性泥流与黏性泥石流的主要不同点在于黏性泥流的颗粒粒度较小，>2mm 颗粒百分比<2%，最大颗粒一般不大于 5mm；黏性泥流容重<1.9g/cm³，比黏性泥石流的 1.8~2.4g/cm³ 小很多。但黏性泥流与黏性泥石流有相近的运动规律，因此也可以用式(2.3)计算黏性泥流的平均运动速度。图 2.6 为甘肃吕二沟(中国科学院兰州冰川冻土研究所和甘肃省交通科学研究所，1982)黏性泥流的平均速度计算值与观测值对比图。图 2.6 说明式(2.3)对黏性泥流的平均运动速度计算仍然较好。

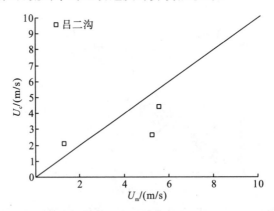

图 2.6　甘肃吕二沟黏性泥流的平均速度计算值与观测值对比图

2.1.4　通用泥石流平均速度公式

Julien 和 Paris(2010)采用相对水深(H/d_{50})的对数函数表达泥石流相对平均运动速度(U/u^*)：

$$\frac{U}{u^*} = 5.75 \lg \frac{H}{d_{50}} \tag{2.4}$$

式中，u^* 为剪切速度：

$$u^* = \sqrt{gHS} \tag{2.5}$$

式中，H 为泥石流水深，m。

式(2.4)对比了 350 个实验和野外观测点，但有的系列点(如蒋家沟野外观测系列点)的泥石流速度与相对水深 H/d_{50} 成反比，与式(2.4)不符合(Yu，2012)。

如果采用泥石流的不均匀系数与泥石流相对平均运动速度(U/u^*)对比，并采用与式(2.3)相同的方法：以水力半径 R 代替水深 H，可以获得如图 2.7 所示的泥石流运动速度计算公式：

$$U = 3.2 \sqrt{gRS}\,\lg\frac{d_{50}}{d_{10}} \tag{2.6}$$

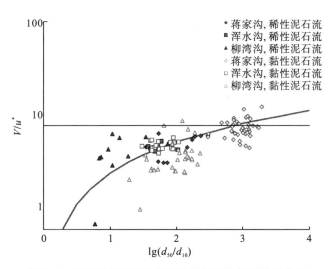

图 2.7　泥石流相对平均运动速度与不均匀系数的关系

式(2.6)不仅能计算黏性泥石流运动速度，也能计算稀性泥石流的运动速度。

2.1.5　小结

图 2.5 中的黏性泥石流平均速度计算值与观测值对比有小部分偏差稍大的主要原因如下。

(1)不均匀系数是一平均值，忽略了因不均匀系数引起的阻力变化，如云南蒋家沟(1998 年观测资料)、云南浑水沟、甘肃柳弯沟(1963 年及 1964 年观测资料)的不均匀系数最大值和最小值相差倍数分别为 8.2、3.5 和 11.5，按式(2.3)中不均匀系数的 0.25 次方，最大(d_{50}/d_{10})$^{1/4}$ 值和最小(d_{50}/d_{10})$^{1/4}$ 值相差倍数分别为 1.7、1.4 和 1.8。

(2)观测资料上本身存在巨大的差异，如表 2.1 中，同样的观测条件和人员，同样的泥石流沟和坡度，同样的水深条件下流速可以相差 3.6 倍(序号 1 与 2)和 4.4 倍(序号 15 与 16)；而同样的流速条件，水深也可以相差 3.1 倍(序号 3 与 4)。即使是由真实的不均匀系数计算也只能校正 2 倍以内的差别(如云南大白泥沟，甘肃火烧沟、泥弯沟和山背后沟)，对差别在 3 倍以上的数据还无能为力。

表 2.1 泥石流观测要素对比

序号	发生地点	发生时间	水深/m	平均流速/(m/s)	纵坡	容重/(g/cm³)	水力半径/m
1	西藏古乡沟	1964.06.08	2	1.38	0.1	2.23	1.77
2	西藏古乡沟	1964.06.08	2	5	0.1	1.98	1.81
3	西藏古乡沟	1964.07.16	2.5	2.3	0.1	—	2.08
4	西藏古乡沟	1964.08.17	0.8	2.3	0.1	1.86	0.69
5	云南大白泥沟	1959.07.03	2.96	6.52	0.04	2.06	2.96*
6	云南大白泥沟	1962.06.27	0.6	6.74	0.04	1.94	0.6*
7	甘肃火烧沟	1972.08.26	2.2	15	0.105	—	2.2*
8	甘肃火烧沟	1973.06.13	2.52	8	0.104	2.04	1.9
9	甘肃火烧沟	1975.08.09	0.83	8	0.104	1.96	0.68
10	甘肃泥弯沟	1965.07.20	0.45	3.65	0.045	2.08	0.38
11	甘肃泥弯沟	1966.07.30	1.44	3.4	0.054	2.03	1.03
12	甘肃泥弯沟	1967.09.08	2.29	0.1	0.054	2.01	1.58
13	甘肃山背后沟	1966.07.22	0.67	5	0.11	2.12	0.53
14	甘肃山背后沟	1966.07.29	0.75	2.45	0.11	1.98	0.55
15	甘肃柳弯沟	1964.07.01	0.3	3	0.12	2.14	0.23
16	甘肃柳弯沟	1964.07.12	0.3	0.68	0.11	2.06	0.21
17	室内实验	—	0.036	0.85	0.05	1.66	0.029
18	室内实验	—	0.018	0.2	0.05	1.74	0.016

*水深代替水力半径。

(3)有部分流速较小而水深又相对较大的观测(实验)数据为非常缓慢的流动,而不同于一般的黏性泥石流流动,如表 2.1 中的甘肃泥弯沟(序号 12)水深 2.29m,平均速度仅 0.1m/s,显然流动非常缓慢。

有些黏性泥石流运动速度非常缓慢的原因是泥石流的容重过大(或含水量过少)引起泥石流的黏滞阻力(可用屈服应力和黏性系数等表示)急剧增加,泥石流运动速度陡降。影响泥石流的屈服应力和黏性系数的主要因素有泥石流的容重(或含水量),泥石流体中的黏性颗粒成分及其百分含量(Marr et al., 2001)。在这几个影响因素中,泥石流的容重(或含水量)是最重要的因素,在容重较大时(如 2.2g/cm³ 以上),小幅的容重增加就能大幅度改变泥石流体的性质、屈服应力及黏性系数;泥石流体中的黏性颗粒成分及其百分含量对黏性泥石流运动演变为缓慢流动的影响相对较小,而且其影响须在一定的泥石流容重范围内才能发挥作用(Marr et al., 2001)。泥石流的容重越大(或含水量越少),泥石流体中黏粒的黏性越强,泥沙颗粒中黏粒的百分含量越高,黏性泥石流就越容易变成缓慢流动。不同地区的不同泥沙成分的黏性泥石流演变成缓慢流动的容重条件不一样,这是因为不同地区的不同泥沙成分的黏粒的黏性不同,黏粒的百分含量也不同,这种现象不仅出现在不同地区,还会出现在同一地区的不同泥石流沟,甚至还会出现在同一条沟的不同支沟,如四川黑沙河马颈沟的缓慢流动(也称为蠕动流)(吴积善等,1993)容重范围为 2.22~2.38g/cm³,云南蒋家沟支沟查箐沟的缓慢流动容重为 2.3g/cm³,蒋家沟的缓慢流动容重为 2.3g/cm³ 以上(吴积善等，1993)，但蒋家沟 1998 年的观测资料中容重为 2.36g/cm³ 的泥石流速度为 9.8m/s，对应水深为 1.8m，显然为一般黏性泥石流；甘肃泥弯沟(中国科学院兰州冰川冻土研究所和甘肃省交通科学研究所，1982)(序号 12)容重为 2.01g/cm³，运动速度为 0.1m/s，是典型的缓慢流动，但该沟泥石流的最大容重为 2.2g/cm³ 的泥石流速度为 2.12m/s，对应水深为 0.36m，表现为一般黏性泥石流。由于泥沙成分中黏粒的黏性和百分含量各不相同，黏性泥石流演变为缓慢流动的临界容重也各不相同，因此不能从黏性泥石流的容重上判断其是否为缓慢流动，只能由其运动速度较小但水深相对较大来判断，相应地用泥石流运动的缓急程度判断是否为缓慢流动。

确定流体运动缓急程度的参数是 Fr(福劳德数)：

$$Fr = V/\sqrt{gH} \tag{2.7}$$

式中，Fr 为流体福劳德数；V 为流体运动速度，m/s；H 为流体水深，m。Fr>1，流体为急流；Fr<1，流体为缓流；Fr=1，流体为临界状态。

图 2.8 为中高阻力的泥石流沟及实验的黏性泥石流水深与观测平均速度关系图。除西藏古乡沟外，其他泥石流沟的黏性泥石流的 Fr 都较大，即使是高阻力的浑水沟的 Fr 最小值也为 1.27，因此黏性泥石流的运动为急流符合黏性泥石流的总体规律。根据缓慢流动的特点，将缓慢流动定义为运动很缓慢的流动：

$$Fr \leqslant 1/3 \tag{2.8}$$

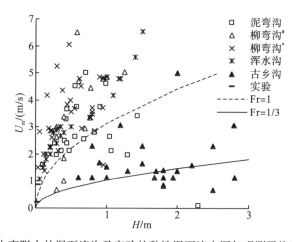

图 2.8　中高阻力的泥石流沟及实验的黏性泥石流水深与观测平均速度关系图

#：陈光曦等，1983；中国科学院兰州冰川冻土研究所和甘肃省交通科学研究所，1982。

*：1963 年及 1964 年观测资料

将介于一般的黏性泥石流(急流)和缓慢流动之间的黏性泥石流称为缓流黏性泥石流。缓流黏性泥石流的范围为

$$1/3 < Fr < 1 \tag{2.9}$$

满足式(2.8)即为缓慢流动；满足式(2.9)即为缓流黏性泥石流。按照这个定义，高阻力的浑水沟没有缓流黏性泥石流和缓慢流动；中阻力的泥弯沟有 6 个点是缓流黏性泥石流(其中有 3 个点的 Fr 接近 1)，1 个点是缓慢流动，一般黏性泥石流点 15 个；中阻力的柳弯沟有 3 个点是缓流黏性泥石流，缓慢流动无，一般黏性泥石流点 12 个；中阻力的

柳弯沟(1963 年及 1964 年资料)有 2 个点是缓流黏性泥石流,缓慢流动无,一般黏性泥石流点 31 个;高阻力的古乡沟有 17 个点是缓流黏性泥石流,9 个点是缓慢流动,而一般黏性泥石流点仅 1 个。室内实验中缓流黏性泥石流和一般黏性泥石流点各 1 个。根据西藏古乡沟泥石流的观测点和缓慢流动发生时的泥石流特点可以得出西藏古乡沟泥石流绝大多数是缓流黏性泥石流和缓慢流动的原因如下:①西藏古乡沟泥石流的观测断面在泥石流的堆积扇上,大多数泥石流在运动到观测断面时已经开始淤积,速度逐渐降低,流动成为缓流;②西藏古乡沟缓慢流动的泥石流发生时泥石流体中含有大量的石块(50%~70%),造成泥石流的容重过大,在堆积扇上相对较缓的坡度上运动速度下降很快,成为缓慢流动。

图 2.9 为黏性泥石流、缓流黏性泥石流和缓慢流动的平均速度计算值与观测值对比图。由图 2.9 及缓慢流动和缓流黏性泥石流的运动特点可以得出,式(2.3)对缓慢流动速度计算值较大,不适用于缓慢流动;式(2.3)对缓流黏性泥石流的速度计算值偏大,对一般的黏性泥石流平均速度计算很好。

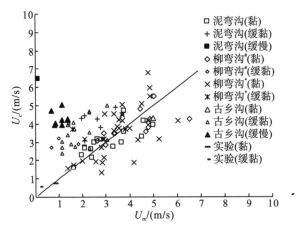

图 2.9 黏性泥石流、缓流黏性泥石流和缓慢流动的平均速度计算值与观测值对比图

#:陈光曦等,1983;中国科学院兰州冰川冻土研究所和甘肃省交通科学研究所,1982。

*:1963 年及 1964 年观测资料。

黏:一般黏性泥石流;缓黏:缓流黏性泥石流;缓慢:缓慢流动

还有少数泥石流运动可以造成缓流黏性泥石流和缓慢流动黏性泥石流。泥石流在运动中沿程淤积又得不到后续的流体补给时,流体水深逐渐降低,运动速度逐渐降低,形成缓流,再演变为缓慢流动,最终停积下来(如云南蒋家沟的黏性泥石流的铺床过程)。另一种造成缓流黏性泥石流和缓慢流动黏性泥石流的原因是泥石流体中含水量较少甚至于过少,引起泥石流的容重较大甚至于过大而运动缓慢,如甘肃泥弯沟和柳弯沟的少数缓流黏性泥石流及泥弯沟的个别缓慢流动和西藏古乡沟的缓慢流动。最常见的缓流黏性泥石流的发生是在堆积扇上,泥石流逐渐淤积使泥石流的运动速度逐渐降低,从堆积扇的上游到下游速度进一步降低,形成缓流黏性泥石流。因此缓流黏性泥石流主要发生在泥石流的堆积扇上,越靠近下游越严重;缓慢流动主要发生在泥石流的容重过大时,容重越大越严重。

在对已发生的泥石流调查和评估的速度计算中,用式(2.3)对一般的黏性泥石流平均

速度计算较准确，可以用于泥石流堆积扇上游的渠道中的黏性泥石流速度计算；式(2.3)
对缓流黏性泥石流的速度计算偏大，缓流黏性泥石流主要发生在泥石流堆积扇上，因此
对泥石流堆积扇上的黏性泥石流速度计算也会偏大，但泥石流堆积扇上的速度计算可以
作为参考对比依据，或做一定的调整使计算值更合理；式(2.3)对缓慢流动速度计算较
大，不适用于缓慢流动。对于一般的黏性泥石流速度计算的重要性远大于缓慢流动的速
度计算。缓慢流动运动速度一般较小(往往<1m/s)，危害较小；而一般的黏性泥石流较
大的运动速度往往是发生泥石流灾害的根本原因，因此即使实际发生的泥石流属于缓慢
流动，在对泥石流的危害评估和治理中还必须按一般黏性泥石流运动速度计算才能有效
地评估和治理泥石流灾害。缓慢流动是黏性泥石流的特例，发生缓慢流动的地区也会发
生黏性泥石流，因此缓慢流动的发生可以忽略，这种忽略也适用于在渠道中因容重较大
而引起的缓流黏性泥石流。

　　在泥石流堆积扇上的速度计算偏大需要做一定的调整才能使计算值更合理，这在具
有堆积扇上游渠道中泥石流的计算速度和流量作为参考时容易做到。对于没有上游计算
速度和流量作为参考依据时，调整速度计算结果既重要却又困难，这将是今后黏性泥石
流速度计算的工作重点。

　　通过分析一系列泥石流观测资料中的泥石流的不均匀系数和黏性泥石流的运动速度
和阻力特征的关系，得出黏性泥石流平均运动速度经验公式，结论如下。

　　(1)泥石流的不均匀系数在不同的泥石流地区有很大的不同，用不均匀系数可以划分
泥石流沟的阻力特征。

　　(2)由一系列观测资料和改进的曼宁公式得到的由泥石流不均匀系数、泥石流运动底
坡纵比降和水力半径计算的黏性泥石流运动平均速度经验公式，能适应各种类型的泥石
流沟的黏性泥石流速度计算。

　　(3)黏性泥石流运动平均速度经验公式的特殊参数只有泥石流不均匀系数，使用简
洁，计算稳定，具有正确的物理意义，与其他系列的黏性泥石流运动平均速度观测资料
对比有很好的一致性，与黏性泥流的观测资料对比也很接近。

　　(4)黏性泥石流运动平均速度经验公式用于一般急流的黏性泥石流的速度计算结果较
准确，但不适用于容重过大的缓慢流动，对于缓流黏性泥石流速度计算偏大。

　　(5)黏性泥石流运动平均速度经验公式应用于泥石流的危险评价和防治时，可以用于
泥石流堆积扇上游渠道中的黏性泥石流速度计算，对泥石流堆积扇上的黏性泥石流速度
计算偏大，不适用于缓慢流动黏性泥石流，但在对泥石流的危害评估和治理中可以忽略
缓慢流动的发生。

2.2　稀性泥石流运动平均速度

　　泥石流的运动速度是泥石流动力学研究中最重要的参数，也是泥石流灾害评估和防
治中最重要的参数。稀性泥石流是常见也是危害较大的泥石流类型，准确而简洁地计算
稀性泥石流的运动速度非常重要。对稀性泥石流运动速度的研究始于 20 世纪 40 年代，
经历了理论公式、区域或单沟经验公式、综合性经验公式的发展阶段，但这一研究仍然
存在一些问题，需要进一步改进。

作者总结了近 40 年来稀性泥石流平均运动速度的经验公式,提出了一个新的用泥石流运动的底坡坡度和水力半径来计算稀性泥石流平均运动速度的经验公式,该公式能适应各种类型的泥石流沟,可以简洁地获得有关计算参数,为泥石流的减灾防灾提供一个更好的评估和防治工具。

2.2.1 现有的稀性泥石流平均速度公式存在的问题

在近 70 年的泥石流研究中,各国学者研究得出的稀性泥石流平均运动速度计算公式有 10 个以上,其中理论公式出现较早(主要集中在 20 世纪 40~60 年代),计算精度随地区的不同差别很大。由于仅在我国有大量的不同地区和类型的泥石流观测资料,因此计算泥石流运动速度的经验公式主要出现在我国的科研成果中。1960 年以后,经验公式有了很大的发展,但还存在一些问题:许多公式中最重要的底部糙率的取舍因人而异,更困难的是对以往发生的泥石流,特别是发生年代较久远的泥石流,其沟床已被后期洪水严重改造,底部糙率已和泥石流发生时差别很大,这严重影响了稀性泥石流速度计算的准确性。20 世纪 60 年代以后,也有用简单的关系式计算稀性泥石流平均速度,如洪正修(1996)给出的式(2.10):

$$U = 7.28H^{0.446}S^{0.309} \qquad (2.10)$$

式中,U 为稀性泥石流平均速度,m/s;H 为水深,m;S 为运动底坡。

吴积善等(1993)给出的式(2.11):

$$U = \frac{6.5}{a}H^{\frac{2}{3}}S^{\frac{1}{4}} \qquad (2.11)$$

$$a = (\gamma_s\varphi + 1)^{\frac{1}{2}} \qquad (2.12)$$

$$\varphi = \frac{\gamma - 1}{\gamma_s - \gamma} \qquad (2.13)$$

式中,γ_s 为泥石流中的泥沙容重,一般取 2.7g/cm³;γ 为稀性泥石流容重,g/cm³。

与式(2.11)大同小异的有洪正修(1996)提出的:

$$U = \frac{15.3}{a}H^{\frac{2}{3}}S^{\frac{3}{8}} \qquad (2.14)$$

$$U = \frac{15.5}{a}H^{\frac{2}{3}}S^{\frac{1}{2}} \qquad (2.15)$$

$$U = \frac{4.78}{a}R^{\frac{2}{3}}S^{0.1} \qquad (2.16)$$

式中,R 为水力半径,m,$R = \dfrac{HW}{2H+W}$,W 为泥石流的运动宽度,m;a 为泥石流容重的函数。

这些公式计算所得稀性泥石流的平均速度存在一定偏差,如式(2.11)的计算值都比观测值偏小(吴积善等,1993);其他公式在云南省蒋家沟、浑水沟和甘肃省柳弯沟、泥弯沟的计算值也比观测值偏小;采用式(2.16)的云南省老干沟、法窝沟、拖沓沟及三滩沟的计算值也比观测值偏小,但式(2.14)在这些地区的计算值又比观测值偏大。

2.2.2　稀性泥石流的运动特征

2.2.2.1　速度与水深的关系

表示流体运动缓急程度的参数是 Fr(弗劳德数)［见公式(2.7)］。

图 2.10 所示为稀性泥石流水深与观测平均速度的关系。由图可见，稀性泥石流的 Fr 大多大于 1，为急流；少部分的 Fr 接近 1，属于缓流，但运动仅比急流稍缓；还有少部分运动较缓慢(Fr<0.7)。因此，可以将稀性泥石流划分为一般稀性泥石流(急流 Fr>1)、缓流稀性泥石流(0.7<Fr<1)和缓慢稀性泥石流(Fr<0.7)。

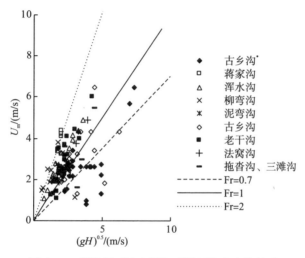

图 2.10　稀性泥石流水深与观测平均速度的关系

资料来源：蒋家沟.1999 年观测资料；浑水沟.张信宝和刘江(1989)；柳弯沟.1963 年及 1964 年观测资料；泥弯沟.中国科学院兰州冰川冻土研究所和甘肃省交通科学研究所(1982)；古乡沟.王文濡等(1984)；老干沟、法窝沟、拖沓沟及三滩沟资料.陈光曦等(1983)。

＊无泥石流容重资料点

表 2.2 所列为按照稀性泥石流的缓急程度定义的稀性泥石流的流动状态统计结果。根据西藏古乡沟泥石流观测点的特点，可以得出古乡沟缓流泥石流和缓慢稀性泥石流较多的原因(余斌，2008a)：古乡沟泥石流的观测断面在泥石流的堆积扇上，部分泥石流在运动到观测断面时已经开始淤积，速度逐渐降低，流动演变为缓流稀性泥石流甚至缓慢稀性泥石流。其他泥石流沟之所以发生缓流和缓慢稀性泥石流，是稀性泥石流发生后期，运动减弱，速度逐渐降低的结果。

表 2.2　稀性泥石流的流动状态统计

位置	泥石流总数	急流泥石流		缓流泥石流		缓慢泥石流	
		Fr>1	％	0.7<Fr<1	％	Fr<0.7	％
蒋家沟	9	9	100	0	0	0	0
浑水沟	17	17	100	0	0	0	0
柳弯沟	12	11	91.7	0	0	1	8.3

位置	泥石流总数	急流泥石流		缓流泥石流		缓慢泥石流	
		Fr>1	%	0.7<Fr<1	%	Fr<0.7	%
泥弯沟	2	1	50	1	50	0	0
古乡沟	16	10	62.4	3	18.8	3	18.8
古乡沟*	33	12	36.4	10	30.3	11	33.3
老干沟	23	19	82.7	3	13	1	4.3
法窝沟	5	4	80	1	20	0	0
拖沓沟、三滩沟	4	2	50	1	25	1	25
总计	121	85	70.3	19	15.7	17	14.0

* 无泥石流容重资料点。

在对已发生的黏性泥石流的调查和评估中，一般的黏性泥石流(Fr>1)平均速度计算经验公式同样适用于泥石流堆积扇上游渠道中的黏性泥石流速度计算，但对缓流黏性泥石流(Fr<1)的速度计算，结果偏大，只是缓流流动运动速度一般较小，危害也较小。而一般的黏性泥石流较大的运动速度往往是发生泥石流灾害的根本原因，因此即使实际发生的泥石流属于缓流泥石流，在对泥石流的危害评估和治理中还必须按一般黏性泥石流运动速度计算，才能有效地评估和治理泥石流灾害(余斌，2008a)。稀性泥石流也有类似的特点。对比研究所有观测资料后，可以得出国内外关于稀性泥石流速度计算公式有较大偏差的原因之一是，没有区分急流和缓流稀性泥石流。从图 2.10 不难看出，用一个公式兼顾急流和缓流稀性泥石流的速度计算是无法完成的，而且没有必要考虑缓流稀性泥石流的速度计算，因为只要能正确地计算急流稀性泥石流的速度，就可以对稀性泥石流进行合理地评估和治理。因此本节对稀性泥石流运动速度的研究，集中在一般的急流稀性泥石流，而对缓流稀性泥石流只做对比研究。

2.2.2.2　速度与体积浓度的关系

稀性泥石流经验公式(2.11)及式(2.14)~式(2.16)中的参数 a 是泥石流容重的函数，按上述公式计算，速度与 a 成反比，即与容重成反比。得出容重与速度呈反比关系的依据主要来源于云南老干沟、法窝沟、拖沓沟及三滩沟的观测资料，但这些资料中容重范围在 1.4~1.6g/cm³，而且规律性不强，很难代表所有稀性泥石流的速度与容重的关系。

目前，用容重或体积浓度定义稀性泥石流的下限有以下几个值：①$\gamma=1.20$g/cm³ 或 $C=0.12$(弗莱施曼，1986)；②$C=0.15$ 或 $\gamma=1.26$g/cm³(中国科学院兰州冰川冻土研究所和甘肃省交通科学研究所，1982)；③$\gamma=1.30$g/cm³ 或 $C=0.18$(中国科学院兰州冰川冻土研究所和甘肃省交通科学研究所，1982)；④$\gamma=1.46$g/cm³ 或 $C=0.27$(费祥俊等，2003)；⑤$\gamma=1.50$g/cm³ 或 $C=0.29$(余斌，2008b)。用容重定义稀性泥石流的上限，γ 约为 1.80g/cm³。在不同的文献中，因为采用不同的稀性泥石流的容重上、下限值，稀性泥石流的容重范围较大，数据点的分布范围也较广。本节不探讨稀性泥石流的容重上、下限，将文献中确定为稀性泥石流的数据均认定为稀性泥石流，而不论其容重值的大小。泥石流的泥沙体积浓度可以由泥石流容重计算：

$$C = \frac{\gamma - \gamma_w}{\gamma_s - \gamma_w} \qquad (2.17)$$

式中，C 为泥石流的泥沙体积浓度；γ_w 为水的容重，$1\mathrm{g/cm^3}$。

图 2.11 所示为急流稀性泥石流的泥沙体积浓度 C 与平均运动速度 U_m 的关系，资料来源同图 2.10。虽然泥沙体积浓度与平均运动速度关系不是十分明显，但根据蒋家沟、浑水沟和古乡沟的数据可以确定，泥沙体积浓度与平均运动速度在 $0.3<C<0.5$ 范围内呈弱正比关系，即容重与平均运动速度呈弱正比关系。泥石流属于重力流，其运动的驱动力包括两部分：泥沙在斜坡上的重力和水流动力。泥石流与一般高含沙水流的最大不同在于，泥石流的运动驱动力中的泥沙重力很大，甚至大于水流动力（费祥俊和舒安平，2004）。当泥石流体中的泥沙比例逐渐增加时，由泥沙在斜坡上提供的重力驱动力逐渐增加，泥沙重力在驱动力中的比例逐渐增加，总体驱动力也逐渐增加，因此容重与平均运动速度呈正比关系符合泥石流的特点。泥沙重力和水流动力相等时的泥石流容重约为 $1.46\mathrm{g/cm^3}$（或 $C=0.27$）（费祥俊和舒安平，2004），当泥石流的容重过小时，泥沙重力驱动力也过小而接近于高含沙水流，其运动速度规律与稀性泥石流相差较大。图 2.11b 中，容重与平均运动速度呈弱正比关系，则是在容重大于 $1.46\mathrm{g/cm^3}$（或 $C>0.27$），即泥沙重力驱动力大于水流动力情况下成立的。

图 2.11a 中的泥沙体积浓度范围较大（$C=0.12\sim0.50$），体积浓度与运动速度的关系在整个范围内没有一致的规律，因此可以简化稀性泥石流速度计算，不考虑体积浓度因素。

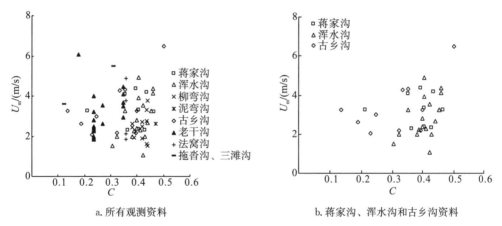

a. 所有观测资料　　　　　　　　　　　　　b. 蒋家沟、浑水沟和古乡沟资料

图 2.11　急流稀性泥石流的泥沙体积浓度与平均运动速度的关系

2.2.2.3　速度与坡度的关系

泥石流属于重力流，因此存在运动坡度是泥石流能运动的基本条件。图 2.12 所示为急流稀性泥石流的运动坡度 S 与运动速度 U_m 的关系，资料来源同图 2.10。

在泥石流运动过程中，即使上游或下游有冲刷或淤积变化，泥石流也会在运动中形成溯源侵蚀或淤积，保持沟道的稳定，沟道坡度变化很小。这种现象在短时间内（如 10～100 年）也会存在。由于许多观测点在一个固定位置，因此对坡度的测量往往也只有一个值。除了老干沟、法窝沟和拖沓沟及三滩沟的观测资料能看出坡度与泥石流速度呈正比关系外，其他观测资料很难对坡度与速度的关系做出结论。式（2.10）～式（2.16）中，坡度与速度的指数关系从 0.1 至 0.5 不等，也说明了坡度对速度的影响很难有一致的规律，但坡度与速度的呈比例关系无疑是存在的。

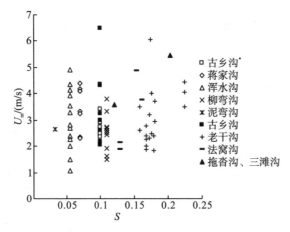

图 2.12　急流稀性泥石流的运动坡度与运动速度的关系

2.2.3　稀性泥石流平均速度计算

计算稀性泥石流平均运动速度的公式大多数以曼宁公式的形式出现，或在曼宁公式的基础上改进后得到。曼宁公式用于一般清水平均运动速度的计算非常准确和可靠，但稀性泥石流的运动条件与清水运动不完全相同：①清水的运动状态是强紊流，而稀性泥石流运动的紊流状态相对较弱；②稀性泥石流的运动坡度范围在 3％～30％，而清水运动的坡度一般小于 3％。因此稀性泥石流的运动速度计算不能直接用曼宁公式，可以在曼宁公式的基础上做出改进，得出适用于稀性泥石流运动速度的计算公式。

国内外的稀性泥石流速度计算公式中，基本都采用水深作为变量，很少用曼宁公式中的水力半径作为计算变量，因为用水深比较简单、直接。但使用水深计算稀性泥石流速度存在较大问题：①观测资料的获取往往在宽浅河道上，宽深比大于 20（如蒋家沟的宽度约 55m，深度 0.3～0.5m，宽深比 110～183；浑水沟宽度约 30m，深度 0.1～1.3m，宽深比 23～300），此时的水深和水力半径相差在 10％以内，两者基本可以互换。而在泥石流调查中，为了找到满河槽断面，总是选择最窄的断面，此时的宽深比一般小于 3，有的甚至接近 1。此时的水深和水力半径相差 40％～60％，水深和水力半径不能互换，故而用水深计算的速度偏大；②野外调查泥石流的洪痕断面时，很少有矩形断面，梯形断面较多，还有复杂的，如复式梯形断面（底部较窄、上部较宽的梯形），此时若仍用水深做变量，误差很大。因此在野外调查泥石流速度时，计算变量应采用水力半径而不是水深。本节在研究稀性泥石流运动速度时，直接采用水力半径作为变量。

由图 2.10 可以得出稀性泥石流平均运动速度与 $(gH)^{0.5}$ 呈正比关系，因为所有观测资料都来自宽浅河道，水力半径非常接近水深，可以推断稀性泥石流平均运动速度与 $(gR)^{0.5}$ 也呈正比关系。分析云南蒋家沟（1998 年观测资料）、云南浑水沟、甘肃柳弯沟（1963 年及 1964 年观测资料）和泥弯沟、西藏古乡沟、云南老干沟、法窝沟、拖沓沟及三滩沟泥石流的平均运动速度与 $(gR)^{0.5}$ 和运动坡度的关系，试算运动坡度与速度的关系，结果 $S^{0.1}$ 与稀性泥石流速度的变化吻合较好，于是得到稀性泥石流平均运动速度计算公式为

$$U = 1.8(gR)^{\frac{1}{2}}S^{\frac{1}{10}} \tag{2.18}$$

图 2.13 所示为用式(2.18)计算的稀性泥石流平均运动速度与观测速度的对比，资料来源同图 2.10。图中 U_c 为计算速度，U_m 为观测速度。图 2.13a 显示，计算值与观测值吻合较好，表明式(2.18)能兼顾各不同地区的急流稀性泥石流运动速度计算，计算参数的获取也很容易。图 2.13b 显示，采用式(2.18)计算缓流稀性泥石流运动速度时，计算值大于观测值，但比较接近；计算缓慢稀性泥石流运动速度时，计算值则要偏大较多，因此式(2.18)不能用于这两类稀性泥石流运动速度计算。

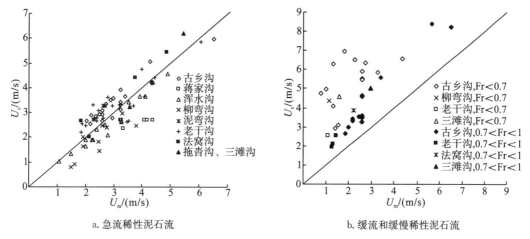

a. 急流稀性泥石流　　　　　　　　　　　　b. 缓流和缓慢稀性泥石流

图 2.13　式(2.18)计算的稀性泥石流平均运动速度与观测速度的对比

2.2.4　速度计算公式的对比

图 2.14 所示为以式(2.18)计算的稀性泥石流速度与其他方法计算的速度的对比，U_c 为式(2.18)计算的速度，V 为用其他方法计算的速度，Fr 计算中的速度值采用 V。其他方法计算的速度是通过对泥石流的调查、勘察、测量和用其他方法得出的，可以作为验证本节计算公式准确性的参考依据。

除热水塘沟的大 Fr(Fr=7.9)流动外，图 2.14a 中，式(2.18)与其他方法计算的急流稀性泥石流运动速度吻合较好。图 2.14 中的绝大多数观测资料 Fr<2，个别 Fr>2，最大 Fr=2.8。图 2.14 中，除热水塘沟外，最大 Fr=1.8。因此稀性泥石流在一般情况下 Fr<2，极端情况下 2<Fr<3，像热水塘沟的 Fr=7.9 是很罕见的。热水塘沟的稀性泥石流运动速度为 7.8m/s，运动底坡达 0.757(37°)，而水深仅 0.1m。该坡度已达到颗粒的休止角，也远超过了泥石流沟的平均坡度(小于 0.5)，更远大于沟道中的泥石流运动坡度(小于 0.3)，也大于坡面型泥石流的坡度，因此不适用于本节研究的沟道中的泥石流运动；此外，仅 0.1m 的水深运动速度就达到 7.8m/s，也非一般泥石流所能及，因此本节计算公式的计算值和热水塘沟的稀性泥石流运动速度没有可比性。由于其他方法计算的速度在规律上(如速度与容重的关系)、系数的取舍上(如糙率系数)及不同泥石流沟的计算上都存在一些误差，综合考虑这些因素后，可以认为采用本节提出的式(2.18)计算急流稀性泥石流运动速度准确性较高，结果可靠。图 2.14b 中，对于缓流和缓慢稀性泥石流，采用式(2.18)计算的速度比用其他方法计算的速度偏大，这与图 2.14b 一致，说明式(2.18)不适合缓流和缓慢稀性泥石流的运动速度计算。

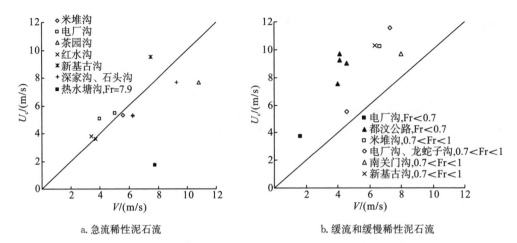

a. 急流稀性泥石流　　　　　　　　　　b. 缓流和缓慢稀性泥石流

图 2.14　式(2.18)计算的稀性泥石流速度与其他方法计算的速度的对比

其他方法的资料来源：米堆沟. 吴积善等(2005)，吕儒仁等(2001)，游勇和程尊兰(2005)；电厂沟. 杜友平和杨勇(1999)；龙蛇子沟和热水塘沟. 陈宁生等(2006)；都汶公路上游. 刘希林等(2004b)；茶园沟. 刘希林等(2004)；南关门沟. 陈晓清等(2006)；红水沟. 成都理工大学工程地质研究所等(2005)；新基古沟. 孟清河(1986)；深家沟. 苏小琴等(2008)；石头沟. 成都理工大学东方岩土工程勘察公司和成都理工大学地质灾害防治与地质环境保护国家重点实验室(2008)

　　缓流稀性泥石流和缓慢稀性泥石流，往往在稀性泥石流的堆积扇上或稀性泥石流运动已减弱的后期发生，或是这两种情况的总和。一般的稀性泥石流运动往往发生在泥石流堆积扇上游渠道化的沟道中，因此式(2.18)适用于稀性泥石流堆积扇上游沟道中的速度计算，而对于堆积扇上的速度计算，结果会稍偏大，且越往堆积扇的下游偏差越大。因此，在计算泥石流堆积扇上的速度时，需要做一定的调整，才能使计算值更合理，这在具有堆积扇上游渠道中的泥石流计算速度和流量作为参考时，容易做到；而在没有上游计算速度和流量作为参考依据的情况下，调整速度计算结果很困难，这将是今后泥石流速度计算的研究重点。

2.2.5　小结

　　本节通过分析一系列稀性泥石流观测资料中的运动坡度和水力半径与稀性泥石流运动速度的关系，得出了一个新的计算稀性泥石流平均运动速度的经验公式。结论如下。

　　(1)本节提出的由泥石流运动底坡纵比降和水力半径计算稀性泥石流平均运动速度的经验公式，能适应各种类型的泥石流沟的急流稀性泥石流速度计算。

　　(2)本节提出的经验公式，对于缓流稀性泥石流，计算的速度与观测结果对比偏大但很接近；对于缓慢稀性泥石流，计算的速度与观测结果相差很大，因此不适用于这两类稀性泥石流的速度计算。

　　(3)本节提出的经验公式，使用简洁、计算稳定，与其他方法计算的稀性泥石流平均运动速度也很接近。

　　(4)一般情况下，稀性泥石流(急流)运动速度是正确评估和防治稀性泥石流的合适参数。本节提出的经验公式适用于稀性泥石流堆积扇上游沟道中的速度计算，而对于堆积扇上的速度计算，结果稍偏大，且越往堆积扇的下游，偏差越大。

第 3 章　泥石流容重计算方法研究

3.1　黏性泥石流的容重

泥石流的容重是泥石流最重要的参数之一。可以通过取样测量等手段获得泥石流发生时观测的泥石流的容重，但要获得历史上发生的泥石流的容重就困难得多。调查历史上发生的泥石流的容重一般采用配制泥石流样的方法(周必凡等，1991)，但这种方法受目击者的影响很大，有时因年代久远根本找不到目击者，加上配制时块石的多寡对泥石流容重的影响很大，该方法有时出入很大。根据泥石流的沉积形态判断泥石流的类型，即黏性泥石流或稀性泥石流等，可以框定泥石流的容重范围，但该范围仍然较大，不利于准确使用容重参数。

根据泥石流沉积物计算泥石流容重的研究取得了一些进展，如用泥石流体中>2mm的粗颗粒的百分含量计算泥石流容重(杜榕桓等，1987)和泥石流体中<0.005mm的黏粒的百分含量计算泥石流容重(陈宁生和陈清波，2003)，但因为泥石流的区域特征的不同，这些方法存在偏差，有时因地区的不同偏差很大。随着我国的经济发展，特别是西部大开发的进行，山区泥石流灾害的危害越来越大，正确地计算泥石流的各参数并评估泥石流的危害，从而正确地防治泥石流灾害已到了刻不容缓的时候。因此用简单易行的方法，正确合理地计算泥石流的容重也显得日益重要。本节在总结前人的研究工作的基础上，由泥石流观测样提出根据泥石流沉积物计算泥石流容重的方法，与泥石流的沉积样对比有较好的一致性和适用性。

3.1.1　泥石流沉积物的特征和分类

泥石流属于混杂堆积，只能笼统地概述泥石流的沉积，不同类型的泥石流的沉积方式是不同的。强黏性的黏性泥石流的沉积属分选极差的混杂沉积。中等和弱黏性的泥石流的沉积都有泥沙的分选。稀性泥石流属弱黏性泥石流，具有泥沙的沉积分选；中等黏性的过渡(亚黏性)泥石流介于黏性泥石流和稀性泥石流之间，其沉积特征也介于两者之间，属弱分选沉积。广义的泥石流还包括泥流和水石流。

对泥石流的分类方法很多，最常见和适用的方法多以容重来分类(张信宝和刘江，1989；中国科学院成都山地灾害与环境研究所，1989；杜榕桓等，1987；费祥俊和舒安平，2003)。表 3.1 为总结各家泥石流按容重的分类方法后提出的泥石流的分类方法。表3.1 中狭义泥石流指常见的黏性泥石流和稀性泥石流，而黏性泥石流又可细分为黏性泥石流和过渡(亚黏性)泥石流。表 3.1 中泥流沉积无分选，与黏性泥石流的区别在于沉积物的粒度上表现为>2mm 的粗颗粒极少。水石流沉积有分选，与稀性泥石流的区别在于沉积分选前泥石流体中<0.05mm 的细颗粒极少。因此根据沉积方式及沉积物中粗颗粒(>2mm)和细颗粒(<0.05mm)的含量可以划分泥石流的类型，从而框定泥石流的容重范

围。这个范围用于对泥石流的初步认识是足够的，但要用于对泥石流的危险性评估，从而正确地防治泥石流灾害显然还太粗糙。因此还需要对泥石流的沉积物做更深入的研究，如泥石流的颗粒粒径的百分含量的特征等，从而给出更准确的泥石流容重值。本节的研究集中在常见的泥石流(即狭义泥石流)上，下文中的泥石流均为狭义泥石流，均不考虑泥流和水石流问题。

表 3.1　以容重为主要参数的泥石流分类

| 泥石流类型 | 泥流 | 狭义泥石流 | | | 水石流 |
| | | 黏性泥石流 | | 稀性泥石流 | |
		黏性泥石流	过渡(亚黏性)泥石流		
泥石流容重/(g/cm³)	1.5~1.8	2.0~2.4	1.8~2.0	1.5~1.8	1.5~1.9
泥石流黏性	强	强	中	弱	极弱
沉积特征	无分选	无分选	弱分选	有分选	有分选

3.1.2　泥石流的颗粒组成

泥石流的颗粒组成范围极广，从小于 0.001mm 量级的胶粒到 1m 量级的巨石都有涵盖，其中有三个重要的颗粒粒径值：2mm、0.05mm 和 0.005mm，分别代表泥石流中的粗颗粒粒径、细颗粒粒径和黏粒颗粒粒径(费祥俊和舒安平，2004)。这三种颗粒粒径的特点和与泥石流容重的关系详述如下。

3.1.2.1　2mm 颗粒粒径与泥石流容重关系

＞2mm 的颗粒在泥石流体中代表粗颗粒，在黏性泥石流(＞1.8g/cm³)中，＜2mm 的颗粒的含沙量(每立方米泥石流中的重量，下同)基本保持不变(费祥俊和舒安平，2004)，即随容重的增大，＜2mm 的颗粒的百分含量随之减少，＞2mm 的粗颗粒的百分含量随之增加，因此有泥石流容重与＞2mm 的粗颗粒的百分含量关系的经验公式(杜榕桓等，1987)：

$$\gamma = (0.175 + 0.743P_X)(\gamma_s - 1) + 1 \tag{3.1}$$

式中，γ 为泥石流容重，g/cm³；P_X 为＞2mm 的粗颗粒的百分含量(小数表示)；γ_s 为粗颗粒比重，约 2.7g/cm³。

图 3.1 为泥石流观测样的容重与＞2mm 的粗颗粒的百分含量关系图。式(3.1)的计算值在稀性泥石流(＜1.8g/cm³)时偏差较大，这是因为＞2mm 的粗颗粒的百分含量与黏性泥石流容重相关性较大，与稀性泥石流容重关系不大：＞2mm 的粗颗粒的百分含量涵盖了从 2%~36%，但泥石流的容重变化很小：1.5~1.8g/cm³，因此用简单的线性关系不能描述＞2mm 的粗颗粒的百分含量与泥石流容重的所有关系。式(3.1)在对甘肃省武都地区的泥弯沟、山背后沟、火烧沟和柳弯沟的计算中偏差较大，说明泥石流的地区特点会影响式(3.1)计算的正确性，仅用单一的参数——＞2mm 的粗颗粒的百分含量还不能概括所有区域的泥石流的容重特点。尽管＞2mm 的粗颗粒的百分含量与泥石流容重的关系受区域特点的影响尚不十分一致，但区域特点的影响并不大，观测样的数据差别不是十分明显，因为地区的差别仅在于粗颗粒的多少这一物理特性上。

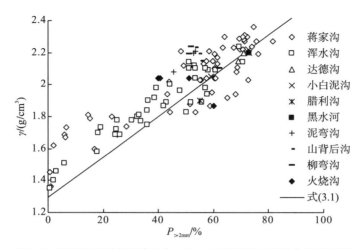

图 3.1　泥石流观测样的容重与>2mm 的粗颗粒的百分含量关系图

数据来源：蒋家沟.云南蒋家沟 1999 年观测资料；浑水沟.张信宝和刘江(1989)；达德沟和小白泥沟.周必凡等(1991)，杜榕桓等(1987)；腊利沟和黑水河.杜榕桓等(1987)；泥弯沟、山背后沟和柳弯沟.中国科学院兰州冰川冻土研究所和甘肃省交通科学研究所(1982)；火烧沟.周必凡等(1991)，中国科学院兰州冰川冻土研究所和甘肃省交通科学研究所(1982)

3.1.2.2　0.05mm 颗粒粒径与泥石流容重关系

<0.05mm 颗粒在泥石流体中代表细颗粒，是泥石流液相浆体的主要组成部分，在不同的泥石流体中，<0.05mm 的颗粒含沙量基本保持不变(费祥俊和舒安平，2004)，即随容重的增大，<0.05mm 的细颗粒的百分含量随之减少。图 3.2 为泥石流观测样的容重与<0.05mm 的细颗粒的百分含量关系图。

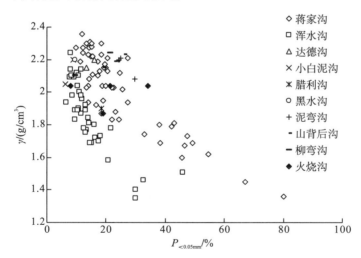

图 3.2　泥石流观测样的容重与<0.05mm 的细颗粒的百分含量关系图

数据来源：蒋家沟.云南蒋家沟 1999 年观测资料；浑水沟.张信宝和刘江(1989)；达德沟和小白泥沟.周必凡等(1991)，杜榕桓等(1987)；腊利沟和黑水河.杜榕桓等(1987)；泥弯沟、山背后沟和柳弯沟.中国科学院兰州冰川冻土研究所和甘肃省交通科学研究所(1982)；火烧沟.周必凡等(1991)，中国科学院兰州冰川冻土研究所和甘肃省交通科学研究所(1982)

图 3.2 很好地说明了<0.05mm 的细颗粒的百分含量与泥石流容重的线性关系，但地

区的不同特点使这种线性关系有较大的差别，因此很难用单一的<0.05mm 的细颗粒的百分含量表示泥石流的容重。<0.05mm 的细颗粒的百分含量在地区的差别不仅在于细颗粒的多少这一物理特性上，还与细颗粒，特别是细颗粒中<0.005mm 的黏粒颗粒的化学特性（如膨胀率、塑性指数和矿物活动性等）有关，因此地区的差别更大，更明显。

3.1.2.3 0.005mm 颗粒粒径与泥石流容重关系

<0.005mm 颗粒在泥石流体中代表黏粒颗粒（有的定义黏粒颗粒粒径为<0.002mm，本节统一用<0.005mm 为黏粒颗粒粒径），是泥石流具有黏性的主要原因，但泥石流中的黏粒对泥石流的黏性强弱的影响并不是孤立地发挥作用，泥石流体中的含水量（或容重）对泥石流的黏性也起着至关重要的作用（Marr et al.，2001）。相对于黏粒百分含量对于黏性的影响，水的百分含量影响更大。如在泥石流实验中，含水量为 30%（质量分数，下同）（容重 1.79g/cm³）时，36% 的高岭土含量所产生的黏性（代表黏性的主要指标屈服应力 $\tau_B=54.9Pa$）与含水量为 25%（容重 1.86g/cm³）时 20% 的高岭土含量所产生的黏性（$\tau_B=49.6Pa$）几乎一样，这时泥石流的黏性为强黏性，相应的泥石流为黏性泥石流；但当含水量增加到 40%（容重 1.59g/cm³）时，即使有 25% 的高岭土含量的泥石流的黏性（$\tau_B=11.8Pa$）也为弱黏性，即泥石流为稀性泥石流（Marr et al.，2001）。泥石流的容重（含水量）对泥石流类型的巨大影响导致大多数野外观测和调查使用泥石流容重来划分泥石流类型和分类。

表 3.2 为泥石流观测样<0.005mm 的黏粒的百分含量。表 3.2 中黏性泥石流的黏粒含量与物源区的黏粒含量相当，随着黏性的减弱，容重的降低，泥石流中黏粒含量逐渐增加到远远大于物源区的黏粒含量。黏性泥石流因为运动中无沉积分选，因此粗细颗粒和黏粒的百分含量始终保持一致，黏粒含量也一直与物源区的黏粒含量相当。而稀性泥石流因为在运动中有沉积分选，粗颗粒逐渐沉积下来，细颗粒和黏粒的百分含量则逐渐增加，因此黏粒含量远大于物源区的黏粒含量（田连权等，1993；吴积善等，1993），所以有稀性泥石流的黏粒百分含量大于黏性泥石流的黏粒百分含量的现象。

表 3.2 泥石流观测样<0.005mm 的黏粒的百分含量

地区	物源区	黏性泥石流	过渡（亚黏性）泥石流	稀性泥石流	挟沙洪水	文献
蒋家沟	10.1	6.5~19.1	9.1~20.5	13.2~32.1	27.2~48.2	中国科学院成都山地灾害与环境研究所，1990
浑水沟	2.7	2.7~6.8	3.0~8.8	7.9~15	11.5~22	张信宝和刘江，1989
达德沟	10	8	—	—	—	杜榕桓等，1987
小白泥沟	10	2.8~6	—	—	—	杜榕桓等，1987
腊利沟	10	—	12	—	—	杜榕桓等，1987
黑水河	10	6	—	—	—	杜榕桓等，1987
泥弯沟	—	5~6.2	—	—	—	中国科学院兰州冰川冻土研究所和甘肃省交通科学研究所，1982

地区	物源区	黏性泥石流	过渡(亚黏性)泥石流	稀性泥石流	挟沙洪水	文献
山背后沟	—	3.5~5	—	—	—	中国科学院兰州冰川冻土研究所和甘肃省交通科学研究所，1982
柳弯沟	—	2~4.2	7.6	5.1~9.3	—	中国科学院兰州冰川冻土研究所和甘肃省交通科学研究所，1982；杨针娘，1984
火烧沟	—	2.5~7	7~9.7	—	—	中国科学院兰州冰川冻土研究所和甘肃省交通科学研究所，1982；曾思伟和张又安，1984
小江流域	10	3.5~17	17~23	23~31	31~43	杜榕桓等，1987
马颈沟	5	6~7	10	11~12.5	15	吴积善等，1993；田连权等，1993

泥石流体中的颗粒组成主要取决于两个条件：一是物源区的颗粒组成，二是泥石流运动中的分选作用(吴积善等，1993)。泥石流观测样不会因沉积过程中粗细颗粒的分选而出现粗细颗粒的缺失现象，泥石流的颗粒组成和百分比是完整的，观测资料可靠；而稀性泥石流沉积样在沉积分选作用下很可能因沉积过程中粗细颗粒的分选而出现细颗粒或粗颗粒的缺失现象，稀性泥石流的颗粒组成和百分比有可能发生了改变，调查资料有可能是不可靠的。因此当泥石流的观测样结果和泥石流的沉积样(特别是稀性泥石流)发生矛盾时，应以泥石流观测样为准。图 3.3 为泥石流沉积样和泥石流观测样的容重与 <0.005mm 的细颗粒的百分含量关系图。图 3.3 和表 3.2 很好地说明了 <0.005mm 的黏粒的百分含量与泥石流容重的关系(泥石流观测样)：随泥石流容重的增加，泥石流中的黏粒的百分含量减少，这点在不少文献中已明确指出(杨针娘，1984；张信宝和刘江，1989；中国科学院成都山地灾害与环境研究所，1990；田连权等，1993；吴积善等，1993)，但却与不少学者认为的"黏性泥石流中的黏粒的百分含量多于稀性泥石流中的黏粒的百分含量"是相反的(中国科学院成都山地灾害与环境研究所，1989；中国科学院成都山地灾害与环境研究所，2000；陈宁生等，2003；钟敦伦等，2004)。造成这种误解的原因是在对野外历史上发生的泥石流的沉积物调查中，黏性泥石流因为无沉积分选，沉积物被完好地保留下来；而稀性泥石流因为有沉积分选，大部分细颗粒和黏粒运动到更远的地方沉积，使稀性泥石流的沉积物中的粗颗粒被完整保存下来，而细颗粒和黏粒保存较少，由于取样时的疏忽仅取到已缺损了细颗粒的样品，造成稀性泥石流黏粒的百分含量比黏性泥石流黏粒的百分含量少的假象。图 3.3 中的泥石流沉积样中黏粒的百分含量也证明这种假象的存在：黏性泥石流沉积样中黏粒的百分含量与黏性泥石流观测样中黏粒的百分含量相当且规律相同，过渡性泥石流中沉积样和观测样中黏粒的百分含量的吻合性稍差，稀性泥石流($<1.8g/cm^3$)沉积样中黏粒的百分含量与稀性泥石流观测样中黏粒的百分含量的规律相反，即稀性泥石流沉积样中黏粒的百分含量随容重降低而降低的假象是由于稀性泥石流的沉积分选性和调查泥石流时取样的疏忽造成的。

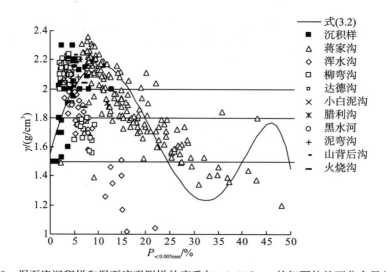

图 3.3　泥石流沉积样和泥石流观测样的容重与＜0.005mm 的细颗粒的百分含量关系图

数据来源：沉积样和蒋家沟.陈宁生等(2003)；柳弯沟.中国科学院兰州冰川冻土研究所和甘肃省交通科学研究所(1982)，杨针娘(1984)；其他数据来源同图 3.1

　　黏粒的组成成分对泥石流的性质也有很大的影响。泥石流体中的黏土主要是蒙脱石、伊利石(水云母)和高岭土，其次是埃洛石、海泡石、蛭石、绿泥石、斑脱土(Bentonite)等。蒙脱石和伊利石的黏土矿物活性分别是高岭土的黏土矿物活性的 20 倍和 8 倍；蒙脱石的塑性指数是伊利石的 5 倍，高岭土的 10 倍；蒙脱石的膨胀率是伊利石的 1～7 倍，高岭土的 5～10 倍(吴积善等，1993)，即蒙脱石的黏性比伊利石和高岭土强，高岭土最弱。泥石流中的黏粒矿物黏性越强，形成同样容重同样类型(黏性强弱)的泥石流所需的黏粒百分含量就越少。如斑脱土和高岭土相比，斑脱土表现为很强的黏性，而高岭土表现为弱的黏性，在实验中同样是 30％(质量分数)的含水量(容重 1.79g/cm³)，3％的斑脱土含量和 36％的高岭土含量所产生的黏性(屈服应力 τ_B 分别为 50.7Pa 和 54.9Pa)几乎一样(Marr et al.，2001)。蒋家沟泥石流体中的黏土主要由伊利石(水云母)、绿泥石和蒙脱石组成，含少量高岭土(中国科学院成都山地灾害与环境研究所，1990)。浑水沟泥石流中的黏土主要为蒙脱石，含少量伊利石和高岭土(张信宝和刘江，1989)。因为蒙脱石比伊利石表现出更强的黏性，蒋家沟各类泥石流和洪水及物源区的＜0.005mm 的黏粒的百分含量比浑水沟大一倍以上。

　　用＜0.005mm 的黏粒的百分含量计算泥石流容重的经验公式(陈宁生等，2003)：
$$\gamma = -1320x^7 - 513x^6 + 891x^5 - 55x^4 + 34.6x^3 - 67x^2 + 12.5x + 1.55 \quad (3.2)$$
式中，x 为＜0.005mm 的黏粒的百分含量(小数表示)。

　　式(3.2)在图 3.3 中和泥石流沉积样数据较接近，与蒋家沟观测样中黏性泥石流数据偏差不大，与稀性泥石流的数据偏差很大，也完全不能反映浑水沟和柳弯沟的泥石流观测样数据，因此式(3.2)仅适用于黏性泥石流，且局限在蒋家沟和少数地区的黏性泥石流容重计算。地区的不同特点和不同的黏粒矿物组成成分使不同地区的泥石流在泥石流类型和容重相同时黏粒的百分含量相差悬殊，因此无法用单一的＜0.005mm 的黏粒的百分含量表示泥石流的容重。虽然式(3.2)与泥石流沉积样数据吻合较好，但其泥石流容重与黏粒的百分含量关系是建立在稀性泥石流黏粒的百分含量比黏性泥石流黏粒的百分含量少(陈宁生等，2003)的假象基础上，因此不能用于稀性泥石流容重的计算。

3.1.3　泥石流容重的计算

泥石流中的三个重要颗粒粒径值：2mm、0.05mm 和 0.005mm 及其百分含量都不能单一地用于计算泥石流的容重，代表泥石流中的粗颗粒粒径>2mm 的百分含量与泥石流容重的相关性最好，代表泥石流中的细颗粒粒径<0.05mm 的百分含量与泥石流容重的相关性差，代表泥石流中的黏粒粒径<0.005mm 的百分含量与泥石流容重的相关性最差。借助>2mm 和<0.05mm 的粗颗粒和细颗粒百分含量计算泥石流的容重可以得到更好的相关性：

$$\gamma_D = P_{05}^{0.35} P_2 \gamma_V + \gamma_0 \tag{3.3}$$

式中，P_{05} 为<0.05mm 的细颗粒的百分含量(小数表示)；P_2 为>2mm 的粗颗粒的百分含量(小数表示)；γ_V 为黏性泥石流的最小容重，2.0g/cm³；γ_0 为泥石流的最小容重，1.5g/cm³。

图 3.4 为泥石流观测样采用式(3.3)的计算值与实测值对比图。图中 γ_C 为计算值；γ_m 为实测值。式(3.3)的计算值在计算洪水(<1.5g/cm³)时偏差大，这是因为式(3.3)适用于泥石流(>1.5g/cm³)而非洪水。式(3.3)计算中区域的特点也不明显，说明式(3.3)适用范围较广。式(3.3)来源于狭义泥石流，如用于泥流和水石流容重的计算，因为泥流和水石流分别仅含有极少量>2mm 的粗颗粒和<0.05mm 的细颗粒，计算值偏小，因此式(3.3)不适用于泥流和水石流容重的计算。

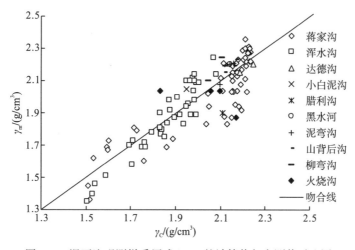

图 3.4　泥石流观测样采用式(3.3)的计算值与实测值对比图

数据来源：蒋家沟.云南蒋家沟 1999 年观测资料；浑水沟.张信宝和刘江(1989)；达德沟和小白泥沟.周必凡等(1991)，杜榕桓等(1987)；腊利沟和黑水河.杜榕桓等(1987)；泥弯沟、山背后沟和柳弯沟.中国科学院兰州冰川冻土研究所和甘肃省交通科学研究所(1982)；火烧沟.周必凡等(1991)，中国科学院兰州冰川冻土研究所和甘肃省交通科学研究所(1982)

图 3.5 为泥石流沉积样采用式(3.3)的计算值与实测值对比图。图 3.5 中的计算实例中有我国西南地区的四川、云南和西藏地区的泥石流，也有北京和新疆地区的泥石流。泥石流类型包括了黏性泥石流、过渡(亚黏性)泥石流和稀性泥石流。泥石流实例均来自泥石流的运动区和堆积区的小样。有六个稀性泥石流容重计算偏差过大是因为稀性泥石流的分选

和取样的不完整性；其他泥石流容重的计算基本都在吻合线附近。用泥石流的观测样测量的泥石流容重和颗粒组成较准确和可靠，因此用观测样计算的泥石流容重值与测量值的吻合性也较好。与此对比，用泥石流沉积样计算获得的泥石流容重的吻合性稍差，考虑到用沉积样品测量泥石流容重的局限性（如取样点和部位的差异，沉积物被改造及目击者的主观性等）和资料来源于不同学者的差异性，式(3.3)的计算仍然有较好的准确性。

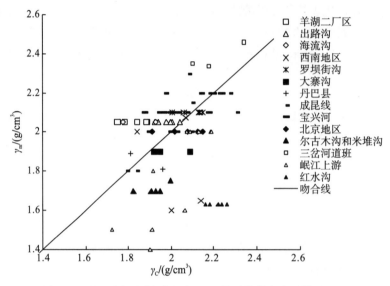

图 3.5　泥石流沉积样采用式(3.3)的计算值与实测值对比图

数据来源：羊湖二厂区. 成都理工大学地质灾害防治与地质环境保护国家重点实验室(2007)；出路沟. 中国水电顾问集团成都勘测设计研究院和中国科学院成都山地灾害与环境研究所(2005a)；海流沟. 中国水电顾问集团成都勘测设计研究院和中国科学院成都山地灾害与环境研究所(2005b)；西南地区. 陈宁生等(2006)；罗坝街沟. 第宝锋等(2003)；大寨沟. 中国水电顾问集团成都勘测设计研究院和中国科学院成都山地灾害与环境研究所(2006)；丹巴县. 四川省国土资源厅环境监测总站和成都理工大学(2006)；成昆线. 中国科学院成都山地灾害与环境研究所(1989)，刘希林等(2006a，2006b)；宝兴河. 中国科学院成都山地灾害与环境研究所和中国水电顾问集团成都勘测设计研究院(1998)；北京地区. 谢洪和钟敦伦(2001)，钟敦伦等(2004)；尔古木沟和米堆沟. 罗德富等(1986)，游勇和程尊兰(2005)，中国科学院成都山地灾害与环境研究所和西藏自治区交通科学研究所(2001)；三岔河道班. 邓养鑫等(1994)；岷江上游. 刘希林等(2004a，2004b)，谢洪和钟敦伦(2003)；红水沟. 成都理工大学工程地质研究所和国家电力公司成都勘测设计研究院(2004)

3.1.4　小结

由于对历史上发生的泥石流调查研究中获取的样品具有不确定性和随机性，即使是同样的泥石流事件，同样的沉积特征，不同地点和部位的样品颗粒组成也会不同，这个差别就会造成泥石流容重计算的差别。表 3.3 为图 3.5 中有两个以上取样的泥石流实测容重和计算容重范围对比。从表 3.3 中不难看出虽然有同样的泥石流事件但不同的泥石流样几乎都会得到不同的计算结果，大多最大容重差别都在 0.1g/cm³ 以上，最大的相差 0.33g/cm³（马厂沟），几乎跨越了一种泥石流类型（第二节：一种泥石流类型范围为 0.2～0.4g/cm³），因此泥石流样品的不确定性和随机性对泥石流容重计算的影响不容低估。

表 3.3   泥石流实际容重和计算容重范围对比

地区	实测容重 /(g/cm³)	计算容重范围 /(g/cm³)	样品个数	最大容重差别 /(g/cm³)	平均计算容重 /(g/cm³)
羊湖二厂区	2.05	1.75～1.89	5	0.14	1.83
出路沟	2.05	1.93～2.05	6	0.12	1.98
海流沟	2.05	1.78～1.93	2	0.15	1.85
罗坝街沟	2.1	2.01～2.15	5	0.14	2.1
大寨沟	1.9	1.92～2.09	3	0.17	1.99
勒古洛夺沟	2.2	1.97～2.18	2	0.21	2.08
利子依达沟	2.2	2.08～2.10	2	0.02	2.09
贺波洛沟	2.2	2.14～2.24	6	0.1	2.22
马厂沟	2.1	1.97～2.30	3	0.33	2.12
对房沟	2.0	1.91～2.10	2	0.19	2.01
浑沟	2	2.0～2.10	3	0.1	2.04
么堂子沟	2.1	1.88～2.18	5	0.3	2.01
佛堂坝沟	2	2.07～2.18	7	0.11	2.12

数据来源：泥石流实例同图 3.5；勒古洛夺沟、利子依达沟、贺波洛沟和马厂沟.中国科学院成都山地灾害与环境研究所(1989)；对房沟、浑沟和么堂子沟.中国科学院成都山地灾害与环境研究所和中国水电顾问集团成都勘测设计研究院(1998)；佛堂坝沟.谢洪和钟郭伦(2003)。

尽管式(3.3)计算不同地区不同类型的泥石流有较好的准确性，但在实际应用中难免会有些偏差，这也包括泥石流样品的不确定性和随机性的影响。当计算容重偏差较大时，如计算的容重值所属的泥石流类型(如黏性泥石流)与泥石流的沉积物表现的泥石流类型不相符时(如过渡性泥石流)，应修正计算结果以符合泥石流的沉积特征，因为泥石流的沉积特征更能反映泥石流的真实类型。因此正确地根据泥石流沉积物计算泥石流的容重方法是，首先根据沉积物的特征判断泥石流的类型，框定泥石流容重的范围，再根据泥石流的颗粒组成用式(3.3)计算泥石流的容重，计算值在框定的范围内则可以使用，否则需要根据框定的范围进行修正。

稀性泥石流的沉积有分选性，因此在计算稀性泥石流的容重时要特别注意泥石流样品的获取是否有细颗粒的流失。可以使用的泥石流样应该是分选前的泥石流沉积样，否则计算的偏差会很大，因为流失细颗粒后的稀性泥石流中粗颗粒明显增加，细颗粒的减少不能抵消粗颗粒的增加带来的容重增加，计算结果会偏大许多。对过渡(亚黏性)泥石流的样品获取也应该注意同样的问题。

式(3.3)的获得和验证都是用泥石流小样数据，因此在式(3.3)的实际应用中也应以泥石流小样为基本数据，否则会带来较大的偏差，且增加不必要的工作量。

通过分析泥石流的组成颗粒中三个重要颗粒粒径值，即 2mm、0.05mm 和 0.005mm，以及它们的百分含量与泥石流容重的关系，可以得出以下结论。

(1)泥石流中的粗颗粒、细颗粒和黏粒颗粒的百分含量与泥石流容重都有一定的关系，但因地区的差异这种关系不是唯一的，颗粒粒径越小，地区的差异越大。泥石流中的黏粒矿物黏性越强，形成同样类型和容重的泥石流所需的黏粒百分含量就越少；用单一的颗粒百分含量计算泥石流容重的准确性较差。

（2）黏性泥石流在运动中无沉积分选，黏粒含量与物源区的黏粒含量相当；稀性泥石流有沉积分选，粗颗粒逐渐沉积下来，细颗粒和黏粒的百分含量逐渐增加，黏粒含量远大于物源区的黏粒含量。

（3）泥石流容重越大，泥石流中黏粒的百分含量越少。黏性泥石流中黏粒的百分含量大于稀性泥石流中黏粒的百分含量这种错误的认识是稀性泥石流的沉积分选性和调查泥石流时取样的疏忽造成的。

（4）用>2mm和<0.05mm的粗颗粒和细颗粒百分含量可以较好地计算泥石流的容重，其计算结果与观测样和沉积样对比都有较好的一致性。

确定泥石流沉积物的容重，首先根据沉积物的特征判断泥石流的类型，框定泥石流容重的范围，再根据泥石流中粗颗粒和细颗粒的百分含量计算泥石流的容重，计算值在框定的范围内则可以使用，否则需要根据框定的范围修正。

3.2 稀性泥石流的容重

泥石流的分类中最常见和实用的方法是以容重划分泥石流类型：黏性泥石流和稀性泥石流，而黏性泥石流又可细分为黏性泥石流和过渡（亚黏性）泥石流（余斌，2008b）。黏性泥石流的沉积属分选极差的混杂沉积；稀性泥石流具有泥沙的沉积分选；过渡（亚黏性）泥石流介于黏性泥石流和稀性泥石流之间，其沉积特征也介于两者之间，属弱分选沉积。在对历史上发生的稀性泥石流调查中，根据稀性泥石流沉积样计算稀性泥石流容重时有较大的误差（杜榕桓等，1987；陈宁生等，2003；余斌，2008b），这类误差主要是由于稀性泥石流有泥沙的沉积分选性，在取样中不能得到完整的样品颗粒组成造成的。仅根据稀性泥石流的沉积特征确定稀性泥石流的类型，也只能确定稀性泥石流的容重范围在1.5~1.79g/cm³（余斌，2008b），远不能满足稀性泥石流容重参数使用的需要，特别是在泥石流防治工程中，对稀性泥石流容重参数的精度要求较高。根据泥石流沉积物计算泥石流容重的计算方法对黏性泥石流有较好的结果和适用性（余斌，2008b），但该公式对稀性泥石流的计算仅在观测样的计算中有很好的结果，对历史上发生的稀性泥石流的沉积样计算时偏差较大。本节在研究了稀性泥石流的泥沙沉积分选特性后，对余斌（2008b）给出的泥石流容重计算公式作出了改进，并得到了较好的稀性泥石流沉积样的容重计算结果。本节在稀性泥石流容重改进计算的同时，提出了弱分选沉积的过渡（亚黏性）泥石流的容重计算改进方法。

3.2.1 稀性泥石流的沉积分选性

对历史上发生的泥石流调查，主要根据泥石流沉积物特征判定泥石流的类型。泥石流沉积物中包括粗颗粒和细颗粒，其中粗颗粒的分布特征反映了泥石流的沉积特征，也是判定泥石流类型的依据。黏性泥石流的沉积构造主要有环状流线构造、反向粒级层理、反粒级-混杂物构造和楔状尖灭体构造等整体搬运和堆积特征；过渡（亚黏性）泥石流的沉积构造主要有环状流线构造、反向粒级层理、叠瓦-直立构造等层流和扰动并存的搬运和堆积特征；稀性泥石流的沉积构造主要有石线构造、叠瓦-直立构造、砾石支撑-叠置构造和块状表粒层等紊动和扰动的搬运和堆积特征(刘耕年等,1996)。黏性泥石流的整体搬运和堆积特征使黏性泥石流的沉积样保存完好,能反映泥石流的整体级配,可以通过沉积样的颗粒组成计算泥石流的容重[式(3.3)]。

式(3.3)对所有泥石流类型的观测样计算结果都很好,对黏性泥石流的沉积样容重计算有较好的结果和适用性,对过渡(亚黏性)泥石流的沉积样容重计算稍差,对稀性泥石流的沉积样容重计算偏差较大(余斌,2008b)。稀性泥石流的沉积分选特征使泥石流的粗颗粒沉积在泥石流扇的上游或谷地中,细颗粒继续运动到泥石流扇的下游或汇入主河道,稀性泥石流的沉积样的粒度不能反映泥石流的整体级配(弗莱施曼,1986;刘耕年等,1996),分选后的稀性泥石流的粒度与其真实的粒度有差别,因此用这样的稀性泥石流的沉积样的粒度分布计算的稀性泥石流容重误差较大(余斌,2008b)。而稀性泥石流观测样不受沉积分选的影响,因此观测样的粒度就是其真实的粒度,以此计算的稀性泥石流容重误差很小(余斌,2008b)。

图 3.6 为云南省东川蒋家沟 1998 年稀性泥石流观测样颗粒分布图。图中除一个样(容重 1.74g/cm³)外,其余的稀性泥石流中>5mm 的粗颗粒的百分比几乎都小于 10%,而高含沙洪水(容重 1.36 和 1.45g/cm³)则为 0;按照粗颗粒为>2mm,细颗粒为<0.05mm(费祥俊和舒安平,2004;余斌,2008b),稀性泥石流中>2mm 的粗颗粒的百分比在 0.3%~28.5%,而<0.05mm 的细颗粒的百分比在 34.5%~63.3%(均不包括高含沙洪水)。蒋家沟泥石流的取样是在泥石流的流通区,尽管稀性泥石流也受其沉积分选的影响有部分粗大颗粒在取样前已沉积,但稀性泥石流的颗粒组成仍然能说明稀性泥石流是以细颗粒为主,这样的结论同样适用于其他地区的泥石流,如云南省大盈江地区的浑水沟稀性泥石流中>2mm 的粗颗粒的百分比在 5.8%~36%,而<0.05mm 的细颗粒的百分比在 12.4%~46.1%(张信宝和刘江,1989)。

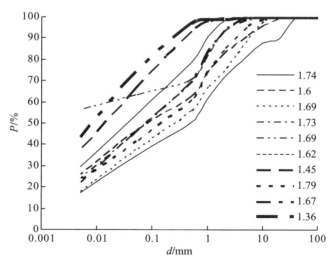

图 3.6　蒋家沟 1998 年稀性泥石流观测样颗粒分布图

图例为稀性泥石流(高含沙洪水)的容重(单位为 g/cm³)

图 3.7 为稀性泥石流沉积样的颗粒分布图。图中的六个稀性泥石流样存在两个明显不同的颗粒分布特征:一个以细颗粒为主,>5mm 的粗颗粒的百分比为 15.5%,以这个

稀性泥石流沉积样的颗粒分布按式(3.3)计算的容重值与野外调查值吻合较好；其他部分以粗颗粒为主，>5mm 的粗颗粒的百分比在 42.6%～82%，以这些稀性泥石流沉积样的颗粒分布按式(3.3)计算的容重值与野外调查值误差较大，且>5mm 的粗颗粒的百分比越大，计算值误差越大。

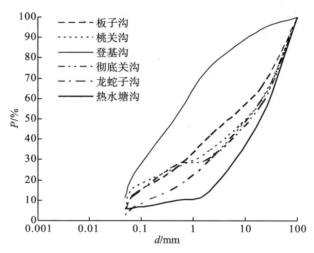

图 3.7　稀性泥石流沉积样的颗粒分布图

资料来源：板子沟、桃关沟、登基沟和彻底关沟.刘希林等(2004b)；龙蛇子沟和热水塘沟.陈宁生等(2006)

图 3.8 为云南省东川蒋家沟 1998 年黏性泥石流和稀性泥石流沉积样中>5mm 的粗颗粒的百分比图。蒋家沟泥石流中>5mm 的粗颗粒的百分比随泥石流容重的降低而降低，黏性泥石流中>5mm 的粗颗粒的百分比在 35.8%～75.9%，亚黏性泥石流中>5mm 的粗颗粒的百分比在 12.3%～60.6%，稀性泥石流中>5mm 的粗颗粒的百分比在 0～18.5%。尽管泥石流的粗颗粒百分含量因地区不同存在差异，但图 3.7 中以粗颗粒为主的沉积样中>5mm 的粗颗粒的百分比在 42.6%～82%，大于蒋家沟黏性泥石流中>5mm 的粗颗粒的百分比，远大于蒋家沟稀性泥石流中>5mm 的粗颗粒的百分比，仍然能说明稀性泥石流沉积样中，稀性泥石流的沉积分选作用可以使>5mm 的粗颗粒的百分含量高于实际值，甚至高出很多。

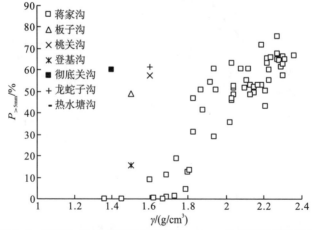

图 3.8　蒋家沟 1998 年稀性泥石流中>5mm 的粗颗粒百分比图
资料来源同图 3.7

3.2.2　稀性泥石流的容重计算

由于稀性泥石流的沉积分选作用，稀性泥石流的沉积样的粒度不能反映泥石流的整体级配，因此用稀性泥石流的沉积样的粒度分布计算的泥石流容重误差较大。要使用稀性泥石流的沉积样的粒度分布正确地计算稀性泥石流的容重必须对沉积样的粒度分布做出修正，使修正后的沉积样的粒度基本能反映稀性泥石流的实际粒度。稀性泥石流的沉积分选作用使稀性泥石流沉积样的真实粒度被改变，如图 3.7 中的沉积样：以细颗粒为主粗颗粒很少，或以粗颗粒为主细颗粒很少，都不能将稀性泥石流的整体颗粒组成完整保留下来，有部分粒度被夸大，甚至于被严重夸大。对沉积样的粒度分布的修正需要去除被夸大的粒度部分，使修正后的粒度分布接近真实的粒度分布。稀性泥石流是以细颗粒为主，如云南省东川蒋家沟稀性泥石流中>5mm 的粗颗粒的百分比几乎都小于 10%，因此以细颗粒为主的沉积样较以粗颗粒为主的沉积样更接近稀性泥石流的真实级配，而以粗颗粒为主的沉积样显然夸大了粗颗粒的比例，需要对这部分被夸大的粗颗粒进行修正。去掉稀性泥石流沉积样中>5mm 的粗颗粒，可以修正被夸大的粗颗粒比例。以粗颗粒为主的沉积样在去掉>5mm 的粗颗粒后，粒度分布以细颗粒为主；以细颗粒为主的沉积样在去掉>5mm 的粗颗粒后，粒度分布只有很少的改变，仍然以细颗粒为主。

实际的稀性泥石流的颗粒组成中>5mm 的粗颗粒的百分比较小，因此去掉这部分粗颗粒后对稀性泥石流实际的颗粒组成影响不大，但由此得到的稀性泥石流的粒度分布与稀性泥石流实际的粒度分布还是有差别，由此粒度分布和式(3.3)计算的稀性泥石流的容重还是会受去掉粗颗粒部分的影响，在计算稀性泥石流的容重(沉积样)时还需要对式(3.3)进行修正：

$$\gamma_D = P_{05}{}^{0.35} P_2 \gamma_V + \gamma_X \tag{3.4}$$

式中，$\gamma_X = 1.4 \text{g/cm}^3$。

图 3.9 为稀性泥石流沉积样用式(3.3)和修正粒度分布后再用式(3.4)计算的容重和实际容重对比图。图中 γ_C 为计算值，γ_m 为实测值。用式(3.3)计算的稀性泥石流容重都偏大，大多数偏差较大。修正粒度分布后再用式(3.4)计算的稀性泥石流容重与实际容重的偏差很小，与实际泥石流容重基本吻合。

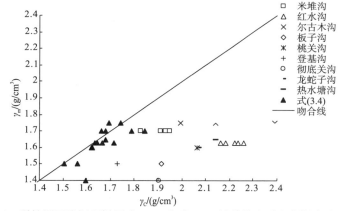

图 3.9　稀性泥石流沉积样用式(3.3)和式(3.4)计算的容重和实际容重对比图

资料来源：米堆沟．游勇和程尊兰(2005)，中国科学院成都山地灾害与环境研究所和西藏自治区交通科学研究所(2001)；红水沟．成都理工大学工程地质研究所和国家电力公司成都勘测设计研究院(2004)；尔古木沟．罗德富等(1986)；其他资料来源同图 3.7

3.2.3　过渡（亚黏性）泥石流容重的计算

过渡（亚黏性）泥石流的沉积属弱分选沉积，因此过渡（亚黏性）泥石流的沉积样也会因沉积分选不能完全反映泥石流的真实粒度，从而影响用沉积样的粒度分布计算的泥石流容重的精度。图 3.10 为云南省东川蒋家沟 1998 年黏性泥石流和亚黏性泥石流沉积样中>20mm 的粗颗粒的百分比图。蒋家沟泥石流中>20mm 的粗颗粒的百分比随泥石流容重的降低而降低，黏性泥石流中>20mm 的粗颗粒的百分比在 10.2%~51.1%，亚黏性泥石流中>20mm 的粗颗粒的百分比在 0.6%~36%，图 3.10 中的沉积样中>20mm 的粗颗粒的百分比在 7.0%~59.7%，比蒋家沟黏性泥石流中>20mm 的粗颗粒的百分比稍大，大于蒋家沟亚黏性泥石流中>20mm 的粗颗粒的百分比。尽管泥石流的粗颗粒百分含量因地区不同存在差异，但图 3.10 中亚黏性泥石流沉积样中粗颗粒百分比大于蒋家沟亚黏性泥石流观测样中粗颗粒百分比也能说明亚黏性泥石流沉积样中，亚黏性泥石流的沉积弱分选作用使>20mm 的粗颗粒的百分含量高于实际值。

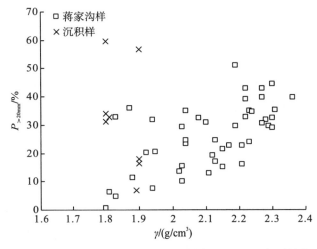

图 3.10　蒋家沟 1998 年亚黏性泥石流沉积样中>20mm 的粗颗粒的百分比图

参照稀性泥石流沉积样粒度分布的修正方法，去掉亚黏性泥石流中>20mm 的粗颗粒，得到修正后的亚黏性泥石流的颗粒粒度分布，再用式(3.3)计算亚黏性泥石流的容重。图 3.11 为亚黏性泥石流沉积样直接用式(3.3)和修正粒度分布后再用式(3.3)计算的容重和实际容重对比图。图中 γ_C 为计算值，γ_m 为实测值。直接用式(3.3)计算的亚黏性泥石流的容重整体偏差不大，但个别有较大的偏差；修正方法〔修正粒度分布后再用式(3.3)计算〕计算的亚黏性泥石流的容重整体偏差较小，精度比直接用式(3.3)计算的亚黏性泥石流的容重稍好，且无较大偏差，避免了因取样的疏忽带来的较大出入。

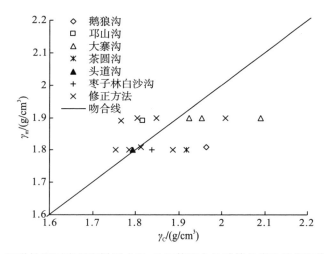

图 3.11　亚黏性泥石流现积样用式(3.3)和修正方法计算的容重和实际容重对比图

资料来源：鹅狼沟和邛山沟.四川省国土资源厅环境监测总站和成都理工大学(2006)；大寨沟.中国水电顾问集团成都勘测设计研究院和中国科学院成都山地灾害与环境研究所(2006)，刘希林等(2004a)；头道沟和枣子林白沙沟.中国科学院成都山地灾害与环境研究所(1989)

3.2.4　小结

　　稀性泥石流与黏性泥石流的最大和根本的不同点在于粗颗粒(又称角砾，>2mm)占其颗粒的百分比不同，如余斌(2008b)和杜榕桓等(1987)指出，稀性泥石流的粗颗粒<40%(指容重<1.8g/cm³)，这与蒋家沟和浑水沟的最大值为 28.5% 和 36%(见 3.2.2 节)是一致的。如果超过 40%，就变成过渡或黏性泥石流，其容重也会相应地变大。一般地，研究中的泥石流样品为小样(<100mm)，因此在稀性泥石流的小样中，如果>2mm 的颗粒占 40%，>5mm 的颗粒比例最大约为 30%，如以较大颗粒为主的典型稀性泥石流沟米堆沟，参照游勇和程尊兰(2005)的 4 个沉积样中>2mm 和>5mm 粗颗粒的比例，假定米堆沟实际(即实际流动中，在没有沉积分选前)>2mm 粗颗粒百分比为 40%，则米堆沟>5mm 粗颗粒百分比分别为 24.3%、28.0%、30.8% 和 33.9%，平均为 29.3%，而最重要的样品为汇口以下的样品，其>5mm 粗颗粒百分比为 28.0%。典型稀性泥石流>5mm 的粗颗粒百分比比蒋家沟>5mm 的粗颗粒百分比大(蒋家沟>5mm 的粗颗粒的百分比<20%)，但没有决定性和本质的不同，计算结果也不会因去掉>5mm 的粗颗粒而有大的改变，如以较大颗粒为主的典型稀性泥石流沟米堆沟，容重值为 1.7g/cm³，式(3.3)计算值[游勇和程尊兰(2005)的 4 个样品]分别为 1.83、1.91、1.93、1.95g/cm³，平均 1.91g/cm³，而用式(3.4)的计算值分别为 1.66、1.68、1.79、1.85g/cm³，平均 1.75g/cm³，说明式(3.4)不仅对蒋家沟浑水沟的容重计算是适用的，对米堆沟这样以较大颗粒为主的典型的稀性泥石流沟的容重计算仍然是适用的。

　　正如余斌(2008b)所述，对泥石流调查研究中获取样品具有不确定性和随机性，对泥石流容重的计算存在差别和偏差，即使是在同一位置的取样也可能发生。正确地根据泥石流沉积物计算泥石流的容重方法是，首先根据沉积物的特征判断泥石流的类型，框定泥石流容重的范围，再根据泥石流的颗粒组成计算泥石流的容重，计算值在框定的范围内则可以使用，否则需要根据框定的范围进行修正。

通过分析稀性泥石流和亚黏性泥石流沉积样中的粗颗粒和细颗粒组成的百分比，稀性泥石流和亚黏性泥石流的实际粒度分布与沉积样的粒度分布关系，可以得出以下结论。

(1)稀性泥石流以细颗粒为主，>5mm 的粗颗粒的百分比较小，但稀性泥石流的沉积样中这部分粗颗粒百分含量常常被夸大，导致以此为依据计算的稀性泥石流容重有较大偏差。

(2)去掉稀性泥石流沉积样中>5mm 的粗颗粒，可以修正被夸大的粗颗粒比例。由此粒度分布和修正公式计算的稀性泥石流容重与实际容重吻合较好。

(3)过渡(亚黏性)泥石流的沉积属弱分选沉积，因此亚黏性泥石流的沉积样也会因沉积分选不能完全反映泥石流的整体级配，从而影响用沉积样的粒度分布计算泥石流容重的精度。

(4)去掉亚黏性泥石流沉积样中>20mm 的粗颗粒，可以修正亚黏性泥石流的粒度分布，由此粒度分布计算的亚黏性泥石流容重与实际容重吻合较好。

第 4 章　泥石流堆积厚度研究

4.1　泥石流堆积厚度

泥石流对建筑物和工程设施的淤埋是泥石流的主要危害方式之一，泥石流的淤积厚度是泥石流的诸多参数中最重要的参数之一，也是对泥石流灾害评估和防治最重要的参数之一。泥石流的淤积厚度可以通过野外调查获得，也可以通过泥石流体的容重、淤积坡度和泥石流体的屈服应力计算得出。在对不同容重的泥石流灾害评估和防治中，利用泥石流的容重和泥石流危险范围的地形坡度，结合相应泥石流体的屈服应力可以计算得出泥石流的淤积厚度。但到目前为止，还没有一个方法能直接计算出所有地区和类型的泥石流体的屈服应力和淤积厚度。

泥石流的屈服应力与泥石流体的容重、黏粒特性和黏粒含量有关，而不同地区的泥石流的黏粒特性和黏粒含量都不相同，因此针对研究区域内泥石流沟的泥石流屈服应力特点给出的相应的屈服应力计算公式只能在研究区域内使用，不能用于其他地方的泥石流屈服应力计算（张信宝和刘江，1989；中国科学院成都山地灾害与环境研究所，1990；吴积善等，1993）。钱宁和王兆印（1984）用泥石流的泥沙体积浓度和泥沙中<0.01mm 的颗粒比例计算的屈服应力过小，只适合泥石流浆体屈服应力计算；费祥俊和朱平一（1986）用屈服应力为 0.048Pa 时的浆体体积浓度和浆体极限体积浓度及泥石流体积浓度计算的屈服应力参数难以获取，很难在实际中运用；沈寿长和谢慎良（1986）用泥石流体中<0.01mm 的浆体屈服应力和泥石流的泥沙体积浓度计算的屈服应力随泥石流容重的增加变化过大，不适合高容重的泥石流屈服应力计算，而且参数的获取也较困难。

本节通过研究泥石流屈服应力的特点，提出了用地区参数和泥石流的体积浓度计算泥石流屈服应力，进而计算泥石流的淤积厚度的方法，为泥石流的减灾防灾提供了一个更好的评估和防治工具。

4.1.1　泥石流体屈服应力与泥沙体积浓度的关系

泥石流的泥沙体积浓度和容重可以相互转换，计算方法如下：

$$C = \frac{\rho - \rho_{w}}{\rho_{s} - \rho_{w}} \tag{4.1}$$

式中，C 为泥沙体积浓度；ρ 为泥石流容重，g/cm^3；ρ_{s} 为泥石流的泥沙容重（一般可取 $2.7g/cm^3$）；ρ_{w} 为水容重，$1g/cm^3$。

泥石流的淤积厚度可以通过泥石流体的容重、淤积坡度和泥石流体的屈服应力计算得出（Johnson，1970；中国科学院兰州冰川冻土研究所和甘肃省交通科学研究所，1982；Coussot et al.，1998）：

$$H = \frac{\tau}{\rho g \sin\theta} \tag{4.2}$$

式中，H 为泥石流最大淤积厚度，m；τ 为泥石流体屈服应力，Pa；θ 为泥石流的淤积坡度，°；g 为重力加速度，9.81m/s^2；ρ 的单位为 kg/m^3。

式(4.2)中的泥石流淤积厚度是最大淤积厚度，其物理意义为，泥石流在所处位置的坡度下有一最大淤积厚度，泥石流在淤积时，淤积厚度如超过最大淤积厚度，泥石流会再次运动。但实际的泥石流淤积厚度可以小于最大淤积厚度。

泥石流体屈服应力可以代表泥石流的黏性强弱，是描述泥石流特征的重要参数，屈服应力与泥石流体的体积浓度(含水量或容重)、黏粒特性和黏粒含量有关(Marr et al.，2001；余斌，2008b)，其中屈服应力受泥石流体的体积浓度影响最大，且呈指数关系(中国科学院兰州冰川冻土研究所和甘肃省交通科学研究所，1982；钱宁和王兆印，1984；费祥俊和朱平一，1986；沈寿长和谢慎良，1986；张信宝和刘江，1989；中国科学院成都山地灾害与环境研究所，1990；吴积善等，1993；Marr et al.，2001)，因此泥石流体屈服应力可以表示为

$$\tau = k\,e^{rC} \tag{4.3}$$

式中，k(Pa)和 r 为与泥石流的黏粒特性和黏粒含量有关的参数，因不同地区的泥石流的黏粒特性和黏粒含量都不相同，k 和 r 在各地区也不相同，但假定相同地区(或同一泥石流沟)的泥石流的黏粒特性和黏粒含量相同，即相同地区(或同一泥石流沟)的 k 和 r 相同。

在对泥石流的观测研究中，绝大部分对泥石流体的屈服应力的直接(流变仪)测量受测量仪器的限制只能测量颗粒直径较小的浆体部分，而直接由流变仪测量的去掉了粗颗粒的浆体屈服应力远小于实际的泥石流体的屈服应力。图 4.1 为 <1.2mm 的浆体屈服应力与体积浓度关系图。

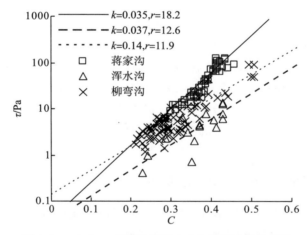

图 4.1　<1.2mm 的浆体屈服应力与体积浓度关系图

资料来源：蒋家沟.1999 年观测资料；浑水沟.张信宝和刘江(1989)；柳弯沟和泥弯沟.1963 年及 1964 年观测资料

图 4.1 说明在相同的体积浓度下，不同地区因黏粒特性和黏粒含量的不同，泥石流浆体的屈服应力相差悬殊，系数 k 和 r 也相差较大。

图 4.2 为实验泥石流体屈服应力与体积浓度关系图。图中实验的泥石流颗粒直径<2mm，黏土为黄泥，屈服应力由 RV-2 旋转黏度计测量。中国科学院兰州冰川冻土研究所和甘肃省交通科学研究所(1982)和余斌(2002)的数据也来源于实验数据。图 4.2 表明各实验的黏粒特性和黏粒含量不同，泥石流体的屈服应力也不同，系数 k 和 r 也相差较大。

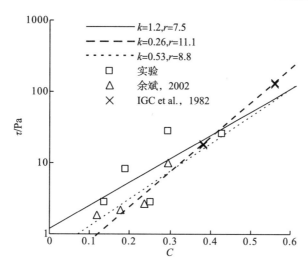

图 4.2　实验泥石流体屈服应力与体积浓度关系图

图 4.3 为余斌(2008a)的实验泥石流体屈服应力与体积浓度关系图。高岭土(Kao)为低黏性的黏土，斑脱土(Ben)为高黏性的黏土。图 4.3 中在相同的泥沙体积浓度下，泥沙中仅有 3％斑脱土的泥石流的屈服应力比有 10％高岭土的泥石流的屈服应力大；相同的泥沙体积浓度和相同的黏粒成分(如斑脱土、高岭土、伊利石、蒙脱土的成分)情况下，黏粒百分含量越高，屈服应力越大。因此泥石流体的屈服应力(在相同泥沙体积浓度下)与黏粒特性和黏粒含量的关系为，黏粒的黏性越强，黏粒含量越高，泥石流的屈服应力越大；反之，泥石流的屈服应力越小。图 4.3 表明因实验中的黏粒特性和黏粒含量不同，屈服应力相差悬殊，系数 k 和 r 也相差很大。

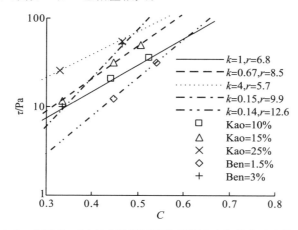

图 4.3　余斌(2008a)的实验泥石流体屈服应力与体积浓度关系图

Kao 表示黏粒为高岭土，Ben 表示黏粒为斑脱土；Kao(或 Ben)后的百分数表示黏粒在泥沙中的百分含量

图 4.4 为 Moscardo 沟(Coussot et al.，1998)和火烧沟(中国科学院兰州冰川冻土研究所和甘肃省交通科学研究所，1982)泥石流体屈服应力与体积浓度关系图。Moscardo 沟的屈服应力值是通过小型流变仪($d<0.4$mm，$C<0.5$)和大型流变仪($d<25$mm，$C>0.7$)测量得到的。火烧沟泥石流体屈服应力是通过式(4.2)和泥石流的淤积厚度及泥石流容重、淤积坡度计算得出的，因此屈服应力是真实的泥石流屈服应力。Moscardo 沟的大型流变仪的测量与

原形沉积厚度测量吻合(Coussot et al.，1998)，即大型流变仪测量 Moscardo 沟的屈服应力和火烧沟野外原型测量的泥石流体屈服应力是相似和可以类比的。图 4.4 中的泥石流颗粒较大，体积浓度和屈服应力也符合指数规律关系，说明式(4.3)中的泥沙体积浓度与屈服应力的关系不仅适用于泥石流浆体，也适用于富含粗大颗粒的泥石流体。

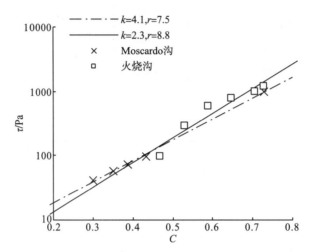

图 4.4　Moscardo 沟和火烧沟泥石流体屈服应力与体积浓度关系图

4.1.2　不同容重的泥石流淤积厚度计算

由式(4.2)和式(4.3)的泥石流体泥沙体积浓度与屈服应力的关系可得泥石流的淤积厚度：

$$H = \frac{k\,\mathrm{e}^{rC}}{\rho g \sin\theta} \tag{4.4}$$

式(4.4)中的泥石流淤积厚度是最大淤积厚度，尽管实际泥石流的淤积厚度可能会小于最大淤积厚度，但用最大淤积厚度作为泥石流的淤积厚度对于泥石流的评估和防治会更安全。

Moscardo 沟的浆体在不同体积浓度下对应有不同的屈服应力，各体积浓度-屈服应力点与泥石流体的体积浓度-屈服应力点的连线（即拟合线）基本一致（图 4.4），符合式(4.3)的指数关系。因此在 Moscardo 沟浆体测试的体积浓度范围内(0.3~0.5)，取任何一个浆体的体积浓度和屈服应力，以及含有粗大颗粒的泥石流体的体积浓度和屈服应力，都可得到相同的屈服应力参数 k 和 r，由参数 k 和 r 结合式(4.3)就可以确定 Moscardo 沟泥石流的体积浓度和屈服应力的关系。对于浆体的颗粒粒径上限，因不同文献有不同的取值且流变仪有不同的适用范围，本节建议以 0.5~1mm 为浆体的颗粒粒径上限。

由上述确定体积浓度和屈服应力关系的方法，可以获得计算不同容重的泥石流淤积厚度的方法：对于已发生的泥石流，①野外调查得出泥石流的最大淤积厚度，淤积的底坡坡度和泥石流容重(余斌，2008a，2009)及泥沙体积浓度；②在泥石流沉积地取样，用样品中<0.5~1mm 的泥沙，配制体积浓度 0.3~0.5 的泥石流浆体(Coussot et al.，1998)，由流变仪器测得其屈服应力；③结合式(4.3)和式(4.4)拟合计算出该地区(沟)泥石流的系数 k 和 r 值；④由该地区(沟)泥石流的不同容重值和式(4.1)计算出的泥沙体积

浓度，结合系数 k 和 r 以及评估区域的底坡坡度，用式(4.4)计算出不同容重在不同位置的泥石流最大淤积厚度。在此基础上可以评估泥石流灾害，并用于泥石流灾害防治。

泥石流的淤积厚度和屈服应力因各地区的黏粒特性和黏粒含量不同而相差悬殊，对野外原型的富含粗大颗粒的泥石流的屈服应力也不能直接通过黏度计测量，对泥石流体的屈服应力研究大多是集中在泥石流浆体的屈服应力上，还没有一个方法能直接计算出所有地区和类型的泥石流体的屈服应力和淤积厚度。式(4.4)的泥石流体淤积厚度的计算是建立在已存在泥石流的沉积物基础上，对该沟不同容重的泥石流的淤积厚度计算。对于没有泥石流沉积物的泥石流沟，可以参照附近有相同地质条件和背景的泥石流沟，假设两条泥石流沟的黏粒特性和黏粒含量是一致的，即两条沟的泥石流的 k 和 r 值是相同的，因此可以用邻近泥石流沟的泥石流沉积物计算出 k 和 r 值，用于被调查的泥石流沟的泥石流淤积厚度计算。

泥石流的淤埋危害主要发生在泥石流的堆积扇上，因此对泥石流淤积厚度的调查和评估也应在堆积扇上。在堆积扇上没有泥石流的沉积物时，使用堆积扇上游沟道中的泥石流沉积物调查也可以获得泥石流的特征参数 k 和 r 值。

4.1.3　小结

体积浓度和屈服应力之间的指数关系[式(4.3)]中的系数 k 和 r 有较大的范围，而对于泥石流浆体和有粗颗粒的泥石流体，这两个系数也有较大区别，浆体 k：0.035～4.1，r：7～18.2(图 4.1～图 4.3，图 4.4 中 Moscardo 沟的浆体部分)；泥石流体 k：2.3～4.1，r：7.5～8.8(图 4.4)。而对应的体积浓度和屈服应力范围：浆体 $C \leqslant 0.56$，$\tau \leqslant$ 124Pa(图 4.1～图 4.3，图 4.4 中 Moscardo 沟的浆体部分)；泥石流体 $C \leqslant 0.73$，$\tau \leqslant$ 1177Pa(图 4.4)。k、r、C 和 τ 的巨大差别说明仅用浆体的参数还不能准确描述泥石流体的屈服应力的真实特征，结合野外原型测量含有粗大颗粒的泥石流体的沉积厚度是确定泥石流的屈服应力和沉积厚度必不可少的方法。

图 4.4 中 Moscardo 沟的大型流变仪的测量与原形沉积厚度测量吻合(Coussot et al.，1998)，在图 4.4 中这些由小型流变仪和大型流变仪测量的浆体和泥石流体的屈服应力数据点也吻合指数规律，因此本节提出的用泥石流浆体流变实验和测量泥石流体的沉积厚度，最终计算出 k 和 r 值的方法简单可行，但该方法是否会受泥石流浆体样品中泥沙直径上限(0.5～1mm)以及浆体体积浓度(0.3～0.5)的影响，还需要进一步研究验证。

式(4.2)计算泥石流的淤积厚度是由泥石流体克服阻力(屈服应力)推导而来，对所有泥石流都适用(Coussot et al.，1998)。稀性泥石流的容重上限为 1.8g/cm³($C = 0.47$)(余斌，2008a)，对应的屈服应力最大约 100Pa(图 4.1～图 4.4)。假设稀性泥石流在较小坡度(0.03)上沉积，由式(4.2)可以计算得淤积最大厚度为 0.19m。在泥石流灾害的评估中，当泥石流的厚度小于 0.5m 时，泥石流为轻度危险(唐川等，1994)，因此淤积厚度小于 0.2m 的稀性泥石流可以不考虑其危险。实际的稀性泥石流的屈服应力和淤积厚度可能会更大，但由于稀性泥石流的性质决定了稀性泥石流的屈服应力不会很大，因此其淤积厚度也不会很大(应在 0.5m 之内，为轻度危险)，符合稀性泥石流危害以冲刷为主，黏性泥石流危害以淤埋为主的特点，即稀性泥石流的淤积厚度在其危害方式中是次要的。广义的泥石流还包括泥流和水石流，泥流性质接近黏性泥石流，水石流性质接近稀性泥石流，因此，划分泥流的危险区可以使用淤积厚度方法，而划分水石流的危险区则不应使用淤积厚度方法。综上所述，本节的泥石流淤积厚度计算对所有类型的泥石流都适用，但划分危险区时只适用于黏性泥石流和泥流。

通过分析一系列观测和实验资料中泥石流浆体屈服应力与浆体泥沙体积浓度的关系，对比含有粗大颗粒的泥石流体屈服应力与泥石流体泥沙体积浓度关系，得出不同容重下泥石流的淤积厚度计算方法，结论如下。

(1)泥石流的淤积厚度和屈服应力因各地区的黏粒特性和黏粒含量不同而相差悬殊，还没有一个方法能直接计算出所有地区和类型的泥石流体的屈服应力和淤积厚度。

(2)屈服应力与泥石流体的体积浓度呈指数关系，在不同地区具有不同的参数关系，这些参数代表该地区黏粒特性和黏粒含量的特点。

(3)不同容重的泥石流淤积厚度计算方法：根据野外调查泥石流的容重、最大淤积厚度、淤积底坡坡度以及由此计算得到的屈服应力，室内流变仪测试得到泥石流浆体的体积浓度和屈服应力，可以获得泥石流沟(地区)的泥石流屈服应力参数(k 和 r 值)。由不同的泥石流容重、泥沙体积浓度及泥石流淤积区域的底坡坡度，结合泥石流沟(地区)的屈服应力参数(k 和 r 值)，可以计算出不同容重的泥石流在不同的底坡坡度下的淤积厚度。

4.2 泥石流的屈服应力

泥石流的屈服应力代表泥石流的黏性强弱，是描述泥石流特征的重要参数。泥石流的屈服应力与泥石流体中的泥沙颗粒体积浓度、黏土矿物类型和黏粒百分含量有关，其中泥石流泥沙颗粒体积浓度的影响最大，黏土矿物类型次之，黏粒百分含量的影响相对较小，且体积浓度与泥石流的屈服应力具有较好的指数相关性(费祥俊，1980，1981；O'Brien et al.，1988；Marr et al.，2001；余斌，2008a，2010)。目前国内外对泥石流体屈服应力理论研究主要集中在：①通过不同水或甘油-水-酒精混合物、高岭土、石灰粉、塑料粉、黏土矿物和水模拟黏性泥浆，实验研究得出宾汉体屈服应力 τ 随体积浓度 C 的变化规律(Babbitt and Coldwell，1940；Bagnold，1954；Thomas，1962，1963；Migniot，1968；Govier and Aziz，1972；Savage，1984；Hanes and Inman，1985；Takahashi，1993)：宾汉体屈服应力与固体体积浓度的高次方成正比，即：$\tau \propto C^n$；随着固体体积浓度增加，τ 迅速增大；②实验研究同时考虑了体积浓度和级配对屈服应力的影响，先后研究得出了多个体积浓度与屈服应力的关系(万兆惠等，1979；钱宁和王兆印，1984；费祥俊和朱平一，1986)。这些研究主要以泥沙颗粒体积浓度为变量来研究浆体的屈服应力，对泥石流体的研究很少，主要因为泥石流体的颗粒组成中有很多粗颗粒，一般的黏度计实验条件无法完成含有粗颗粒的屈服应力实验。对黏土矿物成分以及黏土百分含量的研究也很少。近年来对泥石流体屈服应力的研究取得了一些新的进展，含有粗颗粒的泥石流体屈服应力常通过堆积扇上泥石流体的容重(ρ)、堆积厚度(h)和堆积坡度(θ)等参数通过公式(Johnson，1970)$\tau = \rho g h \sin\theta$ 间接获得，并发现泥石流屈服应力并非只与泥沙固体体积浓度有关，与组成固体的黏粒矿物成分和黏粒百分含量也密切相关(中国科学院兰州冰川冻土研究所和甘肃省交通科学研究所，1982；Coussot et al.，1998；O'Brien et al.，1988；Marr et al.，2001；余斌，2010；De Blasio et al.，2011)，对黏粒百分含量在泥石流体中的作用的研究虽有了一定进展，但他们所采用的黏粒仅仅限于一种黏粒成分，而实际泥石流体中包含多种黏粒成分，对黏粒的成分和混合黏粒对泥石流体屈服应力的研究还没有。本节首先阐述了影响泥石流体屈服应力的因素，最后以试验方式探讨单一和混合黏粒矿物成分、黏粒百分含量、固体体积浓度与泥石流屈服应力的关系。

4.2.1　实验概述

4.2.1.1　实验装置

实验采用成都理工大学地质灾害防治与地质环境保护国家重点实验室自制的小型泥石流排水槽简易装置进行，实验水槽长 1.0m，宽 0.2m，高 0.3m，水槽底部做适当加糙处理，水槽底坡坡度可以通过纵坡升降杆变坡，坡度范围为 0°～45°；水槽上端安装一泥石流储物箱，可以存放 0.1m³ 泥石流体并可以一次性开放闸门将泥石流体放入泥石流水槽(图 4.5)。

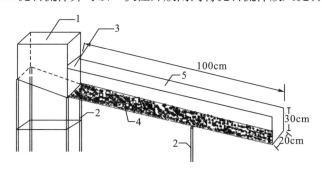

图 4.5　实验装置实物图
1.储料箱；2.支架；3.闸门；4.加糙物；5.实验槽

4.2.1.2　实验参数

试验选取了具有代表性的蒙脱石、伊利石、绿泥石、高岭土四种常见的黏粒矿物为研究对象，采用 XRD(X-ray Diffraction)测试方法，分析其衍射图谱，获得黏土的成分及含量结果见表 4.1。试验中泥石流体的固体物质主要是黏粒矿物、细砂、粗砂以及少量粒径小于 10mm 的砾石(受试验条件所限剔除大于 10mm 的颗粒)，其中黏粒矿物、细砂和粗砂占泥石流体固体物质的质量分数不低于 90%。实验的三个控制变量为泥石流体固体体积浓度 C($0.347 \leqslant C \leqslant 0.588$)；黏土矿物成分蒙脱石、伊利石、绿泥石、高岭土；黏粒在泥沙中的质量分数 P($0.03 \leqslant P \leqslant 0.40$)。

表 4.1　黏土矿物的相关参数

黏粒	D_{50}/mm	测试条件：理学 DMAX-3C 衍射仪，CuKa，Ni 滤光。测试结果/%								
		蒙脱石	伊利石	高岭土	绿泥石	石英	长石	方解石	白云石	滑石
高岭土	0.04	—	4	82	—	12	2			
蒙脱石	0.04	70	4	—	5	16	2	3	—	—
伊利石	0.08	2	49	—	—	26	5	9	9	—
绿泥石	0.08	—	3	—	79	4	3			11

4.2.1.3　实验方法

泥石流体屈服应力的研究不同于浆体屈服应力的研究，浆体屈服应力可以通过黏度计直接获取。由于泥石流体中的粗颗粒对其屈服应力有至关重要的作用，而任何黏度计都不可能测量较大的粗颗粒（本试验中粗颗粒粒径最大 10mm）的屈服应力，因此用实验槽堆积实验获取容重、厚度等参数通过公式 $\tau = \rho g h \sin\theta$ 间接获得泥石流的屈服应力成为唯一可行的办法。

4.2.1.4　实验过程

（1）配制泥石流体。按照比例取水、黏土、固体物（砂、石），依次放入桶内搅拌均匀。注意：混合时将黏土一点一点地加入水中并搅拌均匀，避免黏土起团影响其发挥黏土特性。

（2）将水槽起初放置一个很小的坡度（2°～5°），将配制好的泥石流体装入泥石流储物箱，实验时开启泥石流储物箱闸门，将泥石流放入泥石流水槽，待泥石流在水槽中稳定；

（3）缓慢抬升水槽一定坡度，泥石流流动后再次停止并稳定，测量该坡度下的泥石流堆积厚度；

（4）重复步骤（3），获取一系列实验数据。

过程照片如图 4.6 所示。

a. 配料　　　　　　　　　　　　　　　　b. 稳定后淤积厚度

c. 抬升角度后淤积厚度　　　　　　　　　　d. 淤积厚度侧面图

图 4.6　实验过程照片

4.2.2　实验结果

图 4.7 为不同固体体积浓度下黏粒含量与泥石流体屈服应力关系图。屈服应力随着

黏粒含量的增大而增加，这与 Marr 等(2001)、王裕宜等(2000)和余斌(2010)等学者的观点吻合。王裕宜等(2000)和余斌(2010)认为，在相同泥沙体积浓度下，黏粒的黏性越强，黏粒含量越高，泥石流的屈服应力越大；反之，则泥石流的屈服应力越小。Coussot 等(1998)通过野外试验和堆积板实验得出屈服应力随着黏粒含量的增大而增加的关系。从图 4.7 还可看出在同种体积浓度、相同黏粒含量下黏粒矿物成分对屈服应力的强度的影响是，蒙脱石＞伊利石＞高岭土，绿泥石强度低于蒙脱石和伊利石，但和高岭土强弱关系不是很明显，这与吴积善等(1993)的观点相吻合。吴积善等(1993)指出当泥石流的固体体积浓度和黏土百分含量相同时，蒙脱石形成的结构比伊利土和高岭土形成的结构紧密，强度大得多，而高岭土形成的网络结构最稀疏，结构强度最小。

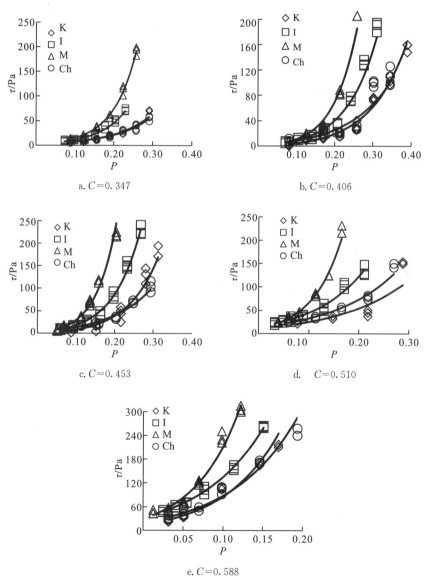

图 4.7　不同固体体积浓度下黏粒含量与泥石流屈服应力关系图

K. 高岭土；I. 伊利石；M. 蒙脱石；Ch. 绿泥石(下同)

　　为了比较黏粒矿物对屈服应力的作用，本节引进了等效黏粒含量 P_0，把高岭土作为标准黏粒系数为 $C_K=1$，通过分析图 4.7，获得其他黏粒矿物的特征系数 $C_M=1.7$（蒙脱石），$C_I=1.3$（伊利石），$C_{Ch}=1$（绿泥石）。其他种类的黏粒（如斑脱土）或者蒙脱石、伊利石、高岭土的系数可能由于地区的不同而不同，不同的黏粒矿物和百分含量通过等效黏粒含量都可以转化为单一的矿物组成。因此，复杂的黏粒成分和含量都可以通过等效黏粒含量而变得简单化。

　　图 4.8 为不同黏粒含量下固体体积浓度与泥石流体屈服应力关系图。一方面屈服应力随着固体体积浓度的增大而增加，呈正指数关系，这与 Babbitt(1940)、Bagnold (1954)、Govier and Aziz(1972)、Hanes and Inman(1985)、Migniot(1968)、Savage (1984)、Takahashi(1993)和 Thomas(1962，1963)等作者观点吻合。在相同黏粒含量、相同体积浓度下，黏土矿物成分对屈服应力的强度的影响程度是，蒙脱石>伊利石>绿泥石>高岭土。另一方面泥石流体屈服应力随着泥石流体固体体积浓度的增大而增大，当 $C>0.47$ 时，屈服应力增大幅度较大。

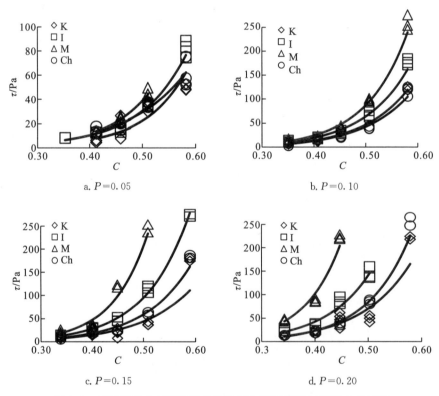

a. $P=0.05$　　　　　　　　　　　　b. $P=0.10$

c. $P=0.15$　　　　　　　　　　　　d. $P=0.20$

图 4.8　不同黏粒含量下固体体积浓度与泥石流体屈服应力关系图

　　黏粒矿物中多数矿物属黏土矿物，黏土类矿物是由原生硅酸盐矿物经水解作用形成的次生铝硅酸盐矿物，它们形成于地表条件，受环境影响很大，黏粒矿物的组合与母岩岩性和地层环境有很大关系。所以在泥石流堆积物细颗粒的黏土部分中，黏粒成分往往不是单一的，而是多种黏土矿物混合存在。因此研究混合黏土矿物和泥石流屈服应力的关系更接近实际的应用。为了研究方便本节以泥石流体固体体积浓度 $C=0.453$ 的泥石流体来研究混合黏土矿物对泥石流体屈服应力的影响。

　　图 4.9 为体积浓度 $C=0.453$ 时，单一黏粒和混合黏粒情况下，泥石流体屈服应力与等效黏粒含量关系图。混合黏粒矿物的泥石流体屈服应力与黏粒含量呈指数关系，且线性相关性良好，这点和单一黏土矿物的泥石流体屈服应力与黏粒含量的关系一致。此外，我们发现当等效黏粒含量 $P_0<0.25$ 时，单一黏粒的泥石流体屈服应力和黏粒含量的变化关系基本一致；但当等效黏粒含量 $P_0\geqslant0.25$ 时，混合黏粒的泥石流体屈服应力随黏粒含量的变化速率较单一黏粒变化速率较小。

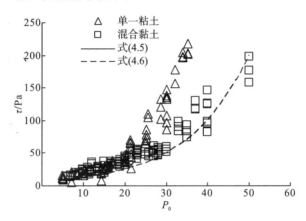

图 4.9　$C=0.453$ 时，泥石流体屈服应力与等效黏粒含量关系图

　　王裕宜等(2000)指出泥石流体中的黏粒质量分数在 4%～10% 之间变化，但也受泥石流物源地岩性和岩石风化程度控制。由于不同地区、不同黏粒成分的黏性不同，取黏性最大的蒙脱土按照 $C_M=1.7$，对应的野外黏粒含量为 6.8%～17%。可见实验中有效含量 $P_0\leqslant0.25$ 已涵盖大部分野外泥石流体实际黏土含量，因此将单一黏土矿物的实验结果应用于野外泥石流体屈服应力的计算是准确的。

4.2.3　屈服应力的计算

　　图 4.7～图 4.9 显示了屈服应力和体积浓度、黏粒成分和黏粒含量的关系。基于等效黏粒含量的引进，泥石流体屈服应力的计算式如下：

$$\tau = C_0 C^2 e^{22CP_0} \tag{4.5}$$

式中，τ 为泥石流体屈服应力，Pa；C_0 为系数，Pa，$C_0=30(C\leqslant0.47)$，$C_0=30e^{5C-0.47}$ $(C>0.47)$；C 为泥石流体固体体积浓度；P_0 为黏粒有效质量分数。

　　图 4.10 为由式(4.5)计算的泥石流屈服应力值 τ_c 和实验观测的泥石流体屈服应力值 τ_m 对比图，计算值和实验值相关性较好。

　　对于等效黏粒含量 $P_0\geqslant0.25$ 时，单一黏粒的屈服应力在相同情况下增加得比较快，为了使在混合黏粒时屈服应力随黏粒含量增长趋势和在单一黏粒时屈服应力随黏粒增长趋势一致，我们对式(4.5)做了简单的修正：

$$\tau = C_0 C^2 e^{22CP_1} \tag{4.6}$$

$$P_1 = 0.7P_0 \tag{4.7}$$

式中，P_0 为混合黏粒成分中单一黏粒有效含量的叠加；P_1 为混合黏粒有效含量的修正值。

图 4.9 显示，对于混黏粒时式(4.6)的计算比式(4.5)的计算好，式(4.5)和式(4.6)的不同之处仅仅在于两者在计算等效黏粒含量的方法不同，屈服应力和体积浓度、等效黏粒含量的关系仍然保持相同。

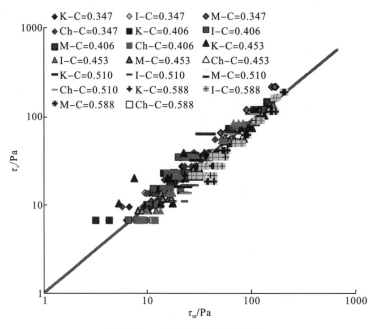

图 4.10　实验值和计算值对比

M. 以蒙脱石为黏粒的泥石流体体积浓度(下同)；I. 伊利石，K. 高岭土；C. 绿泥石

泥石流体中的黏粒性质不同，以致于即使是同一黏粒成分所表现出来的黏粒特性也不同，因为不同地区的黏粒特性也是不同的。等效黏粒含量不能反映黏粒的特殊特征，但它可以反映出屈服应力和黏粒特征的关系。对于已经发生过的泥石流的屈服应力和体积浓度通过式(4.5)可以很容易获取等效黏粒含量，不同地区的泥石流体等效黏粒含量可能是不同的，但是相同地区等效黏粒含量可能是相同的。按照这种方法，可以预测同一地区将来的泥石流体屈服应力：①野外调查泥石流体的体积浓度和堆积厚度，通过式(4.5)获取等效黏粒含量；②利用获取的等效黏粒含量和体积浓度预测未来泥石流体的屈服应力。

4.2.4　验证

图 4.11 对比了 Marr 等(2001)、Coussot 等(1998)和火烧沟(中国科学院兰州冰川冻土研究所和甘肃省交通科学研究所，1982)的实验数据和通过式(4.5)计算的数据。图中，Marr 等(2001)的实验数据包括高岭土和斑脱土。黏粒矿物的特征系数 $C_K=1$(高岭土)，$C_B=7$(斑脱土)。斑脱土的等效黏粒含量等于实际的黏粒含量乘以系数 C_B。Coussot 等(1998)的屈服应力数据包括野外实测和斜板实验数据。图 4.11 中 Coussot 等(1998)的数据的获取方法如下：首先通过式(4.5)和野外屈服应力数据得到黏粒矿物的等效黏粒含量 $P_0=0.181$，然后由式(4.5)和 P_0 得到不同体积浓度下(斜板堆积实验)的计算屈服应力。火烧沟(中国科学院兰州冰川冻土研究所和甘肃省交通科学研究所，1982)的等效黏粒含

量取 $P_0=0.2$。

从图 4.11 可以明显地看出：Marr 等(2001)通过实验研究单一黏粒的屈服应力测量值和本节式(4.5)计算的屈服应力计算值相关性较好，不仅表现在高岭土上，而且也表现在斑脱土上吻合性都非常好。Coussot 等(1998)的数据在固体体积浓度较大时($C>$ 0.575)与式(4.5)吻合较好，在体积浓度较小($C\leqslant0.52$)时，本节式(4.6)的计算屈服应力值偏小，以致当体积浓度继续减小时($C\leqslant0.40$)实验值和计算值出现了较大的偏差。火烧沟(中国科学院兰州冰川冻土研究所和甘肃省交通科学研究所，1982)的数据在固体体积浓度较大时($C\geqslant0.65$)，吻合性都非常好；但固体体积浓度较小时，实验和计算的数据产生了较大的偏差。

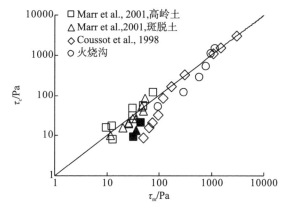

图 4.11　相关文献数据和室内实验公式计算值对比图

实心为 Marr 等(2001)的实验中的不确定值

4.2.5　小结

关于黏粒成分和黏粒含量与泥石流体屈服应力的研究前人已经做过，但专门研究黏粒和屈服应力关系的研究还很少，这主要是因为每种黏粒都有其特殊的性质，相同类型的黏粒内部结构的不同、黏粒粒径的不同等都影响着黏粒的性质。

本节引入了等效黏粒含量，通过结合黏粒成分和黏粒含量减少了不同黏粒类型的影响，大大简化了黏粒对泥石流体屈服应力的影响。泥石流屈服应力可以通过野外调查泥石流体体积浓度和等效黏粒含量获取。一旦等效黏粒含量确定后，可以认为它在一个小流域内是固定不变的值，可以利用泥石流体体积浓度和等效黏粒含量预测未来泥石流体的屈服应力。

对于黏粒成分含量的准确测定，目前的 XRD 测试和电镜扫描均只能做到定性-半定量分析，不能准确地测定黏粒含量，黏粒含量的准确性需要进一步加强，本节 XRD 测试的系统误差为$\pm10\%$。

Marr 等(2001)按照泥石流体屈服应力和流动状态把泥石流体划分为弱黏性、亚黏性、强黏性泥石流体。余斌(2008)则按照固体体积浓度 C 划分了三种黏性泥石流，$C\leqslant$ 0.47：弱黏性；$0.47<C\leqslant0.58$：亚黏性；$C>0.58$：强黏性。对于室内泥石流实验界限应该要小一些。例如，Marr 等(2001)的实验中 $P_0=0.1$，$C\geqslant0.5$；或 $P_0=0.15$，$C\geqslant$ 0.465；或 $P_0=0.2$，$C\geqslant0.4$ 时泥石流体已经表现出了强黏性。本节的实验中 $P_0=0.15$，

$C \geqslant 0.5$；或 $P_0 = 0.2$，$C \geqslant 0.47$；或 $P_0 = 0.25$，$C \geqslant 0.45$ 时同样也表现出了强黏性。等效黏粒含量 P_0 在一定范围内（$0.1 \leqslant P_0 \leqslant 0.25$），固体体积浓度 $C > 0.47$ 时，泥石流体表现出了强黏性，并且屈服应力随着体积浓度的增长快速地增大，因此采用式（4.5）时系数 C_0 的分界点为 $C > 0.47$。图 4.11 显示屈服应力计算值和屈服应力实验值相关性较好，这是因为泥石流体为强黏性（$C > 0.58$）；对比验证中有一些偏差，原因是泥石流体为弱黏性或亚黏性（$C \leqslant 0.58$）。因此，在野外条件下，强黏性泥石流体的体积浓度下限 C 不是 0.47 而是 0.58，在式（4.5）中分界点可能是 0.58。在强黏性泥石流的范围内，黏性泥石流的屈服应力随着体积浓度的增长而较快增加。

实验中泥石流体固体组成最大颗粒粒径 10mm，与实际颗粒粒径不符合。这个问题将会在以后的工作中得到解决。

目前还不能解释当等效黏粒含量 $P_0 \geqslant 0.25$ 时，混合黏粒的泥石流体屈服应力随黏粒变化速率没有单一黏粒成分时快，这是将来需要重点研究的内容。

通过实验研究泥石流体的屈服应力与体积浓度、黏粒含量和黏粒类型的关系后获得以下结论。

（1）黏土矿物成分与泥石流体的屈服应力有非常密切的关系。相同黏粒含量和相同固体体积浓度的泥石流体，一般情况下，黏粒成分对泥石流体屈服应力影响的强弱程度为蒙脱石>伊利石>高岭土=绿泥石；

（2）提出了等效黏粒含量（P_0）的概念。在体积浓度一定的前提下，获得相同的泥石流体屈服应力，所需黏粒含量关系，设高岭土 $C_K = 1$，则 $C_M = 1.7$（蒙脱石），$C_I = 1.3$（伊利石），$C_{Ch} = 1$（绿泥石）；

（3）基于固体体积浓度、黏土矿物成分、黏粒质量分数与屈服应力的关系后获得了屈服应力的综合关系式（4.6），此公式适用于单一黏粒和混合黏粒的泥石流体。

（4）用国内外文献资料数据验证上述泥石流屈服应力与固体体积浓度、黏土矿物成分和含量的关系，具有一定的准确性和可用性。

第 5 章　地震区泥石流活动特征与危险性研究

5.1　汶川震区北川县城泥石流源地特征的遥感动态分析

汶川地震后，遥感技术被广泛应用于次生地质灾害信息的快速提取（杨军杰等，2008；Yang et al.，2008）、堰塞湖风险评估（王世新等，2008；黄庭等，2009）和地震灾害损失评估（陈世荣等，2008；杨健等，2008），在汶川地震的应急抢险救灾、损失评估、危险区划和恢复重建中发挥了重要的技术支撑作用。遥感技术在泥石流灾害调查、分析和监测中已成为重要的信息获取方法（Weissel et al.，2001；李铁锋等，2007），特别是近年来高分辨率的遥感图像在泥石流发育环境、危险性评估和易损性分析中得到应用（唐川等，2006b）。例如，唐川等（2006）应用 Quick-bird 图像开展了城市泥石流易损性和风险性评估，通过城市土地覆盖类型的遥感解译，构建了泥石流的损失评估模型。1999 年台湾集集大地震后，Lin 等（2004）利用 SPOT 图像对震后泥石流源地的崩塌、滑坡等松散物源进行了解译分析，尤其是集集地震之后的台风诱发了更大范围的泥石流灾害，通过 SPOT 图像的分析，建立了泥石流发生与松散物源类型（Lin et al.，2003）、数量的统计模型，为今后泥石流发展趋势分析提供了科学依据。

5·12 汶川地震发生后，由于台湾"福卫二号"的观测周期短，于 2008 年 5 月 14 日上午就获取了国内外第一幅北川灾区有效光学遥感影像，最早发现了唐家山滑坡及形成的大型堰塞湖，为较全面地认识唐家山堰塞湖灾害风险提供了重要的分析依据。此后，科技部、国土资源部等利用高空遥感搭载先进的遥感传感器，于 5 月 16～28 日获取了重灾区的航空遥感数据，这些数据在应急抢险救援、活动分析、次生灾害评估、灾民安置点选择及恢复重建方面都发挥了相对重要的作用。汶川大地震诱发了 5000 多处崩塌、滑坡，估计直接造成 2 万人死亡，约占地震灾害死亡人数的 1/4。为了分析汶川地震对泥石流形成发育的影响，进一步剖析 9·24 暴雨前后泥石流源地滑坡活动特征，本书利用震后航空遥感数据和 9·24 暴雨后的 SPOT5 数据对北川县城泥石流源地的物源变化过程进行定量解译，以掌握强震区暴雨泥石流活动强度和发展趋势，为汶川震区次生地质灾害风险评价、预测预报和重建规划提供科学依据。

5.1.1　研究区概况

研究区选择在汶川地震极重灾区的北川县城，该区在构造上属龙门山前山与后山交界地带，紧邻 5·12 汶川地震的主发震断裂——映秀-北川断裂的上盘，地震中该断裂发生了较为显著的右旋逆冲破坏，直接坐落在它上面的北川县城震害相当大，是较为典型的构造不稳定区域。映秀-北川断裂断层倾向 NW，倾角 60°～70°，为志留系和寒武系的砂板岩逆冲于泥盆系乃至石炭系的碳酸盐岩之上，岩体破碎，山体风化卸荷强烈，地质环境十分脆弱。研究区属于亚热带湿润季风气候区，四季分明，气候温和，多年平均气温 15～16℃；该区又属著名的鹿头山暴雨区，雨量充沛，年均降水量 1399.1mm，年最大降水量 2340mm(1967 年)，日最大雨强 301mm，小时最大雨强 62mm；降雨集中在 6～9 月，占全年降水量 74%，最大占 90%(1981 年)。

据 2003 年四川省国土资源厅组织完成的《北川县地质灾害调查与区划》报告，北川县城的魏家沟曾经于 1992 年和 1995 年发生过小规模泥石流灾害，掩埋耕地 300 亩[①]，当时估算流域松散物源总量约 50 万 m³，近期可能参与泥石流活动的仅 5 万 m³。为了进一步认识汶川地震前研究区泥石流流域源地的特征，利用 2007 年 1 月获取的 IRS-P5 遥感数据进行解译分析，从图 5.1 可看出研究区泥石流流域松散物源类型和位置不明显，无较大范围滑坡和崩塌分布，仅有零星小规模滑塌发育在沟谷两侧。

图 5.1　摄于 2007 年 1 月的 IRS-P5 遥感图像，反映汶川地震前北川县城周围泥石流源地特征

5·12 汶川地震导致北川县城建筑物全毁，死亡 16000 多人，其中因滑坡直接导致死亡 2500 多人。县城周边山体发生大面积山体滑坡灾难，如王家岩滑坡、新北川中学崩塌，以及县城以北 4km 处的唐家山堰塞湖。2008 年 9 月 24 日北川县遭遇了汶川地震后最大的一场强降雨过程，导致北川县城西侧山地的 8 条沟暴发泥石流过程，根据设在唐家山自动雨量站的记录，9 月 23 日降水量为 173.8mm，9 月 24 日凌晨 0：00～5：00 雨量为 57.9mm，激发群发泥石流发生的雨量出现在 5：00～6：00，其雨量达到 41mm(唐川和梁京涛，2008a)。这次泥石流过程的搬运输移能力巨大，所搬运的直径 1m 以上的粗石块随处可见，魏家沟泥石流一次冲出量高达 34 万 m³，在县城区形成的大型泥石流

---

① 　1 亩=666.67m²。

堆积扇，几乎全部淤埋老县城废墟，给今后北川县城遗址保护和纪念馆建设带来了很大的困难。彩图 2 反映了汶川地震前后的北川县城西侧的魏家沟和苏家沟泥石流源地特征，震后泥石流流域的滑坡广泛发育，为泥石流强烈活动提供了丰富的松散固体物源。本节利用高分辨率遥感图像开展解译分析的研究区涉及了 8 条泥石流沟（彩图 3，表 5.1）。

表 5.1　北川县城泥石流沟的地形参数

泥石流沟名	流域面积/km²	高差/m	主沟长度/km	比降/‰
1♯无名沟	0.3	690	1.1	614
沈家沟	0.7	850	1.8	459
2♯无名沟	0.1	500	0.7	708
苏家沟	1.5	1000	3.0	325
魏家沟	1.5	1120	2.3	487
3♯无名沟	0.3	700	1.2	579
任家坪沟	0.5	490	1.1	445
赵家沟	1.0	680	1.7	389

5.1.2　数据处理与信息获取

用于分析汶川地震后 9·24 暴雨泥石流源地特征的高分辨遥感数据包括汶川地震前（2007 年 1 月）分辨率为 2.5m 的 IRS-5 全色影像、震后 2008 年 5 月 18 日国土资源部遥测中心获取的 0.3m 左右的高分辨光学影像，以及 9.24 暴雨泥石流发生后 2008 年 10 月 14 日获取的分辨率为 2.5m 的 IRS-P5 全色影像。所获取的三期影像云层活动较少，数据质量较好。其他辅助数据还有 1∶5 万基础地理数据，1∶10 万矢量化的地质图和研究区泥石流沟分布调查及危险性分区数据等。

根据不同影像传感器特点对遥感数据进行预处理，包括图像增色、几何纠正、图像镶嵌及三期影像精确配准。在此基础上开展 9·24 暴雨泥石流源地的信息提取工作。三期高分辨遥感影像能够识别泥石流沟及其源地的中小型滑坡和沟道堆积体，对分布于泥石流源地上游沟道的长度为数米的小型浅层滑坡，可以从影像上辨别出来。通过对北川县城 8 条主要泥石流沟及其源地滑坡特征的野外调查，建立滑坡解译标志，在此基础上开展室内目视解译，提取泥石流源地滑坡体及其他典型物源信息，由 0.3m 分辨率的航空影像可以识别长度大于 5m 的滑坡体，特别是产生较大位移后，在图像上能够清晰识别；但对于后缘产生裂隙的潜在不稳定斜坡，从图像上无法辨别。从 2.5m 分辨率的 SPOT5 影像可以清晰识别长度大于 10m 的滑坡体。由于 9·24 暴雨后，沟道两岸坡面被径流侵蚀或产生滑塌的痕迹新鲜，从图像上极容易识别。但是对于源地上游沟道两岸较小面积的滑坡群，由于滑坡两侧紧紧相连，形成滑坡的复合体，在图像上很难圈出单体滑坡，仅能从滑坡后缘识别其可能滑坡的单体。9·24 暴雨将坡面大量松散物质冲刷侵蚀输入沟道中，因此通过泥石流发生后的 SPOT 影像对沟道中松散堆积物的分布、面积进行解译，这类沟道堆积物质在强降雨作用下亦可作为泥石流的重要物源。

5.1.3 研究方法

汶川震区北川县城泥石流源地特征的遥感调查与分析，主要利用汶川地震前 SPOT5 遥感数据、震后的航空遥感数据和 9·24 暴雨发生后的 SPOT5 数据。对于泥石流源地的滑坡和沟道堆积体在遥感图像上显示的形态、色调、影像结构等均与周围背景存在一定的差异。因此对泥石流松散物源体的形态、规模及类型均可从遥感图像直接判读圈定。尽管汶川地震诱发的滑坡出现的部位和坡度与降雨诱发的滑坡有一定差异，但是在遥感图像上的形态、色调等解译标志具有相似性。利用 0.13m 分辨率的遥感图像可以较为准确地识别泥石流流域的地形和物源特征，包括强地震诱发的不同规模的滑坡、崩塌及其在泥石流沟道中形成的堆积体，通过这些泥石流形成松散物源类型、规模的遥感评估，可以作为泥石流沟潜在危险性判别的重要指标。

为了认识极震区泥石流源地的物源规模特征，通过遥感解译将泥石流源地滑坡按规模（面积）大小分为三类，第一类是遥感图像上解译的滑坡平面面积小于 10000m² 的小型滑坡体，根据野外调查，这类滑坡广泛发育于上游沟道两岸，厚度小于 5m；第二类是滑坡平面面积在 10000~50000m² 的中型滑坡体，厚度为 5~50m；第三类是滑坡平面面积大于 50000m² 的大型滑坡体，其厚度大于 50m。

9·24 暴雨诱发了群发性和大规模的泥石流活动，泥石流将源区大量滑坡松散固体物质被输送到山前地带；利用 2.5m 分辨率的全色 SPOT5 图像，解译和分析泥石流源地的滑坡活动规模和类型，定量计算新增滑坡的面积和地震诱发滑坡的"复活"面积；通过野外实地剖面测量，可以估算暴雨诱发泥石流源地滑坡的厚度，进而得出泥石流活动的松散物质方量。此外，从 SPOT5 图像还可以清晰地识别泥石流流通区沟道的地形变化特征及泥石流扇形的形态、面积等特征。通过上述解译调查分析，建立研究区典型泥石流流域特征的数据库，包括泥石流发生前后的源地滑坡分布和面积、泥石流发生后的沟道松散堆积物分布与面积。

5.1.4 研究结果

5.1.4.1 地震对泥石流源地的直接影响

强地震对泥石流源地的影响最显著而典型的特征就是为泥石流的形成提供了大量松散固体物质来源，特别是在泥石流源地诱发了大量崩塌、滑坡，从而使地震后相当长一段时期内泥石流更为活跃（唐川，2008a，2008b）。从震前和震后遥感图像对比可以看出（图 5.1，彩图 2），震后几乎每条泥石流沟的上游源地及中下游沟道两岸发育有大面积规模不同的斜坡失稳体，其中以浅层中小规模滑坡为主，但是源地亦发育大型深层滑坡，其中部分滑坡体局部位移后，"悬挂"于陡峻的斜坡上；也有部分滑坡完全脱离母体，堆积于沟道形成堵塞体。例如，彩图 3 显示魏家沟泥石流源地发育两处面积大于 20000m² 的滑坡残体，其中分布在海拔 910~960m 处的滑坡堆积体沿沟道延伸 120m，严重堵塞河道；沈家沟在左岸的滑坡堆积残体沿沟长度达 220m，这是 9·24 暴雨泥石流发生的主要松散固体物质源地。表 5.2 是利用汶川地震后航空图像解译的北川县城每条泥石流沟源地在 9·24 暴雨泥石流发生前后滑坡面积的统计。研究区泥石流源地地震直接诱发的滑坡总面积占泥石流流域总面积的比例平均为 27％；其中任家坪泥石流沟达 42％，魏家沟源地也可达 28.4％，通过遥感解译表明汶川大地震作用为泥石流的形成提供了极为丰富的松散固体物质。

表 5.2 研究区 9·24 暴雨泥石流发生前后滑坡面积统计结果

沟名	5·12 汶川地震诱发滑坡面积/(10^4 m²)				9·24 暴雨诱发滑坡面积/(10^4 m²)				暴雨后新增滑坡面积/(10^4 m²)			
	大型	中型	小型	合计	大型	中型	小型	合计	大型	中型	小型	合计
1#无名沟	0	3.9	5.2	9.1	0	4.5	5.3	9.8	0	0.6	0.1	0.7
沈家沟	11.5	8.5	8.2	28.2	14.4	10.1	8.3	32.8	2.9	1.6	0.1	4.6
2#无名沟	0	1.3	0.5	1.8	0	1.3	3	4.3	0	0	2.5	2.5
苏家沟	11	11.7	7.5	30.2	17.7	14.7	8.7	41.1	6.7	3	1.2	10.9
魏家沟	29.2	5.4	8	42.6	32	11.2	10.5	53.7	2.8	5.8	2.5	11.1
3#无名沟	0	2	1.2	3.2	0	3.2	1.8	5	0	1.2	0.6	1.8
任家坪沟	22.6	0	0	22.6	29.1	0	0	29.1	3.7	0	0	3.7
赵家沟	0	4.1	9.1	13.2	0	4.8	10.4	15.2	0	0.7	1.3	2.0
合计	153.7	191.2	37.5									

5.1.4.2 震后 9·24 暴雨对泥石流源地的影响

为了进一步了解震后暴雨激发泥石流的松散堆积物源特征，利用 2008 年 10 月 14 日 SPOT5 全色图像对强降雨后泥石流源地的物源变化特征进行解译分析。这场强降雨过程导致了部分大型滑坡局部复活，从降雨前后遥感图像可清晰看出，这类滑坡面积明显扩大；同时暴雨还诱发大量新滑坡，这些滑坡集中分布于泥石流上游源地沟道两侧，以中小规模的沟岸滑塌形式为主。从 SPOT5 图像上很难分辨出单体滑坡，彩图 4 是 9·24 暴雨后研究区泥石流沟的 SPOT5 图像和对源地滑坡解译成果，从图中可以看出在泥石流流域上游源地沿沟岸新增了大量滑塌体，在中下游沟道岸坡大中型滑坡明显复活，表现在滑坡面积向后缘方向扩大，同时滑坡残体表层松散物被地表径流强烈冲刷侵蚀向沟道输移，直接为泥石流形成提供了丰富的松散固体物质。表 5.2 反映了 9·24 暴雨泥石流发生前后研究区泥石流源地滑坡面积的动态变化特征，遥感解译和分析结果表明滑坡面积由 9·24 暴雨前的 153.7×10^4 m² 增长到暴雨后的 191.2×10^4 m²，新增滑坡面积达 37.5×10^4 m²，在地震诱发滑坡的基础上增加了 24.4％，新增滑坡类型主要是大型深层滑坡的复活和沟道上游中小规模滑塌。

5.1.4.3 泥石流沟道堆积体变化的特征

泥石流沟道堆积物也是泥石流形成的重要源地（唐川，2008b），在暴雨后形成的沟谷快速洪流导致河床松散堆积物起动而形成泥石流过程，美国联邦地质调查局将这类泥石流起动过程称为"消防水管效应"（firehose effect）（Coe et al.，1997；Griffiths et al.，2004）。由于汶川地震前研究区泥石流发育程度较低，仅魏家沟曾于 1993 年暴发过小规模的泥石流过程，其他均为洪水沟，从震后 5 月 18 日遥感图像上呈现出的洪水或泥石流沟道极为狭窄，沟道中堆积物很少，将 DEM 与遥感数据集成三维模型后可确定沟道的空间分布位置，但是由于沿沟道植被覆盖较好，加之沟道呈"V"型，从 0.3m 高分辨率的遥感图像上也无法量测沟道宽度及其松散堆积物数量(彩图 3)。

对比 9·24 暴雨前后的两个时相遥感图像，研究区泥石流沟道的一个显著变化就是暴雨后堆积了大量松散物质，使原来的沟道加宽，如魏家沟下游沟道由原来的 10～20m 加宽至 50～90m，其延伸长度可达 1km(彩图 4)，通过对现场剖面分析，其淤积厚度为 2～6m，于是估算滞留在下游沟道中的泥石流堆积量可达 16 万 m³，加上冲出山口堆积于北川县城的泥石流固体物质达 34 万 m³，因此这场 9·24 暴雨导致魏家沟泥石流物质活动量有 50 万 m³。表 5.2 是对研究区暴雨后泥石流中下游沟道堆积体面积的解译结果，统计表明 8 条沟的沟道堆积体总面积为 9.7×10⁴m²，其中魏家沟、任家坪沟和苏家沟的沟床堆积体变化最大。

5.1.5　解译结果的对比验证

本研究选择魏家沟、苏家沟泥石流源地作为重点野外验证区，验证数据主要来源于现场调查和实测工作，部分数据来源于 2009 年 7 月四川省地质工程勘察院完成的《北川县西山坡滑坡群(泥石流)应急勘察报告》，确定了 30 处不同面积的滑坡作为对比验证数据。现场调查与解译成果对比表明，两期遥感影像的滑坡面积解译误差在 6%～8%，可以满足解译的精度要求，能够反映震后及暴雨后北川县城周围沟谷型泥石流源地物源的基本特征。

5.1.6　小结

(1)根据震后高分辨率航空图像的解译，研究区的泥石流上游源地及中下游沟道两岸发育有规模不同的滑坡体，受强地震影响，滑坡发生明显位移，并"悬挂"于陡峻的斜坡上；部分大型滑坡脱离母体，堆积于沟道形成堵塞体。地震直接诱发的滑坡总面积占泥石流流域总面积的 27%，其中任家坪沟达 50.8%，魏家沟源地达 28.4%，分析表明汶川大地震为泥石流的形成提供了极为丰富的松散固体物质。

(2)根据 SPOT5 遥感图像对 9·24 暴雨后泥石流源地的物源变化特征进行解译分析，结果表明这场强降雨过程导致了大中型滑坡复活，同时还诱发大量新滑坡，其面积在地震诱发滑坡的基础上增加了 24.4%，这些新滑坡集中分布于泥石流源地上游沟道两侧，以中小规模的沟岸滑塌形式为主。

(3)9·24 暴雨后泥石流沟道堆积了丰富的松散物质，使原来的沟道快速拓宽，解译结果表明 8 条沟的沟道堆积体总面积为 9.7×10⁴m²，其中魏家沟、任家坪沟和苏家沟的沟床堆积体变化最明显，这些大量沟道堆积物成为泥石流形成的重要源地之一。

(4)研究表明汶川地震导致高烈度区泥石流源地的滑坡更加发育，积累的松散物质更加丰富，强降雨过程使泥石流源地滑坡进一步复活并产生大量新滑坡，从而使强震区泥石流发生频率增高，规模增大。1999 年台湾集集地震后的泥石流强烈活动也说明了这种现象和规律(Lin et al.，2006；Chen and Hawkins，2009)。9·24 北川暴雨泥石流的发生表明汶川震区已进入一个新的活跃期，未来 5～10 年该区域泥石流发生将更加频繁(唐川和梁京涛，2008a)。

5.2　汶川震区暴雨滑坡泥石流活动趋势预测

强地震作用对斜坡稳定性的影响是长期的，特别是后续降雨使滑坡、泥石流连绵不断。但是，强震区滑坡、泥石流活动性能够持续到何时才能趋于减弱？至今没有实际而理想的趋势预测模型。实际上是由于缺少长期监测数据来建立随时间的后续降水量和斜坡稳定性之间的关系，在此基础上才可对震后斜坡稳定性进行预测。对于汶川震区，山地斜坡需要多长时间才能趋于稳定？有的学者认为滑坡泥石流强烈型活动将持续 5～10年(Tang et al.，2009)，也有学者认为将持续 10～15 年，甚至 30 年(崔鹏等，2008；谢洪等，2008)。对以往大地震后滑坡、泥石流发生与演化规律的记录，可以用于类比汶川地震后滑坡、泥石流随时间的发生趋势。其中最典型的实例是 1923 年发生在日本的关东大地震及 1999 年发生在台湾的集集大地震，本节试图以这两次地震为典型实例，分析汶川震后暴雨诱发滑坡、泥石流发生的演化规律，在此基础上探讨汶川震区未来暴雨滑坡、泥石流活动趋势。同时选择强震区北川县城西侧 8 个小流域作为研究区，利用日本学者打获珠男的模型估算不同频率降雨条件下的新增滑坡面积，并分析泥石流流出量变化特征。通过上述研究，可以进一步认识汶川震区未来滑坡、泥石流的活动特征，为灾区地质灾害防治和灾后重建提供科学依据。

5.2.1　汶川震区降雨滑坡、泥石流活动现状

5·12 汶川大地震发生后一年多，经历了两个雨季，震后的暴雨过程诱发了群发性滑坡、泥石流灾害发生，累计造成人员伤亡(含失踪)达 450 人之多(谢洪等，2008)，并给灾区的恢复重建带来了许多新的困难。震区暴雨引发的滑坡、泥石流灾害最严重的是 2008 年 9 月 24 日北川县区域泥石流灾害事件，这场暴雨诱发了 72 处泥石流灾害的发生。根据对 9·24 暴雨后滑坡活动特征的 SPOT5 遥感解译发现，在北川县城、陈家坝、擂鼓一带典型区这场暴雨诱发新滑坡 823 处，是地震直接诱发滑坡数量的 68%；而滑坡面积也增加 46.6%。彩图 5 是北川县城附近地震前(2007 年 4 月 19 日)、地震后(2008 年 5 月 18 日)和 9·24 暴雨后(2008 年 10 月 14 日)的高分辨遥感图像，从这三期遥感图像上可看出北川县城周围滑坡发育演化特征，特别是 9·24 暴雨后该区域滑坡范围明显扩大，并形成大面积的泥石流堆积体。

在震中映秀镇至汶川县城一带经历了 8 场大雨暴雨过程，导致牛圈沟、麻柳湾沟、关山沟、磨子沟等 20 多条岷江支沟相继发生泥石流，并多次堵断岷江形成堰塞湖，仅牛圈沟发生的泥石流就阻断都(江堰)汶(川)路(G213 线)10 次之多；岷江支流渔子溪映秀至卧龙段，已被降水诱发的泥石流堵断形成 10 多个大小不等的堰塞湖(谢洪等，2008)。2009 年 7 月 17 日震区发生了群发性的强降雨过程，3 天累积雨量达 350～550mm，在部分地区相当于 50 年一遇的暴雨，由此导致大部分汶川震区均出现滑坡、泥石流等强烈活动，特别是在安县、都江堰虹口镇一带使上百条沟发生了大规模泥石流灾害。大量事实表明，5·12 汶川地震后，整个震区滑坡、泥石流活动异常强烈。例如，近百年没有较大规模泥石流活动的震中牛圈沟转化为高频泥石流沟，类似的还有汶川银杏乡磨子沟、关山沟、彭州龙门山镇的谢家店子、白果坪沟等大型泥石流沟(谢洪等，2008)。一次强

降雨过程后，沿汶川县岷江、北川县湔江、苏堡河等两岸新发生的中小规模滑坡更是难以计数，汶川震区滑坡、泥石流活动极为旺盛。

5.2.2 历史典型实例剖析

1923 年 9 月 1 日，日本的横滨和东京一带发生关东大地震，震中位于关东地区附近的相模湾内，震级为 7.9。地震造成 60 万座建筑被毁，14 万余人死亡和失踪。强烈地震还造成关东地区山崩地裂，导致山区大范围崩塌、滑坡的发生。关东大地震发生后至 1980 年，在震区先后发生了 5 次强台风降雨事件，导致滑坡的强烈活动，使整个丹泽山的 20% 地区受到滑坡活动的影响(Inoue，2001)；特别是 Nakagaw 流域在 1972 年 7 月 9 日之后连续 4 天降雨，累积雨量达 649mm，最大小时雨强 100mm，山洪泥石流、滑坡导致 451 人死亡(Koi et al.，2008)。

日本学者 Nakamura 研究了关东地区 1896～1980 年的地震滑坡及后续降雨滑坡的活动趋势和规律，大量的实测数据表明关东地震后的滑坡活动可分四个阶段：产生阶段、不稳定阶段、恢复阶段和稳定阶段(Nakamura et al.，2000)。滑坡不稳定阶段从 1923 年持续到 1938 年，即地震后的滑坡强活动期为 15 年；1938～1962 年滑坡处于恢复阶段，滑坡数量出现明显的下降趋势；1963 年后即使发生了台风强降雨事件，该区域的滑坡数量也没有明显增加，说明斜坡已趋于稳定，滑坡活动性恢复到震前水平(图 5.2)。该典型事例说明日本关东地震后，在台风及强降雨事件作用下滑坡活动性在震后 15 年内为强活动期。地震 40 年后滑坡活动性出现明显的减弱趋势，斜坡开始趋于稳定。

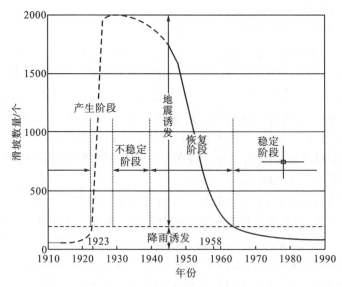

图 5.2　日本关东地震后 1896～1980 年滑坡活动变化(据 Nakamura et al.，2000)

1999 年 9 月 21 日，台湾南投县集集附近发生强烈地震，震级 7.6，这是台湾百年以来最大的地震，造成 2413 人死亡，8700 多人受伤，给整个台湾造成的生命和财产损失是空前的，根据统计，集集地震共造成 4 万多处崩塌滑坡(林冠慧和张长义，2006)。台湾成功大学林庆伟教授对集集地震后的滑坡活动性进行了较为系统的研究，他根据

1996～2008 年发生的台风强降雨事件与诱发的滑坡面积变化规律的分析，概括出滑坡活动规律(Lin et al.，2009)。1996～2008 年，特别是 1999 年集集地震之后，共发生了 11 次台风强降雨事件，表 5.3 说明了这些台风事件的名称和时间，图 5.3 是对应的台风或暴雨的最大累积雨量和最大小时雨强。从图 5.4 可看出，集集地震前尽管发生了贺伯台风等强降雨事件，但滑坡强度保持在 0.005 以下，而集集地震发生后滑坡强度呈直线上升，其扩大和新增的滑坡累计达到滑坡强度的最高值。集集地震后受到台风强降雨过程影响，滑坡活动处于旺盛期，即从 2000～2004 年 5 年内保持较高的滑坡强度。之后出现逐年降低的趋势，2008 年以后，滑坡强度明显减小，尽管仍没有恢复到震前的滑坡强度。

表 5.3　1996～2008 年台湾发生的灾害事件及相关的遥感图像

灾害事件	图像	获取时间	灾害事件	图像	获取时间
a. 贺伯台风前	SPOT2	1996 年 6 月 5 日	t02. 艾利台风	FS-2	2004 年 11 月 12 日
b. 贺伯台风	SPOT2	1996 年 11 月 8 日	T03. 6·12 暴雨	FS-2	2005 年 7 月 1 日
c. 莫拉克台风	SPOT2	1997 年 12 月 15 日	T05. 麦沙台风	FS-2	2005 年 8 月 16 日
d. 奥托台风	SPOT2	1998 年 10 月 12 日	T06. 泰利台风	FS-2	2006 年 1 月 31 日
e. 集集地震前	SPOT1	1999 年 1 月 5 日	T09. 604 暴雨	FS-2	2006 年 9 月 13 日
f. 集集地震	SPOT1	2000 年 1 月 8 日	T13. 柯罗沙台风	FS-2	2007 年 11 月 20 日
g. 碧利斯台风	SPOT1	2001 年 8 月 12 日	T14. 米娜台风	FS-2	2008 年 1 月 20 日
h. 桃芝台风	SPOT3	2001 年 8 月 12 日	T15. 海鸥台风	FS-2	2008 年 8 月 20 日
s. 6·07 暴雨	SPOT5	2003 年 12 月 3 日	T16. 辛乐克台风	FS-2	2008 年 12 月 21 日

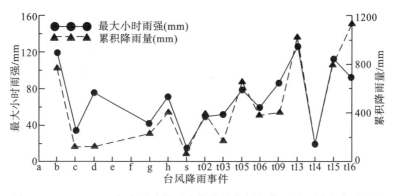

图 5.3　1996～2008 年台风或暴雨事件的最大累积降雨量和最大小时雨强

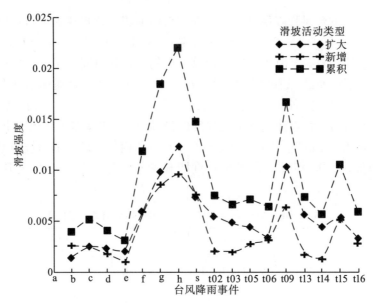

图 5.4　集集地震发生前后滑坡强度变化(据 Lin et al.，2008)

5.2.3　汶川震区滑坡泥石流活动趋势预测

5.2.3.1　趋势分析

从上述日本关东地震和台湾集集地震的典型事例可以看出，一次强地震对斜坡稳定性的影响是长远的。至少在近 10~15 年内在地震高烈度区滑坡、泥石流活动处于高峰期，之后一段时间内处于恢复期，直至斜坡趋于稳定。

对比汶川地震区，其滑坡、泥石流活动的触发因素和易发性与上述两个震区既有类似之处，亦有一定差异。其类似之处表现在这三个地震滑坡研究区均处于新构造运动强烈活动区，强震作用使震区的地质环境更加脆弱，斜坡岩体破碎，地形特点是山高坡陡，特别是多暴雨天气，导致震区的滑坡、泥石流处于高易发性状态；另一特点是震区滑坡发生与降雨在时间上具有较好的对应关系，滑坡发生滞后时间短，而且多为群发型滑坡，其规模较小，多为表层或浅层滑坡。

关东震区和集集震区滑坡、泥石流活动的诱发条件和程度与汶川震区有所不同，前者均经历了多次台风降雨极端事件，一次台风的降水量小者为 100mm，大者可达1000mm 以上，平均也有 400mm(图 5.3)。特别是集集震区每年要经过 1~3 次台风强降雨过程，所诱发的滑坡数量和规模成倍增加，泥石流活动性更加频繁；在每年如此强的暴雨作用下震区斜坡表层不稳定土体极易被冲刷而逐年减少，研究表明在某些区域的斜坡开始出现区域稳定的特征(郑锦桐等，2007；Lin et al.，2009)。龙门山是四川盆地的三个暴雨中心区之一，该区域的暴雨中心主要分布在北川、安县和绵竹一带，其暴雨的频率在 70%~80%，年暴雨日数为 2~4 天，一日最大降水量在北川可达 322.4mm。与关东震区和集集震区的降水特征有所不同，汶川震区诱发滑坡、泥石流发生的降水量和强度明显较少，且降雨持续时间较短，但是仍然导致了区域性的大规模滑坡、泥石流的强烈活动。9·24 暴雨诱发北川-平武一带区域性滑坡和泥石流的 2 天累计降水量为 280~

350mm(Tang et al.，2009)。2008 年 7 月 9 日，震中映秀及都汶路一线经历三次大雨暴雨过程，并诱发了泥石流过程，造成都汶路中断和人员伤亡事件，其连续雨量均在 200~350mm。

汶川震区的气候主要受东南暖湿气流控制，从东南方向输送过来的湿暖气流，因受龙门山阻挡抬升而形成降雨，龙门山的山前区域成为暴雨中心，而处于西部背山坡的岷江河谷降雨则较少，平均年降水量仅 413~554mm，但是其日雨强可达 35~75mm，因此在汶川北部，茂县、理县亦有滑坡、泥石流的发生。滑坡、泥石流发生的临界值出现明显降低，在北川地区，泥石流起动的前期雨量降低 14.8%~22.1%，小时雨强降低 25.4%~31.6%(Tang et al.，2009)。中国气象局成都气象所郁淑华认为汶川强震区日降水量≥20mm，诱发滑坡泥石流可能性很大(郁淑华等，2008)。

上述分析表明，汶川震区降雨诱发滑坡泥石流敏感性极高，只要经历较大的降雨条件都将导致滑坡、泥石流的活动，其强烈活动时段可能是 5~10 年(Tang et al.，2009)，也可能是 10~30 年(崔鹏等，2008；谢洪等，2008)。对比关东震区和集集震区滑坡、泥石流的活动特点，汶川强震区至少在近 10 年内，滑坡和泥石流活动趋势是强烈的，之后将会经历恢复期，直至斜坡趋于稳定。

5.2.3.2 滑坡活动规模预测

为了进一步估算未来汶川震区降雨诱发滑坡的规模，可应用 1971 年日本学者 Uchiogi 提出的预测模型(Uchiogi，1971)，该方法在台湾集集震区滑坡活动规模预测分析得到广泛应用，其计算成果与实际较为符合(郑锦桐等，2007；Cheng et al.，2009)。Uchiogi 的经验模型主要是用于估算不同频率降雨条件下诱发滑坡面积的变化特征，其计算公式如下：

$$Y = \frac{C_a}{a} = K \times 10^{-6}(R - r)^2 \tag{5.1}$$

式中，Y 为新增滑坡率，%；C_a 为新增滑坡面积，m^2；a 为流域面积，m^2；K 为滑坡系数，可通过暴雨前后滑坡对比分析确定，取值范围 0.5~5.0；R 为最大日降水量，mm；r 为滑坡发生的临界雨量，mm。

本研究选择了汶川地震区北川县城西侧的 8 条泥石流流域作为研究区，其位置如彩图 5 所示。彩图 5 还反映出基于高精度航空图像解译的汶川地震诱发滑坡空间分布，其泥石流流域面积和不同频率的日最大降水量和小时雨强见表 5.4，考虑到研究区处于高烈度地段，滑坡敏感性极高，K 的最大取值为 5。根据郁淑华和高文良(2008)、谭万沛(1989b，1992)的研究，汶川地震前该区域泥石流发生的临界雨量值为 100~200mm，但是要确定北川地区降雨诱发的群发性滑坡、泥石流的最大日雨量有一定难度，汶川地震后北川地区在 2008 年 6 月 14 日和 2008 年 9 月 23~24 日发生过大雨暴雨过程，诱发了泥石流过程，其中 6 月 14 日强降雨事件的最大日降水量为 133mm，仅导致唐家山一带较小范围的泥石流活动(胡卸文等，2009a)。

2008 年 9 月 23 日 8：00 到 24 日 8：00 最大日雨量为 192mm，诱发了大范围滑坡、泥石流的强烈活动(Tang et al.，2009)。据四川省气象台观测数据，2009 年北川县气象台最大日雨量发生在 7 月 17 日，日雨强为 182mm，未导致群发性滑坡、泥石流发生。基于上述资料数据，可初步将研究区诱发群发性滑坡、泥石流发生的临界日雨量定为190mm，作为预测滑坡活动规模大小的重要参数之一。

表5.4　北川县不同频率最大日雨强和小时雨强

参数	5年一遇	10年一遇	20年一遇	50年一遇	100年一遇	200年一遇
最大日雨强/mm	180.4	238.5	287.2	361.6	427.9	478.1
最大小时雨强/mm	61.8	71.6	85.5	109.3	116.4	130.1

为了验证预测结果的准确性，将5·12汶川地震后2008年5月18日获取的航空图像与9·24暴雨后获取的2008年10月14日SPOT图像比较（彩图6），重点对9·24暴雨诱发泥石流过程最典型的魏家沟、苏家沟和沈家沟流域新增滑坡进行解译和分析，对比地震直接诱发的滑坡面积，这三个流域内在20年一遇的9·24暴雨作用下新增滑坡面积分别是$6.64\times10^4 m^2$、$6.83\times10^4 m^2$和$2.97\times10^4 m^2$；而应用Uchiogi预测模型计算出的20年一遇降雨条件下新增滑坡面积分别是$7.09\times10^4 m^2$、$7.09\times10^4 m^2$和$3.31\times10^4 m^2$（表5.5），其误差均在10%以内，具有较高的准确性。需要指出的是Uchiogi预测模型主要针对地震高烈度区的浅层滑坡类型的活动性预测，特别是泥石流活动强烈的流域。

根据表5.5所示的预测结果，在研究区$5.9km^2$范围内，5年一遇降雨条件下新增滑坡面积很小，一旦遭遇100年一遇降雨，新增滑坡面积可达$166.97\times10^4 m^2$，约占整个研究区流域面积的28.3%（表5.5），其地质灾害活动性剧烈，所诱发的泥石流规模也非常之大。

由于滑坡动态监测数据有限，尽管Uchiogi预测模型已经被用来预测未来的新滑坡面积，但很难确定模型中的参数，特别是导致滑坡的临界降水量r和现场特定系数K值。因此，要准确计算在暴雨诱发下长期变形的滑坡面积，需要开展长期的定位监测。

表5.5　不同频率降雨条件下新增滑坡面积估算结果

流域名称	流域面积/km²	5年一遇	10年一遇	20年一遇	50年一遇	100年一遇	200年一遇
1#无名沟	0.3	0.014	0.35	1.42	4.42	8.49	12.45
沈家沟	0.7	0.032	0.82	3.31	10.31	19.81	29.05
2#无名沟	0.1	0.005	0.12	0.47	1.47	2.83	4.15
苏家沟	1.5	0.069	1.76	7.09	22.08	42.45	62.25
魏家沟	1.5	0.069	1.76	7.09	22.08	42.45	62.25
3#无名沟	0.3	0.014	0.35	1.42	4.42	8.49	12.45
任家坪沟	0.5	0.023	0.59	2.36	7.36	14.15	20.75
赵家沟	1.0	0.046	1.18	4.72	14.72	28.30	41.50
合　计	5.9	0.272	6.93	27.88	86.86	166.97	244.85

5.2.3.3　泥石流土砂产量估算

泥石流土砂产量是反映泥石流活动强度的重要指标，可为泥石流危险范围和风险评价提供重要参数，也为震区恢复重建中的减灾防灾提供科学依据。集集地震后，台湾学者针对地震区特点开展了不同频率的泥石流土砂产量预测研究（Cheng et al.，2009），该方法是根据现场调查资料分析，泥石流土砂产量一般随流域面积大小变化，台湾集集地震区不同重现期雨量下土石流土砂产量估算公式为

$$V_s = 0.61K \times (R_o - r) \times A \tag{5.2}$$

式中，V_s 为泥石流土砂产量，m^3；A 为流域面积，m^2；r 为临界日雨量；R_o 为泥石流发生之日雨量；K 为系数。

将此方法应用于北川 9.24 暴雨泥石流过程的一次冲出土砂产量的估算，其计算结果与实际值的误差偏大，原因是该方法中的泥石流发生之日雨量 R_o 和系数 K 的确定有一定困难。为此，本节仍采用《泥石流防治指南》推荐的一次泥石流总量计算方法（周必凡等，1991）。该计算方法是根据泥石流历时 T 和最大流量 Q_C，按泥石流暴涨暴落的特点，将其过程线概化成"三角形"，通过断面一次泥石流冲出的土砂产量 W_C 由下式计算：

$$W_C = 19TQ_C/72 \tag{5.3}$$

一次冲出固体物质的总量 W_S 由下式计算：

$$W_S = \frac{\gamma_C - \gamma_w}{\gamma_H - \gamma_w} W_C \tag{5.4}$$

式中，γ_H 为泥石流中固体颗粒容重，$tf^{①}/m^3$；γ_C 为泥石流容重，tf/m^3；γ_w 为水容重，tf/m^3。

根据上述公式，对魏家沟、苏家沟流域的一次泥石流土砂产量总量及其固体物质总量进行估算，计算结果见表 5.6。

表 5.6　不同频率降雨条件下的泥石流土砂产量预测结果

重现频率/%		20	10	5	2	1	0.5	0.2
魏家沟	$W_C/(10^4 m^3)$	22.9	31.5	48.6	57.4	71.0	84.3	91.7
	$W_S/(10^4 m^3)$	12.1	16.7	25.8	30.4	37.6	44.7	48.6
苏家沟	$W_C/(10^4 m^3)$	16.3	19.9	27.1	43.8	49.2	58.4	69.2
	$W_S/(10^4 m^3)$	8.6	10.6	14.3	23.2	26.1	31.0	36.7

本研究预测了不同频率降雨条件下的一次泥石流土砂产量，选择北川县城附近的魏家沟、苏家沟流域为研究点，计算结果为在 20 年一遇降雨条件下，魏家沟、苏家沟的泥石流土砂产量分别为 $48.6 \times 10^4 m^3$ 和 $27.1 \times 10^4 m^3$，此值与 Tang 等（2009）阐述的魏家沟、苏家沟于 2008 年 9 月 24 日发生的 20 年一遇降雨泥石流冲出量实际调查值较为吻合，说明采用该方法预测一次泥石流土砂产量基本可行。为此，可估算出魏家沟、苏家沟流域在 100 年一遇降雨条件下，泥石流土砂产量分别达 $71.0 \times 10^4 m^3$ 和 $49.2 \times 10^4 m^3$，这样将导致老北川县城的地震遗址完全被掩埋，因此，应将地震遗址保护和纪念馆建设与泥石流应急工程治理措施相结合，最大限度减轻泥石流的威胁和危害。

5.2.4　小结

强烈地震导致山地区域的地质环境更加脆弱，斜坡稳定性更加敏感，一旦遭遇暴雨过程就会使地震滑坡进一步活动并产生大量新滑坡，也使泥石流发生频率增高、规模增

---

① 1tf=9.80665×10³N，吨力。

大。汶川大地震后的两个雨季,暴雨诱发了大范围群发性滑坡、泥石流灾害。本节以1923 年发生在日本的关东大地震及 1999 年发生在台湾的集集大地震为典型实例,概括了震后暴雨诱发滑坡泥石流发生的演化规律,通过对比分析,认为汶川震区降雨诱发滑坡、泥石流敏感性极高,只要经历较大的降雨条件都将导致滑坡、泥石流的活动,至少在近 10 年内,滑坡和泥石流活动趋势强烈,之后将会经历恢复期,直至斜坡趋于稳定。

采用日本学者 Uchiogi 提出的预测模型,以强震区北川县城西侧八个小流域作为研究区,预测不同频率降雨条件下的新增滑坡面积。验证预测结果表明应用 Uchiogi 预测模型计算出的新增滑坡面积误差在 10% 以内,该模型对预测地震高烈度区的浅层滑坡活动性有较高的准确性。对研究区 5.9km² 范围内的预测结果表明在 5 年一遇降雨条件下新增滑坡面积很小,一旦遭遇 100 年一遇降雨,新增滑坡面积可达 166.97×10⁴m²,约占整个研究区流域面积的 28.3%,其滑坡活动性剧烈,所诱发的泥石流规模也非常之大。本研究还预测了北川县城附近的魏家沟、苏家沟流域在不同频率降雨条件下的泥石流土砂产量,在 20 年一遇暴雨条件下,魏家沟、苏家沟的泥石流土砂产量分别为 48.6×10⁴m³和 27.1×10⁴m³,与 2008 年 9 月 24 日发生的 20 年一遇暴雨诱发的魏家沟泥石流的冲出量实际调查值较为吻合。据此,魏家沟、苏家沟流域在 100 年一遇降雨条件下,泥石流土砂产量分别达 71.0×10⁴m³ 和 49.2×10⁴m³,这样将导致老北川县城的地震遗址完全被掩埋,因此,应采取泥石流应急工程治理措施,减轻泥石流危害。

本节提出的地震区不同频率降雨条件下的滑坡活动规模和泥石流土砂产量估算方法是初步的,要实现对未来暴雨诱发新滑坡面积以及泥石流土砂产量的准确计算还需要长期的定位监测。震区地质灾害与降雨的关系较为复杂,需要建立长期观测系统,深入分析不同降雨雨型和临界降雨条件与滑坡、泥石流发生的关系。本研究的成果深化了对汶川震区未来滑坡、泥石流活动趋势和强度特征的初步认识,可为灾区地质灾害防治和灾后重建提供科学依据。

5.3 汶川县典型泥石流沟在汶川地震后的活动趋势

2008 年 5 月 12 日,四川省汶川县发生 8 级强烈地震。地震后,经降雨激发,汶川县境内多处暴发泥石流灾害。这类后发型地震泥石流的强烈活动时间,可以持续长达数年甚至数十年(钟敦伦,1981;杜榕桓和章书成,1985;徐俊名和谭万沛,1986),对震区产生长期、强烈的影响。长时间的泥石流活动对灾区的交通运输、救援、疾病控制、灾民安置及灾后恢复重建都有巨大的影响,因此有必要研究地震灾区震后泥石流的活动趋势及其受地震影响的时间,为更好地进行灾后恢复重建提供依据。

目前国内外对地震灾区的泥石流活动趋势和受地震影响时间的研究工作,主要集中在一些强烈地震比较活跃的地区,如西藏东南部地区、四川松潘-平武地区,云南永善-大关地区和四川岷江上游地区等(Plafker et al.,1971;那须信治,1973;钟敦伦,1981;杜榕桓和章书成,1985;田连权,1986b;徐俊名和谭万沛,1986;周必凡和兰肇声,1986;游繁结等,2000;Cheng et al.,2003;Chen et al.,2007;Scharer,2007)。这类研究主要集中于地震区域内的泥石流活动的区域规律,对于区域内的各个泥石流的活动还不能给出较具体的活动趋势和影响时间。对四川岷江上游地区地震后的泥石流活动特征的研究，也仅定性地描述了泥石流的暴发频率和规模特征，对于已暴发泥石流的泥石流沟泥石流的持续时间、尚未暴发泥石流的泥石流沟受影响的时间没有进一步研究。

研究 5·12 汶川地震后地震影响区内具体的泥石沟的泥石流活动趋势和受地震的影响时间的难点在于：①目前国内外对地震泥石流的研究工作主要研究对象是区域规律，没有较多的直接参考作用；②每次暴发的地震的特点都不相同；③每个区域的泥石流活动特点都不相同；④同一地震影响区内的各条沟泥石流的活动特点也各不相同。因此要研究地震影响区内的泥石流活动趋势和受地震影响时间，必须逐个研究各种类型的泥石流沟泥石流的活动特点，如地震形成的固体物质的量（如崩塌、滑坡提供的松散固体物质）和参与泥石流的形式、泥石流形成的水源条件的变化（如堰塞湖提供的水体的大小）、泥石流形成区沟道变化（如堵塞、淤积程度等）等因素，结合地震后雨季泥石流的活动情况，得出各种类型的泥石流沟内泥石流的趋势和受地震的影响时间。

汶川县在 5·12 地震前就是泥石流高发区和高危险区（钟敦伦等，1997），境内有泥石流活动的沟达 98 条（唐邦兴和柳素清，1993）。在 5·12 地震后该县的牛圈沟和雁门沟支沟磨子沟的泥石流暴发频率和规模在 2008 年雨季达到前所未有的程度，在今后的数年内还将频繁地暴发泥石流。本节通过调查汶川县境内六条典型的沟谷型泥石流沟，对比地震前后泥石流的活动特点，根据地震后泥石流沟内的松散固体物质储量，尝试定量地研究这些沟泥石流受地震影响的时间和活动趋势，为汶川大地震灾区泥石流的减灾和防灾提供依据。

5.3.1　汶川县典型泥石流沟地震前后的活动状况

5·12 汶川地震起震震中在四川省阿坝州汶川县映秀镇，本书调查研究的泥石流沟从映秀镇开始，分布在地震烈度 Ⅸ—Ⅺ 度范围内的共六条沟（彩图 7），按各沟所处地震烈度区分类列出其泥石流在 5·12 地震前后的活动特点，如表 5.7 所示。

表 5.7　六条沟泥石流在 5·12 地震前后的活动特点

地震烈度	沟名	地理位置及基本情况	主要出露岩性	泥石流形成原因	地震前后泥石流的活动特征
Ⅺ	牛圈沟	沟口：103°28′E、31°02′N，流域面积 11.1km²，主沟长 6.1km，纵比降 17.2%，海拔最高点 2282m，沟口海拔 880m。主沟道较宽，但支沟莲花心沟很狭窄。地震提供的泥石流固体颗粒细小	形成区主要出露岩石为花岗岩、闪长岩等	沟床揭底[①]	震前为低频率泥石流沟，近百年来都没有暴发泥石流，5·12 地震后规模较大的泥石流暴发 11 次，小型的泥石流暴发多次
Ⅺ	佛堂坝沟	沟口：103°28′E、31°02′N，流域面积 33.5km²，主沟长 10.3km，纵比降 22.7%，海拔最高点 3556m，沟口海拔 1085m。沟道宽阔，地震提供的泥石流固体颗粒粗大	玄武岩等	沟床揭底	低频率泥石流沟，近百年来暴发 4 次泥石流，其中 1912 年的特大规模泥石流对沟口的佛堂坝村造成毁灭性灾难，并堵断岷江（谢洪和钟敦伦，2003；刘希林等，2004），汶川 5·12 地震后（截至 2008 年年底）没有暴发泥石流

地震烈度	沟名	地理位置及基本情况	主要出露岩性	泥石流形成原因	地震前后泥石流的活动特征
Ⅹ	桃关沟	沟口：103°29′E、31°15′N，流域面积 49.9km²，主沟长 13.3km，纵比降 14.5%，海拔最高点 3820m，沟口海拔 1120m。沟道宽阔，地震提供的松散固体物质颗粒粗大	花岗岩和闪长岩等	沟床揭底	低频率泥石流沟。近 100 多年来暴发 4 次泥石流，其中 1890 年的特大规模泥石流造成沟口桃关村上千人遇难（当地称"水打桃关"），并堵断岷江（何其修，1993；王全才等，2003；刘希林等，2004b），汶川 5·12 地震后（截至 2008 年年底）没有暴发泥石流
Ⅸ	七盘沟	沟口：103°33′E、31°27′N，流域面积 53.6km²，主沟长 14.8km，纵比降 14.0%，海拔最高 4277m，沟口海拔 1304m。沟道宽阔，地震提供的泥石流固体颗粒粗大	花岗岩和闪长岩等	沟床揭底	原为高频率泥石流沟，在 1980 年修建治理工程后成为低频率泥石流沟（许忠信，1985），汶川 5·12 地震后（截至 2008 年年底）没有暴发泥石流
Ⅸ	南沟	沟口：103°35′E、31°29′N，流域面积 7.1km²，主沟长 5.3km，纵比降 28.4%，海拔最高 3210m，沟口海拔 1334m。沟道狭窄，地震提供的泥石流固体颗粒大小中等	千枚岩、板岩和石灰岩等	滑坡活动②	低频率泥石流沟，汶川 5·12 地震后（截至 2008 年年底）没有暴发泥石流
Ⅸ	磨子沟	沟口：103°37′E、31°30′N。该沟是雁门沟支沟，沟口距雁门沟沟口约 3.5km。磨子沟海拔最高点 3476m，沟口海拔 1542m，沟道狭窄，地震提供的泥石流固体颗粒大小中等	板岩和千枚岩等	滑坡活动	磨子沟为低频率泥石流沟，在 1999 年曾发生过小规模泥石流，汶川 5·12 地震后中等规模的泥石流暴发了 3 次

注：①高强度降雨形成的沟道径流冲刷沟道，揭底沟床形成泥石流。
　　②降雨形成的径流冲刷沟道和位于沟道边的滑坡体坡脚，引发滑坡活动，掺混入洪水形成泥石流。

　　图 5.5 为牛圈沟泥石流形成区，泥石流中的固体物质为地震中形成的碎屑流堆积物，颗粒细小，极易在洪水的冲刷下形成泥石流。图 5.6 所示为雁门沟支沟磨子沟 2008 年暴发的泥石流在雁门沟主沟内的堆积。

图 5.5　牛圈沟泥石流形成区

图 5.6　磨子沟泥石流堆积扇

5.3.2　地震对泥石流活动趋势的影响

5·12 汶川地震使其影响区内的泥石流沟受到不同程度的影响，主要表现在三个方面：①对泥石流形成的固体物源的改变，地震后形成更多的崩塌、滑坡，为泥石流的形成提供了丰富的固体物质；②崩塌、滑坡全部或局部堵塞沟道，束窄了沟道，使洪水或泥石流更容易形成强大的动力侵蚀沟道和沟床固体物质，从而形成更大规模的泥石流；③崩塌、滑坡堵塞沟道后形成堰塞湖，积蓄了水体，增加了形成泥石流的水源，一旦堰塞湖溃决，暴发的泥石流会以更大规模的运动出沟。

根据地震在泥石流沟中形成的松散固体物质的量（如崩塌、滑坡堆积物）和其中可能参与泥石流活动的量、泥石流形成区沟道宽窄变化程度等因素，结合地震后 2008 年雨季的泥石流活动情况及历史上泥石流的活动规律，分析泥石流的活动趋势和受地震影响的时间。利用 5·12 地震后的高分辨航空照片和实地考察，以航片为面积计算的依据，量测每一个滑坡和崩塌的面积，结合山坡坡度计算滑坡和崩塌的实际面积，再按小滑坡 1m 厚，大滑坡（崩塌）5m 厚，计算出每一个滑坡和崩塌的体积。但航片主要集中在岷江河谷两侧，对于流域较大的泥石流沟还没有上游的航片。按照流域内崩塌滑坡情况基本一致的方法，以滑坡和崩塌的体积与流域面积成正比计算出全流域的滑坡和崩塌的体积，作为泥石流沟流域内的松散固体物质的总量。由航片计算出的松散固体物质总量包括了堆积体中空隙的体积，因此比实际的固体物质总量大。按实际的固体物质占总体积的 60%计算，可以得出实际的松散固体物质的总量。

泥石流流域内的松散固体物质并不能全部参与泥石流的活动，如一些细小的颗粒会被小的洪水冲走，而一些位于沟道边缘的粗大石块即使暴发大规模泥石流也可能还是停留在原地。因此可以根据泥石流沟道的宽度、地震提供的泥石流固体物质颗粒大小，划分流域内的松散固体物质参与比例，沟道越宽，比例越小；固体颗粒越粗大，比例越小。本节中的汶川县境内六条典型泥石流沟的固体物质颗粒参与泥石流的比例的特点有：沟道窄，颗粒小，参与比例 0.8（如牛圈沟支沟）；沟道宽，颗粒大，参与比例 0.2（如桃关沟）；沟道宽，颗粒小，参与比例 0.5（如牛圈沟主沟）；沟道窄，颗粒大，参与比例 0.5（如南沟）。

较大规模的泥石流对流域内的泥沙输送影响很大，因此泥石流沟的泥沙输送量和暴发泥石流所需要的固体物质量由较大规模的泥石流的固体物质量确定。根据现场调查和文献计算得到各泥石流沟的较大规模泥石流的总量。再由泥石流的容重和固体物质体积浓度计算得出较大规模泥石流的固体物质总量。通过现场访问调查，对比地震前后的流域条件的变化得出近期内较大规模泥石流的重现周期，小于 1 的表示一年多次发生泥石流。

5·12 地震后汶川县境内六条典型泥石流沟可能参与泥石流的松散固体物质的总量和暴发较大规模泥石流所需要的固体物质量见表 5.8。

表 5.8 中固体物质能形成较大规模的泥石流的次数是在理想状态下，固体物质没有大的增加和减少，形成的较大规模的泥石流的总量和固体物质总量都保持一致的情形下获得的。实际的情况可能会有很大的不同，如在地震中没有发生崩塌和滑坡的地点在降雨的激发下发生了运动形成大量的固体物质，增加了固体物质总量；或在降雨下没有形成较大规模的泥石流，但洪水输送了较多的固体物质，使固体物质总量减少；又如在降雨的激发下发生了较大规模的泥石流，但泥石流总量和固体物质的比例比原来的设计大或小，造成固体物质的输送量比设计的输送量大或小，使剩下的固体物质总量偏小或偏大。因此评估 5·12 地震后汶川县境内六条典型泥石流沟的泥石流活动受地震影响的时间只能在一个范围内，各泥石流沟的泥石流受地震影响的时间为牛圈沟支沟：5～10 年；牛圈沟主沟：15～25 年；磨子沟：5～10 年；佛堂坝沟：40～60 年；桃关沟：60～100 年；七盘沟：80～120 年；南沟：20～40 年。

表 5.8　5·12 地震后典型泥石流沟可能参与泥石流的松散固体物质的总量和暴发较大规模泥石流所需要的固体物质量

沟名	地震时产生的滑坡崩塌量/($10^4 m^3$)	实际固体物质量/($10^4 m^3$)	能参与泥石流的比例	能参与泥石流的固体物质量/($10^4 m^3$)	震后(历史)较大规模的泥石流暴发周期/年	震后(历史)较大规模的泥石流暴发规模/($10^4 m^3$)	震后(历史)较大规模的泥石流中的固体物质量/($10^4 m^3$)	固体物质能形成较大规模的泥石流的次数
牛圈沟(支沟)	180	108	0.8	86	0.09	3	2	43
牛圈沟(主沟)	110	66	0.5	62*	5	24	16	4
磨子沟	450	270	0.5	135	0.3	13	9	15
佛堂坝沟	800	480	0.2	96	50	133	78	1
桃关沟	1070	642	0.2	128	50	223	79	2
七盘沟	1370	822	0.2	164	50	128	75	2
南沟	9	5	0.5	3	50	12	6	1

＊牛圈沟主沟中的固体物质还包括支沟暴发泥石流后堆积（总量的 2/3）在主沟中的固体物质。

5.3.3　小结

距离汶川 5·12 地震震中映秀最近的气象站是都江堰气象站。根据该气象站资料，往年 5～10 月平均总降水量为 1019.5mm，2008 年 5～10 月总降水量为 927.5mm（另有 17

天的降雨资料缺测)。因此可以初步判定四川省汶川县在 2008 年雨季的降水量属于中等水平(表 5.9)。表 5.8 中的结果和泥石流沟受地震影响的时间(主要是牛圈沟和磨子沟)是建立在与 2008 年降水量一致的基础上得出的,如果今后的雨季降水量比 2008 年大,则泥石流的活动将增多,大量的松散固体物质会随频繁的泥石流活动被输出沟外,泥石流受地震影响的时间将缩短;反之,则会使大量的松散固体物质继续保持在泥石流沟内,泥石流活动受地震影响的时间将延长。

表 5.9　都江堰气象站和汶川气象站历年平均降雨值和 2008 年降雨值

月份	都江堰气象站历年平均值/mm	都江堰气象站 2008 年值/mm	汶川气象站 2008 年值/mm
5	93.8	86.3	59.6
6	127.5	138.2	61.7
7	265.6	122.9	42.6
8	271.8	235.6	86.5
9	187.1	249	32.2
10	73.7	95.5	25.3
总量	1019.5	927.5	307.9

低频率泥石流沟(如佛堂坝沟、桃关沟、七盘沟和南沟)在地震前就储存了大量的松散固体物质,具备暴发大规模泥石流的固体物质条件,在地震后更是积累了足以暴发大—特大规模泥石流的固体物源,但要形成泥石流还需要有相应的水源配合,如 50 年或以上一遇低频率的大暴雨,因此地震对这些沟泥石流的影响在暴发大规模泥石流之前都存在,只有将因地震而产生的固体物质在通过泥石流活动被大量消耗后,地震对泥石流的影响才能显著减小。泥石流沟受地震影响的时间是可能的最长影响时间,在这些最长的影响时间内,低频率的大降雨都可能诱发这些沟暴发泥石流。

泥石流的形成由地质条件(固体物源)、地貌条件(地形)和水源条件(降雨)三大条件决定。汶川县境内的泥石流沟主要沿岷江河谷分布,地质条件上以硬岩为主,也有少量的软岩石;地貌条件上都是深切沟道,流域高差较大,但流域面积大的泥石流沟道的宽度也大;降水量从靠近都江堰的年降雨 1000mm 沿岷江往上游逐渐降低到汶川县城附近的 300mm,降水量差别较大。本节研究的六条泥石流沟在地质条件、地貌条件和水源条件上都有较大的差别:①在地质上既有硬岩(牛圈沟、佛堂坝沟、桃关沟和七盘沟)也有软岩(磨子沟和南沟),一般硬岩暴发泥石流条件较高,泥石流暴发频率较低;软岩暴发泥石流条件较低,泥石流暴发频率较高;②在地貌上既有较宽沟道(佛堂坝沟、桃关沟和七盘沟)也有狭窄沟道(牛圈沟、磨子沟和南沟),一般较宽沟道暴发泥石流条件较高,泥石流暴发频率较低;狭窄沟道暴发泥石流条件较低,泥石流暴发频率较高;③在水源上既有降雨较丰富的牛圈沟,也有降雨较少的七盘沟、磨子沟和南沟,一般降雨较丰富的地区暴发泥石流的频率较高;降雨较少的地区暴发泥石流的频率较低。

如果泥石流沟所有条件都符合产生高频率泥石流沟的条件,那么该泥石流沟就是高频率泥石流沟,如牛圈沟,硬岩地区,但因 5·12 强地震作用产生了大量的碎屑物(相当于在软岩地区产生的碎屑物)堆积在狭窄的沟道中,靠近都江堰的位置具有较丰富的降雨,在常年洪水的冲刷下即可形成泥石流,泥石流的暴发频率非常高。如果泥石流沟所有条件都符合产生低频率泥石流沟的条件，那么该泥石流沟就是低频率泥石流沟，如七盘沟，硬岩地区，沟床中因强地震产生了大量的粗大岩石（最大的约 1000t），沟道较宽，因靠近汶川的位置降水量小，形成泥石流的条件较高。其他泥石流沟的条件既有符合产生低频率泥石流沟的条件也有符合产生高频率泥石流沟的条件时，判断泥石流的暴发条件和频率的高低就较复杂。

　　泥石流形成的三大条件制约着泥石流的暴发条件和暴发频率。在汶川 5·12 地震后，汶川县境内的泥石流沟的活动规律和特征是如何受泥石流形成的三大条件制约，哪一个条件占主导地位并主要影响泥石流的暴发条件和暴发频率等问题还需要在将来的工作中进一步深入研究。

　　汶川 5·12 地震发生后，汶川县境内已有多处暴发泥石流灾害。这类后发型地震泥石流的强烈活动可以持续长达数年甚至数十年，对震区产生强烈影响。长时间的泥石流活动对灾区的交通运输、救援、疾病的控制、灾民安置及灾后重建工作都有巨大的影响。本节在综合考察了汶川 5·12 地震极重灾区汶川县的 6 条典型泥石流沟后，研究得出泥石流沟的泥石流活动趋势和受 5·12 强地震影响的时间等规律如下。

　　(1)受地震影响，该区域内泥石流暴发频率和规模都会增加，但具体泥石流沟受影响的程度各不相同。

　　(2)泥石流沟的泥石流活动趋势受泥石流的活动特点和地震提供的固体物质量影响，活动趋势由强到弱，逐渐恢复到地震前的水平。

　　(3)泥石流沟受地震影响的时间也受泥石流活动特点的影响，在地震提供的固体物质被泥石流大量消耗之前，地震对泥石流的影响依然存在，其影响时间可能长达数十年甚至 100 年。

5.4　四川省都江堰市龙池地区泥石流危险性评价研究

　　2008 年 5·12 汶川地震后，四川地震重灾区泥石流灾害表现活跃(谢洪等，2009)。位于汶川地震极震区都江堰市龙池镇的龙溪河流域在 2010 年 8 月 13 日暴发了 45 处泥石流，其中沟谷型泥石流 34 条，坡面型泥石流 11 处。在此次发生的沟谷型泥石流中，沟口以上流域面积 8.42km²，流域面积小于 1km² 的有 24 条，占 70.6%。从泥石流规模看，八一沟最大为 116.5 万 m³，其次是椿芽树沟 12.5 万 m³，10 万 m³ 以上的大及特大规模泥石流 3 条，1 万~10 万 m³ 的中等规模泥石流 16 条，1 万 m³ 以下的小规模泥石流 15 条。龙池地处山区，震后地质环境更加脆弱，对该区域泥石流的危险性进行评价，能为安全合理利用有限的土地资源提供参考依据。

　　有关单沟泥石流危险性分析及评价的研究很多。研究内容涉及泥石流规模(Jakob and Friele，2010)、冲出距离(D'Agostino et al.，2010)、堆积过程模拟(唐川，1994)、堆积模式(Staley et al.，2006)、危险范围(刘希林和唐川，1995)以及综合危险度计算和危险性评判(刘希林，1988，2010)等。研究方法由最初的定性描述判别(姚令侃，1987)逐渐向定量综合评价(刘希林，2010)发展。其中使用最广泛的方法之一是刘希林提出的单沟泥石流危险度的计算及其危险性判定的方法(刘希林，1988，2010)。该方法的基本思路是选取多个危险因子并确定因子权重，对因子的实际取值进行转换赋值，以各危险因子权重值和转换赋值的乘积的和作为单沟泥石流的综合危险度，据此进行危险等级判断。不同学者在危险因子的选取(朱静，1995；铁永波和唐川，2006)、权重值的确定方法(铁永波和唐川，2006；谷复光等，2010)、危险度的计算及危险性的判定方法(原立峰等，2007；杨秀梅和梁收运，2008)等方面进行了广泛的研究。目前使用最多的危险因子构成为刘希林和唐川(1995)提出的 7 个因子，其中主要危险因子为泥石流规模和发生频率，次要危险因子为 5 个主要能从流域地形图上比较准确且容易获取的参数，即流域面积、主沟长度、流域相对高差、流域切割密度和不稳定沟床比例。

在刘希林(2010)的单沟泥石流危险性评价方法中，泥石流规模(m)是两个主要危险因子之一，其权重值为最大赋值 0.29，其原因是泥石流冲出固体物质量越大，遭受泥石流损害的可能性就越大，是影响泥石流危险度最直接的因素之一。当 $m > 1000 \times 10^3\ \mathrm{m}^3$ 时，规模转换值 $M=1$，规模对综合危险度(H)的贡献值 H_m 达到最大值 0.29；当 $m \leqslant 1 \times 10^3\ \mathrm{m}^3$ 时，$M=0$，H_m 最小为 0；当 m 在 $1 \times 10^3 \sim 1000 \times 10^3\ \mathrm{m}^3$ 时，$M = \dfrac{\lg(m/1000)}{3}$，$H_m$ 在 $0 \sim 0.29$。图 5.7 中，当规模 m 在初始规模 m_0($1 \times 10^3\ \mathrm{m}^3 < m_0 \leqslant 1000 \times 10^3\ \mathrm{m}^3$)的基础上分别增加 50%、100%、200% 时，H_m 相应的最大增值分别为 0.017、0.029、0.046，其对综合危险度的变化影响较小，这主要是由于规模实际值在 $1 \times 10^3 \sim 1000 \times 10^3\ \mathrm{m}^3$ 时进行转化赋值是取其对数值，使 H_m 随规模变化而变化的幅度相对较缓，但这可能在一定程度上会降低规模特别是规模变化对综合危险度的影响和贡献。如四川汶川茶园沟 2003 年暴发的泥石流造成 11 人死亡和失踪，直接经济损失约 1513 万元，该次泥石流规模约为 5 万 m^3，在采用刘希林方法对其进行危险性的评价中，综合危险度 $H=0.5$，属于中度危险，其中规模贡献值 H_m 为 0.16(刘希林等，2004a)。茶园沟泥石流在中等危险程度下造成巨大损失与其堆积扇上的承灾体多有关，但也因其堆积扇面积仅 0.05km^2 左右，堆积扇上泥石流的平均堆积厚度(规模/堆积扇面积)达到了 1m，实际堆积范围的泥深可能会大于 1m，而文献中一次泥石流过程的泥深或流深大于 1m 时多为高度危险范围(唐川等，1994；Jakob and Hungr，2005)。再则，假设茶园沟泥石流规模分别增加到 10 万 m^3、20 万 m^3、30 万 m^3 时，规模对综合危险度的贡献值 H_m 较 5 万 m^3 规模时仅分别增加了 0.03、0.06 和 0.08，综合危险度分别为 0.53、0.56、0.58，其随规模增加的变化较小，均仍属于中度危险。但对于同一条泥石流沟，随着发生规模的增加，其堆积扇上的泥石流平均堆积厚度也增加，如当茶园沟的规模增至 30 万 m^3 时，堆积扇泥石流的平均堆积厚度达到 6m，其产生损害的可能性明显增加，危险程度有较大增加。在泥石流发生时，往往通过快速运动、产生大的冲击力和淤埋造成灾害损失，其中冲出物淤积厚度与泥石流规模密切相关，即规模产生的危险之一可以通过淤积厚度来体现，如唐川等(1994)、Jakob and Hungr(2005)、Hürlimann 等(2006)以泥深或流深与速度相结合的方法进行了泥石流危险区划的研究。针对中小规模的泥石流，用刘希林(2010)的危险性评价方法因为转换赋值取对数值使得规模对综合危险度的贡献相对较小，但实际上如果其堆积扇面积也相对较小，则堆积扇上泥石流的平均堆积厚度相对较大，造成灾害损失的可能性就相对较高。因此，危险性评价中直接使用规模因子针对中小规模的小泥石流流域和小泥石流堆积扇的泥石流危险性评价可能存在一定的局限性。

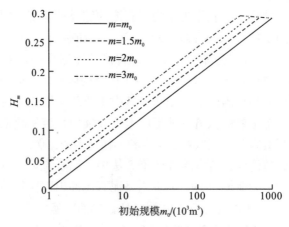

图 5.7 规模(m)及其对综合危险度的贡献值(H_m)

基于以上分析，本节收集并研究了部分泥石流灾害事件中泥石流沟的堆积扇面积、泥石流规模及相应的灾害损失等参数，在此基础上提出以泥石流在堆积扇上的平均堆积厚度(规模/堆积扇面积)替代泥石流规模作为泥石流危险性评价中主要危险因子之一的方法。该方法能够更直接地反映小泥石流流域和小泥石流堆积扇的泥石流在中小规模泥石流总量的情况下产生损害的可能性和危险程度，同时也能较好地反映遭受损害的可能性随规模变化的变化，为小泥石流流域和小泥石流堆积扇的泥石流危险性评价提供了更好的方法。

5.4.1 研究方法

收集并整理得到 43 条中外泥石流沟在已发生泥石流灾害事件中的发生规模、堆积扇面积、堆积扇平均堆积厚度、灾害损失等基础资料，并根据《泥石流灾害防治工程勘查规范》(中华人民共和国国土资源部，2006)对具体灾害损失进行危害等级划分。图 5.8 是根据收集资料得到的泥石流规模(m)、堆积扇平均堆积厚度(d)及危害等级分布图，其中 d 为规模和堆积扇面积的比值，堆积扇面积指泥石流所有可能淤积的范围，不是一次泥石流堆积的范围。本节收集的 43 条泥石流沟分别来自四川省、云南省、甘肃省和委内瑞拉。四川省有丹巴县的邛山沟(苏鹏程等，2004)和鹅狼沟(刘希林，2010)，泸定县的磨子沟(刘希林等，2006d)、扯索沟(刘希林等，2006d)和母猪龙沟(陈晓清等，2006a)，北川县魏家沟(唐川和梁京涛，2008；唐川和铁永波，2009)，都江堰市大干沟(张健楠等，2010)，九龙县石头沟(沈娜，2008)，康定县叫吉沟(王劲光，2005)，汶川县茶园沟(刘希林等，2004a)和红椿沟(唐川等，2011)，普格县采阿咀沟(刘希林等，2003)，色达县切都柯沟(吕学军等，2005)，九寨县关庙沟(游勇等，2003)，青川县尹家沟(张志伟和裴向军，2011)和铁炉坪沟(唐川等，2009)，石棉县后沟(倪化勇等，2010)，德昌县的凉峰沟(刘希林等，2005b，2006c)、虎皮湾沟(刘希林等，2005c)和凹米罗沟(刘希林等，2005a)，雅安市的陆王沟和干溪沟(徐俊名等，1984)，甘洛县资勒沟(谢洪和钟敦伦，1990)，绵竹清平的文家沟(余斌等，2010a)和走马岭沟(倪化勇等，2011)，安县的王爷庙沟(鄢松和姚亨林，2011)和甘沟(游勇等，2011)；云南省东川市的黑山沟(刘希林和莫多闻，2002)；甘肃省有文县关家沟(马东涛和祁龙，1997b)，舟曲县三眼峪沟(余斌等，2010b；胡向德等，2011)和罗家峪沟(余斌等，2010b)；委内瑞拉加勒比海沿岸的 Uria、

Seca、EI Cojo 等 12 条泥石流沟(谢洪等，2002；Lopez et al.，2003)。

由图 5.8 可知，针对大及特大规模(10 万 m³以上)的泥石流事件，其堆积扇平均堆积厚度多数在 0.5m 以上，危害程度多属于大或特大等级。但对于规模在 1 万~10 万 m³ 的中等规模泥石流其危害程度有特大、中等、小，但由图 5.8 可以大致判断出，当中等规模泥石流在堆积扇上的平均堆积厚度达到或接近 0.5m 时，泥石流就可能会造成中等到特大的灾害损失。

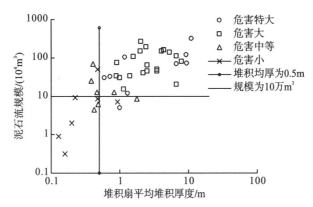

图 5.8　泥石流规模、堆积扇平均堆积厚度和危害等级分布图

在泥石流危险区划分的方法中，多采用泥石流泥深(或流深)和速度为划分依据(唐川等，1994；Jakob and Hungr，2005；Hürlimann et al.，2006)。其中用泥深(或流深)判断的方法中，一次泥石流过程的实际泥深(或流深)大于 1m 时多为高度危险范围，0.2m (或 0.5m)到 1m 为中度危险范围。因一次泥石流过程在堆积扇上的实际淤积泛滥范围常小于其堆积扇面积，故一次泥石流过程在堆积扇上的实际泥深往往大于堆积扇平均堆积厚度。因此，在堆积扇平均堆积厚度不到 1m 时可能造成较大的危害。结合文献(唐川等，1994；Jakob and Hungr，2005；Hürlimann et al.，2006)和图 5.8，提出以堆积扇平均堆积厚度 0.5m 作为泥石流规模因子的最大影响值，即当堆积扇平均堆积厚度达到或超过 0.5m 时，规模因子对危险度的贡献值达到最大 $H_m=0.29$，低于 0.5m 时 H_m 按线性关系变化。

刘希林单沟泥石流危险度计算模型(刘希林，2010)中的规模因子(m)，权重为 0.29，本节以堆积扇平均堆积厚度因子(d)替代规模因子，权重仍为 0.29。其他六个危险因子的构成、转换函数及权重值均保持不变(刘希林，2010)，得到的单沟泥石流危险度(H)计算公式如下：

$$H = 0.29D + 0.29F + 0.14S_1 + 0.09S_2 + 0.06S_3 + 0.11S_6 + 0.03S_9 \quad (5.5)$$

式中，D、F、S_1、S_2、S_3、S_6、S_9 分别为堆积扇平均堆积厚度 d(m)、发生频率 f(%)、流域面积 s_1(km²)、主沟长度 s_2(km)、流域相对高差 s_3(km)、流域切割密度 s_6(km)、不稳定沟床比例 s_9(%)的转化值(刘希林，2010；刘清华等，2012)。其中当 $d \leqslant 0.5$m 时，$D=2d$；当 $d>0.5$m 时，$D=1$。

用该方法对四川汶川茶园沟 2003 年暴发的泥石流危险性进行评价，其堆积扇平均堆积厚度 $d=1$m，>0.5m，故其转换值 $D=1$，d 因子对综合危险度的贡献值 H_d 为 0.29，比规模因子的相应贡献值 H_m 大 0.13，综合危险度 H 为 0.63，属于高度危险。

用以堆积扇平均堆积厚度作为主要危险因子的方法评价泥石流损害的可能性时，随泥石流规模的变化，堆积扇平均淤积厚度成比例变化，对综合危险度的贡献值 H_d 在一定范围内也按比例变化(当 $d \leqslant 0.5m$ 时，$H_d = 0.29 \times 2d$)。因此，该方法能更好地反映同一泥石流沟的泥石流危险度及危险性在不同发生频率下随规模变化的变化。

5.4.2　龙池地区泥石流危险性评价

共收集到龙池地区龙溪河流域 29 条沟谷型泥石流的相关评价参数的数据资料(其他五条沟谷型泥石流因道路不通等原因不能到达现场，没有详细的堆积扇资料，故舍去)。其中规模因子 (m) 为野外实际调查值，泥石流沟堆积扇面积 (s) 结合 1:10000 的地形图和野外调查取得，堆积扇平均堆积厚度 (d) 由计算得到 $(d = m/s)$，泥石流沟流域面积 (s_1)、主沟长度 (s_2)、流域相对高差 (s_3)、流域切割密度 (s_6) 由 1:10000 的地形图获取，不稳定沟床比例 (s_9) 结合 Google earth 图和野外调查获取，发生频率 (f) 由调查访问得到。因流域泥石流的暴发受汶川地震影响较大，故本次危险性评价中的 f 因子取的是 5·12 汶川地震后的泥石流实际发生频率。

根据本节前述评价方法对龙溪河流域的 29 条沟谷型泥石流进行危险性评价。各沟各危险因子实际值的转化值、综合危险度及危险性评价结果见表 5.10。同时，本节也按刘希林(2010)的单沟泥石流危险性评价方法，以规模和频率作为主要评价因子进行对比评价，评价结果见表 5.10。图 5.9 是由表 5.10 得到的各危险等级下泥石流规模和堆积扇平均堆积厚度的分布图。

表 5.10　龙池 8·13 泥石流危险度计算及危险性评价结果

名称	M	D	F	S_1	S_2	S_3	S_6	S_9	H_1	危险性 1	H_2	危险性 2
八一沟	1.00	1.00	0.85	0.51	0.63	1.00	0.27	1.00	0.784	高	0.784	高
碱坪沟	0.68	1.00	0.85	0.38	0.50	0.73	0.26	1.00	0.737	高	0.645	高
水鸠坪沟	0.66	1.00	0.85	0.35	0.45	0.66	0.25	1.00	0.724	高	0.625	高
孙家沟	0.62	1.00	0.85	0.28	0.46	0.67	0.24	1.00	0.713	高	0.601	高
麻柳沟	0.63	1.00	0.85	0.24	0.41	0.53	0.27	1.00	0.698	高	0.592	中
椿芽树沟	0.70	1.00	0.85	0.20	0.34	0.55	0.11	1.00	0.670	高	0.583	中
黄央沟	0.57	1.00	0.85	0.20	0.38	0.61	0.15	1.00	0.683	高	0.560	中
双养子沟	0.59	1.00	0.35	0.34	0.54	0.92	0.29	1.00	0.604	高	0.484	中
纸厂沟	0.61	1.00	0.35	0.35	0.57	0.82	0.31	1.00	0.605	高	0.492	中
水打沟	0.50	0.74	0.85	0.16	0.29	0.37	0.04	1.00	0.567	中	0.496	中
麻柳槽沟	0.29	0.37	0.85	0.23	0.39	0.54	0.22	1.00	0.506	中	0.485	中
冷浸沟	0.56	1.00	0.35	0.34	0.48	0.73	0.31	1.00	0.590	中	0.463	中
磨刀沟	0.09	0.04	0.85	0.34	0.47	0.60	0.22	1.00	0.440	中	0.455	中
猪槽沟	0.45	0.88	0.35	0.33	0.50	0.84	0.40	1.00	0.572	中	0.446	中
核桃树沟	0.24	0.52	0.85	0.15	0.29	0.44	0.21	0.86	0.520	中	0.438	中
蜂桶岩 1 号沟	0.62	1.00	0.35	0.15	0.27	0.47	0.24	1.00	0.521	中	0.412	中

续表

名称	M	D	F	S_1	S_2	S_3	S_6	S_9	H_1	危险性 1	H_2	危险性 2
蒋家沟	0.54	1.00	0.35	0.17	0.31	0.45	0.28	1.00	0.531	中	0.398	低
王家沟	0.28	0.84	0.35	0.38	0.50	0.54	0.14	1.00	0.519	中	0.359	低
漆树坪沟	0.40	1.00	0.35	0.19	0.32	0.38	0.21	1.00	0.523	中	0.349	低
簸箕沟	0.51	1.00	0.35	0.11	0.22	0.23	0.09	1.00	0.481	中	0.338	低
蜂桶岩 2 号沟	0.23	0.91	0.35	0.11	0.19	0.21	0.37	1.00	0.480	中	0.284	低
栗子坪沟	0.33	0.36	0.35	0.12	0.25	0.26	0.09	0.98	0.302	低	0.292	低
马家屋 基沟	0.20	0.52	0.35	0.17	0.29	0.27	0.07	1.00	0.356	低	0.262	低
曹家岭沟	0.23	0.22	0.35	0.13	0.28	0.28	0.00	1.00	0.256	低	0.257	低
煤炭坪沟	0.14	0.06	0.35	0.14	0.26	0.26	0.21	1.00	0.230	低	0.255	低
燕子窝沟	0.09	0.04	0.35	0.18	0.33	0.35	0.07	1.00	0.228	低	0.242	低
三神公沟	0.13	0.10	0.35	0.11	0.20	0.19	0.20	1.00	0.226	低	0.235	低
陈家坡沟	0.06	0.07	0.35	0.09	0.14	0.20	0.26	0.91	0.216	低	0.212	低
茶马古道 农家乐沟	0.00	0.01	0.35	0.15	0.25	0.27	0.17	1.00	0.214	低	0.209	低

注：H_1 和危险性 1 为以堆积扇平均堆积厚度为主要危险因子之一的评价方法评价得到的综合危险度和危险性；H_2 和危险性 2 为用刘希林单沟泥石流危险性评价方法评价得到的综合危险度和危险性。

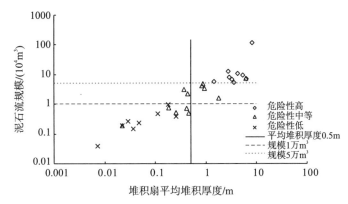

图 5.9　龙池 8·13 泥石流规模、堆积扇平均堆积厚度和危险等级分布图

表 5.10 中 29 条沟谷型泥石流的危险性评价结果显示，5.4.1 节方法的评价中 9 条为高度危险，12 条为中度危险，8 条为低度危险。两种评价方法的评价结果对比中，65.5% 的评价结果是一致的，34.5% 的评价结果不一样：①用以堆积扇平均堆积厚度为主要危险因子之一的方法评价的麻柳沟、黄央沟、椿芽树沟、纸厂沟、双养子沟泥石流为高度危险，而刘希林的评价方法中为中等危险；②用以堆积扇平均堆积厚度为主要危险因子之一的方法评价的蒋家沟、王家沟、漆树坪沟、簸箕沟、蜂桶岩 2 号沟泥石流为中等危险，而刘希林的评价方法中为低度危险。

在 5.4.1 节方法评价的结果为高度危险的泥石流沟中，麻柳沟泥石流淤埋和冲毁 3 户居民房屋及约 100m 公路，部分冲出物进入龙溪河，最大淤埋深度达 8m（亓星等，

2011);椿芽树沟泥石流毁坏房屋 2 处,堆积均厚约 6m(张惠惠等,2011);黄央沟泥石流淤埋公路和 2 户房屋,最大淤埋厚度达 7m 以上;双养子沟泥石流最大冲出距离约 514m,堆积均厚 2m(吴雨夫等,2011);纸厂沟泥石流冲至河流对岸,最大冲出距离约 370m,堆积均厚约 8m。在刘希林的评价方法中,以上 5 条沟的综合危险度在 0.492～0.592,有 3 条比较接近高度危险。

在 5.4.1 节方法评价的结果为中度危险的泥石流沟中,蒋家沟泥石流造成沟口房屋一楼约 0.5m 被淤埋;王家沟沟口无房屋,规模仅 0.71 万 m³,实际淤埋平均深度约 0.4m;漆树坪沟沟口也无房屋,但其实际堆积均厚在 1m 以上;簸箕沟泥石流造成一处派出所毁坏和淤埋公路,最大淤埋厚度超过 1.5m;蜂桶岩 2 号沟泥石流也造成了沟口房屋破坏和公路淤埋。在刘希林的评价方法中,以上 5 条沟的综合危险度在 0.284～0.398,有 4 条比较接近中度危险。

因此,对于小泥石流流域和小泥石流堆积扇的中小规模泥石流用堆积扇平均堆积厚度作为主要危险因子比直接用规模作为主要危险因子的方法更符合实际,评价结果更合理。

本次进行危险性评价的 29 条泥石流沟的堆积扇面积在 0.009～0.143km²。其中 8 条在 0.009～0.02km²,占 27.6%;5 条在 0.02～0.04km²,占 17.2%;11 条在 0.04～0.06km²,占 37.9%;0.06km² 以上 5 条,占 17.2%;仅 1 条大于 0.1km²。总体上堆积扇面积相差较小,所以图 5.9 中规模和堆积扇平均堆积厚度基本呈线性关系。从图 5.9 可以看出,此次龙池地区暴发的泥石流中,当规模在 5 万 m³ 以上时,计算得到的堆积扇平均堆积厚度远大于 0.5m,实际平均淤积厚度都在 2m 以上,这与小泥石流流域环境下堆积扇小有关,其危险性基本为高度危险;规模在 1 万 m³ 以下时,计算得到的堆积扇平均堆积厚度从 0.007～0.45m 不等,其危险性多为低度危险,少部分为中等危险;泥石流规模在 1 万～5 万 m³ 时,计算得到的堆积扇平均堆积厚度从 0.37～1.78m 不等,均为中等危险。

图 5.8 显示,当泥石流规模在 10 万 m³ 以上时,计算得到的堆积扇平均堆积厚度多数在 0.5m 以上,规模在 10 万 m³ 以下时,其堆积扇平均堆积厚度多小于 0.5m。但图 5.9 却表明,龙池地区暴发的泥石流仅当规模达到 1 万 m³ 时,其计算得到的堆积扇平均堆积厚度就已经多数大于 0.5m,这正是该地区小泥石流流域的泥石流受小堆积扇影响的结果。根据本节的危险性评价方法,只要堆积扇平均堆积厚度大于 0.5m,则其转换值 $D=1$,规模通过堆积扇平均堆积厚度对综合危险度的贡献值就可以达到最大值 0.29,这实际上更加突出了规模因子对小泥石流流域和小泥石流堆积扇泥石流的危险贡献。

5.4.3 小结

在收集并研究部分泥石流灾害事件中泥石流沟的堆积扇面积、泥石流发生规模及相应的灾害损失等资料的基础上,提出以堆积扇平均堆积厚度作为主要危险因子之一的单沟泥石流评价方法,得到以下结论。

(1)根据对泥石流发生规模、堆积扇平均堆积厚度、危害等级及灾情等的分析,提出以堆积扇平均堆积厚度 0.5m 作为规模因子的最大影响值;

(2)提出以堆积扇平均堆积厚度因子(d)替代刘希林单沟泥石流危险度计算模型中的规模因子(m)作为主要危险因子之一的单沟泥石流危险性评价方法,其中当 $d \leqslant 0.5$m 时,d 的函数转化值 $D=2d$,当 $d > 0.5$m 时,$D=1$;

（3）用本节提出的以堆积扇平均堆积厚度为主要危险因子之一的评价方法对龙池地区的 29 条沟谷型泥石流进行危险性评价，结果显示其中 9 条为高度危险，12 条为中度危险，8 条为低度危险；

（4）以堆积扇平均堆积厚度为主要危险因子之一的评价方法能够更加突出规模因子对小泥石流流域和小泥石流堆积扇泥石流的危险贡献，能更真实地反映小泥石流流域和小泥石流堆积扇泥石流在中小规模的泥石流总量情况下的危险程度。

5.5　四川省汶川震区映秀地区泥石流危险性研究

受 2010 年 8 月 12～14 日的强降雨诱发，汶川地震灾区绵竹市清平乡、都江堰市龙池镇、汶川县映秀镇等地均暴发了群发泥石流，其中汶川地震震中映秀镇地区岷江两岸于 8 月 14 日凌晨共计暴发了 21 处泥石流，包括 8 处坡面型泥石流和 13 条沟谷型泥石流。此次映秀地区群发的泥石流灾害以红椿沟泥石流灾情最重，其泥石流冲出量达 71.1 万 m³，冲出物进入河道形成堰塞体致使岷江改道，洪水冲入映秀镇新城，造成了严重的生命和财产损失（唐川等，2011）。

映秀地区岷江两岸山体总体陡峭，受汶川地震影响，流域内存在大量松散物源和潜在滑坡体，具备再次发生泥石流的良好条件。另有研究表明，震后灾区泥石流暴发的临界降雨条件较震前有所降低（唐川等，2010），会有至少 5～10 年的相对活跃期，影响时间可能长达 30～40 年（谢洪等，2009；唐川等，2010）。映秀镇新城虽已建好并于 2010 年年底开始入住，但潜在的泥石流灾害对人们的正常生产和生活存在一定威胁。另外，国道 213 线映秀到汶川县段也紧沿岷江延伸，两岸一旦发生泥石流灾害，则很容易造成交通受阻。因此，针对映秀地区岷江两岸泥石流进行危险性评价具有重要现实意义，可以为映秀地区城乡建设中的土地利用规划和泥石流灾害风险管制提供参考资料。

目前的单沟泥石流危险性评价主要是针对某一泥石流事件中的泥石流规模进行的，没有考虑不同降雨频率下同一单沟泥石流危险性的变化。在不同频率的降雨作用下，同一单沟泥石流会有不同的暴发规模，综合危险度和危险性也可能相应变化，并可能由此形成不同等级的风险及不同的风险管制措施。因此，进一步分析和评价映秀地区岷江两岸泥石流在未来不同降雨频率下可能的发生规模及相应的危险性，可以为研究区相关部门制定应对不同危险和风险等级的泥石流防灾减灾措施和灾害应急预案提供科学的参考依据。

本节通过分析四川省部分泥石流沟的泥石流规模和相应降雨频率，研究得到两者间的经验关系式，由 2010 年 8·14 泥石流的规模和降雨频率，对映秀地区不同降雨频率下的泥石流规模进行估算。在此基础上对不同降雨频率下的泥石流危险性进行评估，取得了较好的结果。

5.5.1　研究方法

5.5.1.1　不同降雨频率下的泥石流规模

降雨是泥石流的触发因素，降水量的大小决定了泥石流的洪峰流量和规模。降水量的大小与降雨频率相对应，因此在不同降雨频率下，泥石流的规模也不相同。不同降雨频率下泥石流设计流量和总量的计算常采用配方法：先根据水文手册等求得某一设计频率下的洪水洪峰流量（四川省水利厅，1984）；然后再采用配方法得到相应的泥石流峰值流量和一次泥石流总量（中华人民共和国国土资源部，2006）。

汶川地震重灾区受强地震影响，区内可能参与泥石流活动的松散固体物源量大增，泥石流暴发规模较震前明显增加（沈兴菊等，2010），如汶川震区安县 2008 年 9·24 甘沟泥石流在 20 年一遇的降雨诱发下发生了相当于震前 100 年一遇降雨诱发的泥石流规模（游勇等，2011）。因此，按地震前的计算洪水流量和配方法对震后重灾区泥石流规模计算会产生较大误差，因此需要新的方法计算地震影响区内不同降雨频率下的泥石流规模。

尽管地震影响区的泥石流规模增加了很多，但各降雨频率下的泥石流规模之间的关系还是不变的。因此可以通过参考其他地区的泥石流规模与降雨频率的关系，在已知某一降雨频率的泥石流规模的基础上，计算出其他降雨频率的泥石流规模。本节分析了 23 条其他地区的泥石流沟在不同降雨频率下的泥石流规模，其中降雨频率有 500 年一遇、200 年一遇、100 年一遇、50 年一遇、30 年一遇、25 年一遇、20 年一遇、10 年一遇和 5 年一遇；泥石流沟包括四川省丹巴县的邛山沟（陈宁生等，2004），石棉县的海流沟（赵旭润，2007）和海尔沟（裴克宁，2007），北川县的大水沟、小水沟和无名沟（胡卸文等，2009b），泸定县的深家沟（苏小琴，2008），雅砻江左岸一级支流大桥沟（朱海勇等，2006），大渡河支流流沙河左岸的喇嘛溪沟（魏成武和巫锡勇，2008），大渡河瀑布沟水电站坝址左岸的深启低沟（吴丽君，2006），白鹤滩水电站坝址峡谷河段右岸的大寨沟（敖浩翔等，2006），黄金坪水电站坝区龙达沟（薛峰，2006），川西黑水河罗家坝泥石流沟（陈宁生和陈清波，2003），美姑河牛牛坝水电站库区牛尾沟、格尔鲁沟、尔马落西沟等（唐川等，2006c）。

以 100 年一遇降雨频率下的泥石流规模为基数，用其他降雨频率下的泥石流规模与之相除，得到对应降雨频率下的规模系数 K。各降雨频率下规模系数的分布如图 5.10 所示，拟合得到规模系数 K 与降雨频率 P 之间的经验关系式，即：

$$K = 0.24P^{-0.3} \quad R^2 = 0.9868 \tag{5.6}$$

当已知任何一次泥石流规模及其降雨频率时，可以根据上述经验关系式推算其他降雨频率下的泥石流规模。

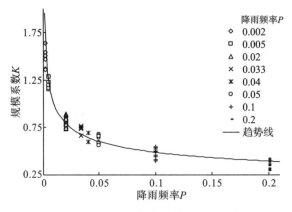

图 5.10　泥石流规模系数与降雨频率

5.5.1.2　危险性评价方法

有关单沟泥石流危险性的评价方法中,以刘希林(1988,2010)的评价方法使用最为广泛,该方法选择了包括泥石流规模在内的七个危险因子,分别赋予权重,通过求综合危险度(危险因子实际值转化赋值与相应权重值乘积的和)来判断危险性的高低;其中当规模 m 在 $1 \times 10^3 \sim 1000 \times 10^3 \, \text{m}^3$ 时,其转换值 $M = \dfrac{\lg(m/1000)}{3}$,但这可能会使得规模对综合危险度的贡献相对较小,致使现实中产生了严重灾害损失的中小规模泥石流的危险性评价结果多为中度危险,如四川汶川茶园沟泥石流灾害在 5 万 m^3 的规模下产生了致使11 人死亡和失踪的严重后果,直接经济损失达 1500 多万元(刘希林等,2004a),再如2010 年汶川震区都江堰龙池地区群发的 8·13 泥石流也多是中小规模,但其产生的灾害损失严重(刘清华等,2012);中小规模泥石流也可能存在高危险性,可能造成严重灾害损失的一个重要原因是其泥石流沟堆积扇相对较小,当灾害发生时堆积扇上泥石流冲出物的平均堆积厚度(泥石流规模/泥石流沟堆积扇面积)相对较大,潜在危险性也相对较高(刘清华等,2012)。因此,针对泥石流沟堆积扇较小的泥石流流域,堆积扇平均堆积厚度能比规模更真实地反映泥石流可能的危险程度,用堆积扇平均堆积厚度代替刘希林方法中的规模因子来对单沟泥石流危险性进行评价能更好地反映小泥石流流域和小泥石流堆积扇的泥石流在中小规模泥石流总量下的危险程度。除此之外,刘希林方法中的规模转化赋值计算采用规模的对数值,使泥石流规模变化对危险性评价的影响很微小,不能较好地反映规模变化在泥石流危险性中的相应变化(刘清华等,2012)。而采用堆积扇平均堆积厚度的方法评价泥石流的危险性,厚度转化赋值计算中转化值在一定范围内随厚度线性变化,使泥石流平均堆积厚度(规模)变化对危险性评价能产生相应的影响,能更好地反映规模(厚度)变化在泥石流危险性中的相应变化(刘清华等,2012)。因此,本节采用改进的泥石流危险性评价方法,以泥石流在泥石流沟堆积扇上的平均堆积厚度代替泥石流规模对泥石流危险性进行评价(刘清华等,2012)。

映秀 2010 年 8·14 泥石流灾害发生的 13 条沟谷型泥石流中,泥石流规模以红椿沟规模最大,为 71.1 万 m^3,其次是磨子沟 15.8 万 m^3,规模小于 10 万 m^3 的 10 条,其中小于 1 万 m^3 的 3 条;流域面积在 0.33~24.38km²,其中大于 10km² 的 1 条,5~10km² 的4 条,1~5km² 的 4 条,小于 1km² 的 4 条;泥石流沟堆积扇面积在 0.01~0.064km²,其中 6 条在 0.01~0.02km²,6 条在 0.02~0.04km²,仅 1 条大于 0.06km²,为 0.064km²。

根据以上分析,以泥石流在泥石流沟堆积扇上的平均堆积厚度、泥石流发生频率、流域面积、主沟长度、流域相对高差、流域切割密度和不稳定沟床比例为危险性判断因子,对映秀地区 13 条泥石流沟在不同降雨频率下的泥石流危险性进行评价,泥石流综合危险度(H)计算采用式(5.5)。

5.5.2　映秀地区泥石流危险性评价

根据对映秀地区岷江两岸泥石流灾害史的调查,流域内曾在 20 世纪 30 年代初期和1962 年雨季发生过泥石流,之后至 2008 年地震前没有发生过较大规模的泥石流。然而,受汶川强地震影响,震后流域内松散固体物源丰富,激发泥石流的临界雨强降低(谢洪等，2009；唐川等，2010)，一定时期内泥石流的暴发频率提高，由震前的低频转为震后的中频甚至高频泥石流。因此，本次危险性评价中的泥石流发生频率采用汶川地震后的泥石流发生频率。2008 年地震后至 2010 年 8·14 泥石流灾害共经历三个雨季，发生了一次群发泥石流灾害。根据映秀镇附近雨量站收集的降水量数据，诱发映秀 8·14 泥石流的降雨频率为 5 年一遇(Tang et al.，2011)。根据以上分析，震后该地区在 5 年一遇或更强的降雨条件下这些泥石流沟可能会暴发泥石流，因此 $f=20\%$。

　　将映秀 8·14 5 年一遇降雨频率下各泥石流沟的泥石流规模代入泥石流规模与降雨频率的经验关系式，由此换算得到映秀地区 13 条泥石流沟在 100 年一遇、50 年一遇、20年一遇和 10 年一遇的降雨频率下的泥石流规模，结果见表 5.11。

表 5.11　映秀地区 13 条沟在不同降雨频率下的泥石流规模、综合危险度及危险性

序号	沟名	降雨频率及泥石流规模/10^4 m³					降雨频率及相应的泥石流综合危险度和危险性									
		0.01	0.02	0.05	0.10	0.20	0.01		0.02		0.05		0.10		0.20	
DF1	红椿沟	179.5	142.2	107.9	87.6	71.1	0.68	高	0.68	高	0.68	高	0.68	高	0.68	高
DF2	烧房沟	19.2	15.2	11.5	9.4	7.6	0.61	高	0.61	高	0.61	高	0.61	高	0.61	高
DF3	小家沟	21.0	16.6	12.6	10.2	8.3	0.61	高	0.61	高	0.61	高	0.61	高	0.61	高
DF4	王一庙沟	26.3	20.8	15.8	12.8	10.4	0.60	高	0.60	高	0.60	高	0.60	高	0.60	高
DF5	磨子沟	39.9	31.6	24.0	19.5	15.8	0.70	高	0.70	高	0.70	高	0.70	高	0.70	高
DF6	大槽头沟	1.8	1.4	1.1	0.9	0.7	0.64	高	0.59	中	0.54	中	0.51	中	0.49	中
DF7	皂角湾沟	2.8	2.2	1.7	1.4	1.1	0.67	高	0.67	高	0.67	高	0.64	高	0.59	中
DF8	黑槽头沟	5.1	4.0	3.0	2.5	2.0	0.59	中	0.59	中	0.59	中	0.59	中	0.59	中
DF9	兴文坪大沟	10.9	8.6	6.5	5.3	4.3	0.66	高	0.66	高	0.66	高	0.66	高	0.66	高
DF10	一碗水沟	9.3	7.4	5.6	4.6	3.7	0.71	高	0.71	高	0.71	高	0.71	高	0.71	高
DF11	野柳沟	0.8	0.6	0.5	0.4	0.3	0.66	高	0.62	高	0.59	中	0.57	中	0.56	中
DF12	苏坡店沟	1.5	1.2	0.9	0.7	0.6	0.68	高	0.66	高	0.60	高	0.56	中	0.52	中
DF13	银杏坪沟	7.6	6.0	4.6	3.7	3.0	0.72	高	0.72	高	0.72	高	0.72	高	0.72	高

　　根据本节前述方法对各降雨频率下各沟的泥石流危险性进行评价，得到相应的泥石流综合危险度计算结果和危险性评判结果见表 5.11。图 5.11 为 8·14 泥石流灾害中 13条泥石流沟的危险性评价结果。

　　表 5.11 中 13 条泥石流沟的危险性评价结果显示，黑槽头沟在五种降雨频率下的危险性均为中度危险；大槽头沟在 100 年一遇降雨下为高度危险，其余降雨频率下为中度危险；野柳沟在 100 年一遇和 50 年一遇降雨时为高度危险，其余降雨频率下为中度危险；苏坡店沟在 100 年一遇、50 年一遇和 20 年一遇降雨时为高度危险，10 年一遇和 5年一遇降雨时为中度危险；皂角湾沟仅在 5 年一遇降雨时为中度危险，其余降雨频率下为高度危险；红椿沟、烧房沟、小家沟、王一庙沟、磨子沟、兴文坪大沟、一碗水沟和银杏坪沟共计八条泥石流沟在五种降雨频率下的危险性均为高度危险。

　　在对泥石流的危险性评价中，泥石流在泥石流沟堆积扇上的平均堆积厚度是影响不同降雨频率下泥石流的综合危险度的唯一变量因子。从表 5.11 可以看出，红椿沟等九条泥石流沟在各降雨频率下的综合危险度一样，这是由于这九条泥石流沟的堆积扇面积均

相对较小(0.01~0.064km²)，五种降雨频率下泥石流沟堆积扇上的泥石流平均堆积厚度都大于0.5m，其函数转换值 D 都为1，对泥石流综合危险度的贡献值均达到最大值0.29，此时泥石流综合危险度也都到达最大值。但对于5年一遇降雨时堆积扇泥石流平均厚度小于0.5m的泥石流流域，泥石流规模随降雨量增加而增大，泥石流在堆积扇上的平均堆积厚度也随之增加，泥石流综合危险度会随泥石流规模增加而增大，如本节评价中的大槽头沟、皂角湾沟、野柳沟和苏坡店沟。因此，在泥石流堆积扇平均堆积厚度小于0.5m时，本节的评价方法可以给出泥石流在不同降雨频率下的泥石流危险度和危险性，更能反映不同泥石流规模下真实的泥石流危险性，更符合实际。

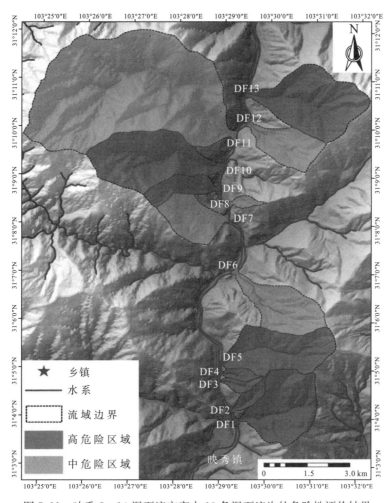

图5.11　映秀8·14泥石流灾害中13条泥石流沟的危险性评价结果

5.5.3　小结

(1)通过分析四川地区部分泥土流沟的泥石流规模和相应降雨频率，研究得到两者间的经验关系式，在已知某一降雨频率下的泥石流规模的基础上，可以推算出其他降雨频率下的泥石流规模。

(2)以映秀8·14 5年一遇雨频率下各泥石流沟的泥石流发生规模为基础数据，通过泥石流规模与降雨频率的经验关系式推算得到各泥石流沟在 100 年一遇、50 年一遇、20 年一遇和 10 年一遇降雨频率下的泥石流规模。

(3)以泥石流在泥石流沟堆积扇上的平均堆积厚度为危险性判断因子中的变量因子,对映秀地区 13 条泥石流沟在不同降雨频率下的泥石流危险性进行评价。评价结果表明,8 条泥石流沟在各降雨频率下的危险性均为高度危险;4 条泥石流沟表现出在不同降雨频率下同一泥石流沟有不同的综合危险度和危险性,其危险性为中度到高度危险;1 条泥石流沟在各降雨频率下的危险性均为中度危险。

(4)根据不同降雨频率下对应的泥石流规模,以泥石流在泥石流沟堆积扇上的平均堆积厚度为危险性判断因子评价泥石流的危险性,可以更好地反映泥石流在不同降雨频率下可能出现的不同的泥石流危险度和危险性;在泥石流堆积扇平均堆积厚度小于 0.5m 时,可以给出泥石流在不同降雨频率下的泥石流危险度和危险性,更能反映不同泥石流规模下真实的泥石流危险性,更符合实际。

本文拟合泥石流规模和降雨频率之间关系式的基础资料主要来源于四川省西部地区的部分泥石流沟,收集资料的地域范围和数量有限,关系式的适用范围主要为四川西部地区,其他地区泥石流规模与降雨频率之间的经验关系有待研究。

第 6 章   水下泥石流特性研究

6.1   水下泥石流的运动平均速度

泥石流是一种自然现象,不仅在陆面上有泥石流现象存在,在水下,如湖泊中和海洋中也有泥石流现象。尽管不像在陆面上的泥石流能被人们直接观测到,水下泥石流也常常由地震引起的滑坡派生而来,也有在湖泊和海洋边的泥石流直接进入湖泊和海洋中(Elverhoi et al.,2000)。水下滑坡和泥石流是潜在的巨大灾害来源,如在海中破坏海底电缆和近岸设施,甚至造成海啸,在湖泊中造成大量泥沙淤积,在水电站的水库中淤积泥沙减小库容,还可能破坏电站设施和影响航道运输(余斌等,2006)。当深入研究水下泥石流在深海扇和大陆坡缘的沉积后,水下泥石流在经济和地质上的重要作用显得越来越突出。水下泥石流因其巨大的体积(可达数千立方千米)和超长距离运动(可达数千千米)(Heezen and Ewing,1929)受到了学术界和工业界越来越多的关注(孙永传等,1980)。由于水下泥石流的研究条件,如实验和观测较困难,水下泥石流的研究一直落后于陆面的泥石流研究。水下泥石流运动和沉积的研究在近十年中取得了较大的进展,水下泥石流的水滑现象显示了水下泥石流与陆面泥石流在运动和沉积方面的最大不同点。水下泥石流的水滑现象往往在黏性泥石流的运动中发生,其特征是泥石流的头部翘起脱离底床,运动速度也大于泥石流体中后部的运动速度,进而脱离泥石流的中后部向前运动,最终在更远的地方沉积。水下泥石流的水滑现象出现在 Fr 大于 0.4 时,小于 0.3 不会出现水滑现象,0.3~0.4 是临界状态。因为 Fr 反映的是流体流动的缓急状态,所以水下泥石流在小流速时无水滑现象(Mohrig et al.,1999)。

水下泥石流的研究包括泥石流和泥流的实验和数学模型研究,研究范围也包括有和无水滑现象的水下泥石流和泥流。这些研究工作探讨水下泥石流和泥流的运动与沉积、水滑现象的形成条件等,还没有涉及水下泥石流运动速度问题的研究(Marr et al.,2001)。由于泥石流本身的复杂性,在陆面的泥石流运动研究尚不成熟,许多实际问题还要靠经验公式来解决(余斌等,2006),而比陆面泥石流更复杂的水下泥石流运动速度研究则更困难重重。

本节通过一系列无水滑的水下泥石流和陆面泥石流的实验,分析对比水下泥石流和陆面泥石流的阻力规律并得出两者的运动速度关系,间接地得到无水滑的水下泥石流的流速公式。陆面泥石流流速可以通过野外原型观测得到经验公式,而缺乏直接观测数据的水下泥石流无法获得直接经验公式,因此间接的无水滑水下泥石流的流速公式仍然具有实用性。

6.1.1   实验装置和实验结果

水下和陆面泥石流运动实验装置如图 6.1 所示。因为实验研究的中心是泥石流在陆面和水中运动的比较，而且大多数泥石流的运动坡度变化不大，大多在 2°～4°，因此实验没有考虑坡度的影响，水槽的坡度固定在 3°。实验泥石流体包括黏性泥石流、亚黏性泥石流和稀性泥石流。供流方式为一次性放出，因此泥石流的流动方式为阵流。水下泥石流实验须先在水槽中灌满水，而陆面泥石流实验则不须灌水。实验前将配制好的泥石流搅拌均匀后倒入实验水罐，实验时开启水罐下的阀门使泥石流流入水槽中。水下泥石流实验中泥石流直接在水中进入水槽底板，泥石流在流出直径 0.05m 的圆管后向两边扩展，0.3m 后展宽到两边边壁。泥石流上部距水槽水面约 0.2m，在泥石流的流动中，泥石流和上部派生的浊流不会到达水面。水槽底板黏贴有细砂加糙。泥石流流下 5m 的水槽底板后落下 0.1m 深、0.5m 长的水平段，再落下 0.5m 到长宽均 1m 的水池中，这样可以保证流到下游的泥石流不会反射影响后续的泥石流运动。水下泥石流实验中泥石流进入水体并在运动中水面基本没有波动，因此泥石流的龙头对水体无扰动。水下泥石流实验中泥石流和上部派生的浊流之间观测不到明显分界，无分界起伏现象，说明泥石流与浊流交界面平滑。浊流与清水的分界在头部及其后 1m 范围内也较平滑，之后交界面上有零星的浊流短暂扰动现象，但清水水面无波动。

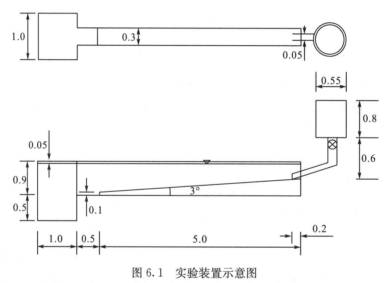

图 6.1 实验装置示意图
图中单位为 m，未按比例做图

野外常能观测到高浓度的阵性泥石流，由于其流体的屈服应力在运动的沿程有大量泥石流淤积，并因此引起水深减小，进而流速减小并逐渐停积下来，这类现象被称为黏性泥石流铺床。后续的阵性泥石流在铺床后的河床上的运动能保持稳定的运动状态，一直延伸到没有铺床的河床并再开始铺床。本节中实验为得到稳定的泥石流运动速度，在高浓度泥石流实验中先由泥石流在水槽上铺床，再在铺床的水槽上做对比实验。水下泥石流铺床后由于产生了派生的浊流，需要待 2～3h 水槽中水清澈后才能做泥石流运动实验。屈服应力较小的稀性泥石流因为没有铺床现象，实验是直接在加糙的底床上做的。

泥石流实验泥沙由高岭土、石英砂和混合砂分别组成。石英砂仅用于泥石流铺床，混合砂仅用于泥石流实验，而泥石流铺床和实验中都要用高岭土。这三种泥沙的颗粒级配见图 6.2。铺床或实验前先将称好的高岭土倒入水中搅拌均匀，再倒入石英砂或混合砂搅拌均匀，最后倒入实验水罐，迅速放出并完成铺床或实验。

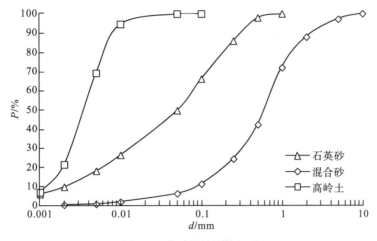

图 6.2　实验泥沙颗粒级配

　　水下和陆面泥石流实验的泥沙组成、泥石流屈服应力、泥石流性质、沉积形式和泥石流流速等有关实验参数和结果见表 6.1。其中泥石流的屈服应力测试用样是粒径<1mm 的混合砂加与实验相同比例的高岭土和水配制的泥石流样。

表 6.1　泥石流实验参数和结果

序号	目的	环境	总量/L	容重/(g/cm³)	泥沙体积比	高岭土比例	粗砂	底床	屈服应力/Pa	流速/(m/s)	沉积形式	泥石流性质
1	实验	陆面	30	1.58	0.35	0.2	混合砂	硬	1.9	0.89	有分选	稀性
2	实验	水中	30	1.58	0.35	0.2	混合砂	硬	1.9	0.26	有分选	稀性
3	铺床	陆面	30	1.58	0.35	0.2	石英砂	硬				
4	实验	陆面	30	1.66	0.4	0.2	混合砂	软	6.8	0.88	有分选	稀性
5	铺床	水中	30	1.58	0.35	0.2	石英砂	硬				
6	实验	水中	30	1.66	0.4	0.2	混合砂	软	6.8	0.24	有分选	稀性
7	铺床	陆面	30	1.66	0.4	0.2	石英砂	硬				
8	实验	陆面	30	1.66	0.4	0.25	混合砂	软	18.4	0.85	弱分选	亚黏性
9	铺床	水中	30	1.66	0.4	0.2	石英砂	硬				
10	实验	水中	30	1.66	0.4	0.25	混合砂	软	18.4	0.35	弱分选	亚黏性
11	铺床	陆面	40	1.66	0.4	0.25	石英砂	硬				
12	实验	陆面	40	1.74	0.45	0.25	混合砂	软	63.7	0.29	无分选	黏性
13	铺床	水中	40	1.66	0.4	0.25	石英砂	硬				
14	实验	水中	40	1.74	0.45	0.25	混合砂	软	63.7	0.20	无分选	黏性

　　泥石流流速是泥石流在稳定的流动下的平均流速，一般为稳定了 3～5m 的平均速度。因泥石流在 2m 后的速度就趋于稳定，用普通的摄像机即可捕捉泥石流头部的运动并得到稳定的运动速度。泥石流厚度指泥石流流动中的泥石流体的平均厚度，Fr 由下式得出：

$$\text{Fr} = \frac{U}{\sqrt{\Delta g H}} \tag{6.1}$$

式中，U 为泥石流流速，m/s；H 为泥石流流深，m；g 为重力加速度，m/s^2；当泥石流在陆面运动时，$\Delta = 1$；当泥石流在水中运动时，Δ 由下式表示：

$$\Delta = \left(\frac{\rho_d}{\rho} - 1\right)\cos\theta \tag{6.2}$$

式中，ρ_d 为泥石流容重，g/cm^3；ρ 为水容重，g/cm^3；θ 为水槽底部倾角。

在实验中水下泥石流的运动流深很难确定，这是因为在水下泥石流运动过程中，泥石流与水的交界面之间存在掺混作用，水下泥石流与清水之间有派生的浊流随水下泥石流一起运动，由于浊流与泥石流同步运动且颜色一样，很难区别浊流与泥石流的界线，因此无法准确判断水下泥石流的运动流深，也无法得到准确的 Fr。在实验中没有观测到水下泥石流运动中头部翘起脱离底床和脱离泥石流的中后部向前运动的现象，即没有水滑现象发生，说明水下泥石流实验的 Fr<0.4。

泥石流的沉积形式主要指泥石流的沿程沉积分选，垂向因沉积厚度小不明显。泥石流性质由泥石流的运动和沉积特征确定。实验中水下泥石流的运动速度都较相同条件下陆面泥石流运动速度小，水下稀性泥石流的运动速度仅为陆面运动速度的 30% 左右，而水下黏性泥石流的运动速度为陆面运动速度的 70% 左右。如果泥石流体的黏性更强，水下泥石流的运动速度可以更接近甚至于超过陆面运动速度。

6.1.2　水下泥石流阻力

异重流的阻力可分为两部分：底床剪切阻力和交界面阻力。根据实验研究，层流异重流的交界面剪切阻力与底床剪切阻力之比为一固定值：0.63，而紊流异重流的交界面阻力与底床剪切阻力之比与异重流 Fr 和底床相对糙率等因素有关，可通过实验确定（钱宁和石兆惠，1980）。本实验中大多实验是在有铺床的光滑底床上进行的，仅有的在粗糙底床上的实验也与在光滑底床上的实验结果接近（粗糙底床实验 1、2 与光滑底床实验 4、6 在泥石流体性质和运动特性上都很接近），实验 4、6、8、10、12 和 14 是光滑底床，实验 1、2 可以做光滑底床近似。鉴于实验底床糙率很小，紊流异重流的交界面阻力与底床剪切阻力之比只与异重流 Fr 有关。如果将紊流异重流的交界面简化，即不再分为近底区和掺混区，而只是一交界面（实验中该交界面平滑且无扰动），异重流的阻力可表示为

$$u^2 = \frac{2}{\lambda_0}\frac{\delta\rho}{\rho'}g\frac{h}{1+\alpha}S \tag{6.3}$$

式中，u 为异重流流速，m/s；h 为异重流厚度，m；g 为重力加速度，m/s^2；S 为底坡坡度；ρ' 为异重流容重，g/cm^3；λ_0 为底床剪切阻力系数；δ、α 分别由式（6.4）、式（6.5）表示：

$$\delta\rho = \rho' - \rho_0 \tag{6.4}$$

$$\alpha = \frac{\lambda_i}{\lambda_0} \tag{6.5}$$

式中，ρ_0 为异重流外环境容重，g/cm^3；λ_i 为交界面剪切阻力系数。

当泥石流在陆面运动时，$\rho_0 \approx 0$；泥石流与空气交界面的剪切阻力可忽略不计，即

$\alpha\approx0$，因此在同一比降和同一实验条件（如同一底床糙率、泥石流实验材料等）下水下泥石流和陆面泥石流运动速度之比：

$$\frac{U_{\mathrm{W}}}{U_{\mathrm{A}}} = \sqrt{\frac{\delta\rho}{\rho'}\frac{h_{\mathrm{W}}}{h_{\mathrm{A}}}\frac{1}{1+\alpha}} \tag{6.6}$$

式中，U_{A} 为空气中泥石流流速，m/s；U_{W} 为水下泥石流流速，m/s；h_{A} 为空气中泥石流运动流深，m；h_{W} 为水下泥石流运动流深，m。

　　如上节所述，在水下泥石流的实验中无法准确判断水下泥石流的运动流深，因此式 (6.6) 中的未知数不仅包括阻力系数比 α，还有水下和陆面泥石流的运动流深比 $h_{\mathrm{W}}/h_{\mathrm{A}}$。

6.1.3　水下泥石流流速

　　阻力系数比 α 和水下与陆面泥石流的运动流深比 $h_{\mathrm{W}}/h_{\mathrm{A}}$ 都与泥石流体性质有关。稀性泥石流与上界面清水掺混强烈，在泥石流与清水之间形成的浊流不仅厚度大，而且流动呈强紊动状态；泥石流在上界面的阻力（包括剪切阻力和掺混带来的阻力）较大。而黏性泥石流与上界面清水掺混较弱，在泥石流与清水之间形成的浊流厚度较小，流动呈弱紊动状态；泥石流在上界面的阻力（包括剪切阻力和掺混带来的阻力）较小。因此泥石流体性质不仅决定了泥石流与清水的掺混强度、浊流的厚度和紊动状态及水下泥石流的运动流深，还决定了泥石流在上界面的阻力，直接影响到水下泥石流及其派生的浊流运动。一般稀性泥石流的屈服应力较小，而黏性泥石流的屈服应力大得多，屈服应力是区别稀性泥石流和黏性泥石流的重要指标之一。泥石流体的屈服应力是由细颗粒絮凝作用所形成，粗颗粒在高容重泥石流体中对颗粒起絮凝作用，即对屈服应力有较大贡献（费祥俊和舒安平，2004）。颗粒絮凝作用可以抵抗泥石流与清水的掺混作用，因此泥石流体的屈服应力是决定水下泥石流与清水掺混强度、浊流的紊动状态和泥石流在上界面的阻力大小的主要因素。

　　结合泥石流体的容重和泥石流体中值粒径及重力加速度，引入无量纲的屈服应力：

$$\tau_{\mathrm{B}}{}' = \frac{\tau_{\mathrm{B}}}{\rho'gd_{50}} \tag{6.7}$$

式中，$\tau_{\mathrm{B}}{}'$ 为无量纲的泥石流屈服应力；τ_{B} 为泥石流屈服应力，Pa；d_{50} 为泥石流体中值粒径，m。

　　由水下泥石流和陆面泥石流实验和式 (6.6) 可得泥石流运动流深和阻力系数与无量纲的屈服应力的关系（图 6.3）：

$$\sqrt{\frac{h_{\mathrm{W}}}{h_{\mathrm{A}}}\frac{1}{1+\alpha}} = 0.075\tau_{\mathrm{B}}{}' + 0.41 \tag{6.8}$$

　　由式 (6.6) 和式 (6.8) 可得水下泥石流与陆面泥石流的运动速度关系：

$$U_{\mathrm{W}} = \left(\frac{\delta\rho}{\rho'}\right)^{\frac{1}{2}}(0.075\tau_{\mathrm{B}}{}' + 0.41)U_{\mathrm{A}} \tag{6.9}$$

　　式 (6.9) 中，陆面泥石流运动速度公式为（Yu，2001）

$$U_{\mathrm{A}} = 10g^{\frac{1}{2}}(RC)^{\frac{1}{3}}(Sd_{50})^{\frac{1}{6}} \tag{6.10}$$

式中，R 为泥石流运动水力半径，m；C 为泥石流体积浓度。

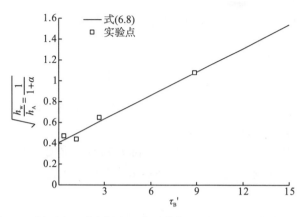

图 6.3　泥石流运动流深和阻力系数与无量纲的屈服应力的关系

　　水下泥石流难以观测，室内实验也不多，有关水下泥石流和陆面泥石流比较的实验就更少。图 6.4 为无水滑水下泥石流由式(6.9)和式(6.10)计算的运动速度(V_c)和实验与野外实测运动速度(V_m)的对比图。Mohrig 等(1998)的研究中无完全对应的陆面泥石流实验和水下泥石流实验速度，陆面泥石流速度的获取是用泥石流实验的出流流量、底坡坡度和泥石流容重等参数与实验泥石流流速拟合得到的，结合式(6.9)计算得到水下泥石流流速。Marr 等(2001)的水下泥石流流速 V_m 为室内实验和野外大型水下泥石流事件的流速；参照本节实验中陆面泥石流运动流深与陆面沉积厚度及水下沉积厚度很接近，用水下沉积厚度近似代替陆面泥石流运动流深计算得到空气中泥石流的水力半径，V_c 由式(6.9)和式(6.10)计算得出。本节对水下泥石流运动速度的计算由式(6.9)和式(6.10)计算得出。因为陆面泥石流流速的计算准确，水下稀性泥石流和亚黏性泥石流流速的计算也较正确，而陆面黏性泥石流流速的计算欠正确，水下黏性泥石流流速计算误差较大。图 6.4 中计算的运动速度和实验与野外实测运动速度对比虽然不是非常集中，但考虑到原始资料并不完全对应，从室内实验到野外观测的数据点都在吻合线附近且跨越了 2 个速度数量级，由式(6.9)和式(6.10)计算得出的无水滑水下泥石流运动速度仍有较好的准确性。

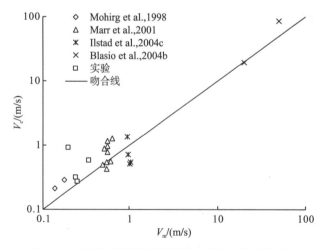

图 6.4　无水滑水下泥石流计算速度和实测速度对比

6.1.4　小结

水下泥石流运动较陆面泥石流运动更为复杂，也缺乏相应的原型观测资料。本节通过室内水下泥石流和陆面泥石流实验研究得出，无水滑现象的水下泥石流运动速度随泥石流体的无量纲的屈服应力（由屈服应力、容重和颗粒粒径决定）的增大而更接近相同条件下陆面泥石流的运动速度。如果无量纲的屈服应力足够大，还可能出现水下泥石流运动速度大于相同条件下陆面泥石流的运动速度的现象。将由实验得到的由泥石流体的容重和无量纲的泥石流屈服应力表达的水下无水滑泥石流运动速度与陆面泥石流运动速度之比及陆面泥石流运动速度计算公式，用于无水滑水下泥石流运动速度计算较好。

6.2　水下泥石流的堆积特征

我国四川省西昌市邛海边的鹅掌河上游暴发泥石流时，泥石流顺鹅掌河流入邛海，以异重流形式在邛海中流动，最终沉积在邛海中。在云南省大理洱海周围也有几条泥石流沟常有泥石流流入洱海中。1999年委内瑞拉瓦加斯（Vargas）乌里亚（Uria）发生的大规模泥石流流入加勒比海，不仅将海岸线向海中推进了200m，而且泥石流以异重流形式在加勒比海流动，大量的泥沙沉入海底，细颗粒泥沙悬浮在海中并随海流运动（图6.5）。泥石流以异重流的形式在海或湖中运动并最终在海或湖中沉积下来，这不仅将大量泥沙带入海或湖中，还将影响海底或湖底的地貌变化。

本节通过室内泥石流流入水池实验，研究得出了泥石流异重流的潜入规律、水下沉积厚度、水面和水下堆积扇长度、宽度规律。

图6.5　委内瑞拉瓦加斯（Vargas）乌里亚（Uria）1999年泥石流灾害前（左）及灾害后（右）俯视图

6.2.1　实验设施

泥石流异重流实验是在中国科学院成都山地灾害与环境研究所泥石流模拟实验室完成的。实验水池长6m，宽3m，底部坡度为2％。实验中泥石流由水池前端流入，前端长2m，宽0.2m，底部坡度为2％。实验中水池水位有四种：无水、低水位、中水位、高水位,分别对应泥石流在堆积扇上运动、泥石流流入低潮位海中、中潮位海中、高潮位海中。实验中泥石流样品容重分别为 1.2g/cm^3、1.3g/cm^3、1.4g/cm^3、1.5g/cm^3。由于水池仅有 6m 长,3m 宽,2%的底坡,泥石流样的颗粒直径被控制在 2mm 以内。对于这种颗粒分布的泥石流,当容重大于 1.5g/cm^3 时,泥石流很难在如此小的坡度下运动。泥石流异重流运动也像其他异重流运动一样,当泥石流停止运动时,异重流也立即停止运动。实验中也发现了异重流的潜入现象。在异重流停止运动后还量测了沉积物的长度、宽度和高度。最后用流变仪测试泥石流样品的屈服应力和黏性系数。

6.2.2 潜入现象

异重流的潜入现象不仅在实验中被发现,也常在野外原型观测中被发现。国内外学者都用无量纲的福劳德数平方(Fr^2)来描述潜入现象:

$$\text{Fr}^2 = \frac{U^2}{\eta g h'} \tag{6.11}$$

式中,Fr 为福劳德数;U 为潜入点的平均流速;g 为重力加速度;h' 为潜入点水深;η 为异重流相对容重比,$\eta = (\rho - \rho_w)/\rho$,$\rho$ 为泥石流(大容重流体)容重,ρ_w 为水(小容重流体)的容重。

国内外学者(范家骅等,1959;Savage and Brimberg,1975;Ford et al.,1980;Akiyama and Stefan,1984;Bournef et al.,1999;Cao,1992)对异重流的潜入点的规律的研究方法(实验和观测)虽然大同小异,但其中关于潜入点的规律却相差甚远,很难得出确定的潜入点规律。对异重流的研究大多数是对低浓度含沙水流在水或更低浓度含沙水流中的异重流现象,异重流相对容重比 η 较小;即使是高含沙水流与水形成的异重流,异重流相对容重比 η 也在 0.20 以内。对于泥石流流入海中形成异重流,其相对容重比 η 可以在 0.15~0.55,由泥石流的容重确定。因此,国内外学者对异重流的研究成果不能直接用于泥石流入海的异重流问题。

在本节的实验研究中,泥石流容重为 $1.2~1.5\text{g/cm}^3$,相应的相对容重比 η 为 0.17~0.33。图 6.6 为实验 U^2 和 $\eta g h'$ 关系图。从图 6.6 可以得出 Fr^2 应为 0.67,比大多数参考文献的 Fr^2 大,而且不随异重流泥沙浓度的变化而变化。这是高容重泥石流入海形成异重流的特点。

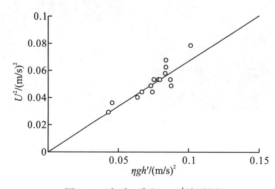

图 6.6　实验 U^2 和 $\eta g h'$ 关系图

6.2.3　沉积厚度

泥石流运动到小坡度时，由于阻力增大，泥石流运动速度减慢并逐渐停积。泥石流的停（沉）积有一临界厚度，超过此临界厚度泥石流将再次运动。泥石流的沉积厚度是泥石流容重、底部坡度和屈服应力的函数。Coussot 等通过水槽实验和原型观测得出：

$$h = \frac{\tau}{\rho g \sin\theta} \tag{6.12}$$

式中，τ 为泥石流体屈服应力；θ 为泥石流运动底部坡度；ρ 为泥石流容重；h 为泥石流最大沉积厚度。

泥石流在水中沉积厚度的研究尚无人问津。除较大屈服应力值外，式（6.12）在图 6.7 中得到了验证。图 6.7 为本节实验实测沉积厚度与计算沉积厚度对比图，其中，h 为式（6.12）和式（6.13）分别对应在空气中和在水中的计算沉积厚度，h_m 为在空气中和在水中实验实测沉积厚度。对泥石流异重流在水中的最大沉积厚度，式（6.12）应为

$$h = \frac{\tau}{\eta \rho g \sin\theta} \tag{6.13}$$

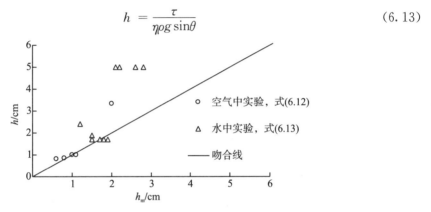

图 6.7　实验实测沉积厚度与计算沉积厚度对比图

对于式（6.13），当泥石流在空气中沉积时，$\rho_w \approx 0$，$\eta = 1$，式（6.13）变成式（6.12）。

在对异重流的研究中，针对异重流的运动研究有不少成果，也有研究异重流的最终沉积物厚度（Bowen et al.，1984），但还无文献研究像泥石流异重流这种高相对容重比异重流的沉积厚度。Reynolds（1987）指出定常异重流应该有驱动重力和反向摩擦力的平衡：

$$H(\rho - \rho_w)g \sin\theta = \tau_0 + \tau_i \tag{6.14}$$

式中，τ_i 为上界面应力；τ_0 为底部应力；H 为异重流流动厚度。

尽管式（6.14）描述的是异重流的运动中力的平衡，而式（6.13）描述的是泥石流停积时力的平衡，式（6.14）和式（6.13）非常相似。

比较了图 6.7 的泥石流在空气中的沉积厚度和在水中的沉积厚度后，泥石流异重流的沉积厚度应为

$$h = \frac{\tau}{2\eta \rho g \sin\theta} \tag{6.15}$$

尽管式（6.15）计算的沉积厚度看似比式（6.12）计算的沉积厚度小，但对于同一种泥石流，在同样坡度，泥石流异重流在水中的沉积厚度要比泥石流在空气中的沉积厚度大，这是因为泥石流异重流的相对容重（$\eta\rho$）远小于泥石流容重（ρ）。式（6.15）和式（6.13）相差

甚远,很可能是因为泥石流从空气中进入水中后沉积的厚度逐渐增加,但还没有达到水中的最大沉积厚度,仅为最大沉积厚度的一半,而式(6.13)计算的是最大沉积厚度。这表明式(6.12)适合于泥石流在空气中的沉积厚度计算,式(6.13)对于沉积厚度增加幅度不大的水中泥石流沉积,还不能准确给出实际的沉积厚度,只是给出理论上的最大沉积厚度。

式(6.15)中的泥石流异重流沉积厚度是指沉积的最大厚度。沉积厚度沿着堆积扇的纵向和横向都是变化的。泥石流异重流在水中的沉积厚度比同样容重的泥石流在空气中的沉积厚度大,而沉积厚度沿横向下降较快。由于泥石流异重流沉积起始于水池入口且入口处沉积物表面在水上,因此沉积厚度从入口到前缘由水面的小沉积厚度逐渐到水面线增大,并继续在水中增大,直至达到最大值,再逐渐减小并在前端消失。在同样的容重下,同样在堆积扇前半段,泥石流异重流在水中的沉积厚度大于泥石流在空气中的沉积厚度,但在堆积扇后半段泥石流异重流的沉积厚度迅速下降并消失。因此,泥石流异重流在水中的沉积平均厚度大于泥石流在空气中的沉积平均厚度。在这种水上和水下不同的沉积方式影响下,沉积物表面的坡度沿纵向是变化和起伏的。图6.8为沉积物的原底部坡度和表面沉积物表面坡度沿纵向变化图。

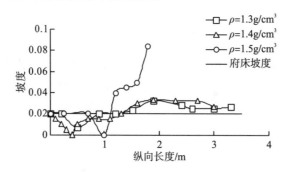

图6.8　沉积物的原底部坡度和表面沉积物表面坡度沿纵向变化图

6.2.4　水上沉积

泥石流流入海中将海岸线向海中推进并沉积在水上和水下,水上和水下的沉积方式是不一样的。本节将讨论水上的沉积方式。

6.2.4.1　沉积长度和宽度

当泥石流运动的坡度变小时,泥石流运动的速度会减慢并最终停积下来。停积下来的泥石流会形成一个堆积扇。堆积扇的前端总是接近圆弧形,而且底部平坦时淤积长度总是远大于淤积宽度。这种现象也能在泥石流异重流在水下的沉积中观测到。但由于泥石流在水中阻力较大,泥石流异重流在水上的沉积长度减小。图6.9为实验中泥石流异重流在水上的沉积长度和宽度图。尽管沿运动方向泥石流具有一定的运动速度,但水中的阻力使泥石流异重流在水上的沉积长度受运动速度的影响很小,与沉积宽度相同:

$$L = W \tag{6.16}$$

式中,L为水上沉积长度;W为水上沉积宽度。

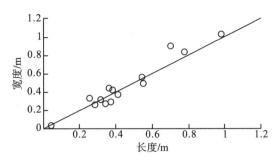

图 6.9 泥石流异重流在水上的沉积长度和宽度图

6.2.4.2 不同水位的沉积

在泥石流流入海中之前，泥石流的运动是沿着沟道或在堆积扇上运动的。沟道或堆积扇的尽头就是海岸线。当海水处于低潮、中潮和高潮时，海岸线的位置和形式是不一样的。如果沟道或堆积扇的坡度非常小，海岸线的位置和形式将随潮位的变化有很大的不同。实验中用不同水池水位：低水位、中水位、高水位分别模拟泥石流流入低潮位海中、中潮位海中和高潮位海中。通过实验得出，沉积位置取决于入水前水面线的位置，即在相同的底坡时，泥石流异重流在水上的沉积长度和宽度是一个固定值。因此潮位不会影响泥石流异重流在水上的沉积长度和宽度，但会决定其最终的沉积位置，即泥石流异重流在水上的沉积位置取决于当时的潮位。

6.2.5 水下沉积

泥石流异重流流入海中不仅在水面上沉积而且在水下也有沉积。当泥石流停止运动时，异重流也立即停止运动并就地沉积。但泥石流中的细颗粒(<0.01mm)将悬浮在水中并在水中大面积扩散。这些细颗粒的沉积将受海浪、近岸流和潮流的影响。实验中细颗粒的沉积厚度太小而无法得到准确的沉积厚度，因此也无法得到细颗粒的扩散范围和沉积方式。图 6.10 为不同容重的泥石流在空气中和在水中的沉积长度和宽度图。泥石流异重流和泥石流的沉积长度总是大于沉积宽度。不管容重如何变化，在空气中还是在水中，沉积宽度是一个固定值。正如许多参考文献(吴积善等，1990；Cousso and Boyer，1995)所指出的，同一种泥石流物质的容重增大时，其屈服应力也会增大，而且增大的幅度要大于容重的增大幅度。因此从式(6.12)和式(6.15)就不难得出泥石流和泥石流异重流的沉积厚度将随泥石流容重的增大而增大。在同样的沉积体积下，由于沉积宽度是不变的，沉积长度将随沉积厚度的增大而减小。在图 6.10 中可以看到这种现象。泥石流在空气中的沉积长度大于泥石流异重流在水中的沉积长度 Z，这是因为前者的平均沉积厚度小于后者的沉积厚度。

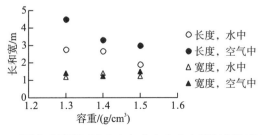

图 6.10 不同容重的泥石流在空气中和在水中的沉积长度和宽度图

6.2.6 小结

本节在室内完成了一系列的泥石流异重流实验。潜入现象在实验中再次得到证实，潜入点参数通过量测潜入点水深、泥石流速度和容重得到。潜入点参数（Fr^2）是一固定值：0.67。它比大多数参考文献（低相对容重比异重流）的潜入点参数要大，而且不随异重流泥沙浓度的变化而变化。在比较了泥石流体的屈服应力测试值后，得出对于同一种泥石流，在同样坡度下，泥石流异重流在水中的沉积厚度要比泥石流在空气中的沉积厚度大。泥石流异重流在水中的沉积平均厚度大于泥石流在空气中的沉积平均厚度。泥石流异重流沉积物表面的坡度沿纵向是变化和起伏的。泥石流异重流在水上的沉积长度和宽度相同。泥石流异重流在水上的沉积长度和宽度不受潮位影响，但其最终的沉积位置由潮位决定。沉积宽度是一个固定值并不随容重变化而变化，也不受在空气中或在水中的影响。泥石流异重流在水中的沉积长度小于泥石流在空气中的沉积长度，但泥石流异重流和泥石流的沉积长度都随泥石流容重的增大而减小。

6.3　湖泊泥石流

湖泊是地球表面上暂时存在的地质体，因为不管湖泊是由哪一种强烈的地质事件，如火山、地震或冰川作用形成的，如果湖泊地区不再发生大的构造变动，湖泊将在适当的时候被沉积物所填充而转变为陆地（霍坎松和杨松，1992）。断陷湖泊的形成和演化也要经历早期拉张裂开、中期深陷扩张和晚期充填收缩三个阶段，因此沉积作用在湖泊的演化和消亡过程中至关重要。洪水泥石流的淤积作用对我国西南地区广泛分布的构造断陷湖泊是一个普遍的环境问题。

大量的研究表明，在深海海底普遍存在浊流沉积。虽然在湖中更容易形成浊流（因为海水容重约 1.03g/cm^3，而湖水容重约 1.0g/cm^3），但湖中的浊流沉积的发现远少于海中的浊流沉积。我国的西南高原淡水湖泊，如四川省西昌邛海、四川云南交界的泸沽湖和云南省大理洱海等受周围河流和泥石流沟的影响，每年有大量泥沙在湖中沉积。泥沙在这些湖中的沉积除了一般的吉尔伯特三角洲（Gilbert，1890）模式外泥石流或高含沙水流在湖中以浊流运动和沉积是这些高原湖泊泥沙沉积的另一特点。泥石流或高含沙水流进入湖泊后以高浓度浊流在湖底运动（方光迪等，1996），形成湖中水下冲积扇和水下河道（孙永传等，1980），对于浊流在湖中的沉积模式、湖底地貌的变迁和油气藏的发现都有一定的意义。而高浓度和低浓度的浊流在湖岸线附近的沉积也要影响一般的吉尔伯特三角洲沉积模式（Kostic et al.，2002）。四川省西昌邛海南岸的鹅掌河是一条泥石流沟，由于自然和人为的因素泥沙被集中地排入邛海，近 15 年来的洪水和泥石流将大量泥沙输入邛海底部，造成了邛海水下地形的大幅度改变。本节以鹅掌河为例初步研究浊流在邛海的沉积特征。

邛海系地震下陷高原淡水湖泊，是四川省第二大天然湖，地理位置在东经 $102°15'\sim$ $102°18'$，北纬 $27°42\sim27°55'$，集水面积 307.67km^2。邛海-泸山是四川省十大风景区之一，也是西昌市城市建成区的一部分。邛海被称为西昌市的"母亲湖"。2002 年邛海-螺髻山被列为国家重点风景名胜区。1952 年西康省水利局实测邛海水下地形及湖周陆面地形图，湖面面积 31km²，最大水深 34m，平均水深 14m，蓄水量 3.2×10⁸m³；1988 年 4 月攀西地质大队曾量测了邛海水下地形。2003 年 8 月云南省环境科学研究所与昆明理工大学测绘技术研究所实测了邛海水下地形，湖面面积 27.41km²，最大水深 18.32m，平均水深 10.95m，蓄水量 2.93×10⁸m³；根据 1962～2002 年邛海水位站资料，邛海历年最低水位 1509.05m(1986 年 6 月 15 日，黄海基准水位，下同)，历年最高水位 1511.77m(1998 年 8 月 16 日)，最大水位变幅 2.72m。

鹅掌河位于邛海南岸，流域形状如同带蹼的鹅掌，因此得名(图 6.11)。鹅掌河流域集水面积 50.14km²，河道全长 13.18km，平均纵比降 119‰。流域内雨量充沛，年降水量超过 1000mm，雨季始于 5 月止于 10 月，降水量占全年的 80% 以上，降雨多以暴雨的形式出现，一般历时在 6h 左右。流域多年平均径流深 440mm，多年平均径流量 2210×10⁴m³，多年平均流量 0.7m³/s，枯水期流量为 0.46m³/s。

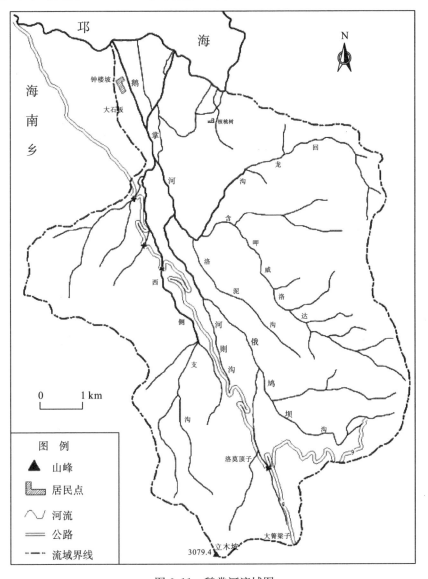

图 6.11　鹅掌河流域图

鹅掌河流域地处康藏高原东南缘，横断山脉南段。由于受北西向则木河活动断裂与邛海断陷影响，流域下游为山前冲洪积地区，面积 2.2km²，长 4.33km，纵比降 37‰。中上游为构造剥蚀，侵蚀中山区，面积 47.9km²，长 8.85km（上游长 6.4km，中游长 2.45km），平均纵比降 159‰（上游纵比降 187‰，中游纵比降 86‰）。河谷深切，斜坡陡峻。由于流域中上游地质破碎，坡面充满崩塌滑坡体，泥石流固体物质来源丰富，一旦有较大降雨，鹅掌河流域就可能暴发泥石流（地矿部成都水文地质中心，1992）。

6.3.1 鹅掌河泥沙和泥石流

鹅掌河流域泥石流在 160 年来活动较少。从 1843～1991 年只有屈指可数的几次大小不等的泥石流和山洪暴发，由于鹅掌河流域下游洪积扇宽 2～3km，洪水（或泥石流）在扇面上散开，分成许多支流，支流的流量和流速较小，挟沙能力减弱，大量泥沙淤积在堆积扇上，进入邛海的泥沙也不多且较分散。1975 年开始在鹅掌河的下游修建河堤，将鹅掌河河水约束在 25～65m 宽的河堤内。后来由于河床淤积，又增高河堤四次，前后修河堤总高度约 5m。束窄的河道使河水有较大的单宽流量，能挟带大颗粒的泥沙，致使洪水暴发时大量泥沙随洪水而下，因此连年的洪水都将大量的泥沙带入邛海。在 1996～1998 年更是连续三年暴发泥石流，冲毁近千亩农田，至今仍有 200 余亩农田未能复耕。1996 年在鹅掌河左侧支沟暴发黏性泥石流，大量泥沙淤积在河堤右侧外荒地上。泥石流继续向前运动，但逐渐演变成稀性泥石流，一方面淹没河堤右侧农田，另一方面由河堤直接输送入邛海，整个泥石流及后续洪水暴发历时约 5h。1996 年泥石流在左侧支沟内（与主沟交汇处，距鹅掌河入邛海湖岸线约 3km）的泥石流沉积物高约 4m，沉积在宽约 90m、坡度为 10% 的交汇口上。1997 年暴发泥石流，与 1996 年泥石流相似，只是规模稍小，沉积物高约 3m，沉积在宽约 60m、坡度为 10% 的交汇口上。1998 年暴发的泥石流源于鹅掌河主沟，大流量的泥石流并没有沿河堤运动，而是冲出河堤，淤积在河堤右侧外荒地上，逐渐变成稀性泥石流淹没河堤右侧农田，同时在河堤内的泥石流也逐渐变成稀性泥石流直接流入邛海，整个泥石流及后续洪水暴发历时约 12h。1998 年泥石流在主沟内（与左侧支沟交汇处）的泥石流沉积物高约 2m，沉积在宽约 200m、坡度为 5% 的交汇口上。泥石流在主沟左侧的泥石流沉积物（距鹅掌河入邛海水线约 2km）高约 1m，沉积在宽约 400m、坡度为 4% 的鹅掌河堆积扇上。1998 年泥石流在距鹅掌河入邛海湖岸线 580～950m 的公路桥下游河堤宽 26m，坡度为 1.3%，泥石流（稀性泥石流或高含沙水流）洪峰水深 1.75m。上述五点的泥石流洪峰流速和流量可由泥石流流速计算公式（王继康，1996）得到：

$$V = K_c R^{\frac{2}{3}} i^{\frac{1}{5}} \tag{6.17}$$

式中，V 为泥石流平均流速，m/s；i 为泥石流表面坡度，也可用沟底坡度表示，%；R 为水力半径，当宽深比大于 5 时，可用平均水深 H 表示，m；K_c 为黏性泥石流系数，$m^{1/3}/s$，见表 6.2。

表 6.2 流速系数与水深对应表

H/m	<2.50	2.75	3.00	3.50	4.00	4.50	5.00	>5.50
$K_c/(m^{1/3}/s)$	10.0	9.5	9.0	8.0	7.0	6.0	5.0	4.0

泥石流流速也可由下式计算得到(Yu, 2001):

$$V = \frac{1}{n} g^{\frac{1}{2}} H^{\frac{1}{3}} C^{\frac{1}{3}} D^{\frac{1}{6}} i^{\frac{1}{6}} \tag{6.18}$$

式中，n 为无量纲系数，0.1；g 为重力加速度，9.81m/s²；C 为泥沙的体积浓度；D 为泥沙中值粒径，m。

由流速、水深、流动平均宽度、泥沙体积浓度和泥石流爆发历时，可得泥石流洪洪峰流量和总输沙量：

$$Q = VHW \tag{6.19}$$

$$S = c_0 QT \tag{6.20}$$

式中，Q 为洪峰流量，m³/s；W 为流动平均宽度，m；S 为总输沙量，m³；T 为泥石流和洪水爆发历时，s；c_0 为总径流量修正系数，0.25。

表6.3为式(6.20)计算得到的上述五点的洪峰流速、流量和输沙量结果。

表6.3的流量计算中，泥石流流动宽度在堆积扇宽度的基础上加以修正得到，在支沟(与主沟交汇处，点1、2)的喇叭形出口处泥石流流动宽度为堆积扇宽度的1/2。在主沟(点3、4)堆积扇非常宽阔，泥石流流动宽度为堆积扇宽度的1/3。式(6.17)和式(6.18)的计算结果非常接近，说明计算有相当的合理性。主沟内的坡度由5%到4%，再到1.3%，逐渐减小，泥石流在如此小的坡度时已开始淤积，因此流量逐渐减小也是合理的。在桥下游(点5)处的流量突然变小是因为河堤内只是一部分泥石流，另一部分淤积在右岸外的扇上。式(6.17)和式(6.18)是黏性泥石流流速计算公式，因此在计算桥下游(点5)的稀性泥石流(或高含沙水流)流速时有出入，但以桥下游(点5)的泥石流总输沙量为输入邛海的泥沙总量较为合理：鹅掌河泥沙在1988~2003年的15年内在邛海内的淤积仅水下堤就达 7.19×10^6 m³(水下堤指水下淤积较多，形状像河堤的沉积地形)，而平水年鹅掌河泥沙输入邛海量为 4.96×10^4 m³，15年总量为 0.74×10^6 m³，仅为水下堤体积的10%。1998年泥石流输沙量为1996~1998年三次泥石流中最大，在 $0.7 \times 10^6 \sim 0.9 \times 10^6$ m³，为水下堤体积的9%~12%。考虑到水下堤只是鹅掌河泥沙沉积的一部分，一般洪水的输沙量小于泥石流输沙量，1998年泥石流的实际输沙量应比式(6.19)和式(6.20)计算的桥下游(点5)大。

表6.3　泥石流洪峰流速、流量和输沙量结果

点	1	2	3	4	5
位置	支沟，与主沟交汇处	支沟，与主沟交汇处	主沟，与主沟交汇处	主沟	主沟，主沟桥下游
年份	1996	1997	1998	1998	1998
距邛海距离/m	3000	3000	3000	2000	580−950
坡度/%	10	10	5	4	1.3
水深/m	4	3	2	1	1.75
堆积扇宽度/m	90	60	200	400	26
泥石流流动宽度/m	45	30	66.7	133.3	26
泥沙体积浓度	0.4	0.4	0.4	0.4	0.3
泥沙中值粒径/m	0.01	0.01	0.01	0.01	0.005

点	1	2	3	4	5
泥石流和洪水暴发历时/s	18000	—	43200	43200	43200
洪峰流速/(m/s)[式(6.17)]	11.1	11.8	8.7	5.3	6.7
洪峰流速/(m/s)[式(6.18)]	11.5	10.5	8.2	6.3	5.1
洪峰流量/(m³/s)[式(6.17)]	2004	1064	1163	700	277
洪峰流量/(m³/s)[式(6.18)]	2075	944	1089	843	230
总输沙量/(10^6m³)[式(6.17)]	3.6	—	5.0	3.0	0.9
总输沙量/(10^6m³)[式(6.18)]	3.3	—	4.2	3.6	0.7

1996~1998 年泥石流在距鹅掌河入邛海湖岸线 2~3km 时为黏性泥石流；但在距邛海湖岸线约 1km 及进入邛海时已演变为稀性泥石流或高含沙水流，其泥沙的体积含量仍有 30%。从 1843~1991 年只有约 6 次(1843 年、1949 年、1957 年、1968 年、1985 年和1991 年)泥石流暴发，而 1996~1998 年连续暴发三次泥石流，因此鹅掌河泥石流暴发的频率，由原来的低频率有逐渐增多的趋势。除了泥石流外，每年暴发的洪水也能将大量泥沙输入邛海。在雨季，即使是规模不大的一般降雨引起的河水涨水也能在束窄的河道中挟带大量的泥沙，在邛海中以浊流运动。而雨季的小降雨过程和旱季的降水则不能形成有较大容重差的浊流在湖中运动很远距离(枯水期流量为 0.46m³/s，且在入湖前分为2~3 个支流)。

6.3.2　浊流在邛海的沉积

邛海湖面面积由于邛海四周河流的泥沙输入日渐减少已有目共睹(有部分面积减小是1970 年代的围湖造田造成的)。流域面积在 2km² 以上的河流有八条，其中官坝河最大(121.60km²)，鹅掌河次之。除鹅掌河外，这些河流的泥沙来源主要是坡面侵蚀(官坝河泥沙有相当大一部分来源于1958 年修建的水库在 1960 年溃决后带入下游并淤积的泥沙，现在这部分泥沙已基本被搬运入邛海)，随着"退耕还林"的逐步推广完善，这些河流进入邛海的泥沙量已大量减少。而鹅掌河则完全不同。鹅掌河流域内的泥沙来源于重力侵蚀，与植被覆盖情况关系不大，主要原因是地质条件差，崩塌滑坡体多，加上人为因素(如毁林开荒、修建河堤、开采沙石等)，使洪水和泥石流将大量的泥沙集中地带入邛海，造成了难以逆转的湖面缩小，湖底泥沙淤积。图 6.12 为 2001 年和 2004 年邛海在鹅掌河河口的湖岸线图。2001 年地形图为西昌市国土局测量鹅掌河河口 1∶500 地形图，2004年地形图为本节测量鹅掌河河口 1∶500 地形图。在 120m 对照线上，平均湖岸线被推进35m；由于 2001 年水面高程为 1510.36m，而 2004 年水面高程为 1510.03m，相差0.33m，因此图中还给出了 2004 年高程为 1510.36m 的湖岸线，相比 2001 年同一高程湖岸线，在 60.9m 对照线上，平均湖岸线被推进 6.7m，每年平均 2.2m。现在的河口段平均坡度 0.32°，说明河口段非常平。图 6.13 为 1988 年(金相灿等，1995)和 2003 年邛海水下地形图和断面对比图。图中有两个明显的水下堤由南到北贯穿邛海湖，一条为官坝河(也因河堤而集中排沙入邛海)泥沙所为，由北到南(长 1km)，平均高 2m，由窄到宽(北面宽 100m，南面宽 200m)；另一条为鹅掌河泥沙所为，由南到北(长 2km)，平均高

2m，由窄到宽（南岸宽 200m，北岸宽 600m）。1988 年的水下地形图虽然较 2003 年水下
地形图粗糙，但也能看出邛海湖底较平，没有大的地形起伏，更没有水下堤，因此推断
2003 年发现的水下堤是近 15 年来所形成的。水下堤平均淤积高度 5.46m，断面（A-A′）
淤积面积 17964m²，15 年淤积的水下堤（平均 400m 宽）体积为 7.19×10⁶m³。洪水和泥石
流将泥沙带入邛海，不仅淤积在河口堆积扇水下部分，而且含沙量很高的洪水或泥石流
还潜入邛海底部，形成浊流在邛海底部继续运动。当河水容重大于 1.001g/cm³ 而湖水容
重为 1.0g/cm³ 时就可能发生浊流；当河水容重大于 1.013g/cm³ 而湖水容重为 1.0g/cm³
时浊流就可以保持稳定运动很远的距离；而更高容重的河水（高含沙洪水或泥石流）在湖
中则可形成高浓度浊流，这种浊流在坡度很小的海底可运动数百甚至上千千米（钱宁和万
兆惠，1980）。云南省断陷湖泊滇池、洱海和抚仙湖都有浊流沉积，其中以抚仙湖浊流运
动最为显著，最远的沉积距浊流发生地达 9km，前缘最终沉积在很小的缓坡或反坡上（孙
顺才等，1981）。根据调查，在 1996~1998 年发生泥石流时，鹅掌河入邛海前的扇上稀
性泥石流的泥沙体积含量约 30%，而暴发洪水时泥沙体积含量为 10%~20%，这样的泥
沙含量足以使浊流保持形态在湖中长距离地运动。

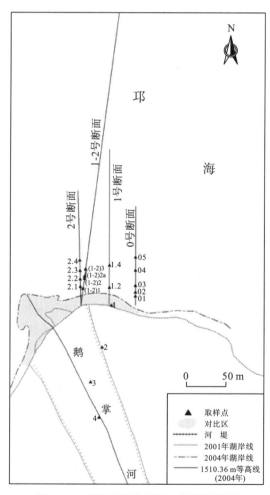

图 6.12　邛海在鹅掌河河口的湖岸线图

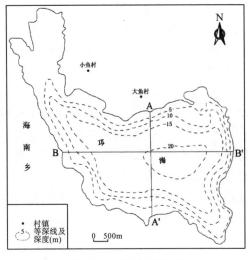

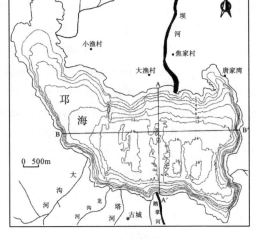

a. 1988 年，水面高程 1509.71m　　　　　　　b. 2003 年，水面高程 1510.9m

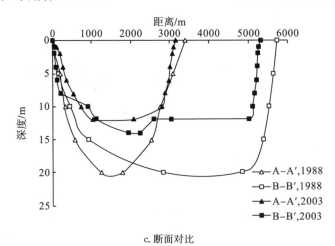

c. 断面对比

图 6.13　1988 年和 2003 年邛海水下地形图和断面对比图

　　在浊流形成水下堤的同时，浊流（特别是高浓度的浊流）也能在湖底侵蚀、沉积形成湖底河道（孙永传等，1980）。类似的深海海底浊流自形成河道的最新研究表明，在亚马孙河（Amazon）、密西西比河（Mississippi）、孟加拉（Bengal）、印度河（Indus）、恒河（Ganges）的海底扇（Pirmez，1994）中都有这种河道。这些河道宽 50～125m，深 1～5m；河（道）堤宽 150～300m，高 10～50m；河道蜿蜒延伸可达数千千米。由于河道的迁移性和蜿蜒性，整个扇面布满了这种河道。河道断面的泥沙颗粒直径也具有分选性：河道内沉积的主要是沙（>0.0625mm），而河堤沉积的主要是泥（<0.0625mm），因此河道砂体内很可能藏有石油。海底扇河道的发现引起了有关学者和石油公司的浓厚兴趣，但对海底扇河道的形成机理还不清楚。Yu 等（2006）第一次在实验室中得到了这种河道的三种类型，即侵蚀型、侵蚀-沉积型和沉积型河道（里丁，1985），但对河道的形成机理仍不清楚。2003 年测量邛海水下地形后，潜水员进入湖中考察鹅掌河河口附近湖底时，发现了一条水下冲沟，其上游就是鹅掌河在邛海前的堆积扇。这条冲沟是湖底河道的起源，这已在实验中得到证明（Yu et al.，2006）。形成这种侵蚀型河道的坡度约 16%，随着坡度

的降低，又会形成侵蚀-沉积型河道，进而在小坡度下形成沉积型河道。邛海在鹅掌河河口的水下断面的平均坡度为 0（湖岸线）～15m：4％；15～25m：21％；25～55m：5％；55～70m：12％；70～310m：3.3％。水下断面的坡度远大于鹅掌河扇上坡度说明泥石流和高含沙水流不仅在鹅掌河流入邛海后可以在水下运动，而且还会加速运动。在邛海近岸边也有陡坡存在，因此浊流可以在邛海中形成侵蚀型河道（冲沟），再形成侵蚀-沉积型河道，进而在小坡度下形成沉积型河道。

　　浊流在湖岸附近的沉积还会改变一般的吉尔伯特三角洲沉积模式，使前积层的倾斜坡度大为减小，这只需要一般的小容重浊流就可以做到（Kostic et al.，2002）。邛海在鹅掌河的水下扇上的前积层的倾斜坡度仅为 5％～21％（一般应为 30°～35°，即 58％～70％）也证明了浊流对三角洲沉积的影响。图 6.14 为鹅掌河入湖前扇上、湖中顶积层和前积层取样颗粒级配曲线。在入湖前扇上取样时选河道边表面均为细粒覆盖处，连同表面往下10cm 深取样。在湖水中取样也为湖底到湖底以下 10cm 深取样。由于湖水水深的限制，未能在底积层取样（最大取样深 4.3m，而底积层应在水下 6～8m 以下）。从入湖前扇上到湖中顶积层和前积层，沉积的颗粒粒径逐渐减小，扇上 $D_{50}=0.1\sim8$mm，顶积层 $D_{50}=0.06\sim0.25$mm，前积层 $D_{50}=0.035\sim0.075$mm，颗粒粒径随取样点往湖心逐渐减小（入湖前扇上，0-2 样和 2.4 样除外）。扇上颗粒粒径分布很广，从粗粒（接近漂砾）到黏土，各样品之间差别也大（$\Delta D_{50}=7.9$mm）。顶积层颗粒粒径分布较广，从粗粒到黏土，各样品之间差别中等（$\Delta D_{50}=0.19$mm）。前积层颗粒粒径分布较窄，从粗沙（只有极少的巨沙）到黏土，各样品之间差别很小（$\Delta D_{50}=0.04$mm）。扇上样 3 距湖岸线 96m，样品泥沙中含砾石 66.4％（最大粒径接近 40mm），砂 29.7％，粉砂 2.8％，黏土 1.1％。砾石磨圆度很好，距表层不到 10cm，因此推测样 3 是 2003～2004 年的鹅掌河洪水沉积，而不是1998 年的泥石流沉积。由于泥石流具有比洪水更强的挟沙能力，因此泥石流能挟带更粗的泥沙，如粗砾（<64mm）甚至漂砾（<256mm）到扇上，进而流入邛海，在湖底沉积。湖中顶积层和前积层沉积的颗粒粒径较一般吉尔伯特三角洲顶积层和前积层沉积颗粒小是由于鹅掌河泥沙的沉积造成的，因为在常流水时河口流量很小且有 2～3 个分支，只能挟带少量小颗粒的泥沙入邛海，所以河水容重接近于 1.0g/cm³，与湖水几乎相同，不能形成浊流在水下运动。此时河水在河口发生三向混合作用，从而引起沉积物大量快速地沉积在河口地区，使得湖中顶积层和前积层沉积的颗粒粒径变小。

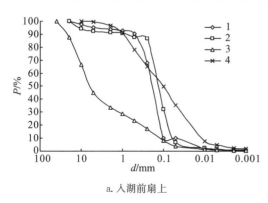

a. 入湖前扇上

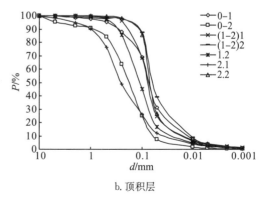

b. 顶积层

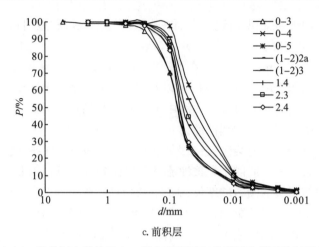

c. 前积层

图 6.14 鹅掌河入湖前扇上、湖中顶积层和前积层取样颗粒级配曲线

6.3.3 小结

鹅掌河泥石流和洪水将大量泥沙带入邛海,为研究浊流,特别是高浓度浊流在湖泊中的沉积提供了一个良好的机会,但当地的环境恶化十分严重。沿鹅掌河修建河堤的目的是保证附近地区居民和农田不受泥石流和洪水的侵犯并且将泥沙排到下游,这在许多地方是适宜的。但面对下游是"母亲湖"的邛海,这种方法不完全可取,这是一个只要发展(生存)而不顾环境的例子。2003 年水下堤(鹅掌河)处水深仅 12m 的地区在 1988 年时水深为 20m,加上测量时水位的因素,鹅掌河在 15 年内淤积了 8.29m,平均每年淤积高度约 0.55m,泥沙淤积以 1996~1998 年三年泥石流输入的泥沙最多。水下堤和湖底扇为研究湖中高浓度浊流沉积甚至海底高浓度浊流沉积提供了很好的野外观测研究机会,相比在深海中研究高浓度浊流沉积经济和可行得多。水下冲沟的发现为湖底河道沉积和海底河道沉积研究提供了同样经济和可行的野外原型观测研究条件。任何大尺度的实验研究深海海底扇和海底河道,其尺度都较深海中的原型尺度小 3~4 个数量级,因此实验研究受到很大的局限。湖底扇和湖底河道比深海扇和河道只小 1 个数量级左右,既可以作为深海扇和河道的参考对比,也避免了在深海中研究的大量经费投入,又可以研究浊流的湖相沉积,是理想的浊流沉积研究对象。

鹅掌河泥石流和洪水将泥沙带入邛海,在邛海中沉积和形成水下堤,对邛海的保护极为不利,但却为湖底(深海海底)扇和湖底(深海海底)自形成河道的研究提供了野外观测和研究的机会,这些研究反过来又可为保护邛海和治理鹅掌河提供依据。高浓度、低浓度浊流和与湖水等容重河水在不同时期交替出现在鹅掌河河口,特别是 1988~2003 年 15 年间的湖底沉积形成了邛海水下扇、水下堤、水下冲沟及小颗粒粒径的吉尔伯特三角洲沉积,对于研究湖相和海相沉积有一定的研究和应用价值。目前对深海海底扇和河道的研究成为一个新的热点,也是科学界和石油工业关注的焦点之一。邛海水下扇、水下堤和水下冲沟的研究将有助于研究深海海底扇和海底河道的沉积。浊流特别是高浓度浊流在湖中的沉积模式研究对于湖底和海底地貌的变迁及湖盆和深海油气藏的发现都有一定的价值和意义,也是今后研究工作的重点。

6.4　浊流和泥石流的异重流初期潜入点实验研究

　　浊流和泥石流是一种自然现象，浊流仅存在于水中，由于水下泥石流的研究条件限制，实验和观测较困难，水下泥石流的研究一直落后于陆面泥石流研究。近十年来水下泥石流运动和沉积的研究取得了较大的进展。水下泥石流一定派生出浊流，而浊流却不一定是水下泥石流产生的。浊流和水下运动的稀性泥石流相似，以悬移质运动为主，粗颗粒极少，沉积有分选；而水下的亚黏性和黏性泥石流的运动则包括悬移质和推移质一起整体运动，含有粗颗粒，沉积是弱分选或无分选。浊流是水下泥石流运动的一部分，也是水下泥石流运动的最后发展和延伸阶段，因此浊流和水下泥石流的不同点随水下泥石流运动的发展而减弱，共同点随水下泥石流运动的发展而增多。基于浊流与水下泥石流的这些共同性，研究工作也常常将浊流与水下泥石流一起进行对比研究。

　　水下泥石流的研究工作包括泥石流和泥流的实验和数学模型研究，研究内容也包括泥石流的异重流潜入点的规律(余斌，2002)。潜入点(区)是异重流的发生和持续位置，图 6.15 为异重流潜入区(Mulder et al.，2003)。浊流异重流潜入点的规律已有多年的研究历史(范家骅，1959；Savage and Brimberg，1975；钱宁和万兆惠，1980；Ford et al.，1980；Akiyama and Stefan，1984；Cao，1992；姚鹏和王兴奎，1996；Lee and Yu，1997；Bournet et al.，1999)，但对其潜入点的 Fr 仍没有一个确定的结论，有的认为 Fr 是一常数：0.78(范家骅，1959)，但大多研究结果表明 Fr 的变化范围在 0.1~0.8(Savage and Brimberg，1975；钱宁和万兆惠，1980；Ford et al.，1980；Akiyama and Stefan，1984；Cao，1992；姚鹏和王兴奎，1996；Lee and Pradhon，1997；Bournet et al.，1999)，得出这些结论的实验和观测条件是坡度为 0.001~0.03，异重流体积浓度为 0.001~0.25，研究表明坡度增大会降低 Fr(姚鹏和王兴奎，1996)，Fr 为常数(0.78)的条件是异重流体积浓度小于 0.15，大于 0.15 后 Fr 急剧减小(Cao，1992)。坡度小于 0.0067 为缓坡(Ford et al.，1980)，当坡度较小时潜入点会逐渐向下游移动，Fr 也随之减小(Cao，1992)。潜入点在异重流运动的初期并不固定，Fr 逐渐减小到一个稳定值(Lee and Yu，1997)。对高浓度异重流潜入点实验研究很少，其研究结果也各不相同，潜入点 Fr 逐渐随异重流体积浓度的增大，由 0.78(对应体积浓度<0.015)减小到 0.01(对应体积浓度 0.25)(Cao，1992)；而泥石流的异重流潜入点 Fr 是一个常数：0.82(余斌，2002)。

图 6.15　异重流的潜入区
箭头方向为流向

　　潜入点的水流泥沙条件，即 Fr 是异重流的发生条件和持续条件(钱宁和万兆惠，1980)，因此受到了国内外学者的广泛关注。初期潜入点 Fr 表明异重流的发生条件，而稳定潜入点 Fr 则代表异重流的持续条件。初期潜入点的定义是异重流刚潜入水中时的潜入点，而稳定潜入点是异重流运动稳定后的潜入点，从初期潜入点到稳定潜入点有一个逐步过渡的过程，这一过程将初期潜入点和稳定潜入点分开。在实际运用和观测测量中初期潜入点不是一瞬间，而是指异重流的头部运动从最初的潜入点到潜入点以下的交界面的拐点这一段短暂过程(钱宁和万兆惠，1980)。在实际问题和观测测量中对流速的测定是异重流头部的平均流速。国内外对异重流潜入点的研究方法(实验和观测)虽然大同小异，但其中关于潜入点的规律却相差甚远。对泥石流的异重流潜入点的规律的研究很少，这主要是因为泥石流的异重流实验和观测都很困难。对高浓度异重流，特别是水下泥石流的实验常用的方法是一次放入流体入水中，不能长时间地保证流动的稳定性，这也与野外原型的浊流和水下泥石流的实际相符合：低浓度浊流一般是稳定性浊流，高浓度浊流和水下泥石流是阵发性浊流和泥石流(王正瑛等，1988)。目前异重流潜入点的研究几乎都是稳定状态下的潜入点研究，对初期的潜入点的研究很少(Lee and Pradhan，1997；余斌，2002)。高浓度浊流和泥石流的异重流潜入点的规律的研究因目前实验室规模等条件限制，进行初期的潜入点研究比较可行，但进行长时间的稳定潜入点的规律研究难度太大，也不符合野外原型的实际情况且没有必要。

　　本节通过一系列的低浓度浊流和高浓度浊流及泥石流的异重流潜入点的实验研究，分析对比低浓度浊流和高浓度浊流及泥石流的异重流的关系，得到了异重流初期的潜入点 Fr 与运动速度的关系。

6.4.1　实验装置和实验结果

　　低浓度浊流和高浓度浊流及泥石流的异重流潜入点的实验装置如图 6.16 所示。实验水槽长 5m，宽 0.3m，深 0.6m。实验前须先在水槽中灌一部分水，水面在水槽的最上端距浊流和泥石流的出口约 1m，实验过程中水位固定，没有流动；实验前将配制好的低浓度浊流，或高浓度浊流或是泥石流搅拌均匀后倒入实验水罐，在实验过程中继续搅拌浊流或泥石流。实验时开启水罐下的阀门使浊流或泥石流流入水槽中。实验中浊流或泥石流从陆面进入水槽底板上，在流出直径 0.05m 的圆管后向两边扩展，0.3m 后展宽到两边的边壁。水槽底板粘贴有细砂加糙。浊流或泥石流流过 5m 长的水槽底板落下 0.1m 后到 0.5m 长的水平段，再落下 0.5m 后到长宽均 1m 的水池中，这样可以保证流到下游的浊流或泥石流不会反射影响后续的浊流或泥石流运动，但当浊流或泥石流运动速度较大时，冲入水面仍然能引起水面波浪，波浪的反射会影响浊流或泥石流在下游的运动。实验测量浊流和泥石流的异重流的初期潜入点水深和潜入点速度是在波浪反射之前，因此实验测量未受波浪反射的影响。

　　浊流和泥石流实验泥沙由高岭土、石英砂 2000、石英砂 325、石英砂 100 和混合砂组成，泥沙的颗粒级配见图 6.17。低浓度浊流和高浓度浊流及泥石流的分界还不完全统一，目前的分界方法都是用流体的容重来分界，各容重分界相差不大(Shanmugam，1996，2000；费祥俊和舒安平，2004)。综合各家分界的容重，本节中研究的低浓度浊流容重为 1.02～1.2g/cm³(体积浓度 0.012～0.121)，高浓度浊流容重为 1.2～1.5g/cm³(体积浓度 0.121～0.303），泥石流容重＞1.5g/cm³（体积浓度＞0.303），容重＜1.02g/cm³（体积浓度＜0.012)为超低浓度浊流。在低浓度浊流实验中，实验配方为高岭土40％，石英砂2000、石英砂325和石英砂100各占20％；在高浓度浊流和泥石流实验中，实验配方为高岭土20％，混合砂80％。实验前先将称量好的高岭土倒入水中搅拌均匀，再倒入相应的石英砂或混合砂搅拌均匀，最后倒入实验水罐，放出并完成实验。低浓度和高浓度浊流实验沿水槽有沉积分选，泥石流实验中随泥石流容重的增加沉积由有分选逐渐变为弱分选再到无分选，泥石流沉积的分选性还沿程随着运动距离的增加而增加。低浓度浊流的头部运动速度在实验中从陆面到水中变化很小，而高浓度浊流和泥石流的头部运动速度由于粗颗粒的沉积沿程逐渐降低，在潜入水中时更明显，在陆面和水中头部运动速度的降低幅度随容重的增加而有所增加。

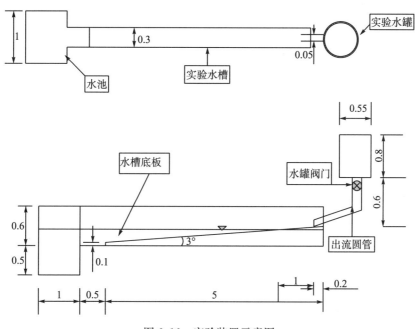

图 6.16　实验装置示意图

图中尺寸为 m，未按比例做图

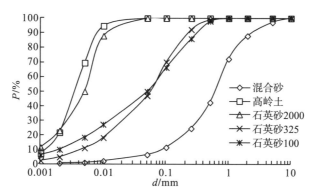

图 6.17　实验泥沙颗粒级配

低浓度浊流和高浓度浊流及泥石流的异重流潜入点实验的总量、容重、泥沙体积浓度、潜入点流速、潜入点水深、潜入点初期 Fr、相对容重和流体性质等有关实验参数和结果见表 6.4。

表 6.4　低浓度浊流和高浓度浊流及泥石流实验参数和结果

序号	总量/L	容重 /(g·cm³)	泥沙体积浓度	流速 /(m/s)	潜入点水深/m	潜入点初期 Fr	相对容重 Δ	流体性质
1	30	1.033	0.02	0.194	0.098	1.11	0.0319	低浓度浊流
2	30	1.033	0.02	0.032	0.042	0.28	0.0319	低浓度浊流
3	30	1.033	0.02	0.051	0.052	0.40	0.0319	低浓度浊流
4	30	1.033	0.02	0.039	0.042	0.34	0.0319	低浓度浊流
5	30	1.033	0.02	0.057	0.059	0.41	0.0319	低浓度浊流
6	30	1.033	0.02	0.170	0.082	1.07	0.0319	低浓度浊流
7	30	1.033	0.02	0.169	0.072	1.13	0.0319	低浓度浊流
8	30	1.033	0.02	0.126	0.075	0.82	0.0319	低浓度浊流
9	30	1.033	0.02	0.039	0.044	0.33	0.0319	低浓度浊流
10	30	1.0825	0.05	0.235	0.100	0.86	0.0762	低浓度浊流
11	30	1.0825	0.05	0.063	0.040	0.36	0.0762	低浓度浊流
12	30	1.0825	0.05	0.061	0.042	0.34	0.0762	低浓度浊流
13	30	1.0825	0.05	0.109	0.054	0.55	0.0762	低浓度浊流
14	30	1.0825	0.05	0.177	0.089	0.68	0.0762	低浓度浊流
15	30	1.0825	0.05	0.190	0.073	0.81	0.0762	低浓度浊流
16	30	1.0825	0.05	0.121	0.060	0.57	0.0762	低浓度浊流
17	30	1.0825	0.05	0.050	0.029	0.40	0.0762	低浓度浊流
18	30	1.165	0.10	0.266	0.078	0.81	0.142	低浓度浊流
19	30	1.165	0.10	0.085	0.035	0.39	0.142	低浓度浊流
20	30	1.165	0.10	0.075	0.036	0.34	0.142	低浓度浊流
21	30	1.165	0.10	0.133	0.038	0.58	0.142	低浓度浊流
22	30	1.165	0.10	0.237	0.093	0.66	0.142	低浓度浊流
23	30	1.165	0.10	0.164	0.071	0.52	0.142	低浓度浊流
24	30	1.165	0.10	0.211	0.048	0.82	0.142	低浓度浊流
25	30	1.165	0.10	0.101	0.034	0.47	0.142	低浓度浊流
26	30	1.25	0.15	0.300	0.087	0.73	0.200	高浓度浊流
27	30	1.25	0.15	0.206	0.077	0.53	0.200	高浓度浊流
28	30	1.25	0.15	0.183	0.050	0.58	0.200	高浓度浊流
29	30	1.33	0.20	0.313	0.075	0.73	0.248	高浓度浊流
30	30	1.33	0.20	0.272	0.062	0.70	0.248	高浓度浊流
31	30	1.33	0.20	0.330	0.078	0.76	0.248	高浓度浊流
32	30	1.33	0.20	0.262	0.067	0.65	0.248	高浓度浊流

序号	总量/L	容重 /(g/cm³)	泥沙体积浓度	流速 /(m/s)	潜入点水深/m	潜入点初期 Fr	相对容重 Δ	流体性质
33	30	1.33	0.20	0.203	0.057	0.54	0.248	高浓度浊流
34	30	1.41	0.25	0.370	0.073	0.81	0.292	高浓度浊流
35	30	1.41	0.25	0.342	0.062	0.81	0.292	高浓度浊流
36	30	1.41	0.25	0.221	0.050	0.59	0.292	高浓度浊流
37	30	1.58	0.35	0.431	0.077	0.82	0.366	泥石流
38	30	1.58	0.35	0.391	0.066	0.80	0.366	泥石流
39	30	1.66	0.40	0.357	0.050	0.81	0.398	泥石流
40	30	1.66	0.40	0.446	0.077	0.82	0.398	泥石流
41	40	1.74	0.45	0.379	0.050	0.83	0.426	泥石流
42	40	1.74	0.45	0.362	0.065	0.70	0.426	泥石流

浊流和泥石流的异重流的流速是潜入点的头部速度，浊流和泥石流的异重流在潜入点的水深是初期潜入点的水深。Fr 亦为初期潜入点的 Fr：

$$Fr = \frac{U}{\sqrt{\Delta gH}} \tag{6.21}$$

式中，U 为浊流和泥石流的异重流在潜入点的流速，m/s；H 为浊流和泥石流的异重流在潜入点的水深，m；g 为重力加速度，m/s²；相对容重 Δ：

$$\Delta = \frac{\rho - \rho_0}{\rho} \tag{6.22}$$

式中，ρ 为浊流或泥石流容重，g/cm³；ρ_0 为水容重，g/cm³。

稳定的潜入点 Fr 小于 1，而初期的潜入点 Fr 则可能大于 1(Lee and Yu，1997)。对稳定的潜入点 Fr 小于 1 的理论分析中假设潜入点上下游流速不变，在潜入点以下的交界面上存在一拐点，拐点处的 Fr 等于 1，由于潜入点的水深大于拐点水深，因此潜入点的 Fr 小于 1(钱宁和万兆惠，1980)。但这个条件不适用于异重流的初期潜入时，因为此时的速度并不保持上下游恒定，因此潜入点的 Fr 可能大于 1。浊流和泥石流的异重流在初期潜入后，潜入点逐步向下游移动，潜入点水深增加，Fr 减小，如果来流稳定，潜入点将移到固定位置，此时的稳定潜入点 Fr 小于 1。

6.4.2　浊流和泥石流的异重流的初期 Fr 与流速关系

国内外学者对异重流潜入点的研究大多数是低浓度浊流，对高浓度浊流的异重流潜入点的研究很少，对泥石流的异重流潜入点的研究更少，研究方法也因潜入点是初期还是稳定期而不同；研究也因异重流的入流条件，特别是出流的条件不同而有所差别，研究结果也差别较大，但有一点是相同的：稳定的 Fr 与潜入点流速无关(范家骅，1959；Cao，1992；姚鹏和王兴奎，1996；Lee and Yu，1997；钱宁和万兆惠，1980；余斌，2002)。Fr 的表示方式除了式(6.21)外，也有文献用异重流的单宽流量表示 Fr：

$$Fr = \left(\frac{q^2}{\Delta gH^3}\right)^{\frac{1}{2}} \tag{6.23}$$

式中，q 为浊流和泥石流的异重流入流的单宽流量，m^2/s。

式(6.23)对于稳定的入流条件下获取 Fr 是很方便的，因为只需要测量潜入点水深，加上已控制的入流条件——流量和浓度(容重)就可以计算得到 Fr。因此大多数实验研究的 Fr 的获取是用式(6.23)取得的(Ford et al.，1980；Cao，1992；姚鹏和王兴奎，1996；Lee and Yu，1997)。

对高浓度浊流和泥石流的异重流潜入点的规律研究因目前实验室规模等条件限制，进行长时间的稳定潜入点的规律研究难度太大，只能进行实际而且更有用的初期潜入点的研究。由于不能获得稳定的入流，流体的流量在变化，因此无法用式(6.23)获得异重流入流的单宽流量，也不能由此获得 Fr。为了获取 Fr，只能用式(6.21)，即在有入流的浓度(容重)的基础上，还需测量潜入点水深和流体在潜入点的流速。对高浓度浊流和泥石流的异重流的流速测量还无法测量其内部流速，因此本节中所有流速测量(包括低浓度浊流)都是对头部的流速。潜入点的流速因流量的变化也在变化，实验中测量的流速仅为初期潜入点的头部流速。

图 6.18 为浊流和泥石流的异重流的初期 Fr 与流速关系图。浊流和泥石流的异重流的初期 Fr 与潜入点流速成正比关系，这是所有文献未曾观测到的。浊流和泥石流的异重流的初期 Fr 随浊流和泥石流的泥沙体积浓度的增加而减小，这与高浓度浊流异重流的潜入点的研究结果相似(Cao，1992)。高浓度浊流和泥石流的屈服应力及黏性系数因泥沙的浓度(或含水量)的不同有巨大的差异(Marr et al.，2001)，但图 6.18 中高浓度浊流($C>0.121$)和泥石流的速度与初期 Fr 的关系几乎一致，说明屈服应力和黏性系数对刚潜入水中的异重流，即异重流的初期潜入点的影响很小，可以忽略。为了对比浊流和泥石流的异重流的初期 Fr 与潜入点流速的关系，引入重力加速度和实验水槽的宽度及相对容重 Δ 表示无量纲速度，有

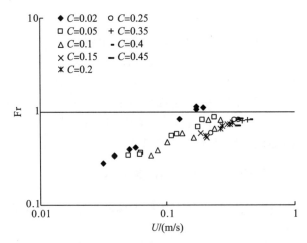

图6.18　浊流和泥石流的异重流的初期 Fr 与流速关系图
C 为泥沙体积浓度

$$U' = \frac{U}{\sqrt{\Delta g w}} \tag{6.24}$$

式中，w 为实验水槽宽度，m；U' 为无量纲速度。

图 6.19 为浊流和泥石流的异重流的初期 Fr 与无量纲流速关系图。图中拟合线公式：

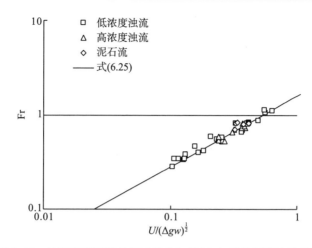

图 6.19　浊流和泥石流的异重流的初期 Fr 与无量纲流速关系图

$$Fr = 1.6 \left(\frac{U^2}{\Delta gw} \right)^{\frac{3}{8}} \tag{6.25}$$

低浓度浊流、高浓度浊流和泥石流的异重流的初期潜入点 Fr 与头部流速的关系都能用式(6.25)很好地拟合，说明式(6.25)适用于各种浓度的异重流。由于实验的测试都是在初期潜入点得到的，因此式(6.25)的适用范围为初期潜入点，不适用于稳定潜入点和初期潜入点与稳定潜入点之间的过渡阶段。式(6.25)表明，在特定条件下(如水槽宽度、泥沙浓度)，初期潜入点 Fr 只与异重流的头部流速有关，即浊流和泥石流的异重流的头部流速决定了浊流和泥石流的异重流在刚潜入水中时的潜入点 Fr，浊流和泥石流的异重流的流速越大，初期潜入点 Fr 越大。

因为潜入点流速的测量较潜入点水深的测量困难，因此由式(6.25)和式(6.21)可得

$$Fr = 6.55 \left(\frac{H}{w} \right)^{\frac{3}{2}} \tag{6.26}$$

式(6.26)非常简单也容易获得，可以作为初期潜入点 Fr 的计算公式。由式(6.21)和式(6.26)可得初期潜入点水深与流速关系：

$$H = 0.39 \left(\frac{U^2 w^3}{\Delta g} \right)^{\frac{1}{4}} \tag{6.27}$$

式(6.27)表明，在特定条件下(如水槽宽度、泥沙浓度)，初期潜入点水深只与流速有关。虽然稳定条件下固定 Fr 时潜入点水深只与流速有关，但潜入点水深与流速的关系式不同。初期潜入点 Fr 与流速有关是因为异重流流体刚潜入水中，异重流与水还未掺混，异重流以原有的浓度进入水中，Fr 只与异重流的流速和泥沙浓度有关(在一定的水槽宽度条件下)。当异重流流体潜入水中后，潜入点下游下部的浊流或泥石流(异重流)向下游运动，而上部的水往上游运动(钱宁和万兆惠，1980)，流速的差异使异重流与水交界面发生掺混，潜入点逐步向下游移动，直至到达稳定的潜入点位置，此时的 Fr 就是稳定的 Fr，这个位置与来流流速、泥沙浓度和泥沙性质(如屈服应力等)有关，因此异重流与水交界面的掺混强弱对稳定潜入点的移动和 Fr 有重要的作用。由此可见，初期潜入点 Fr 表明异重流的发生条件，而稳定潜入点 Fr 则代表异重流的持续条件。

6.4.3　验证

关于异重流初期潜入点 Fr 的研究仅余斌(2002)及 Lee 和 Yu(1997)有过研究,但这些研究与本节的研究条件还不完全一致。为了对比余斌(2002)及 Lee 和 Yu(1997)的研究结果与式(6.25),引入一些修正使余斌(2002)及 Lee 和 Yu(1997)的研究条件与本节的研究条件基本一致。余斌(2002)的研究是将异重流从 0.2m 宽的均匀水槽中放入 3m 宽的水池中,经扩展后再潜入水中,水池底坡坡度 0.02,扩展角 3.8°~7.6°,基本符合扩展水槽 Fr 的修正公式条件(Savage and Brimberg,1975):水池底坡坡度 0.025,扩展角 0°~7°。修正公式为

$$Fr_w = Fr(1 + 0.04\delta) \tag{6.28}$$

式中,Fr_w 为扩展水槽 Fr;δ 为扩展角,°。

Lee 和 Yu(1997)研究的 Fr 获取是由式(6.23)计算得到的。式(6.23)的 Fr 计算对稳定的 Fr 计算较好,对初期 Fr 的计算有误差,这是因为按 Fr 的定义,Fr 的计算应由式(6.21)计算,即由潜入点当地的流速、潜入点水深和异重流相对容重比计算获得。而式(6.23)的流速是由流体的单宽流量除以潜入点水深计算得到的,该速度应为异重流的中部流速。异重流初期潜入点当地的流速为异重流的头部流速,异重流的头部流速往往小于异重流的中部流速,且随 Fr 的增大差异越大(钱宁和万兆惠,1980)。由 Lee 和 Yu(1997)及钱宁和万光惠(1980)的研究可得在 Lee 和 Yu(1997)的初期潜入点异重流的头部流速约为异重流中部流速的 0.82 倍。经修正后的初期潜入点 Fr 和异重流的头部无量纲流速关系与式(6.25)对比见图 6.20。经修正后余斌(2002)的高浓度浊流和泥石流的异重流的潜入点 Fr 与对应的头部无量纲流速关系符合式(6.25),但修正后 Lee 和 Yu(1997)的极低浓度盐水和极低浓度高岭土浊流的异重流的头部无量纲流速与式(6.25)比要大一些,但比较接近。式(6.25)与其他文献的不同研究条件下的实验结果对比有很好的一致性,说明式(6.25)有很好的可靠性。

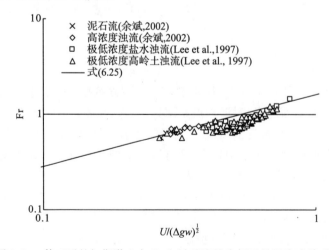

图 6.20　修正后的初期潜入点 Fr 和异重流的头部无量纲流速关系图

Lee 和 Yu(1997)通过水槽实验研究了极低浓度盐水和极低浓度高岭土浊流的异重流初期潜入点的规律和稳定潜入点的规律,指出初期潜入点很不稳定,刚开始向下游移动

很快，随后移动速度放慢并逐步到达稳定的潜入点。因此在潜入点向下游移动过程中，潜入点水深逐渐增加，相应的潜入点 Fr 降低，有

$$Fr \geqslant Fr_s \tag{6.29}$$

式中，Fr 为异重流的初期潜入点 Fr；Fr_s 为异重流的稳定潜入点 Fr。

潜入点向下游移动是因为异重流与水交界面发生掺混。若异重流潜入水下后与水完全不发生掺混，潜入点不会向下游移动，有 $Fr=Fr_s$，异重流的发生条件与异重流的持续条件相同。Lee 和 Yu(1997)研究表明稳定潜入点 Fr 比初期潜入点 Fr 有所降低：

$$r = \frac{Fr - Fr_s}{Fr_s} \geqslant 0 \tag{6.30}$$

式中，r 为异重流稳定潜入点 Fr 比初期潜入点 Fr 的降低率。

实验结果显示，极低浓度浊流(包括高岭土浊流和盐水浊流)的异重流的 Fr 降低率 r 在 0～1，最小降低率 r 接近或等于 0，最大降低率 r 与入流流量成线性正比，与入流流体浓度成线性反比(Lee and Yu，1997)。但 Lee 和 Yu(1997)的研究中初期潜入点的 Fr 和稳定潜入点的 Fr 计算都是使用式(6.23)，且异重流相对容重比的计算都是使用入流的流体浓度。如前所述，式(6.23)计算的初期潜入点的 Fr 偏大，没有考虑因掺混使浓度降低(相对容重比也降低)而用入流的流体浓度由式(6.23)计算的稳定潜入点的 Fr 偏小，因此用式(6.30)计算的 Lee 和 Yu(1997)的最大降低率 r 还会进一步减小，但不能确定能降低到多少，也不能确定最小降低率 r 是否会小于 0(即初期潜入点的 Fr 逐渐增大到稳定潜入点的 Fr)，只有当潜入点水深的增加不能抵消异重流相对容重比的降低时才会发生这种情况。

流体的屈服应力是由细颗粒絮凝作用所形成，粗颗粒在高容重泥石流体中对颗粒起絮凝作用，即屈服应力有较大贡献。颗粒絮凝作用可以抵抗流体与清水的掺混作用，因此流体的屈服应力是决定流体与清水掺混强度的主要因素(费祥俊和舒安平，2004)。Lee 和 Yu(1997)的极低浓度盐水和极低浓度高岭土浊流的实验结果表明这两种流体的潜入点的规律无明显不同，这是因为高岭土浓度极低，其屈服应力很小还不足以和盐水区别开来。在泥石流体的性质中，稀性泥石流的屈服应力较小，而黏性泥石流的屈服应力要大得多，屈服应力是区别稀性泥石流和黏性泥石流的重要指标之一。水下泥石流实验表明(余斌，2007)，稀性泥石流与上界面清水掺混强烈，而黏性泥石流与上界面清水掺混较弱，这也说明了屈服应力是决定流体与水掺混的主要指标。因此，相对于极低浓度浊流和低浓度浊流，高浓度浊流和泥石流有大得多的屈服应力和小得多的掺混强度，初期潜入点移动到稳定潜入点的移动距离较小，稳定潜入点 Fr 较初期潜入点的 Fr 降低率 r 也很小，高浓度浊流和泥石流的异重流稳定潜入点 Fr 可以用其初期潜入点的 Fr 近似代替，对黏性泥石流的异重流这种近似更准确。

6.4.4　小结

潜入点的水流泥沙条件，即 Fr 是异重流的发生条件和持续条件，受到了国内外学者的广泛关注。各家对异重流潜入点的研究得到的潜入点的规律却相差甚远，对泥石流的异重流潜入点的规律的研究很少，这主要是因为泥石流的异重流实验和观测都很困难。本节通过一系列的低浓度浊流和高浓度浊流及泥石流的异重流潜入点的实验研究，分析

对比低浓度浊流和高浓度浊流及泥石流的异重流的关系，得到在均匀顺直水槽中的异重流初期的潜入点 Fr 与头部无量纲流速关系并与前人实验相对比，主要结论如下。

（1）在一定的水槽宽度、泥沙浓度条件下，异重流的初期潜入点 Fr 与头部流速成正比，即异重流的流速越大，初期潜入点 Fr 越大。也可推理到异重流的潜入点水深越大，初期潜入点 Fr 越大。

（2）在一定的水槽宽度、泥沙浓度条件下，初期潜入点水深只与异重流的流速有关。但该关系式与稳定潜入点时固定的潜入点 Fr 的水深只与流速有关不同。

（3）异重流的初期潜入点 Fr 是异重流流体刚潜入水中时的 Fr；当异重流流体潜入水中继续运动后，异重流与水交界面发生掺混，使潜入点逐步向下游移动，直至到达稳定的潜入点位置和稳定的 Fr。初期潜入点 Fr 表明异重流的发生条件，而稳定潜入点 Fr 则代表异重流的持续条件。

（4）流体的屈服应力是决定流体与清水掺混强度的主要因素。高浓度浊流和泥石流有很大的屈服应力和很小的掺混强度，初期潜入点移动到稳定潜入点的移动距离较小，稳定潜入点 Fr 与初期潜入点 Fr 很接近，用初期潜入点 Fr 近似代替稳定潜入点 Fr 在屈服应力非常大的黏性泥石流时更准确。

6.5　浊流形成水下沉积型河道的条件

浊流是地球上最重要的泥沙搬运过程。通过世界上的主要河流及其入海口，浊流将大量的泥沙由大陆架输送到海洋中（Allaby and Allaby，1999）。在我国云南省的洱海（中国科学院南京地理与湖泊研究所等，1989）（图 6.21）和四川省的邛海（余斌等，2005）的水下扇上都发现有河道。许多海底扇河道都位于河流的深海扇上，如世界著名河流亚马孙河（Amazon，图 6.22）海底扇（Pirmez，1994）、密西西比河（Mississippi）海底扇（Twichell et al.，1991）、孟加拉（Bengal）海底扇（Schwenck et al.，2003）、刚果河（Cango 或 Zaire）海底扇（Imran and Parker，1998）、印度河（Indus）、恒河（Ganges）（里丁，1985）等都有深海海底河道坐落在海底扇上。这些河道中，云南省洱海的阳溪扇和茫涌溪扇的河道宽 87.5～115m，深 0.4～0.9m，高 2.5～3.9m，底部坡度约 2%（中国科学院南京地理与湖泊研究所等，1989）。深海河道宽 50～125m，深 1～5m；河堤宽 150～300m，高 10～50m，底部坡度 0.07%～6.5%（Normark et al.，2002），蜿蜒延伸可达数千千米。由于河道的迁移性和蜿蜒性，整个扇面布满了这种河道。河道断面的泥沙颗粒直径也具有分选性，河道内沉积的主要是沙，而河堤沉积的主要是泥（Gervais et al.，2001），因此河道可以作为储油层，河堤可以作为生油层而储藏有石油。水下河道对海底地貌演变的影响很显著，对湖泊和水库的影响也很重要。在黄河小浪底电站库区就多次观测到浊流的运动并多次成功利用浊流排沙（申冠卿等，2009）。三峡库区内的长江及支流（沟）河流泥沙在库区内形成的浊流也可能形成水下河道，河道的出现将使泥沙在库区内沉积不均匀，在河道区域内的沉积明显多于其他区域，库区内会有局部浅水区出现，严重时会影响库区内的航运。2008 年汶川地震后，大量泥沙堆积在岷江上游及其支流（沟）内，不仅在岷江上游的堰塞湖内有浊流运动和沉积，在岷江流域最大的水电站——紫坪铺水电站库区也会有浊流运动和沉积，在库区内极有可能会形成水下河道。

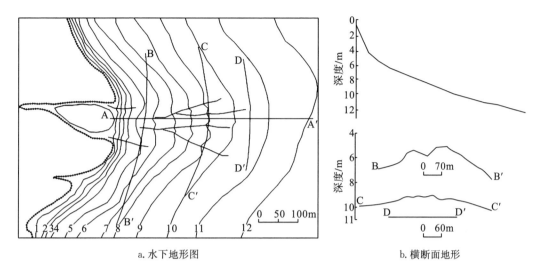

a. 水下地形图　　　　　　　　　　　　　b. 横断面地形

图 6.21　云南省洱海茫涌溪扇河道

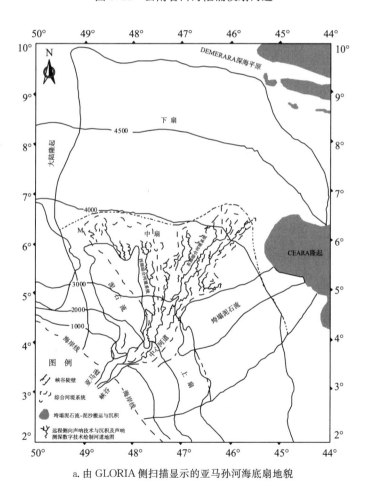

a. 由 GLORIA 侧扫描显示的亚马孙河海底扇地貌

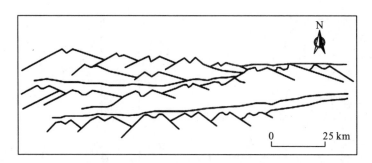

b. 亚马孙河跨海底扇结构显示河道非常好地坐落在扇上

图 6.22　亚马孙河(Amazon)海底扇测深图

由浊流(也称浑浊流、异重流)形成的水下河道,在形式上有侵蚀型、侵蚀-沉积型和沉积型河道三种形式(里丁,1985)。这类水下扇河道最明显的特点是,沉积型河道的底床比水下扇体侧缘高(湖底扇上高 2~3m,海底扇上高 5~10m),颇似黄河下游"地上悬河",但与黄河人为加高河堤不同,水下扇河道的河堤是浊流自身沉积而形成的。在深海扇上主要的河道是沉积型河道(Gonthier et al.,2002)。研究水下河道的形成不仅具有很大的经济利益,而且引起了有关学者和石油公司的浓厚兴趣(Stow and Mayall,2000)。

水下河道的相关实验和数值模拟工作取得了一定的进展(Imran and Parker,1998),但对水下河道的形成机理还不清楚(Peakall et al.,2000)。由于海底扇河道野外研究难度和费用高,声呐和地震波技术探测海底扇河道成为野外研究的主要手段,但这不足以研究水下河道的形成机理。因此实验研究水下河道的形成机理既实用又经济。由于对水下河道的形成机理不了解,许多实验并未获得成功的水下河道。最先尝试用盐水替代浊流泥沙并得到了河道(Metivier et al.,2005),但该研究的不足在于:①河道只有侵蚀型河道;②实验坡度为 15.8%~37.4%,远大于野外观测的河道形成坡度;③因为用盐水替代浊流泥沙,形成河道的原因是盐水侵蚀而不是泥沙侵蚀和沉积;④实验的水下扇不是泥沙沉积物,而是比重仅比水重一点的塑料沙($\rho=1080kg/m^3$);⑤形成机理和沉积机理不同于原型河道。Yu 等(2006)通过在实验室实验首次用泥沙实验获得水下河道,并在实验中获得了所有三种水下河道(图 6.23)。实验中河道几何尺寸为河道宽 2~5cm,深1~2mm,高 2~4mm。该实验研究对湖(海)底扇河道的形成机理有一定的了解,但实验工作只是初步尝试,要了解湖(海)底扇河道的形成机理还需要大量的工作,这是因为:①实验只得到很轻微的蜿蜒河道,与海底扇强烈的蜿蜒河道还有差距;②实验中形成河道的坡度≥7%,而实测湖底扇河道的坡度约 2%,海底扇河道的坡度绝大多数<1%,在Zaire 和 Amazon 深海扇中,坡度为 0.5%时河道开始有很强的蜿蜒性,Bengal 深海扇则在 0.07%,而 Monterey 扇(California,USA)河道在坡度小于 0.29%时河道才消失(Klaucke et al.,2004)。

Imran 和 Parker(1998)及 Yu 等(2006)给出了沉积型河道的形成机理假设:当浊流运动深度太小而不能覆盖全部流经的表面时,它就开始出现不稳定状态,并集中在河道位置运动。在运动中心相对较大的运动速度使泥沙只能在运动的两边沉积,而中心沉积较少,因此形成两边的河堤沉积(Yu et al.,2006)。这个假设指出河道是在浊流没有足够的能量(流量),浊流不能以足够的宽度和深度覆盖所流经区域条件下形成的,但没有给出定量的形成河道的浊流条件范围,如浊流运动的底坡坡度、流量、颗粒粒径分布、泥沙体积浓度等。

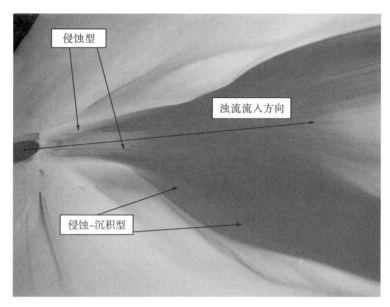

a. 侵蚀型和侵蚀-沉积型河道(坡度 16%～10%)

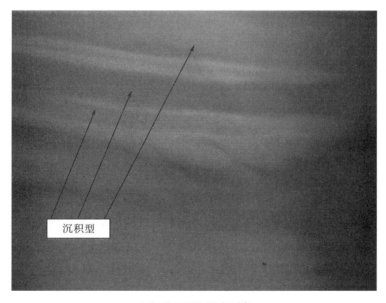

b. 沉积型河道(坡度 7%)

图 6.23　实验水下河道

　　浊流由左往右放入,在实验完成后,缓慢地加入浓盐水(已加入红颜料,下同)。盐水和红颜料在河道和底谷地区较多,因此可以观测到河道

　　沉积型河道和侵蚀型河道具有不同的形成机理。泥沙在浊流运动中的沉积是沉积型河道形成过程中的最重要因素,但侵蚀型河道的形成中,被侵蚀的材料的黏结力是最重

要的因素。本节仅关注沉积型河道的形成。

水下沉积型河道形成的重要问题尚不清楚，特别是对浊流形成河道的过程还缺乏深入的了解，需要进一步的研究。本研究中特别关注几个问题：①什么样的条件（混合的几个因素）可以在小坡度（<2%）下形成河道？②实验中什么因素会影响河道的形成？③实验模型可以类推到野外的观测中吗？④什么样的因素组合，如浊流运动的底坡坡度、流量、颗粒粒径分布等能形成河道？

本节采用实验的方法研究上述问题。实验的尺度在数米范围内。野外收集到的尺度范围是：在湖泊中，水下扇的尺度在数百米范围内，而海底扇的尺度在数十千米范围内。研究通过一些重要的变量因素，如浊流运动的底坡坡度、流量、颗粒粒径分布等的实验获得河道的形成条件。其他一些因素，如浊流中的泥沙体积浓度、扇的宽度、水的动力黏性系数、泥沙颗粒的容重以及环境水的容重等在本研究中都没有考虑。

本研究与 Yu 等（2006）的研究的不同点在于：①实验的坡度变化范围在 0.3%～20%，而不是固定的 7%；②浊流泥沙中没有黏土矿物；③不同的泥沙成分以及不同的容重用于实验中，而不仅仅是石英砂和高岭土。

6.5.1 Buckingham 原理

采用 Buckingham（1915）原理可以确定一些与水下河道有关的无量纲参数（Middleton and Wilcock，1994）。首先选出九个与浊流形成水下河道有关的变量因素：S＝底坡坡度，C＝浊流浓度，Q＝浊流流量，V＝颗粒沉降速度，D＝颗粒粒径，ν＝环境流体的动力黏性系数，ρ_s＝颗粒容重，g＝重力速度，ρ＝环境水容重。对于一般的浊流，环境流体的容重（ρ）几乎是一个常数（$1.00\sim1.03\text{g/cm}^3$），对于大多数泥沙，$\rho_s$ 也几乎是一个常数（$2.6\sim2.7\text{g/cm}^3$），因此都可以不再考虑为变量因素。被侵蚀的材料的黏结力对河道的形成很重要，但其作用主要是在侵蚀型河道的形成中。对于本研究中关注的沉积型河道，黏结力可以忽略不计。

由于水下河道都是在不能充分覆盖所流经的区域时形成的（Yu et al.，2006），在给定的浊流流量条件下，扇的宽度在任何时候都是重要的。为了简化研究并着重研究其他变量，本研究中的宽度设定为常数。

这七个参数可以定义为主要量纲长度 {L} 和时间 {T} 的函数：

$$\{S\}=\{0\},\{C\}=\{0\},\{Q\}=\{L^3/T\},\{V\}=\{L/T\},$$
$$\{D\}=\{L\},\{\nu\}=\{L^2/T\},\{g\}=\{L/T^2\} \tag{6.31}$$

在这七个重要的参数中，2 个为无量纲参数，5 个为有量纲参数。与这些量纲有关的主要量纲有 2 个：L 和 T，根据 Buckingham（1915）原理，可以减少总的量纲参数到 $5-2=3$ 个。因此 $3+2=5$ 个无量纲参数就包括了所有这些与水下河道形成有关的变量。三个无量纲变量组 Π 可以由上述的参数（如 Q、V、D、ν、g）组合成：

$$\Pi_1 = D^2V/Q \tag{6.32}$$
$$\Pi_2 = V^2/(gD) \tag{6.33}$$
$$\Pi_3 = gD^2/(V\nu) \tag{6.34}$$

因此与问题有关的无量纲参数有：S、C、D^2V/Q、$V^2/(gD)$、$gD^2/(V\nu)$。它们的函数关系可以表达为

$$S = f_1[C, D^2V/Q, V^2/(gD), gD^2/(V\nu)] \tag{6.35}$$

参数 $V^2/(gD)$ 和 $gD^2/(V\nu)$ 与泥沙颗粒的沉降速度 V 有关，都处于 Stokes 方程和粗颗粒(> 0.076mm)的经验方程内(钱宁和万兆惠，1980)。参数 D、ν 和 g(也包括 ρ_s、ρ)决定了水下河道形成过程中的泥沙沉降速度。泥沙的沉降速度在沉积过程中是非常重要的因素，也是形成水下沉积型河道的主要原因。参数 ν 和 g 也影响浊流运动床面的粗糙度、流体的紊流度，还有重力驱动力。参数 g 在地球上是一个常数，ν 在一个较小的范围内随温度的变化而变化(15～20℃时 ν 为 1.01×10^{-6}～1.14×10^{-6}m²/s)。当这两个参数被设定为常数时，可以得到近似的解，求解也变得更容易。因此无量纲参数 $V^2/(gD)$ 和 $gD^2/(V\nu)$ 可以从式(6.35)中去掉。函数关系可以表达为

$$S = f_2(C, D^2V/Q) \tag{6.36}$$

因此形成水下沉积型河道的条件可以表达为底坡坡度是浊流体积浓度和参数 D^2V/Q 的函数。

由于体积浓度影响浊流的运动速度和紊流特征，体积浓度对水下河道的形成有一定的影响。在极端情况下，过低的浓度不会产生水下河道这是因为过低的浊流浓度不能产生足够的驱动力使浊流运动；而过高的浓度又使紊流特征消失进而无法使泥沙悬浮。要形成水下河道，泥沙体积浓度必须在一个特定的范围内，不能太高，也不能太低。Yu 等(2006)用 10% 的体积浓度在实验中得到了水下河道。实验中由于稀释和沉积作用，浊流浓度从引入的 10% 减少到 2%(实验的上游段)，在实验的下游段可能会更低。因此浊流的体积浓度可能在引入阶段和形成水下河道段差别很大。但是作为成功的实验结果，10% 的体积浓度处于形成水下河道的正确范围内。为了简化研究工作，在此将体积浓度设定为常数。所有的实验在引入段的体积浓度都为 10%。因此体积浓度在式(6.36)中可以删去，式(6.36)的函数关系可以表示为

$$S = f_3(D^2V/Q) \tag{6.37}$$

因此形成水下沉积型河道的条件可以表达为底坡坡度仅是无量纲参数 D^2V/Q 的函数。

6.5.2　实验装置和过程

实验装置如图 6.24 所示。实验水池 6m 长，2m 宽，1m 深。浊流由图 6.24 中左边(后面也称为上游，右边称为下游)的混合罐中引出。水池中底部有一可以抬升的底板，5m 长，2m 宽。底板每 1m 可以变化坡度。底板的坡度变化范围为 0.1%～20%。在表 6.5 中 15% 和 20% 的坡度实验中仅有前(左边)3m 的坡度是 15% 和 20%，另外的 2m(3～5m)是水平的。在表 6.5 中 12% 的坡度实验中仅有前 4m 的坡度是 12%，另外的 1m(4～5m)是水平的。实验中的河道在底部有一坡度突变(坡度为 12%、15%、20% 的实验)，河道在距突变处 0.3～0.5m 就消失了。实验底板并不是完全的平整，这对于大坡度的实验并没有什么影响。但是对于坡度为 0.1% 的实验，横向坡度显得非常重要。在 0.1% 坡度下的实验中，侵蚀型河道被发现坐落在沿横向为 0.3% 的坡度上。本书中的侵蚀型河道与从上游到下游发展的沉积型河道不同，它们几乎都是从中心线向水池边发展(图6.25)。因为侵蚀型河道的实验中河道都是横向发展的，因此将这个实验的坡度设定为横向的坡度 0.3%。在实验水池的下端有一个 0.2m 高的落差向下，一直延伸 1m 到水池的最下端。

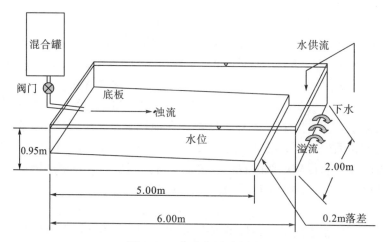

图 6.24　实验装置示意图

未按比例作图

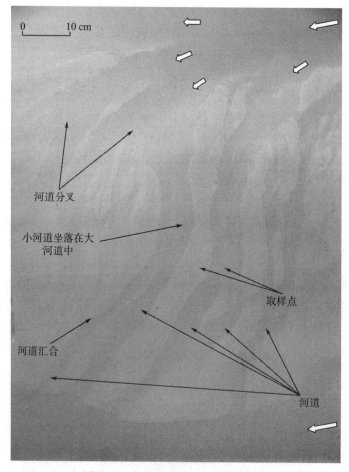

图 6.25　侵蚀型河道(第 29 次实验)

河道底坡坡度为 0.3‰(流向在图片上为从上到下),河道宽度为 1~10cm,长度大于 0.8m,河道深度为 2.1mm (在取样点附近)。白色箭头方向为浊流的流动方向。水池的上游边壁在图片的右方

表 6.5　实验参数

实验次数	坡度/%	流量/(L/s)	实验总量/L	泥沙材料	容重/(g/cm³)	泥沙的 $D_{50}/\mu m$	河道中泥沙的 $D_{50}/\mu m$	河堤泥沙 $D_{50}/\mu m$	沉积型河道
1	20	0.132	100	石英粉1	2.65	50.5	—	—	是
2	20	0.168	100	石英粉1	2.65	50.5	—	—	是
3	20	0.292	100	石英粉1	2.65	50.5	39.7	30.9	是
4	12	0.044	100	石英粉2	2.65	19.5	—	—	是
5	12	0.074	100	石英粉2	2.65	19.5	—	—	是
6	12	0.103	100	石英粉2	2.65	19.5	13.7	13.4	是
7	6	0.08	100	石英粉2	2.65	19.5	—	—	是
8	6	0.07	100	石英粉2	2.65	19.5	11.2	10.1	是
9	6	0.022	100	石英粉3	2.65	8.3	—	—	是
10	6	0.026	100	石英粉3	2.65	8.3	—	—	是
11①	6	0.047	100	石英粉3	2.65	8.3	9.6	4.9	是
12	4	0.075	100	石英粉3	2.65	8.3	9.8	8.0	是
13	4	0.126	100	石英粉3	2.65	8.3	—	—	是
14	4	0.088	100	石英粉3	2.65	8.3	—	—	是
15	4	0.153	100	石英粉3	2.65	8.3	—	—	是
16	2	0.081	100	石英粉3	2.65	8.3	—	—	是
17	2	0.095	100	石英粉3	2.65	8.3	—	—	是
18①	2	0.119	100	石英粉3	2.65	8.3	6.9	6.8	是
19	1	0.087	100	石英粉4	2.65	2.2	—	—	是
20①	1	0.099	100	石英粉4	2.65	2.2	2.9	2.5	是
21	1	0.149	100	石英粉4	2.65	2.2	—	—	是
22	15	0.174	50	硫酸钡粉	4.25	16.9	—	—	是
23	15	0.131	50	硫酸钡粉	4.25	16.9	—	—	是
24	15	0.094	50	硫酸钡粉	4.25	16.9	18.0	21.7	是
25	15	0.095	70	硫酸钡粉	4.25	16.9	—	—	是
26	20	0.202	50	煤粉	1.90	74.7	—	—	是
27	20	0.185	50	煤粉	1.90	74.7	51.2	45.6	是
28②	0.3	0.011	80	碳酸钙粉	2.70	1.5	—	—	不是
29①②	0.3	0.013	127	碳酸钙粉	2.70	1.5	1.3	1.3	不是
30	5	0.048	127	碳酸钙粉	2.70	1.5	—	—	不是
31	5	0.017	127	碳酸钙粉	2.70	1.5	—	—	不是
32	2.5	0.053	127	碳酸钙粉	2.70	1.5	—	—	不是
33	2.5	0.02	127	碳酸钙粉	2.70	1.5	—	—	不是
34	10	0.096	50	煤粉	1.90	74.7	—	—	不是
35	10	0.114	50	煤粉	1.90	74.7	—	—	不是

实验次数	坡度/%	流量/(L/s)	实验总量/L	泥沙材料	容重/(g/cm³)	泥沙的 $D_{50}/\mu m$	河道中泥沙的 $D_{50}/\mu m$	河堤泥沙的 $D_{50}/\mu m$	沉积型河道
36	10	0.227	50	煤粉	1.90	74.7	—	—	不是
37	10	0.286	50	煤粉	1.90	74.7	—	—	不是
38	15	0.23	50	煤粉	1.90	74.7	—	—	不是
39	15	0.25	50	煤粉	1.90	74.7	—	—	不是
40	15	0.145	50	煤粉	1.90	74.7	—	—	不是
41	1	0.142	100	石英粉1	2.65	50.5	—	—	不是
42	1	0.121	100	石英粉1	2.65	50.5	—	—	不是
43	1	0.093	100	石英粉1	2.65	50.5	—	—	不是
44	1	0.12	100	石英粉1	2.65	50.5	—	—	不是
45	1	0.146	100	石英粉1	2.65	50.5	—	—	不是
46	1	0.2	100	石英粉1	2.65	50.5	—	—	不是
47	1	0.143	100	石英粉1	2.65	50.5	—	—	不是
48	1	0.135	100	石英粉1	2.65	50.5	—	—	不是
49	6	0.144	100	石英粉1	2.65	50.5	—	—	不是
50	6	0.25	100	石英粉1	2.65	50.5	—	—	不是
51	6	0.339	100	石英粉1	2.65	50.5	—	—	不是
52	6	0.303	100	石英粉1	2.65	50.5	—	—	不是
53	6	0.294	100	石英粉1	2.65	50.5	—	—	不是
54	6	0.337	100	石英粉1	2.65	50.5	—	—	不是
55	6	0.355	100	石英粉1	2.65	50.5	—	—	不是
56	6	0.33	100	石英粉1	2.65	50.5	—	—	不是
57	6	0.336	100	石英粉1	2.65	50.5	—	—	不是
58	1	0.24	100	石英粉2	2.65	19.5	—	—	不是
59	1	0.25	100	石英粉2	2.65	19.5	—	—	不是
60	1	0.263	100	石英粉2	2.65	19.5	—	—	不是
61	1	0.233	100	石英粉2	2.65	19.5	—	—	不是
62	1	0.135	100	石英粉2	2.65	19.5	—	—	不是
63	1	0.102	100	石英粉2	2.65	19.5	—	—	不是
64	1	0.114	100	石英粉2	2.65	19.5	—	—	不是
65	1	0.11	100	石英粉2	2.65	19.5	—	—	不是
66	2	0.22	100	石英粉2	2.65	19.5	—	—	不是
67	2	0.357	100	石英粉2	2.65	19.5	—	—	不是
68	2	0.26	100	石英粉2	2.65	19.5	—	—	不是
69	2	0.204	100	石英粉2	2.65	19.5	—	—	不是
70	2	0.198	100	石英粉2	2.65	19.5	—	—	不是

续表

实验次数	坡度/%	流量/(L/s)	实验总量/L	泥沙材料	容重/(g/cm³)	泥沙的 $D_{50}/\mu m$	河道中泥沙的 $D_{50}/\mu m$	河堤泥沙的 $D_{50}/\mu m$	沉积型河道
71	2	0.154	100	石英粉 2	2.65	19.5	—	—	不是
72	2	0.169	100	石英粉 2	2.65	19.5	—	—	不是
73	3	0.065	100	石英粉 2	2.65	19.5	—	—	不是
74	3	0.147	100	石英粉 2	2.65	19.5	—	—	不是
75	3	0.089	100	石英粉 2	2.65	19.5	—	—	不是
76	3	0.118	100	石英粉 2	2.65	19.5	—	—	不是
77	3	0.143	100	石英粉 2	2.65	19.5	—	—	不是
78	4	0.053	100	石英粉 2	2.65	19.5	—	—	不是
79	4	0.065	100	石英粉 2	2.65	19.5	—	—	不是
80	4	0.056	100	石英粉 2	2.65	19.5	—	—	不是
81	4	0.078	100	石英粉 2	2.65	19.5	—	—	不是
82	6	0.041	100	石英粉 2	2.65	19.5	—	—	不是
83	1	0.215	100	石英粉 3	2.65	8.3	—	—	不是
84	1	0.174	100	石英粉 3	2.65	8.3	—	—	不是
85	1	0.144	100	石英粉 3	2.65	8.3	—	—	不是
86	1	0.138	100	石英粉 3	2.65	8.3	—	—	不是
87	1	0.136	100	石英粉 3	2.65	8.3	—	—	不是
88	1	0.132	100	石英粉 3	2.65	8.3	—	—	不是
89	1	0.122	100	石英粉 3	2.65	8.3	—	—	不是
90	1	0.133	100	石英粉 3	2.65	8.3	—	—	不是
91	1	0.103	100	石英粉 3	2.65	8.3	—	—	不是
92	1	0.091	100	石英粉 3	2.65	8.3	—	—	不是
93	1	0.123	100	石英粉 3	2.65	8.3	—	—	不是
94	1	0.151	100	石英粉 3	2.65	8.3	—	—	不是
95	1	0.164	100	石英粉 3	2.65	8.3	—	—	不是
96	1	0.125	100	石英粉 3	2.65	8.3	—	—	不是
97	1	0.189	100	石英粉 3	2.65	8.3	—	—	不是
98	1	0.211	100	石英粉 3	2.65	8.3	—	—	不是
99	1	0.185	100	石英粉 3	2.65	8.3	—	—	不是
100	1	0.118	100	石英粉 3	2.65	8.3	—	—	不是
101	1	0.207	100	石英粉 3	2.65	8.3	—	—	不是
102	1	0.185	100	石英粉 3	2.65	8.3	—	—	不是

注：①实验结果用于表 6.8 的比例放大中。②侵蚀型河道。

水池在水深 0.95m 时有溢流口。这个水深保证了上游的底板至少有 0.15m 的水深。在 20% 坡度下的实验中，浊流在距最上游 0.25m 处被引入水池中，因此最小的浊流引入处水深在 0.2m 左右。

　　浊流从水池上游上方一个 200L 容量的圆形罐中引出到水池中(图 6.24)。水和泥沙在罐中手工搅拌混合均匀,然后再用一个内径为 24mm 的圆管引入实验水池中。水和泥沙的混合物在圆管中潜入水池中,避免了在圆管中的沉积和分离。浊流的流量由一个阀门控制。由于罐中的水位随实验的进行不断降低,任何一个设定的阀门下,实验中的浊流流量都会逐渐降低。为了弥补这个变化的流量,阀门在实验中会有略微的调整使流量尽量保持一致。实验前进行流量的测定。每流 10L 水测量一次流量,平均流量在 0.036~0.45L。每次测试的最大误差在 10.0%~18.9%,因此每次试验的误差范围在 20%之内。因此可以确定实验的流动状态为准恒定流。所有的 102 次实验中的平均流量见表 6.5。

　　形成水下河道有很多重要的参数。本书主要关注有限的三个参数:正如 Buckingham 原理分析结果显示的底坡坡度、浊流流量和浊流中的泥沙颗粒粒径。水下河道形成条件实验的设计是为了研究这三个参数的作用。在表 6.5 中,所有混合罐中的实验泥沙体积浓度都是 10%。为了分析证明参数 ρ_s 仅仅在泥沙沉降中起作用,并且不是独立地影响水下河道的形成,具有不同容重的不同泥沙也用于实验中。实验中使用的泥沙有石英粉、碳酸钙粉、硫酸钡粉和煤粉,容重分别为 2.65、2.7、4.25 和 1.9g/cm³。实验中采用了四种不同颗粒粒径的石英粉,这四种石英粉的 D_{50}(中值粒径)分别为 50.5、19.5、8.3 和 2.2μm。碳酸钙粉、硫酸钡粉和煤粉的 D_{50} 分别为 1.5、16.9 和 74.7μm。每次实验中仅一种泥沙被用于实验。除了黑色的煤粉以外,其他的泥沙都是白色的,因此沉积的形状和颗粒的分选无法直接用肉眼观测到。

　　水和泥沙的混合物通过一个弯曲的圆管引入到水池中,圆管出口流向下游,出口位置在距离最上游端 5~25cm 处。流出的浊流中较粗的颗粒在出口位置附近很快沉积,并在出口下游附近形成像火山锥一样的沉积地形,中间有凹陷。在粗颗粒沉积后,由于紊流在浊流和环境流体的交界面掺混作用使得浊流沿下游逐渐被稀释。在第 18 次实验中,在浊流的通道上用虹吸管测量浊流的浓度。虹吸管的入口被放置在浊流的通道上,实验后发现其位置有河道形成。如图 6.26 中有很多河道形成,因此河道的形成不是因为虹吸管的作用。泥沙体积浓度在距最上游水池边壁 1.8m,距中心线 0.2m,距底板 5mm 处是 0.57%,而泥沙体积浓度在距最上游水池边壁 1.7m,距中心线 0.1m,在底板上时是 1.3%。这次实验中,混合罐中的泥沙体积浓度仍然是 10%。在每次实验开始时用摄像机拍摄浊流的运动,并计算出浊流的头部运动速度。

　　实验中被浊流污染的浊水通过水池下游底部的下水管道排除,同时在下游端的水面加入清水以保证水池水位不变。这样减少了实验过程中被浊流污染的清水,但并不能完全阻止清水被污染。

　　表 6.5 给出了所有 102 次实验的参数,流量变化范围在 0.011~0.35L/s;每次实验浊流总量在 50~127L。实验中不仅产生了沉积型河道,也产生了侵蚀型河道,还有未产生河道。有 27 次实验(第 1~第 27 次)有沉积型河道产生,其他实验没有沉积型河道产生,包括 2 次有侵蚀型河道产生(第 28~第 29 次)。除非需要变换坡度或实验材料时,各次实验之间都没有清理水池及底板。每次实验后需要等待 2~20h 才能使水池清澈并使河道可以被观测到。

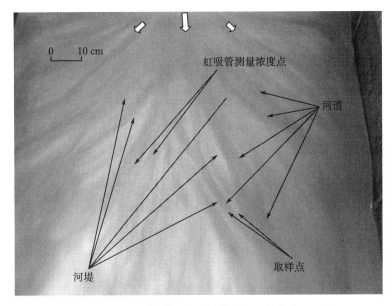

图 6.26 水下沉积型河道(第 18 次实验)

河道底坡坡度为 2%(流向在图片上为从上到下),河道宽度为 4～20cm,长度最大到 1.2m,河道的深度为 0.6mm(在取样点附近)。白色箭头方向为浊流的流动方向。水池的上游边壁在图片的上方。虹吸管位置是实验中用虹吸管取样点位置

表 6.6 实验的泥沙和取样样品颗粒分布的标准偏差和重要的粒径

泥沙	实验次数	实验中泥沙	标准偏差	$D_{10}/\mu m$	$D_{16}/\mu m$	$D_{25}/\mu m$	$D_{50}/\mu m$	$D_{75}/\mu m$	$D_{84}/\mu m$	$D_{90}/\mu m$
石英粉 1	—	—	1.87	6.8	11	20	50.5	100	126	159
石英粉 2	—	—	1.73	2.2	4.3	7.9	19.5	35	43	53
石英粉 3	—	—	1.59	1.3	2.1	3.7	8.3	12.5	17.5	22.6
石英粉 4	—	—	1.48	0.63	0.74	1.02	2.2	4.3	6.7	8.9
碳酸钙粉	—	—	0.99	0.68	0.8	0.98	1.5	2.3	2.95	3.5
硫酸钡粉	—	—	1.17	4.5	6.2	8.8	16.9	25	32.5	40
煤粉	—	—	1.47	12.1	20.2	33	74.7	129	143	187
样品 C[①]	3	石英粉 1	1.59	10	16	21	39.7	65	82	108
样品 L[②]	3	石英粉 1	1.65	7	11	17	30.9	52	66	80
样品 C	6	石英粉 2	1.67	1.1	4	6.3	13.7	21	27	32
样品 L	6	石英粉 2	1.57	2.1	4.9	7	13.4	21	28	32
样品 C	8	石英粉 2	1.65	1	3	5.4	11.2	19	21.5	27
样品 L	8	石英粉 2	1.59	1	3	5	10.1	16.2	19.8	24
样品 C	11	石英粉 3	1.86	0.71	0.97	2.7	9.6	16.3	20	23
样品 L	11	石英粉 3	1.72	0.6	0.71	1.1	4.9	9.1	11.5	14
样品 C	12	石英粉 3	1.77	0.71	1.1	3.8	9.8	15.8	20	22

泥沙	实验次数	实验中泥沙	标准偏差	$D_{10}/\mu m$	$D_{16}/\mu m$	$D_{25}/\mu m$	$D_{50}/\mu m$	$D_{75}/\mu m$	$D_{84}/\mu m$	$D_{90}/\mu m$
样品 L	12	石英粉 3	1.75	0.69	0.9	2.4	8	12	16.5	20
样品 C	18	石英粉 3	1.82	0.68	0.8	1.4	6.9	12	16	20.2
样品 L	18	石英粉 3	1.75	0.66	0.89	1.9	6.8	11	15	19
样品 C	20	石英粉 4	1.71	0.64	0.8	1.08	2.9	7.1	11.5	15.7
样品 L	20	石英粉 4	1.62	0.66	0.77	1	2.5	6.8	9	12
样品 C	24	硫酸钡	1.24	4.8	6.5	9.9	18	31	40	46.5
样品 L	24	硫酸钡	1.26	5	7.9	12	21.7	36	44	52
样品 C	27	煤粉	1.59	6.9	12	23.5	51.2	88	106	126
样品 L	27	煤粉	1.72	4.9	7.9	15.7	45.9	81	105	126
样品 C[3]	29	碳酸钙粉	0.71	0.67	0.79	0.93	1.3	1.6	2.05	2.3
样品 L[3]	29	碳酸钙粉	0.86	0.58	0.65	0.8	1.3	1.8	2.2	2.6

注：①样品 C，河道中的样品。②样品 L，河堤上的样品。③侵蚀型河道。

　　沉积物都通过照相记录下来。为了使底板的水下实验扇地形可以被观测到变化，含有红色颜料的盐水在上游被缓慢地引入在水池上游并可以流到整个底板上。相对于形成河道的浊流流量，盐水的流量总是微不足道的。在较大坡度时，只需要 10min 即可看到盐水流到所有的地方并使河道和河堤以及河道间显现出来。而在小坡度时，需要最多 10h 才能清楚地看见河道及河堤等。在用煤粉做泥沙材料的实验中，等实验结束水池水流清澈后，将很小流量的高岭土和水的混合物缓慢引入水池，使其覆盖在煤粉的沉积物上并避免扰动煤粉沉积物。然后再引入红色盐水，河道就可以显示出来了。在做了详细的照相记录后，有 10 次实验用虹吸管在河道和河堤处取样。样品都用 Malvern Mastersizer-2000 粒度仪分析颗粒分布。表 6.6 给出了用于实验的泥沙和取样样品颗粒分布的标准偏差和重要的粒径。在取样前，还用测针测量了河道的深度。

　　在自然的浊流中，絮凝现象是一种重要的泥沙输送过程。实验研究之前，在玻璃杯中做一些简单的絮凝实验。用于絮凝实验的泥沙材料是表 6.6 中的石英粉 3 和石英粉 4，碳酸钙粉以及 D_{50} 为 3.4μm 的高岭土。石英粉 4 和碳酸钙粉沉降速度非常慢，也没有观察到絮凝现象。高岭土的沉降速度较快，甚至比石英粉 3 还快。Whitehouse 等（1960）的研究中比较活跃的黏土矿物蒙脱土絮凝需要 20min。絮凝使由 Stokes 决定的细颗粒的单个沉降速度与实际的沉降速度完全不同。Parsons 等（2001）指出甚至静电的细泥在缓慢的扰动下也有絮凝现象。Owen（1971）指出强的紊动会打碎絮凝团使絮凝程度降低。在本研究的实验中混合罐中的强烈搅动使水和泥沙的絮凝被紊动破坏，而浊流从上游到下游的运动时间在 20min 内，因此实验中的细颗粒有絮凝的趋势，也可能有较小的絮凝程度，所以絮凝作用在石英粉和碳酸钙粉的浊流实验中可以忽略。考虑到絮凝作用在高岭土泥沙中的作用会扰乱颗粒的沉降速度，没有使用高岭土用于实验。

6.5.3　实验结果

正如 Yu 等(2006)早期实验中的现象一样,本研究实验中也有凹陷现象(像火山锥一样的沉积地形的中间凹陷)。但因为几次实验后要清理试验底板,凹陷的深度较小。凹陷的尺度在流动方向上为 5～20cm,在横向上为 10～30cm。具体的凹陷尺寸由浊流的流量和泥沙的粒径分布决定。当水和泥沙的混合物流过凹陷后,清晰的浊流就形成了。尽管每次实验过程中的流量几乎是不变的,但粗颗粒的沉积改变了凹陷的形状,由于凹陷的形状控制着浊流的流量,这使得浊流的流量和流动方式也随凹陷在变化。在所有的实验中,浊流由一股流体组成或由一股分成几股分流组成,因此形成河道的浊流流量不同。所有的河道都在凹陷下游 0.5m 或更远的地方形成。在第 1～6 和第 22～27 次实验中,河道在进入水平段的突变点前 0.3～0.5m 就消失了。正如 Yu 等(2006)早期实验中一样,所有的实验中浊流都不能充分地覆盖一半的实验区域。

在 0.3%～20% 的坡度范围内都成功地获得了水下河道。表 6.5 给出了成功和不成功的实验结果。当流量太大,浊流覆盖了所有宽度内的区域并有充足的流动厚度时,没有河道产生。当流量太小时,浊流中的泥沙沉降太快,浊流在运动 1～2m 后消失,也没有河道产生。因此河道只有在特定的坡度和泥沙条件下,在一个特定的浊流流量范围内产生。

实验表明大的泥沙粒径需要大的浊流流量,大的底坡坡度需要小的浊流流量。

图 6.25 是底坡坡度为 0.3% 的第 29 次侵蚀型水下河道实验结果图。图中显示河道有轻微的弯曲,河道有分叉和合并,也有小河道在大河道中存在。实验流量为 0.013L/s,实验泥沙是碳酸钙粉。河道的深度在不同的位置是变化的。基于仅在取样点附近测了河道的深度,河道的宽深比只能粗略地给出为 5～50。在河道处的浊流运动速度采用浊流头部速度:0.0053m/s。图 6.25 中没有发现沉积型河道,所有的河道都是侵蚀型河道。水下扇上也没有发现河堤的存在。

图 6.26 是底坡坡度为 2% 的第 18 次沉积型水下河道实验结果图。图中显示河道有轻微的弯曲。图 6.27 是底坡坡度为 15% 的第 24 次沉积型水下河道实验结果图。图中显示河道较直,有小河道在大河道中存在。实验泥沙是硫酸钡粉。图 6.28 是底坡坡度为 6% 的第 11 次沉积型水下河道实验结果图。图中显示河道有轻微的弯曲。图 6.29 是底坡坡度为 1% 的第 20 次沉积型水下河道实验结果图。图中显示河道有轻微的弯曲,河道分叉成为两个河道。在第 11、18 和 20 次实验中,实验泥沙是石英粉。在第 24、11、18 和 20 次实验中,实验流量分别是 0.094、0.047、0.119 和 0.099L/s。河道的深度在不同的位置是变化的。基于仅在取样点附近测了河道的深度,河道的宽深比只能估计分别为 13～81(第 24 次实验),80～440(第 11 次实验),67～333(第 18 次实验)和 62～192(第 20 次实验)。在第 11、18 和 20 次实验中,在河道处的浊流运动速度采用浊流头部速度分别为:0.025、0.022 和 0.011m/s。图 6.26～图 6.29 都是沉积型河道。

图 6.30 显示河道中和河堤上取样样品的颗粒分布的标准偏差非常接近用于实验的泥沙的标准偏差。在水下河道的形成过程中不仅在河道中,河堤上也没有分选。图 6.31 给出了河道中和河堤上的颗粒分布中的 D_{50}。所有的 D_{50} 都在用于实验的泥沙颗粒分布的 D_{25} 和 D_{75} 之间。

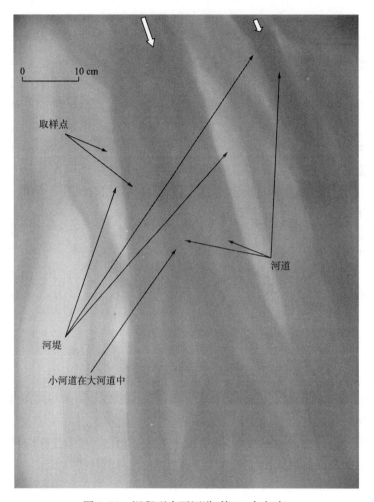

图 6.27　沉积型水下河道(第 24 次实验)

河道底坡坡度为 15%(流向在图片上为从上到下),河道宽度为 4~25cm,长度最大为 2.5m,河道的深度为3.1mm(在取样点附近)。白色箭头方向为浊流的流动方向。水池的上游边壁在图片的上方

　　在水下河道形成的式(6.37)中,有四个重要参数:S,底坡坡度;Q,浊流流量,m^3/s;V_c,颗粒沉降速度,m/s;D_c,颗粒粒径,m。在实验中,S 是形成水下河道的底坡坡度,Q 是引入的浊流流量(m^3/s),V_c 是河道中的颗粒沉降速度(m/s),D_c 是河道中的平均颗粒粒径(m)。D_c(m)作为颗粒粒径用于 V_c(m/s)的计算中。在表 6.6 中仅 10个河道有取样,因此从这些样品中仅能获得 10 个 D_c(m)值。

　　因为本节着重研究沉积型河道,因此侵蚀型河道的数据被定义为无河道。通过式(6.37)和回归分析表 6.5 有取样的成功获得了河道的数据,由浊流形成沉积型水下河道的函数关系条件如下:

$$S = a \left(\frac{D_c^2 V_c}{Q} \right)^{0.325} \tag{6.38}$$

式中,a 为系数,当 $a=85.8$ 时,相关系数 $R^2=0.937$。

　　图 6.32 给出了实验中水下河道的坡度、泥沙中值粒径、泥沙沉降速度和浊流流量的关系。泥沙的平均粒径包括河道中和用于实验的泥沙平均粒径。图 6.32 包括了 102 次实

验的数据：沉积型河道数据、无河道(包括侵蚀型河道)数据，取样和用于实验的泥沙数据。为了缩小河道形成的条件，采用一个形成带圈定河道的形成条件。当式(6.38)中的系数 $a=85.8$ 时，获得形成河道带的中心线；$a=85.8/2.3=37.3$ 时，得到形成河道带的下线；$a=2.3×85.8=197.3$ 时，得到形成河道带的上线。实验中在一定的底坡坡度和颗粒粒径条件下，仅在一定范围内的浊流流量时才能获得水下河道。要获得水下河道，不同的底坡坡度或颗粒粒径，需要不同的浊流流量。式(6.38)中的河道形成条件系数 a 在 $37.3\sim197.3$。

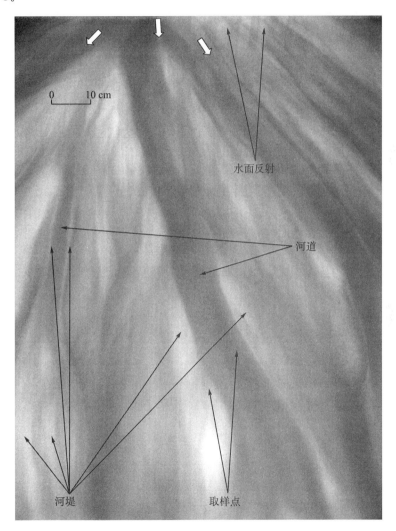

图 6.28 水下沉积型河道(第 11 次实验)

河道底坡坡度为 6%(流向在图片上为从上到下)，河道宽度为 4～22cm，长度最大为 1m，河道的深度为 0.5mm (在取样点附近)。白色箭头方向为浊流的流动方向。水池的上游边壁在图片的上方

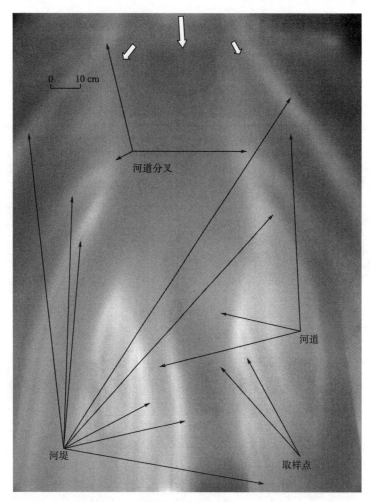

图 6.29　沉积型水下河道（第 20 次实验）

河道底坡坡度为 1‰（流向在图片上为从上到下），河道宽度为 8~25cm，长度大于 3m，河道的深度为 1.3mm（在取样点附近）。白色箭头方向为浊流的流动方向。水池的上游边壁在图片的上方

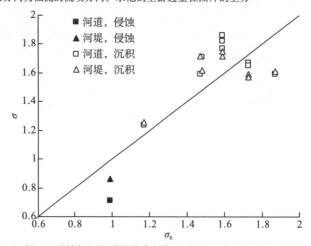

图 6.30　河道中和河堤上取样样品的颗粒分布的标准偏差 σ 与用于实验的泥沙标准偏差 σ_0 关系
侵蚀和沉积分别指侵蚀型河道和沉积型河道

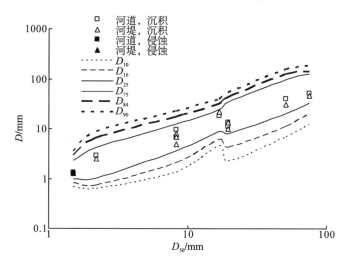

图 6.31　河道中及河堤上泥沙的 D_{50} 关系

D_{50} 为泥沙的中值粒径，D 是河道中和河堤上的中值粒径(D_{50})(分别为方形和三角形)，或是用于实验中泥沙的 D_{10}、D_{16}、D_{25}、D_{75}、D_{84} 和 D_{90}(颗粒质量分别小于 10％、16％、25％、75％、84％和 90％的粒径)(线段)。图中侵蚀和沉积分别指侵蚀型河道和沉积型河道数据

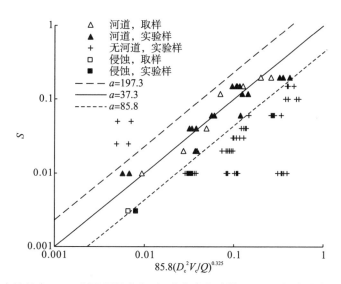

图 6.32　底坡坡度(S)、泥沙颗粒粒径(河道中或实验样，D_c)、沉降速度(由河道中或
实验样的 D 计算，V_c)以及浊流流量(Q)关系

所有数据来自实验，包括沉积型河道与无河道(含第 28 和 29 次实验的侵蚀型河道)数据。没有取样的也在图中，其中值粒径用实验泥沙的中值粒径替代。a 为式(6.38)中的系数

　　实验中一般还有河道中的颗粒粒径大于河堤上的颗粒粒径，这点在野外也有同样的现象(Piper and Normark，2003；Pirmez and Imran，2003)。用 Stokes 定律计算颗粒的沉降速度仅在 Reynolds 数≤0.4 时成立，这在一般温度下最大颗粒粒径是 0.076mm(钱宁和万兆惠，1980)。D_0 为使用 Stokes 方程的分界粒径，为 0.076mm。引入一个无量纲参数：$D^* = D/D_0$。图 6.33 给出了在河道中和河堤上的颗粒粒径关系。这种关系可以用下式表示：

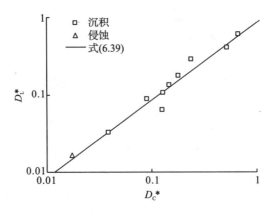

图 6.33 河道中和河堤上的颗粒粒径关系

沉积和侵蚀分别代表数据来自沉积型河道和侵蚀型河道数据

$$D_L^* = 0.85 D_C^* \tag{6.39}$$

式中，D_L^* 为河堤上无量纲泥沙颗粒中值粒径；D_C^* 为河道中无量纲泥沙颗粒中值粒径。

所有无量纲中值粒径都小于 1，这意味着所有的颗粒中值粒径都符合使用 Stokes 定律计算颗粒沉降速度的条件。

6.5.4 相似性

表 6.7 列出了一些浊流和水下河道的野外原型数据，包括底坡坡度、河道中及河堤上的颗粒粒径。式(6.38)和图 6.31 描述了实验中水下河道的形成条件。在没有考虑浊流体积浓度和扇的宽度条件下，野外原型观测数据也和式(6.38)和图 6.31 相吻合。图 6.34 给出了野外观测的水下河道坡度、河道中泥沙中值粒径、河道中泥沙沉降速度以及浊流流量的关系。根据浊流与产生浊流的河流流量有同样的数量级（Pirmez and Imran，2003），浊流流量取河道流量相同的值。我国云南洱海的阳溪、茫涌溪和清碧溪的河流流量是观测到的最大年流量，而其他河流的流量是年平均流量。

表 6.7 河道和河堤原型数据[①]

位置	流量/(m³/s)	S 坡度	D/mm[②]	V/(cm/s)[③]	取样号	取样位置
阳溪(洱海)	75[a]	0.055[a]	0.31[a]	4.16	—	河道[⑤]
茫涌溪(洱海)	21.8[a]	0.02[a]	0.103[a]	0.77	—	河道[⑤]
清碧溪(洱海)	40[a]	0.027[a]	0.122[a]	1.05	—	河道[⑤]
Amazon 扇	130000[b]	0.0032[c]	0.45[c]	6.05	934(pre-cutoff)[c]	河道[⑤]
Amazon 扇	130000[b]	0.0035[c]	0.78[c]	9.26	935(Orange)[c]	河道[⑤]
Amazon 扇	130000[b]	0.0022[c]	0.15[c]	1.5	943(Amazon)[c]	河道[⑤]
Amazon 扇	130000[b]	0.0017[c]	0.14[c]	1.33	945(older and Amazon)[c]	河道[⑤]
Amazon 扇	130000[b]	0.0017[c]	0.21[c]	2.53	946(older)[c]	河道[⑤]
Zaire 扇	42800[b]	0.0017[d]	0.094[e④]	0.65	Kzai06[e]	河道[⑤]
Orinoco 扇	35000[f]	0.001[g]	0.032[g]	0.09	TG1[g]	河道[⑥]
Orinoco 扇	35000[f]	0.001[g]	0.061[g]	0.33	TG4[g]	河道的北侧[⑥]

续表

位置	流量/(m³/s)	S 坡度	D/mm[②]	V/(cm/s)[③]	取样号	取样位置
阳溪(洱海)	75[a]	0.055[a]	0.12[a]	1.02	—	河堤[⑤]
茫涌溪(洱海)	21.8[a]	0.02[a]	0.042[a]	0.16	—	河堤[⑤]
清碧溪(洱海)	40[a]	0.027[a]	0.051[a]	0.23	—	河堤[⑤]
Amazon 扇	130000[b]	0.0035[c]	0.144[c]	1.4	935(Aqua)[c]	河堤[⑤]
Amazon 扇	130000[b]	0.0022[c]	0.072[c]	0.47	943(older)[c]	河堤[⑤]
Amazon 扇	130000[b]	0.0017[c]	0.041[c]	0.15	946(Amazon)[c]	河堤[⑤]
Zaire 扇	42800[b]	0.0017[d]	0.05[e]	0.22	Kzai04[e]	河堤末端[⑤]

注：①泥沙容重取 2.65。②当取样点在河道中时，$D=D_C$；当取样点在河堤上时，$D=D_L$。③当取样点在河道中时，$V=V_C$；当取样点在河堤上时，$V=V_L$。④无结构细沙：颗粒粒径范围为 0.0625～0.125mm，中值粒径取算术平均值 D_{50} 为 0.094mm。⑤沉积型河道。⑥侵蚀型河道。

资料来源：a. 中国科学院南京地理与湖泊研究所等，1989；b. Mulder et al.，2003；c. Pirmez and Imran，2003；d. Babonneau et al.，2002；e. Gervais et al.，2001；f. Latrubesse et al.，2005；g. Gonthier et al.，2002。

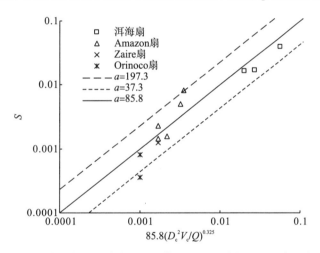

图 6.34　野外观测的水下河道坡度、河道中泥沙中值粒径、河道中泥沙沉降速度以及浊流流量的关系
a 为式(6.38)中的系数

　　野外观测到的河道中与河堤上的颗粒粒径关系与实验结果并不一致。图 6.35 给出的河道中的无量纲中值粒径都大于 1，但大多数河堤上的无量纲中值粒径都小于 1。其原因有：实验中的河道与河堤的沉积都是同一时间段发生的，但野外的河道与河堤的沉积不是同一时间段发生的，不是在同一河道形成过程中的沉积泥沙。

　　Froude 相似是用于河流动力学实验到野外原型量的相似的标准工具(Kostic et al.，2002)。Yu 等(2006)在浊流和稀释的泥流自形成河道的实验研究中采用了 Froude 相似。动力相似的关键点在于野外(原型)和实验尺度下的关键无量纲量的一致。在浊流情况下，关键的参数 Froude 数 Fr_d 表达如下：

$$Fr_d = \frac{U}{\sqrt{RgCH}} \tag{6.40}$$

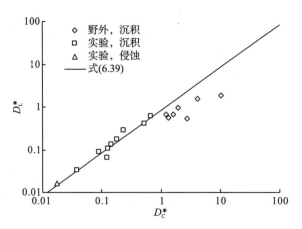

图 6.35　河堤上和河道中泥沙颗粒粒径关系

实验是指数据从实验中获得；野外是指数据从原型中获得。沉积和侵蚀分别指实验中的沉积型和侵蚀型数据。所有的原型数据均为沉积型河道数据

式中，U 为特征流体速度，m/s；H 为特征流体厚度，m；C 为特征泥沙悬浮体积浓度；R 为水下泥沙容重，$R=(p_s-\rho)/\rho$。

Froude 数给出了作用在浊流上的内力与重力之比。Froude 相似需要满足：

$$(\mathrm{Fr_d})_p = (\mathrm{Fr_d})_m \tag{6.41}$$

式中，下标"p"为"原型"；下标"m"为"模型"，即这里所指的实验。变态和正变态的 Froude 相似被用于模型的比例放大中，相对应的是水平放大尺度与垂直放大尺度的不同（变态）和相同（正态）关系。

以 λ_V 代表垂直方向的放大因素，这样在垂直方向上模型和原型的长度 H 的关系为

$$(H)_p = \lambda_V(H)_m \tag{6.42}$$

以 λ_H 代表水平方向的放大因素，这样在水平方向上模型和原型的长度 L 的关系为

$$(L)_p = \lambda_H(L)_m \tag{6.43}$$

由于坡度 S 的定义为垂直距离除以水平距离，因此模型与原型的坡度关系为

$$(S)_p = \frac{\lambda_V}{\lambda_H}(S)_m \tag{6.44}$$

采用 Graf（1971）定义的相似系统中常数 R 和泥沙体积浓度 C 在模型和原型中一致的方法，可以得到相似关系：

$$(H)_p = \lambda_V(H)_m, (L)_p = \lambda_H(L)_m, (h)_p = \lambda_V(h)_m, (W)_p = \lambda_H(W)_m,$$

$$(U)_p = \lambda_V^{\frac{1}{2}}(U)_m, (t)_p = \lambda_V^{\frac{1}{2}}(t)_m, (Q)_p = \lambda_H\lambda_V^{\frac{3}{2}}(Q)_m, (v_s)_p = \lambda_V^{\frac{1}{2}}(v_s)_m$$

$$\tag{6.45}$$

式中，L 为河道长度，m；h 为河道深度，m；W 为河道宽度，m；t 为特征时间，h；Q 为流体流量，引入流量，$\mathrm{m^3/s}$；v_s 为泥沙沉降速度，m/s。

由于沉降速度是代表泥沙悬浮的特定参数，因此沉降速度比颗粒粒径更适合于相似性研究。

一般地，浊流的厚度随浊流流量的增大而增大（Yu et al.，2006）。在本节实验中没有详细地测量浊流的厚度。Yu 等（2006）估计在浊流流量为 $0.025\sim0.05\mathrm{L/s}$ 时，浊流厚度约为 $0.01\mathrm{m}$。在研究中成功获得河道的实验中，流量范围为 $0.011\sim0.292\mathrm{L/s}$，浊流厚

度范围估计在 0.005~0.05m。第 11、18、20 和 29 次模型实验中，浊流的流量分别为
0.047、0.119、0.099 和 0.013L/s，因此粗略地估计浊流的厚度分别为 0.01、0.025、
0.02 和 0.005m。因为很难确定不同的泥沙粒径的浊流在不同位置的浓度，泥沙体积浓
度采用一个固定值，即引入时的浓度 $C=10\%$。浊流的速度采用在形成河道处浊流的头
部速度：第 11、18、20 和 29 次实验的浊流速度分别为 0.025、0.022、0.011 和
0.0053m/s。当 Froude 数接近 1 时，浊流的头部速度接近于浊流的主体速度，头部速度
与主体速度比随 Froude 数的增加而降低（Middleton，1966；钱宁和万兆惠，1980）。本
书中的浊流实验为缓流，浊流的主体速度可以近似等于浊流头部速度。

　　第 11、18、20 和 29 次实验的放大原型分别是阳溪水下扇、茫涌溪水下扇、Cadiz 水
下扇和 Orinoco 水下扇（河道）。在阳溪水下扇、茫涌溪水下扇和 Cadiz 水下扇的正态
Froude 相似放大中，放大比例分别为 300、150 和 1000。在 Orinoco 水下扇（河道）的变
态 Froude 相似放大中，垂直和水平放大比例分别为 5000 和 15000。式（6.45）的放大结果
见表 6.8。除了沉降速度、颗粒粒径、河道长度和河道宽深比外，其他所有的放大数据
与原型相比相当好。对于沉降速度和颗粒粒径，可能的原因是野外的颗粒是最大的颗粒
粒径，而实验中是取样的中值粒径。用式（6.38）和式（6.39）作为放大公式放大实验结果
[由式（6.45）放大 S 和 Q（m³/s）]，放大的沉降速度和颗粒粒径与在河道中的沉降速度和
颗粒粒径对比非常好，在河堤上对比则非常接近（表 6.8）。Cadiz 水下扇放大的河道长度
比实际的短，可能是由于实验中频繁地迁移和改变河道。模型放大与原型对比中扇宽度
都非常接近，除了 Cadiz 水下扇外，其模型放大与原型的差别达到两个数量级。在侵蚀
型河道的放大与原型对比中有一些误差，本节关注的是沉积型河道。

　　图 6.36 给出了河道宽深比与河道坡度的关系。表 6.8 给出了实验的宽深比范围。在
图 6.36 中第 11、18、20 和 29 次实验在取样点附近的宽深比分别为 200、65、161 和 31。
表 6.8 中的阳溪水下扇、茫涌溪水下扇、Cadiz 水下扇和 Orinoco 水下扇（河道）的平均宽
深比在图 6.36 中分别为 295、90、28 和 350。实验放大的阳溪水下扇和茫涌溪水下扇宽
深比接近。但是在 Cadiz 水下扇有很大的不同，实验放大的宽深比较野外原型大很多。
相反的，在 Orinoco 水下扇，野外原型比实验放大的宽深比大很多。

表 6.8　放大结果

参数	阳溪[a]	茫涌溪[a]	Cadiz 扇[b]	Orinoco 扇（河道）[c]
放大因子 l_V	300	150	1000	5000
放大因子 l_H	300	150	1000	15000
放大的实验次号	11	18	20	29
坡度（实验）	0.06	0.02	0.01	0.003
坡度（放大）	0.06	0.02	0.01	0.001
坡度（原型）	0.055	0.02	0.01	0.001
Fr_d（实验）	0.2	0.11	0.06	0.06
Fr_d（放大）	0.2	0.11	0.06	0.06
Fr_d（原型）	—	—	—	—
扇宽度（实验，m）	2	2	2	2

参数	阳溪[a]	茫涌溪[a]	Cadiz 扇[b]	Orinoco 扇（河道）[c]
扇宽度（放大，km）	0.6	0.3	2	30
扇宽度（原型，km）	0.93	0.83	200[d]	100
体积浓度（实验）	0.1	0.1	0.1	0.1
体积浓度（放大）	0.1	0.1	0.1	0.1
体积浓度（原型）	—	—	—	—
流体厚度（实验，m）	0.01	0.025	0.02	0.005
流体厚度（放大，m）	3	3	25	25
流体厚度（原型，m）	—	—	—	—
河道宽度（实验，m）	0.04～0.22	0.04～0.2	0.08～0.25	0.01～0.1
河道宽度（放大，m）	12～66	6～30	80～250	150～1500
河道宽度（原型，m）	118	20～87.5	30～150	15000～20000
河道深度（实验，m）	0.0005	0.0006	0.0013	0.0021
河道深度（放大，m）	0.15	0.09	1.3	10.5
河道深度（原型，m）	0.4	0.1～0.6	5	50
河道宽深比（实验）	80～440	67～333	62～192	5～50
河道宽深比（放大）	80～440	67～333	62～192	14～143
河道宽深比（原型）	295	33～146	6～50	300～400
河道长度（实验，m）	1	1.2	>3	>0.8
河道长度（放大，m）	300	180	>3000	>12000
河道长度（原型，m）	120	300	>5000	>100000
速度（实验，m/s）	0.025	0.022	0.011	0.0053
速度（放大，m/s）	0.43	0.27	0.35	0.37
速度（原型，m/s）	—	—	—	—
时间（实验，h）	0.6	0.2	0.3	2.7
时间（放大，h）	10	3	9	191
时间（原型，h）	—	—	—	～
流量（实验，m³/s）	0.000047	0.000119	0.000099	0.000013
流量（放大，m³/s）	73.3	32.8	3131	68943
流量（原型，m³/s）	75	21.8	—	35000[e]
河道中的 D_{50}（实验，mm）	0.0096	0.0069	0.0029	0.0013
河道中的 D_{50}（放大，mm）	0.04	0.024	0.016	0.011
河道中的 D_{50}（放大，mm）[①]	0.5	0.14	0.29	0.085
河道中的 D_{50}（原型，mm）	0.31	0.103	0.36[f]	0.032
河道中沉降速度（实验，cm/s）	0.0083	0.0043	0.00076	0.00015
河道中沉降速度（放大，cm/s）	0.144	0.053	0.024	0.106
河道中沉降速度（放大，cm/s）[①]	6.23	1.33	3.85	0.65

参数	阳溪[a]	茫涌溪[a]	Cadiz 扇[b]	Orinoco 扇（河道）[c]
河道中沉降速度（原型，cm/s）	4.16	0.77	4.89	0.092
河堤上的 D_{50}（实验，mm）	0.0049	0.0068	0.0025	0.0013
河堤上的 D_{50}（放大，mm）	0.021	0.024	0.014	0.011
河堤上的 D_{50}（放大，mm）[②]	0.43	0.12	0.25	0.77
河堤上的 D_{50}（原型，mm）	0.12	0.042	—	—
河堤上沉降速度（实验，cm/s）	0.0022	0.0042	0.00056	0.00015
河堤上沉降速度（放大，cm/s）	0.038	0.051	0.018	0.0106
河堤上沉降速度（放大，cm/s）[②]	4.49	0.96	2.77	0.53
河堤上沉降速度（原型，cm/s）	1.02	0.16	—	—

注：实验数据均为本书实验数据。放大数据为用式（6.45）计算数据。原型数据为野外观测数据。①由式（6.38）计算。②由式（6.39）计算。

资料来源：a. 中国科学院南京地理与湖泊研究所等，1989；b. Yu et al.，2006；c. Gonthier et al.，2002；d. Hanquiez et al.，2007；e. Latrubesse et al.，2005；f. Medium sediment，Yu et al.，2006。

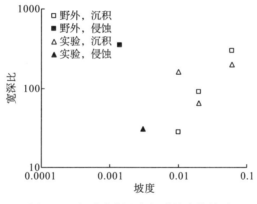

图 6.36　河道宽深比与河道坡度的关系

实验的宽深比在取样点附近。野外宽深比为野外观测数据平均值。沉积和侵蚀分别为沉积型和侵蚀型河道数据

6.5.5　小结

　　图 6.30 和图 6.31 给出了所有的取样泥沙颗粒中值粒径，它们都在实验样泥沙颗粒的 D_{25} 和 D_{75} 之间。其原因是河道的形成需要如式（6.38）和图 6.32 的条件——一个颗粒粒径、流量和坡度的合理组合。在实验中坡度是固定的，而且实验过程中的地貌变化微不足道。引入的浊流流量是准恒定流。在式（6.38）中，颗粒粒径指的仅是一个粒径值——中值粒径 D_{50}，但在实验中所用的泥沙颗粒粒径却是一个范围。一方面，泥沙中的大颗粒在引出的浊流出口附近沉积，而细颗粒悬浮在浊流中最终流出实验扇的下游。仅有一部分颗粒粒径合适的泥沙可以形成河道。泥沙的分选过程使泥沙的范围更窄，造成河道的泥沙颗粒中值粒径都在实验样泥沙颗粒的 D_{25} 和 D_{75} 之间。另一方面，所有实验中使用的泥沙总量在 10L 量级，但实验扇（实验底板）的面积是 10m²，如果浊流均匀地沉积在扇上所有的位置，且没有泥沙流出扇外，在扇上沉积的平均厚度仅有 1mm 量级。因

此需要满足一定的泥沙量才能形成河道。为了能有足够的泥沙沉积并形成河道，能形成河道的较窄的中值粒径范围必须接近于实验泥沙的中值粒径：在实验样泥沙颗粒的 D_{25} 和 D_{75} 之间。如果在给定的坡度和流量条件下实验泥沙的中值粒径过大，如在图 6.32 中形成带的下线的下方，过多的泥沙在引出的浊流出口附近沉积而没有河道形成。相反的，过多的泥沙流出实验扇的下游，同样也没有河道形成。这个结果表明，如果实验所用泥沙体积有限，那么实验所用泥沙需要精心挑选以符合河道形成条件：从式(6.38)和图 6.32 获得河道的泥沙颗粒中值粒径应该在实验泥沙颗粒的 D_{25} 和 D_{75} 之间。由于自然的浊流中泥沙有一个较大的颗粒粒径范围，河道形成条件在野外原型可能并不存在。在浊流中可能总有足够的泥沙在需要的粒径范围中。在野外的河道形成过程中，仅有满足式(6.38)和图 6.32 的那部分泥沙能沉积在河道和河堤中。这样可以使我们在给定的浊流流量和确定地点有确定的坡度条件下，预测河道和河堤沉积的泥沙颗粒粒径。

本节中在河堤上的沉积泥沙颗粒粒径与预先期望的不一样，河堤上的泥沙粒径很接近河道中的泥沙粒径。Straub 等(2008)报道了在弯道内岸的泥沙比中线和外岸的泥沙细小，其原因是泥沙来源少。在弯道有一流体区，在分离区内泥沙仅处于一个较窄的范围，都是细颗粒。Pirmez 和 Imran(2003)指出在浊流中的推移质——沙都在河道中相对较低的位置运动。而较细的泥则在较上部运动并占据了浊流在河道中溢流中的大部分。野外河道的宽深比较小，因此很少有粗颗粒悬浮在浊流的上部并溢流在河道外，其结果就是河堤由细颗粒组成。在本书的实验中，河道的宽深比较大。溢流出河道的泥沙接近于河道中的泥沙，其结果就是实验中河堤和河道的泥沙很接近。在窄深河道中研究河堤和河道的泥沙粒径将有助于对这个问题的深入了解。

许多成熟的河道与河堤系统都是小的宽深比(Peakall et al.，2000；Babonneau et al.，2002；Ericilla et al.，2002；Gonthier et al.，2002；Greene et al.，2002；Normark et al.，2002；Fildani and Normark，2004；Cronin et al.，2005；Estrada et al.，2005；Fildani et al.，2006)：从宽深比小于 10 到宽深比在 10~100(典型的值在 5~30)。在湖泊中相对年轻的扇系统下，宽深比相当大(中国科学院南京地理与湖泊研究所等，1989)：典型的值在 50~300。在一些大型的深海扇上，宽深比也很大。例如，Amazon 扇在 ODP 930 钻探河道(Normark et al.，2002)，Orinoco 扇在 Demerara 大陆隆河道(Gonthier et al.，2002)，还有 Magdalena 浊积系统的孤立堤河道(Ericilla et al.，2002)都是大宽深比。Peakall 等(2000)描述了年轻的 Mississippi 扇河道从早期到稳定的发展形成过程：早期刚形成的河道具有大宽深比的低矮河道侧壁，到成熟期的具有较小宽深比的高深河道侧壁。正如实验研究一样，野外河道的宽深比随时间的推移宽深比逐渐变小，直至达到平衡的宽深比为止。本节中实验的时间有限，但表 6.8 中放大的实验时间可以帮助我们了解宽深比的发展过程。放大的阳溪水下扇、茫涌溪水下扇、Cadiz 水下扇和 Orinoco 水下扇(河道)时间分别为 10、3、9 和 191h。对于阳溪水下扇和茫涌溪水下扇，洪水产生浊流的持续时间约数小时。Amazon 扇浊流的持续时间在 86~173h(Pirmez and Imran，2003)。对于 Orinoco 扇，其浊流的持续时间应该在同一数量级。实验成功地模拟了阳溪水下扇、茫涌溪水下扇和 Orinoco 水下扇(河道)的一次浊流过程，但明显地在 Cadiz 水下扇的模拟时间太短，Cadiz 扇的浊流持续时间应该在数十小时。模拟的阳溪水下扇和茫涌溪水下扇河道宽深比相当接近：实验的宽深比分别为 80~440 和 70~330(取样点的值分别为 200 和 65），野外宽深比分别为 295 和 30～150（平均值分别为 295 和 90）。这是因为阳溪水下扇和茫涌溪水下扇是相对年轻的水下扇，河道有较大的宽深比，而实验模拟了一次浊流过程并形成了大的宽深比河道。在 Cadiz 扇的研究对比中，实验的宽深比（范围为 62～195，取样点值为 160）远比野外宽深比大（范围为 6～50，平均值为 28），其原因是较短的浊流时间不能形成像 Cadiz 扇一样宽深比较小的河道。而 Orinoco 扇的河道宽深比（范围为 300～400，平均值为 350）较大可能因为是早期阶段，而实验的宽深比（范围为 14～143，平均值为 80）比野外值小。不可能在 Orinoco 扇河道中实验获取较小的宽深比的原因有：①实验过程仅是一次实验过程；②河道是侵蚀型河道，而其他的河道是沉积型河道。要获取更多的河道宽深比的结果，研究短历时和长历时的河道宽深比很有必要。

河道的宽深比是河道地貌的重要特征。河道的溃堤也是深海扇河道地貌的主要现象之一（Pirmez and Flood，1995；Manley et al.，1997；Peakall et al.，2000；Pirmez and Imran，2003；Estrada et al.，2005）。由于实验中的强烈动力过程，河道的溃堤和迁移频繁地在实验中发生（Yu et al.，2006）。特别是缺少黏土矿物和快速的变化过程使得无溃堤和形状完好的河堤很难形成。在实验过程中，粗颗粒在浊流的出口附近沉积并形成凹陷，当水和泥沙的混合物流过凹陷后，清晰的浊流就形成了。尽管每次实验过程中的流量几乎是不变的，但粗颗粒的沉积改变了凹陷的形状，凹陷的形状控制着浊流的流量，这使得浊流的流量和流动方式也随凹陷在变化。河道在凹陷的下游 0.5m 或更远处形成。频繁变化的浊流的流量和流动方式也为溃堤和迁移提供了动力条件，许多分支浊流在不同的时间形成了河道（图 6.26，图 6.28）。变化的浊流流量产生了新的河道地貌平衡并形成河道的迁移（图 6.26，图 6.29）。这类现象在野外极端的事件引起很大的浊流时也会发生。很大的浊流伴随有很高的浊流容重和速度（Pirmez and Imran，2003）。由以前的浊流河道形成的平衡被打破，并形成河道迁移（Pirmez and Flood，1995；Manley et al.，1997；Pirmez and Imran，2003）。在稍大的浊流通过弯道时不能被约束在弯道中并分开成两部分，也可能形成河道的迁移（Peakall et al.，2000）。

河道最重要的地貌特征是河道类型：沉积型、侵蚀-沉积型，或侵蚀型。本节主要关注沉积型河道，但在第 28 和 29 次实验中有侵蚀型河道产生。这类侵蚀型河道是侵蚀底床形成的。侵蚀泥沙组成的底床可以由无量纲的 Shields 应力表示（Metivier et al.，2005）：

$$\tau^* = \frac{(\rho_f - \rho)HS}{(\rho_s - \rho)D} \tag{6.46}$$

式中，τ^* 为无量纲 Shields 应力；ρ_f 为浊流容重。

Metivier 等（2005）的实验中无量纲 Shields 应力 τ^* 的估计值为 30～40 量级，Zaire 扇有同样量级或更大的值。Toniolo 和 Cantelli（2007）的实验中产生侵蚀型河道的浊流无量纲 Shields 应力在 35 左右。但在第 29 次实验中，无量纲 Shields 应力仅有 1.2。而在 Metivier 等（2005）和 Toniolo 和 Cantelli（2007）的实验中底床由无黏性泥沙组成。在本书的实验中，静电的细泥有絮凝现象，因此黏结力在形成侵蚀型河道中是一个很重要的因素。无量纲 Shields 应力原理还无法解释第 29 次实验中侵蚀型河道的形成，特别是在本书的实验中泥沙颗粒非常细。

实验和野外观测都发现河道的形成和发展是非常强烈的动力过程(Pirmez and Flood，1995；Manley et al.，1997；Peakall et al.，2000；Pirmez and Imran，2003；Estrada et al.，2005；Yu et al.，2006)。沉积型河道的形成条件主要描述了水下河道形成和发展的环境条件。这些条件包括浊流的特征和表面坡度，最终得到确定的河道尺度以及河道中和河堤上的泥沙粒径。形成河道的动力过程以及实验室尺度下河道形成条件的结果可以帮助了解河道的迁移、溃堤和泥沙颗粒分布等。但是还有一系列问题，诸如河道的宽深比、河道发育阶段与类型以及河道中与河堤上的泥沙颗粒分布等问题还没有解决。有一些影响因素，如扇的宽度、浊流体积浓度、水的动力黏性系数、颗粒容重以及环境液体容重等还需要研究以获得对沉积型河道形成机理的全面了解。

实验研究给出了什么样的浊流条件能形成河道的部分解答。式(6.38)给出了浊流形成水下沉积型河道的条件，正确的浊流流量、浊流运动的底坡坡度、泥沙沉降速度和浊流中的泥沙颗粒粒径范围的组合才能形成河道。要获得水下河道，不同的底坡坡度或颗粒粒径，需要不同的浊流流量范围。形成河道时，底坡坡度越大，所需要的浊流流量越小；泥沙颗粒粒径越大，所需要的浊流流量越大。尽管野外的尺度比实验室的尺度大2~4个数量级，水下沉积型河道的形成条件是一样的。在实验中得到的河道仅有略微的弯曲，实验河道还不能完美地与野外近似。但是像这些实验的完美近似既不可能也不必要(Paola et al.，2009)。实验研究的结果为河道的形成指明了一条可行之路，无量纲分析和无量纲参数表明了形成河道条件的正确方向。对于河道的宽深比、河道的阶段和类型、河道中与河堤上的颗粒粒径分布等问题显示在野外近似中，本节研究还有局限性。浊流的泥沙体积浓度、扇的宽度、水的动力黏性系数、颗粒的容重以及环境流体的容重等因素在Buckingham原理分析中被设定为常数。这些假定使对于完全了解河道的形成机理还存在局限性。总之，浊流形成水下河道条件的研究提供了一条令人振奋之路，并展现了充满希望的未来。

第7章 重大泥石流事件调查实例研究

7.1 汶川震区北川9·24暴雨泥石流特征研究

2008年9月24日汶川地震区中心位置的北川一带突降暴雨，导致区域性泥石流的暴发，位于北川老县城附近的西山坡沟暴发大规模泥石流过程，泥石流冲入县城，几乎全部淤埋老县城，给今后北川县城遗址纪念馆的建设带来了很大的困难。原北川中学后山任家坪沟暴发泥石流，掩埋村庄和原北川中学宿舍区，并直接威胁其下游居住有300多人的灾民安置区。这次9·24暴雨泥石流灾害导致了42人死亡和失踪，通往乡村的道路几乎被泥石流全毁，使4000多人被围困山里。此外，沿湔江等河流两岸新暴发的泥石流比比皆是，多处堆积扇对主河道造成顶托，加之河流泥沙含量高，水位上涨快速，使两岸低地居民安置区被洪水淹没和道路毁坏等，人民的生命财产安全受到严重威胁。

笔者在灾后会同其他专家对泥石流重灾区进行了调查，对灾情进行了评估，分析了这次汶川地震后泥石流的空间分布特征和存在的潜在危险性，指导泥石流危险区群众的撤离，并部署监测预警等应急防灾减灾措施，以最大限度减轻泥石流的灾害。

本节主要采取野外调查方法对区域泥石流的分布、数量进行调查。选择典型的泥石流流域进行地面详细测量与调查，对泥石流起动区的物源条件、流通区和堆积扇特征进行分析。在流通区沟段选择保留泥石流泥痕的典型横断面进行测绘，为计算泥石流的流量和冲出量提供数据。

7.1.1 研究区

研究区处于汶川地震灾区的中心位置，距离成都以北160km，地理位置为东经103°44′～104°44′，北纬31°41′～32°14′，研究区东西方向长92km，南北长59km，总面积2865km²，人口约16.1万人。研究区出露的地层有寒武系、志留系、泥盆系、石炭系及新生界第四系松散堆积层。岩石类型包括寒武系的砂岩、砂页岩、泥质灰岩；志留系的板岩、千枚岩、灰岩；泥盆系和石炭系的碳酸岩盐；第四系松散堆积层广泛分布于河流两侧和山前沟口地带的阶地和洪积扇上。研究区地质构造以NE向为主，受构造走向控制，岩层走向亦以NE向为主。映秀-北川断层位于研究区东南部，是导致5·12汶川地震活动的断层。该断层为推覆逆冲断层，倾向NW，倾角60°～70°（图7.1）。

北川县地处四川盆地向川西高原的过渡带上，以山地为主，北西部为侵蚀构造高中山地形，中部为侵蚀构造中山地形，南东部主要为侵蚀溶蚀低中山地形。研究区最高山为位于西部的撮箕山，海拔高4036m；次高山为位于研究区南西部的铧头山，海拔高3997m；海拔最低处位于湔江，海拔高523m。湔江是研究区的主要河流，发源于研究区西北山区，从东南角流出，最后注入涪江；湔江在北川县内全长47.9km，流域面积

455.80km²，天然落差为 203m，湔江多年平均径流量 102.7m³/s，年平均输沙量 400万～500 万 t，流域内年平均侵蚀模数达 7072.61t/(km² · a)。

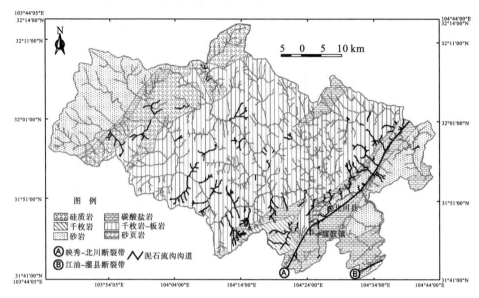

图 7.1　北川县地质特征和 9·24 暴雨泥石流分布图

研究区位于亚热带湿润季风气候区，多年平均气温 15.6℃（表 7.1）。该区又属四川区域著名的鹿头山暴雨区，雨量充沛，年均降水量 1399.1mm，年最大降水量 2340mm（1967 年）；降雨集中在 6～9 月（表 7.1），占全年降水量 83%，最大占 90%（1981 年）；从历年时间上看，图 7.2 反映了 1971～2000 年北川县 30 年的降水量分布特征，说明研究区年降雨分布不均；在空间分布上，北川区域具有东南向北西年均降水量变小的规律。

表 7.1　1971～2000 年北川县平均气温和降水量

月份	1	2	3	4	5	6	7	8	9	10	11	12	全年
气温/℃	5.3	7.0	11.3	12.9	20.4	21.6	24.4	24.4	20.2	16.0	11.3	6.8	15.6
降水量/mm	5.9	11.4	22.8	52.6	97.3	135.3	370.8	350.4	206.6	64.4	18.6	4.1	1399.1

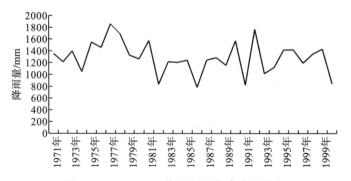

图 7.2　1971～1999 年北川县年降水量分布

7.1.2　9·24暴雨泥石流暴发的雨量临界条件

汶川地震前，研究区有两处气象站，分别是北川县城附近的北川观测站和擂鼓观测站，2008年5月12日地震后，由于气象观测仪器损坏，部分时段没有获取观测数据。地震后，在唐家山滑坡位置设置了自动气象观测站，用于监测堰塞湖水文动态变化和分析溃坝洪水的可能性。

2008年9月23日之前相当长一段时间降水量偏少，北川站观测的7月和8月降水量分别是125.7mm和234.7mm。上述雨量与表7.1中7、8月份的多年平均降雨量对比，北川站7、8月份雨量分别减少了66%和33%。9月1日至22日北川区域处于异常干燥期，北川站记录的雨量仅为57mm，擂鼓站记录的雨量仅为40mm。

泥石流发生的前一天，即9月23日，北川区域开始大面积降雨，唐家山自动雨量站记录是173.8mm，其小时雨强和累积雨量特征见图7.3(气象观测站的位置见图7.4)。擂鼓站和北川站以人工观测为主，部分时段缺报。9月24日凌晨0：00～5：00唐家山站记录雨量为57.9mm，可能最终诱发大范围泥石流的雨量是在5：00～6：00，其雨强达到41mm，图7.3反映了这种雨量分布特征，降水量为20年一遇。居住在任家坪一带的村民描述凌晨5：00多沟内响声如雷，地面颤动，大规模洪水夹杂着泥沙石块冲入老县城地震废墟，到了凌晨6：00多随后声音渐小，整个过程持续了近1h；天亮以后，沟内洪水仍然涨得较高，一直持续到10：00多。因此判断北川老县城附近的西山坡沟泥石流和擂鼓镇附近的赵家沟泥石流均是在9月24日凌晨5：00～6：00这一时段暴发的。

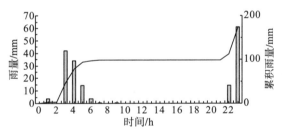

a. 2008年9月23日观测数据

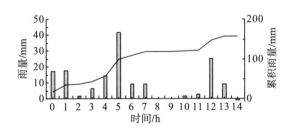

b. 2008年9月24日观测数据

图7.3　2008年9月23～24日唐家山雨量站降雨记录

笔者查阅了2003年的《北川县地质灾害调查与区划》[①]，并参考了泥石流发生临界雨量研究成果，震前数据表明该区域泥石流发生的前期累积雨量为320～350mm，泥石流发

---

① 四川省国土资源厅.2003.北川县地质灾害调查与区划.

生的临界雨强为 55～60mm/h。该区域泥石流发生的临界雨量在震前、震后有所变化，2008 年 9 月 23～24 日区域泥石流发生的前期累积雨量为 272.7mm，本次激发泥石流的临界雨强为 41mm/h。上述震前与震后泥石流发生的临界降雨条件有所变化，汶川地震后，该区域泥石流起动的前期累积雨量降低 14.8%～22.1%，小时雨强降低 25.4 %～31.6%。这种特征还表现在 1999 年台湾集集地震区，震后泥石流起动的小时雨强和临界累积雨量比震前降低 1/3(Lin et al. ，2003)。

7.1.3　区域泥石流分布规律

为了研究北川区域 2008 年 9 月 24 日降雨诱发的泥石流空间分布和特征，笔者主要沿公路和河流进行应急调查，共发现 72 条沟谷型泥石流(图 7.1，彩图 8)；坡面型泥石流分布广泛，数量众多，难以记数，作为今后进一步研究内容。

为了分析区内地层岩性对泥石流空间分布的影响，笔者将 9·24 暴雨泥石流源地位置与岩石类型分布进行了叠加，结果表明 46 处泥石流源区(64%)分布在志留系的千枚岩、板岩中，11 处泥石流源区(15%)分布在寒武系的砂岩、砂页岩中，仅有 8 处泥石流源区(11%)分布在泥盆系和石炭系的石灰岩中，此外还有 7 处泥石流源区(9%)分布在硅质岩中(图 7.1)。由于使用的地质图为 1∶10 万比例尺，所表示的第四系地层仅是沿主河分布的较大面积的图斑，在多数泥石流流域内无法确定其分布位置。上述统计说明千枚岩、板岩对于泥石流形成的敏感性最高，因为该区域历经构造运动，褶皱和断裂极为发育，从而导致千枚岩、板岩整体性很差，抗风化能力弱，往往形成较厚的风化层，吸水性和可塑性较大，易于风化成富含黏土矿物的物质，为泥石流的形成提供了大量松散物质。

从图 7.1 也可看出，绝大多数泥石流分布在映秀-北川断层的上盘，仅 7 条泥石流位于断层的下盘。泥石流沟在空间上呈现沿断层和河流呈"带状"分布特点，共有 17 条泥石流沟紧靠映秀-北川断层西北端呈"带状"展布；此外，泥石流沟沿湔江等河流两岸分布密度也较高；反映出断层和水系对泥石流空间分布特征的控制性。泥石流的流域面积从 0.3km² 到 26.3km² 不等，大约 50% 的泥石流流域面积小于 3km²，其中流域面积小于 1km² 的泥石流沟有 12 条(图 7.4)。

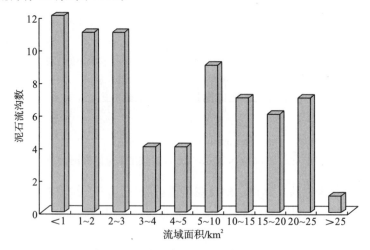

图 7.4　北川区域泥石流流域面积特征

7.1.4　泥石流形成特征分析

通过笔者对泥石流形成区源地的调查和分析，可以将泥石流起动机制概括为两大类：①经降雨作用形成的地表径流导致悬挂于斜坡上的滑坡体表面和前缘松散物质，向下输移，进入沟道后转为泥石流过程；②用"消防水管效应"(Coe et al.，1997；Griffiths et al.，2004)解释泥石流起动过程，首先是位于陡峻基岩流域上游暴雨产生的沟道径流如同"消防水管"导致水流快速集中，并强烈冲刷沟道中滑坡堆积体及其他松散固体物质，导致沟道固体物质起动并形成泥石流过程。

震区泥石流的形成发育最显著而典型的特点就是强震作用下为泥石流流域提供大量的松散固体物质来源(钟敦伦，1981)。野外调查发现研究区泥石流沟内地震诱发崩塌、滑坡等不良物理地质过程十分普遍，几乎每条泥石流沟上游谷坡均发育规模不同的斜坡失稳体，主要以两种方式补给泥石流，一是强震导致崩塌、滑坡整体失稳下滑，堆积于沟道中；二是上部岩体强烈变形并在局部产生位移后，"悬挂"于陡峻的斜坡上，一旦遭遇强降雨过程，或是整体下滑，或是滑坡表层及前缘松散体物质被输移到沟床中，参与泥石流的过程。此外，补给泥石流松散物质还包括沟谷两岸第四系松散堆积层或风化层，在强震作用下，表层整体结构遭到破坏，土体裂缝、孔隙增大，变得更加疏松，在降水或地表水渗入作用下，形成软弱带，极易产生表层侵蚀输入到泥石流沟道中。

根据我们对北川县城至擂鼓镇一带泥石流灾害现场调查发现，震后泥石流形成区的松散固体物质似乎特别多，以西山坡沟为例，该沟流域面积 $1.54km^2$，主沟长 2.3km；根据 0.5m 分辨率的震后 2008 年 5 月 18 日拍摄的航空图像分析，并结合实地调查，泥石流流域上游分布有两处平面面积大于 $100000m^2$ 的地震滑坡，另外有 10 多处规模较小的崩塌、滑坡(彩图 9)；对泥石流形成最有贡献的是分布在 950~1000m 处的滑坡整体下滑，滑体长 410m，宽 250m，平均厚度 10~15m，由此估计该滑坡体积大约为 110 万 m^3；由于滑坡几乎整体下滑并严重堵塞沟道，沿沟道堆积长度约 120m，堆积高度 5~10m。另外一处滑坡位于沟谷上游，滑坡体悬挂于斜坡上，估计总体积有 120 万 m^3；此外，在起动区沟谷两岸的基岩风化层和第四系坡积堆积层也因为强烈地震作用可作为泥石流松散物源，根据航空照片解译和现场的初步测量，这部分松散物源体积可达 120 万 m^3 以上，由此推算该流域可提供泥石流活动的松散固体物质可达 350 万 m^3。根据 2003 年完成的《北川县地质灾害调查与区划》报告，当时估算该泥石流沟的松散固体物质储量仅 5 万 m^3，说明震前与震后泥石流沟的松散物质相差如此巨大。

笔者还对原北川中学后山的任家坪沟流域进行调查，该沟流域面积 $0.52km^2$，主沟长 1.05km，泥石流物源主要来源于流域内地震滑坡，该滑坡体表面面积达 $0.226km^2$，占该泥石流流域总面积的 42%，估计滑坡体积达 270 万 m^3，滑坡整体下滑并堆积于沟谷中，直接参与 9·24 暴雨泥石流过程的主要是堆积于沟道中的滑坡前缘堆积体，方量约为 30 万 m^3。彩图 10 反映了该泥石流流域中的大型滑坡体分布位置及堆积泛滥区。擂鼓镇的赵家沟泥石流的流域面积为 $1.04km^2$，沟内亦发育多处滑坡、崩塌体，其方量也可达 200 万 m^3 以上。

7.1.5　泥石流运动与堆积特征

9·24 暴雨泥石流在运动过程中的流量、侵蚀、搬运等有其独特之处。这次北川泥石流运动过程的特点之一是沟床中地震滑坡堰塞体溃决效应导致的瞬时洪峰流量放大现象。现场调查及震后 5 月 18 日航片解译发现许多泥石流沟中上游通常分布有大型滑坡体，这些滑坡整体或前缘下滑堵塞沟道，形成暂时性的堰塞体，如西山坡沟泥石流起动区位于海拔 1250~1150m，流体沿上游沟道运动到海拔 1050m 处，受到堆积于沟道滑坡松散堆积的堰塞体的阻挡，快速淤积后导致部分滑坡坝溃决，使泥石流的洪峰流量瞬时增大。为了了解泥石流在该沟段的流量特征，在流通区测量了两个泥痕断面，第一个断面位于海拔 900m 处的流通区上段，横断面呈梯形，长 14m，深 5m；第二个断面位于海拔 780m 处的流通区下段，横断面呈矩形，横向长 32m，深 2.2m。由此推测泥石流洪峰流量可达 260m³/s，这个流量对于流域面积仅 1.54km² 的泥石流沟似乎偏大，但是由于滑坡坝的溃决导致瞬间流量剧烈加大是有可能的，此外，根据对堆积区的地面调查，这次泥石流的冲出量达 34 万 m³，再反推计算其洪峰流量，也说明西山坡沟发生的这场泥石流洪峰流量较大。

泥石流运动中表现出了强大的侵蚀能力(唐邦兴，2002)，流体携带的巨大石块强烈冲蚀、铲刮沟岸和沟床，使沟道普遍加宽，沟床下切深度加大。此外，泥石流过程也产生了溯源侵蚀，泥石流的下切侵蚀迅速加深沟谷后，沟谷源头因重力侵蚀作用加强而不断向分水岭方向后退，使沟谷长度不断增加，形成溯源侵蚀。上述侵蚀作用表现在坡面泥石流的形成过程中也很典型。发生在北川老县城内的王家岩滑坡体上的坡面型泥石流，由于强大的水流侵蚀，在松散的滑坡堆积体表面下切形成细沟，随着沟道的不断加深拓宽和溯源侵蚀，最后塑造成典型的坡面泥石流，这种斜面泥石流地貌现象在北川区域十分常见，成为掩埋房屋和淤埋公路的主要泥石流类型之一。

9·24 暴雨泥石流的搬运输移能力十分巨大，在流域面积较小、沟谷较短的条件下，仍然具有巨大的输移能力，所搬运的直径 1m 以上的粗大石块随处可见，一次搬运泥沙、石块可达几十至上百万立方米，如西山坡沟泥石流一次冲出量高达 34 万 m³。这次北川泥石流运动输移特征与源地丰富的松散物质供给和较陡的沟床比降有密切关系。泥石流这种惊人的搬运输移能力及冲淤幅度，一般洪水过程需几年，甚至几十年才能完成，因此泥石流过程是山区塑造地貌最强的外营力之一。

由于 9·24 暴雨泥石流的流量和冲出量通常较大，所以形成的堆积扇具有一定规模，堆积扇的平面形态受堆积地带边界控制，如西山坡泥石流主要沿狭长的低洼地形有选择性地堆积，在北川老县城形成舌状堆积扇，其堆积长度为 900m，宽度为 150~200m，面积为 0.17km²；擂鼓镇赵家沟堆积区相对较开阔，形成相对栎型扇形地，堆积区总长 498m，总面积约为 0.22km²。这次大多数泥石流形成的堆积扇由于容重较高，纵坡降也较大，多为 6.5%~8.5%，其扇顶的堆积厚度可达 10~15m，主流线上堆积厚度较大，地形图明显的上凸形微地貌显示其厚度在两边及前缘逐渐减小。例如，西山坡泥石流堆积厚度在上段达 10~12m，在中段主流线附近为 7~8m，在堆积体前端主要集中了较大的块石和树木。图 7.5 反映了北川县城泥石流发生前后的堆积变化情况，泥石流堆积厚度可达三层楼高。

a. 2008 年 6 月 12 日拍摄   b. 2008 年 9 月 24 日拍摄

图 7.5   北川县城泥石流发生前后的堆积变化特征

7.1.6   小结

(1)汶川地震作用诱发了大量的崩塌、滑坡，为泥石流的形成提供了重要的松散物质。根据应急调查发现北川县境内 9·24 暴雨诱发的泥石流有 72 处，这些泥石流导致 42 人死亡，毁坏公路，并对地震灾民安置区构成严重威胁。

(2)地震后的强降雨过程是诱发泥石流的动力因素，泥石流暴发是大量前期累积雨量和当次激发雨强共同作用下的结果。根据对研究区震前和震后泥石流发生的临界雨量和雨强的初步分析，震前与震后泥石流发生的临界降雨条件有所变化，汶川地震后，该区域泥石流起动的前期累积雨量降低 14.8%～22.1%，小时雨强降低 25.4%～31.6%。

(3)岩石类型是影响泥石流发生和分布的重要因素，特别是 64% 的泥石流沟分布在志留系的千枚岩、板岩中，该类岩石在断裂和褶皱影响下，容易破碎、风化，形成富含黏土矿物的物质，为泥石流的形成提供了大量松散物质，也为泥石流携带大粒径块石远距离运动提供必要条件。此外，发震断层和河流对泥石流空间分布也有一定的控制作用。

(4)震区泥石流起动方式主要有两种，一是由于暴雨过程形成的斜坡表层径流导致悬挂于斜坡上的滑坡体表面和前缘松散物质向下输移，进入沟道后转为泥石流过程；二是"消防水管效应"使沟道水流快速集中，并强烈冲刷沟床中的松散固体物质，导致沟床物质起动并形成泥石流过程。调查和分析发现沟内堆积的滑坡坝对泥石流的阻塞明显，溃决后可导致瞬时洪峰流量特别大。此外，由于震后泥石流流域松散物质特别丰富，即使较小流域面积的泥石流，其冲出量也比一般泥石流似乎大得多。因此，震区泥石流的堆积泛滥危险范围更大，对位于扇形地的居住区、道路等其他基础设施的风险性也明显增高。

9·24 暴雨泥石流的发生表明汶川震区已进入一个新的活跃期，未来 5～10 年该区域泥石流发生将更加频繁。因此，应该加强对汶川震区泥石流沟的识别调查，在对其进行危险评估基础上，重点开展城镇泥石流灾害风险评估；同时加强风险管理，在潜在高危险泥石流流域建立监测、预警系统；根据泥石流易损性分析与风险评价结果，采取有效的工程措施降低泥石流的频率及危害。

7.2 汶川震区康定县响水沟泥石流灾害调查研究

2009 年 7 月 23 日凌晨约 1：00 左右，四川省康定县境内普降暴雨。3：00 左右，舍联乡干沟村响水沟处(S211 线 225K)突发泥石流过程，泥石流冲出量为 48 万 m^3。泥石流在短时间内在沟口形成大型堆积扇，造成大渡河河道壅塞，形成长约 3000m，宽约 50m 的堰塞湖，库容达 300 万 m^3。

泥石流强烈活动的堆积体挤占了大渡河部分河道，造成 S211 省道多处中断，桥墩被冲毁，3000m 道路被淹没(图 7.6)，电力中断。泥石流灾害发生几小时后，大渡河河道已自然冲溃泄流。泥石流灾害发生时，正在实施 S211 线瓦丹路复建工程的中国水利水电第七工程局有限公司(简称水电七局)、中国水利水电第十四工程局有限公司、中国路桥工程有限责任公司的施工人员，在响水沟两侧的临时工棚内遇险(图 7.7)，确认有 11 人遇难、43 人失踪。在遇难和失踪人员中，有水电七局 31 人，水电十四局 4 人，中国路桥 8 人、及当地砂石料场 11 人。此外，灾害还造成 136 间、1853m^2 工棚被毁，损失各类车辆 32 台，各类机具 61 台(件)，仪器设备 80 余台，各类建筑物资 1400 余吨。泥石流还造成沟内原拦水坝被冲毁(图 7.8)，排水洞堵塞(图 7.9)。泥石流冲出物造成一定程度堵江(图 7.10，图 7.11)，上游水位上涨，溃坝时波涛汹涌(图 7.12，图 7.13)。

a. 响水沟泥石流过后 2#支沟洞口　　　　　b. 响水沟沟道内冲毁桥台基础

图 7.6　响水沟泥石流发生造成 S211 省道损毁

a. 响水沟沟口(原水电七局项目部已冲毁)　　　　b. 大渡河响水沟沟口下游

图 7.7　响水沟沟口及下游淤积

a.响水沟沟内拦水坝全貌（泥石流发生前）　　　　b.响水沟沟内的拦水坝被冲（泥石流发生后）

图 7.8　响水沟拦水坝在泥石流发生前后对比

a.响水沟泥石流发生前排水洞出口情况　　　　b.响水沟泥石流发生后排水洞进口被堵

图 7.9　排水洞在泥石流发生前后对比

图 7.10　响水沟泥石流冲入大渡河　　　　　　图 7.11　大渡河局部堵塞

图 7.12　响水沟造成堵江后上游水位升高　　　　图 7.13　大渡河溃坝时波涛汹涌

7.2.1　流域特征

　　响水沟位于长河坝水电站坝基上游右岸 3.0km 处，呈南西北东向展布，由南西向北东流入大渡河，与大渡河近于垂直(彩图 11)。响水沟上游 2742m 处发育一条支沟，成锐角交入主沟，沟系整体呈"Y"字型。支沟交汇处沟道拐弯，呈"S"型，以下沟道总体顺直，在沟口上游约 1500m 范围内沟道拐弯较大。主沟沟谷形态多呈"V"字型，沟道两侧局部发育冲沟。沟谷基岩裸露，地形陡峻，沟内植被发育，沟口为宽缓的一级阶地。2009 年 7 月 23 日凌晨约 3：00 左右，响水沟发生泥石流，沟道被冲刷加深加宽，最宽处达 30~50m，深度一般在 5~10m，最深达 20m，沟道内形成多处陡坎，坎高 3~7m 不等。

　　响水沟主沟沟道长度 14.26km，高程在 1500~5011m，沟道平均纵坡 246.2‰，沟道特征参数见表 7.2、图 7.14。

表 7.2　响水沟主沟地形特征参数表

沟道名称	汇水面积/km²	沟长/km	最高点/m	最低点/m	平均坡降/‰
响水沟主沟	50.92	14.26	5011	1500	246.2
响水沟支沟		7.66	5011	2742	299.5

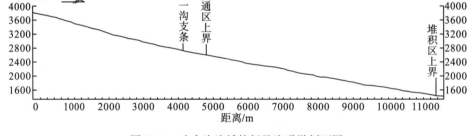

图 7.14　响水沟流域特征及沟道纵剖面图

　　响水沟流域面积约 50.92km²，沟道发育单一，在高程 2740m 处发育一条支沟，即大鱼通沟。沟道基岩为花岗岩，风化作用强烈，多处为块石堆积，沟道两岸坡体陡峭，倾角为 50°~80°。植被沿高程垂直分布明显，沟道中下部植被发育，以乔木为主。受 2009 年 7 月 23 日发生的泥石流强烈侵蚀影响，坡体中部出露基岩，基岩风化作用强，坡体多块石堆积，植被不发育。

　　响水沟是典型的沟谷型泥石流沟，整体可以划分为形成区、流通区和堆积区，各区的沟床比降特征见表 7.3。

表 7.3　响水沟泥石流分区特征

分区	面积/km²	沟长/m	高程范围/m	高差/m	平均坡降/‰
形成区	32.06	7429	2640~5011	2371	319.2
流通区	18.66	6476	1520~2640	1120	172.9
堆积区	0.2	360	1500~1520	20	55.5

7.2.2　成因分析

响水沟地处大渡河中游地段，位于四川省甘孜藏族自治州康定县舍联乡，距康定县约 51km，距泸定县城约 50km。响水沟属低频水力类泥石流，该类泥石流形成的最基本的三大条件是具有陡峻的沟谷、丰富的松散固体物质和充沛的降雨。下面根据对响水沟的实际勘察与调查成果，对响水沟泥石流形成条件进行分析。

7.2.2.1　地形条件

响水沟是典型的沟谷型泥石流沟，整体可以划分为形成区、流通区和堆积区。

(1)形成区：响水沟形成区主要位于高程 2640m 以上，范围位于 2640~5011m，主沟顺沟长约 7429m，平均坡降 319.2‰。响水沟在上游分为大鱼通和小鱼通两条支沟，支沟沟道整体顺直，两沟交汇处下游沟道拐弯呈"S"型。小鱼通支沟中下游沟岸陡峭，自然坡度 60°~80°不等，呈"V"型谷；上部宽缓，中间发育冲沟呈"谷中谷"形态，沟道纵比较小。大鱼通支沟呈"V"型谷，沟道两侧植被相对较发育。

(2)流通区：响水沟的流通区高程主要位于 1520~2640m，流通区沟长约 6476m，沟道坡降为 172.9‰，沟道呈"V"字型。沟道两侧坡体自然坡度多大于 70°，沟道底部多处成跌水地形，坎落差 3~8m 不等。

(3)堆积区：响水沟堆积区长约 360m，宽约 500m，高程位于 1500~1520m，相对高差 20m，平均纵坡降为 55.5‰。

从响水沟地形条件来看，在响水沟形成区中上部沟岸坡度较大，有利于泥石流起动。

7.2.2.2　物源条件

响水沟物源主要包括崩塌滑坡物源、坡面侵蚀物源、沟道堆积物源及人类工程活动造成的物源(彩图 11)。

1.物源类型

1)崩塌滑坡物源

崩塌滑坡多发育于形成区沟道两侧。响水沟地势较高，昼夜温差和季节的温度变化，促使岩石风化，降低其抗剪强度；夏季炎热干燥，使黏土层龟裂，遇暴雨水沿裂缝渗入，大气降水、斜坡土体湿化、质量增大、黏聚力降低，均能导致崩塌滑坡的产生；同时降雨和降雪条件下，渗流水进入土体孔隙或岩石裂缝，土石的抗剪强度降低，使滑坡活动的敏感性增高。

2)坡面松散堆积物源

坡面松散堆积物源主要包括崩坡积物、残坡积物、冻融风化物源以及表层剥落物源等。响水沟属高山地貌，位于川滇南北向构造带北端与北东向龙门山断褶带、北西向鲜水河断褶带和金汤弧形构造带的交接复合部位，在大地构造部位上处于扬子准地台二级构造单元康滇地轴北端，在古生代早期受构造作用影响较大。由于响水沟地处鲜水河地震带东南段和龙门山地震带西南段的接壤部位，就其地震频度和强度而论，鲜水河地震带的地震活动性最为强烈，对本区的波及和影响较大，流域内崩坡积物发育。响水沟最高海拔 5011m，受气温影响，岩体冻融风化作用强烈，多形成细小松散颗粒。该类物源易随流水冲入沟道，为泥石流主要物源之一。

　　3）沟床堆积物源

　　沟道内松散堆积物主要由雨水动力搬运，冲沟携带物质，沟道两侧崩塌滑坡失稳后堆积于沟道内形成，在流通区亦有7·23泥石流发生后的淤积物。响水沟上游沟道上缓下陡，在降雨条件下，雨水在陡峭部位动能较大，冲刷坡面松散物质，并将其携带入沟道内，随沟道纵坡降低，水力无法携带松散物质，便停留于沟道内。同时强大降雨以及历史上发生的泥石流的掏蚀作用，使沟道两侧坡体易失稳。当沟床纵比较小时，泥石流流体易淤积，通过实地调查来看，响水沟老泥石流淤积体多位于流通区，成为下次泥石流暴发的直接补给物源。

　　4）人类工程活动物源

　　响水沟内早期人类工程活动少，近年来工程活动相对频繁，大多弃渣堆积于沟道内，不同程度上增加了沟道中的松散物源，也成为下次泥石流暴发的直接补给物源，本质上提高了该沟泥石流暴发的潜在危险性。

　　2. 物源分布与数量

　　1）形成区物源特征

　　形成区崩塌滑坡物源总量约535.83万 m³，其中滑坡21处，共计493.752万 m³，崩塌20处，共计42.074万 m³；坡面松散堆积物物源总量约736.64万 m³，其中剥落10处共计51.25万 m³，强烈冻融风化区5处共计465.297万 m³，一般冻融风化区11处共计220.093万 m³；沟道松散堆积物两处共12.679万 m³。

　　2）流通区物源特征

　　流通区内发育崩塌5处，方量11.75万 m³；坡面剥落7处共1.34万 m³；沟道内有4处大的淤积，方量约30.709万 m³。

　　综上，响水沟沟道内物源总量为1337.77万 m³，其中可直接参与物源（崩塌、滑坡及沟道堆积物）约370.64万 m³，潜在不稳定物源（坡面松散堆积物、强风化层、剥落物）约967.13万 m³。

7.2.2.3　降雨条件

　　水力类泥石流形成的动力条件是降雨，特别是大雨、暴雨，7·23泥石流由强降雨引发，在暴雨时段泥石流起动。

　　响水沟流域总面积50.92km²，形成区面积32.15km²，汇水条件较好。沟道上游水源丰富，沟道常年流水，流速6~8m/s。根据康定、泸定2009年7月23日前后降雨资料显示，泸定县7月20日5:00开始降雨，前期降水量4.4mm，连续降水量为57.2mm，累计降雨量为61.6mm，其中最大1h降雨量27.9mm；康定县7月23日1:00开始降雨，累计降雨量33.6mm，最大1h降雨量为28mm（图7.15，表7.4）。强大的降雨为泥石流提供了充足的水源条件，同时激发了沟内不同类型的松散物源失稳，掺入泥石流的形成和活动。短历时的强降雨对泥石流的激发起着决定性的作用，在充足的物源和有效的地形条件都具备的情况下，短历时的强降雨控制着泥石流的发生，起着导火线的作用。强降雨汇流入大量坡面冲沟，携带坡面松散物质形成坡面型泥石流，坡面型泥石流汇流过程中冲刷、剥蚀冲沟，继而扩大冲沟规模，如此滚动发展，沿途不断有固体物质加入，汇入主沟后形成较大规模泥石流。

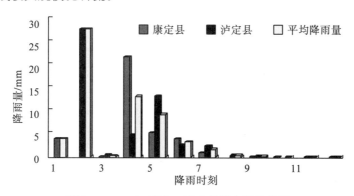

图 7.15　7·23 康定、泸定县降水量柱状图

表 7.4　7·23 泥石流前后康定、泸定县降雨记录表

时刻	20 日			22 日							23 日	
	05：00	06：00	07：00	01：00	02：00	03：00	04：00	07：00	09：00	10：00	01：00	02：00
站名	(mm)	(mm)	(mm)	(mm)	(mm)	(mm)	(mm)	(mm)	(mm)	(mm)	(mm)	(mm)
康定												
泸定	0.1	1.4	0.2	0.5	1	0.1	0.6	0.1	0.2	0.2	4.1	28
平均	0.1	1.4	0.2	0.5	1	0.1	0.6	0.1	0.2	0.2	4.1	28

时刻	23 日											
	03：00	04：00	05：00	06：00	07：00	08：00	09：00	10：00	11：00	12：00	17：00	18：00
站名	(mm)	(mm)	(mm)	(mm)	(mm)	(mm)	(mm)	(mm)	(mm)	(mm)	(mm)	(mm)
康定	0.1	22	5.4	4.1	1		0.2	0.1			0.1	0.3
泸定	0.6	4.8	13	2.8	2.5	0.5	0.3		0.1	0.2		
平均	0.4	13	9.4	3.4	1.8	0.5	0.3	0.1	0.1	0.2	0.1	0.3

时刻	23 日		24 日	前期降水量	连续降雨	累计降水量	Max 降水量	降水时数	10h_max 降水	1h_max 降水
	19：00	23：00	02：00							
站名	(mm)	(mm)	(mm)	(mm)	(mm)	(mm)	(mm)	(h)	(mm)	(mm)
康定	0.2	0.2	0.1			33.6	21.8	12	6.2	21.8
泸定				4.4	57.2	61.6	27.9	21		
平均	0.2	0.2	0.1			47.6	24.8	17	6.2	21.8

7.2.3　泥石流的静力学和动力学特征

7.2.3.1　粒度分析与性质

1.粒度分析

2009 年 7 月 23 日暴发的泥石流将主沟道上游(小鱼通)及沟道两岸的松散堆积物冲出淤积于沟口,我们在泛滥堆积区共取样 4 个,粒径为 10mm 以下,室外和室内颗粒分析

结果如图 7.16～图 7.19 所示。从图上可以看出，泥石流堆积物级配涵盖了粗、中、细、粉砂，直至黏粒。这种级配的样品是泥石流的一大特征，另外泥石流堆积样(堆积区-1、堆积区-2、堆积区-3、堆积区-4)的黏粒(<0.005mm)含量在 3.3091%～6.262%。

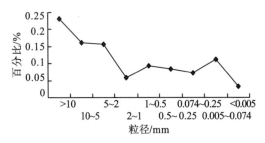

图 7.16　响水沟堆积区-1 样品颗粒分析

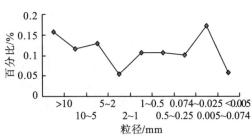

图 7.17　响水沟堆积区-2 样品颗粒分析

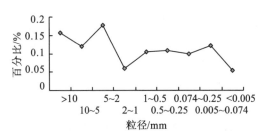

图 7.18　响水沟堆积区-3 样品颗粒分析

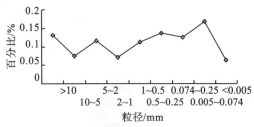

图 7.19　响水沟堆积区-4 样品颗粒分析

2. 泥石流性质

由于没有泥石流现场观测的容重值，因此只能采用经验法来确定，即通过访问当地居民，较客观地了解泥石流体中固液两相的体积比例，按式(7.1)计算泥石流容重：

$$\gamma_c = (\gamma_s f + 1)/(f + 1) \tag{7.1}$$

式中，γ_c 为泥石流容重，t/m^3；γ_s 为固体物质比重，t/m^3；f 为泥石流体中固体物质体积与水的体积之比。

我们选择有代表性的泥石流堆积物，现场采用不同的水土比例进行试验。试验结果表明泥石流的水土比例平均在 7∶3～8∶2；计算中取固体物质比重的平均值为 2.65t/m³，由此获得泥石流的容重为 2.1t/m³。

7.2.3.2　流速计算

根据现场调查及室内试验结果，确定响水沟泥石流为黏性泥石流，采用王继康主编的《泥石流防治工程技术》中推荐的公式[见式(7.2)]计算：

$$V = K_c R^{\frac{2}{3}} i^{0.2} \tag{7.2}$$

式中，R 为水力半径，m，一般可用平均泥石流泥位深 H(m)代替；I 为泥石流水力坡度，‰，本次计算取 174‰；

公式中的 K_c 由表 7.5 查得。

计算结果可得响水沟 7.23 泥石流平均流速为 9.1m/s，洪峰流量为 2150m³/s。

表 7.5 泥石流流速系数表

R/m	<2.5	2.75	3	3.5	4	4.5	5	>5.5
K_c	10	9.5	9	8	7	6	5	4

7.2.4 小结

（1）响水沟 7·23 泥石流是在强降雨条件下激发的大型低频泥石流。据不完全统计，该灾害中遇难及失踪人数约 54 人，其造成大渡河局部堵塞，S211 省道多处中断，桥墩被冲毁，电力中断，沟内原拦水坝被冲毁，排水洞堵塞，是稀遇的灾害事件，损失惨重，影响很大。

（2）响水沟 7·23 泥石流属沟床冲刷揭底的水力类泥石流，在强降雨条件下首先于小鱼通沟内起动，该泥石流从短暂的高含砂洪水到泥石流，最后为持续的洪水，泥石流流量变化过程明显，中间有四次较大的阵性流过程，以第一次龙头最高，可达 5~7m，整个泥石流过程持续约 80min。

（3）响水沟流域面积约 50.92km²，流域内最大相对高差达 3511m，地貌上属切割强烈的高山区；响水沟主沟沟道整体顺直，局部拐弯，多呈"V"型谷，平均纵坡 319.2‰。响水沟位于高程 2742m 处发育一条支沟（大鱼通沟），主沟与支沟发育完整，具有较好的汇水条件，为泥石流的发生提供了有利的地形条件。响水沟上游崩塌滑坡体比较发育，沟道松散堆积物及坡面松散堆积物较多，为响水沟泥石流的发生提供了丰富物源。小鱼通沟内植被稀少，基岩裸露，中小规模的崩塌滑坡体以及坡面松散物质丰富；大鱼通支沟流域森林植被茂密，松散物源很少，主要为表层冻融风化物。通过遥感解译，小鱼通沟内可移动物源总量可达 318.41 万 m³，潜在不稳定物源约 738.79 万 m³。大鱼通沟主要为山脊强烈风化层，方量约 220.09 万 m³。从后期实地调查看，7·23 泥石流是由小鱼通支沟上游流域沟道起动，大鱼通沟则为泥石流提供了部分水源条件。

（4）响水沟物源主要包括崩塌滑坡物源、坡面侵蚀物源、沟道堆积物源及人类工程活动造成的物源。响水沟流通区除沟道堆积物及渣场堆积物外，无明显的泥石流固体物质补给，参与泥石流的固体物质主要是沟道松散堆积体、山坡坡面崩塌滑塌体及坡面水土流水的物质，其在暴雨激发下形成泥石流，集中向沟道下游输移。根据现场调查及采样试验结果可判断该次泥石流均为黏性泥石流。鉴于流域补给泥石流的固体物质来源有一个积累过程和与暴雨相遇的条件组合机遇，所以判定响水沟为低频率黏性泥石流沟。

（5）根据对堆积区的采样分析及泥石流沟道的洪痕分析，响水沟泥石流容重为 2100kg/m³，泥石流洪峰流量为 2150m³/s，泥石流冲出量为 48 万 m³。

（6）根据实地调查及遥感解译，响水沟流域内松散物质约 1337.77 万 m³，在 2009 年 7 月 23 日发生泥石流后，有大量松散物源流失，但仍有 370.64 万 m³ 可移动物源残存于响水沟流域内。暴雨条件下受雨水冲刷浸泡，沿沟道可能发生坍塌，同时沟道两侧植被易随坡体滑入沟谷，使沟道造成局部阻塞。在上游两支沟交汇处，沟道呈"S"型，曲率较大，水源流动局部受阻亦可使泥石流流体能量集中，但沟内黏粒及小颗粒物质较少的情况下近期主要为水石流和含砂水流，响水沟目前进入一个相对活跃期。从地形来看，响水沟沟道陡峻，坡降必然会进一步下切，物源条件将进一步发展，累积到一定程度暴雨激发大规模泥石流的可能性将会逐步提高，再次发生泥石流的可能性较大，通过对响水沟进行危险性评价，确定在 7·23 泥石流发生后，响水沟为中度易发泥石流沟，危险性较大。

7.3　2010 年 8·7 甘肃舟曲特大泥石流灾害

2010 年 8 月 7 日晚甘肃省甘南藏族自治州舟曲县受局地强降雨影响，于当日 23：40 左右县城后山三眼峪沟及罗家峪沟突发大规模泥石流，造成重大的生命财产损失。截止 8 月 18 日 16 时，遇难人数为 1287 人，失踪人数为 457 人；泥石流冲毁房屋 5500 余间，掩埋、冲毁耕地 1400 余亩；受灾最严重的月圆村几乎被全部掩埋。泥石流还穿过舟曲县城，冲毁县城一部分街道和房屋，毁坏公路桥、人行桥共 8 座，在白龙江内形成长约 550m、宽约 70m 的堰塞坝，堰塞坝堵塞白龙江并形成回水长 3km 的堰塞湖，堰塞湖使白龙江上 1 座大型公路桥被淹没，县城一半被淹，城区电力、通信、供水中断(彩图 12，彩图 13)。发生泥石流的三眼峪沟是一条稀性泥石流沟，最近一次暴发泥石流是在 18 年前，之后还在沟内修建了拦挡坝(马东涛和祁龙，1997a)；汶川地震后在沟内又开始修建新的拦挡坝。发生泥石流的另一条沟罗家峪沟是一条低频率泥石流沟，近几十年来没有发生过泥石流。舟曲县城地区在汶川地震时属于烈度 6 度地区，也是受汶川地震影响的地区。在我国西部地区，像舟曲县城后山这类对城镇有重要影响的泥石流沟或低频率泥石流沟还有很多，有的(如三眼峪沟)已做了一些防治工程，有的(如罗家峪沟)还没有做防治工程，很多也处于汶川地震的影响范围内，因此很有必要研究舟曲 8·7 特大泥石流的形成机制和发展趋势。为了查明舟曲泥石流的发生原因，进一步分析其发展趋势，成都理工大学地质灾害防治与地质环境保护国家重点实验室组织调查组，对该特大泥石流灾害进行了现场调查。本节在现场调查的基础上，分析了泥石流沟的流域特征，泥石流的成因、成灾过程及若干重要参数，为今后此类重大泥石流灾害的防治提供了可资借鉴的依据。

7.3.1　舟曲县城泥石流流域基本特征及泥石流发生历史

舟曲县位于西秦岭构造带西延部分，受印支、燕山和喜马拉雅山等多期造山运动的影响，区内新构造运动十分活跃，表现为山地强烈隆升、沟谷极剧下切，形成高山峡谷地貌(马东涛和祁龙，1997a)。

舟曲县特大泥石流灾害由三眼峪沟及罗家峪沟两条沟的泥石流组成。三眼峪沟流域面积为 25.75km²，沟谷总体上呈南北向展布，地势北高南低，呈瓢状，主沟长 9.7km，流域最高点海拔 3828m，最低点海拔 1340m，相对高差 2488m，主沟平均比降为 241‰ (马东涛和祁龙，1997a)；罗家峪沟流域面积 16.60km²，呈葫芦状，流域最高点海拔 3794m，最低点入河口处仅 1330m，相对高差 2464m，主沟长 8.5km，主沟平均比降 239‰。两沟流域内支沟发育，水系平面上均呈"树枝"状；三眼峪沟沟内有常流水，而罗家峪沟沟内无常流水。由于沟谷强烈侵蚀下切，横断面呈"V"字型或窄深的"U"字型。

舟曲县城后山两条泥石流流域分布有中泥盆统古道岭组上段碳质板岩、千枚岩夹薄层灰岩和砂岩、下二叠统上段中厚层灰岩、上二叠统中厚层含硅质条带灰岩，受印支、燕山和喜马拉雅山等多期造山运动的影响，区内构造十分复杂，断裂发育，褶曲强烈，岩体极为松动破碎。舟曲属地震强烈活动区，地震烈度为 7 度，有史以来引起房屋倒塌、山崩、滑坡的地震多达八次，其中以公元前 186 年、公元 1634 年、1879 年和 1960 年地震对泥石流流域内松散固体物质产生的作用最大，其中 1960 年地震后的第二年就发生了泥石流，造成 28 人死伤，冲毁公路 100 余米，中断交通 40 余天（马东涛和祁龙，1997a）。5·12 汶川地震时舟曲县城处于 6 度烈度地区，汶川地震对三眼峪沟和罗家峪沟流域内的山体稳定性有一定的影响，不仅为泥石流提供了更多的固体物源，还产生了新的堆石坝。

三眼峪沟原是一条稀性泥石流沟（马东涛和祁龙，1997a），在 1992 年发生泥石流灾害后，于 1997 年开始在沟道内修建了五道拦挡坝来稳定沟道内物源。5·12 汶川地震后又在沟内修建了三道拦挡坝。三眼峪沟内还有多处由于崩塌体堵塞沟道形成的天然堆石坝，最高的四座巨型堆石坝坝高 80~283m，这些堆石坝拦蓄了沟内大部分泥沙（马东涛和祁龙，1997a）。罗家峪沟沟道狭窄，最窄处仅 7~10m，沟内也有多处堆石坝，拦蓄了沟内大量的泥沙。两沟沟内的堆石坝坝后拦蓄了很多固体物质，这样的堆石坝在强大的洪水冲蚀下垮塌时很容易形成泥石流。

三眼峪沟的两条支沟大峪沟和小峪沟沟道内可直接补给泥石流的固体物质约 $2000 \times 10^4 m^3$（马东涛和祁龙，1997a），天然堆石坝和大峪沟内 1997 年修建的多道拦挡坝为泥石流的形成提供了多个集中固体物源。罗家峪沟内也有许多可直接补给泥石流的固体物质（图 7.20）。

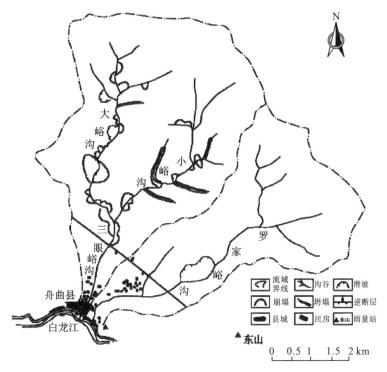

图 7.20　舟曲县城泥石流流域图

三眼峪沟内固体物质补给根据现场调查及文献（马东涛和祁龙，1997a）给出；罗家峪沟仅给出了调查时能够到达位置的沟内固体物质补给

舟曲县自建制以来,县城就一直坐落在三眼峪沟泥石流堆积扇上。随着人口的增长,县城范围迅速扩大,泥石流危险区被不断开发利用。一遇暴雨,泥石流便顺沟而下,进村入城,毁田埋房,冲毁公路桥梁,破坏引水设施和输电线路,造成严重的人身伤亡和财产损失。据统计,自道光三年(1823年)至2009年的186年间,三眼峪沟泥石流沟曾11次给舟曲县城造成危害。新中国成立以来,以1992年50年一遇的泥石流致灾最大,共冲毁房屋344间,农田87.73hm²,死伤87人,冲走牲畜396头(只)(马东涛和祁龙,1997a)。罗家峪沟为一条低频率泥石流沟,近几十年来没有暴发过泥石流,只有山洪暴发,其中以1946年山洪灾情最严重,冲毁房屋8间,包括街上的2家餐馆,但无人员伤亡。

7.3.2 舟曲8·7特大泥石流过程及成因

2010年8月7日晚上11:00左右舟曲县城开始下小雨,但县城后山上却电闪雷鸣,有强降雨发生。大约在11:23舟曲县城供电中断,城区一片漆黑。11:40,后山响声如雷,地面颤动,三眼峪沟和罗家峪沟的特大泥石流接踵而至,携带着巨石的泥石流沿途冲毁和掩埋村庄及房屋,一阵又一阵的泥石流不仅毁灭了沿途的建筑物,还冲入白龙江并阻断白龙江形成堰塞湖,部分泥石流还冲上对岸街道。三眼峪沟泥石流堆积扇上最大的巨石长、宽、高分别为6m、5.8m和4.9m,其他重量超过30t的巨石在堆积扇上从上游到下游分布有40余个(图7.21);罗家峪沟泥石流堆积扇上最大的巨石长、宽、高分别为5.2m、3.5m和2.4m,泥石流中的巨石是造成建筑物被毁的主要原因(图7.22)。三眼峪沟和罗家峪沟泥石流过程持续约40min。根据泥石流在堆积扇上的淤积面积和厚度(泥石流淤积的边缘较薄,主流线淤积较厚,平均约1m)、白龙江中的堰塞坝面积和厚度以及少量被白龙江水冲走的泥石流,可以计算出8·7特大泥石流的总量和泥沙(固体物质)总量分别为$136.6×10^4 m^3$和$92.9×10^4 m^3$,属特大泥石流(表7.6)。泥石流造成1744人死亡和失踪,回水长3km的堰塞湖使县城一半被淹。

根据在8·7特大泥石流后对三眼峪沟和罗家峪沟流域内的调查分析,得出两条泥石流沟在2010年8月7日暴发泥石流的成因如下。

图7.21 三眼峪沟堆积扇巨石 　　　　　图7.22 罗家峪沟被冲毁一半的楼房

表7.6　8·7特大泥石流总量计算

位置	堆积面积/m²	堆积厚度/m	堆积量/(10⁴m³)	河水冲走量/(10⁴m³)	泥石流冲出量/(10⁴m³)	泥沙总量/(10⁴m³)
三眼峪沟	737400	1	73.7	—	103.9	70.7
罗家峪沟	175700	1	17.6	—	32.7	22.2
堰塞坝	38500	10	38.5	—	—	—
总量	—	—	129.8	6.8	136.6	92.9

（1）因 2010 年 8 月 7 日晚舟曲县城降雨站（海拔 1350m）降水量不能代表泥石流形成区的降雨实际情况，参考距罗家峪沟约 15km 同属白龙江左岸的东山乡观测站（海拔 2150m）的降雨资料，三眼峪沟和罗家峪沟泥石流形成区的降水过程为：2010 年 8 月 7 日 21：00～8 月 8 日凌晨 4：00，三眼峪沟和罗家峪沟泥石流形成区遭遇强降雨，降水量达 96.3mm，特别是在 8 月 7 日 23：00～24：00 的 1h 内降雨强度特别大，达到 77.3mm（图 7.23）。

（2）三眼峪沟的右支沟大峪沟原为一稀性泥石流沟，在 8 月 7 日的强降雨作用下，沟内上游形成稀性泥石流，在中游冲垮沟道内的天然堆石坝，稀性泥石流携带堆石坝中的泥沙及沟道右岸斜坡上的松散泥土，演变成为黏性泥石流。三眼峪沟的左支沟小峪沟为一黏性泥石流沟，同样在 8 月 7 日的强降雨作用下，沟内上游洪水冲垮沟道内的天然堆石坝，起动沟道堆积物形成黏性泥石流。三眼峪沟中下游的拦挡坝在这次泥石流过程中全部被泥石流冲毁，天然堆石坝大多被泥石流冲开，但泥石流过后沟道两边的崩塌体又在沟道中形成了新的天然堆石坝（图 7.24）。

（3）罗家峪沟是一条低频率泥石流沟，沟道狭窄，沟道内的巨石在狭窄处形成多个较稳定的堆石坝，一般大洪水无法冲垮这些堆石坝形成泥石流（如 1946 年的大洪水）。在 8 月 7 日的强降雨作用下，沟内洪水冲垮这些天然堆石坝，起动沟道堆积物形成黏性泥石流。罗家峪沟天然堆石坝在这次泥石流过程中大多被泥石流冲开，但泥石流过后沟道两边的崩塌体又在沟道中形成了新的天然堆石坝（图 7.25）

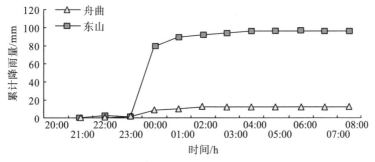

图 7.23　8.7 特大泥石流暴发前后舟曲县城附近累积降雨量

该资料由舟曲县气象局提供

图 7.24　小峪沟内新形成的天然堆石坝　　　图 7.25　罗家峪沟内新形成的天然堆石坝

7.3.3　泥石流的静力学和动力学特征

　　泥石流的静力学和动力学特征是泥石流的重要特征参数。根据对泥石流流通区和堆积区的沉积物调查，泥石流的沉积特征为混杂沉积，有明显的反粒径分布，泥石流为黏性泥石流。根据调查时在大峪沟、小峪沟和罗家峪沟的取样(小样)，由颗粒分布曲线(图7.26)和式(3.3)可以计算出黏性泥石流的容重，计算结果见表7.7。

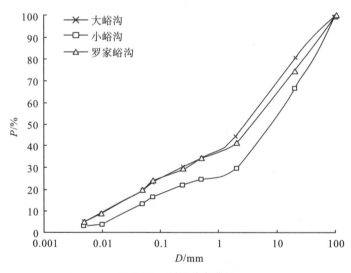

图 7.26　颗粒分布曲线

表 7.7　泥石流容重计算

位置	P_2	P_{05}	$\gamma_D/(\text{g/cm}^3)$	C
大峪沟	0.561	0.195	2.13	0.67
小峪沟	0.701	0.133	2.19	0.70
罗家峪沟	0.581	0.199	2.16	0.68

　　表 7.7 中的泥石流容重都在 2.15g/cm³ 左右，表明 8·7 特大泥石流都是高容重黏性泥石流，泥石流的泥沙体积浓度 C 接近 0.7，即泥石流体中几乎 70% 都是泥沙。大峪沟、小峪沟和罗家峪沟泥石流体中的黏粒含量分别为 4.9%、3.2% 和 5.3%。泥石流的屈服应力是反映泥石流，特别是黏性泥石流特征的重要参数，根据在小峪沟的调查可以得到小峪沟黏性泥石流的屈服应力[式(4.2)]：泥石流容重 = 2190kg/m³，坡度 = 8°，泥石流的最大堆积厚度 = 2.65m，得到 $\tau_B = 7909$Pa。

　　大峪沟和罗家峪沟的容重接近小峪沟，泥石流体中的黏粒来源和性质及百分含量也因位置接近而相差不大，因此大峪沟和罗家峪沟泥石流的屈服应力也在 7000Pa 以上(余斌，2010)，都具有很大的屈服应力，具有很强的抵御洪水冲刷能力，这是泥石流能堵塞白龙江的原因之一。此外，具有 7000Pa 以上的屈服应力可以使泥石流在白龙江内堆积很高，如白龙江河底坡度为 1°时，在水下的堆积厚度可达 35m，在陆面上的堆积也可达 19m，远大于现在在白龙江内 10m 的堰塞坝高度，这使得泥石流可以在白龙江内淤积足够的高度形成堰塞湖，这也是 8·7 特大泥石流能堵塞白龙江的原因之一。

　　泥石流的运动速度、流量和总量是衡量泥石流的危险程度和防治泥石流的重要参数，通过洪痕断面的测量及泥石流颗粒分析参数，可以得到黏性泥石流的运动速度[式(2.3)]、流量和总量(中华人民共和国国土资源部，2006)：

$$Q = VA \tag{7.3}$$
$$W = 0.264 \times QT \tag{7.4}$$
$$W_s = WC \tag{7.5}$$

式中，V 为泥石流断面平均流速，m/s；A 为泥石流过流面积，m²；Q 为泥石流流量，m³/s；W 为泥石流总量/m³；T 为泥石流持续时间，s；W_s 为泥石流中泥沙总量，m³；C 为泥石流的泥沙体积浓度(表 7.7)。

　　计算结果见表 7.8。

表 7.8　泥石流的运动速度、流量和总量计算

位置	R/m	S	D_{50}/mm	D_{10}/mm	A/m²	V/(m/s)	Q/(m³/s)	T/s	W/(10⁴m³)	W_s/(10⁴m³)
大峪沟	3.83	0.061	3.1	0.012	107.25	10.8	1155	2400	73.2	48.6
小峪沟	1.98	0.176	7.8	0.029	51.15	10.9	557	2400	35.3	24.7
三眼峪沟	—	—	—	—	—	—	1712	2400	108.5	73.3
罗家峪沟	2.68	0.043	3.8	0.012	67.5	8.4	564	2400	35.7	24.4
总量	—	—	—	—	—	—	—	—	144.2	97.7

　　三眼峪沟和小峪沟 1992 年暴发的 50 年一遇泥石流流量分别为 197m³/s 和 314m³/s，容重分别为 1.7g/cm³ 和 1.9g/cm³(马东涛和祁龙，1997)，造成这种支沟流量比主沟流量大的原因有：①大峪沟和小峪沟泥石流没有同时暴发；②小峪沟泥石流容重为 1.9g/cm³(马东涛和祁龙，1997)，为弱黏性泥石流(过渡性泥石流)，沉积有弱分选(余斌，2008b)，因此在流出小峪沟沟口后因沟道展宽，坡度变缓，泥石流中的粗大颗粒开始沉积，流量变小，泥石流也演变为稀性泥石流，泥石流容重为 1.7g/cm³(马东涛和祁龙，1997a)。8·7 特大泥石流的流量和规模远大于 1992 年 50 年一遇泥石流的流量和规模的

原因有：①1992年暴发50年一遇的泥石流时的45min降水量为38.4mm（马东涛和祁龙，1997a），而8·7特大泥石流暴发时的1h降水量为77.3mm，因此暴发泥石流的规模也应比1992年泥石流大；②大峪沟和小峪沟同时暴发泥石流；③流域内的天然堆石坝和拦挡坝类似于堰塞坝的作用，在逐级溃决时加大了泥石流的流量和容重，在同样的降雨条件下规模增加量可以比没有堰塞坝（天然堆石坝和拦挡坝）的泥石流多20%~60%，而三眼峪沟沟内，特别是大峪沟沟内的天然堆石坝和拦挡坝堵塞沟道是最为严重的堵塞，因此在同样降雨条件下其规模增加量可以达到60%（游勇等，2010）；④泥石流容重的增加也会增加泥石流的流量，如大峪沟的泥石流容重由1.65g/cm³（马东涛和祁龙，1997a）增加到2.13g/cm³时，在同样大的降雨和洪水下泥石流流量就会增加84.2%；小峪沟的泥石流容重由1.9g/cm³（马东涛和祁龙，1997a）增加到2.19g/cm³时，在同样大的降雨和洪水下泥石流流量就会增加56.9%。罗家峪沟的情况也比较相似，也是因为天然堆石坝堵塞狭窄的沟道形成较大规模的泥石流。表7.8中计算的三眼峪沟和罗家峪沟泥石流总量与表7.16中调查的这两条沟的泥石流冲出量基本一致，说明对这两条沟的泥石流运动速度、流量和总量的计算比较合理。泥石流的冲击力，特别是泥石流中巨石的冲击力是造成建筑物毁坏的主要原因，8·7特大泥石流中巨石冲击力计算如下（章书成等，1996）：

$$F = \rho_d C_1 V_d A_d \tag{7.6}$$

式中，C_1 为纵波波速，m/s；A_d 为石块与被撞物的接触面积，m²；F 为石块冲击力，N；V_d 为石块运动速度，通常和流体等速，m/s；ρ_d 为石块密度，kg/m³。

　　表7.9中三眼峪沟和罗家峪沟的泥石流冲击力分别达19007t和4369t，可见其破坏力的巨大。

表7.9　泥石流冲击力计算

位置	$C_1/(m/s)$	A_d/m^2	$V_d/(m/s)$	$\rho_d/(kg/m^3)$	F/t
三眼峪沟	4500	2.84	5.4	2700	19007
罗家坝沟	4500	0.84	4.2	2700	4369

注：石块与被撞物体的接触面积按堆积扇上最大石块的中、短径所在平面面积的10%计算；因为冲毁房屋发生在堆积扇上，泥石流在堆积扇上展开，堆积扇的坡度较缓，因此泥石流速度按沟口以内沟道速度（表7.18）的50%计算。

7.3.4　舟曲县城后山泥石流的发展趋势

　　三眼峪沟和罗家峪沟沟内松散固体物质在8·7特大泥石流后依然很多，而且在两条沟的狭窄沟道内又有新的天然堆石坝形成。舟曲县城属于汶川地震影响区域，地震对三眼峪沟和罗家峪沟流域内的崩塌和滑坡还将产生10年左右的影响（唐川等，2010），因此这两条沟内还会陆续产生新的天然堆石坝，在一般降雨和洪水作用下天然堆石坝将逐渐积累泥沙，重新回到8·7特大泥石流之前的状态。通过对8·7特大泥石流的形成机制和现在泥石流流域内的固体物质状况分析，可以推测三眼峪沟和罗家峪沟泥石流的发展趋势如下。

　　(1)近期三眼峪沟和罗家峪沟流域内天然堆石坝较少，新堆石坝坝后还没有大量泥沙堆积，但流域内仍然有充足的固体物质，天然堆石坝也可以起到一部分堰塞坝的作用，因此在遭遇强降雨情况下，三眼峪沟和罗家峪沟仍然可能暴发泥石流，但没有堰塞坝(天然堆石坝和拦挡坝)的放大作用,同样降雨条件下泥石流规模比 8·7 特大泥石流规模小。

(2)在汶川地震的影响下,经过 10 年左右时间的固体物质积累,三眼峪沟和罗家峪沟流域内又会形成多处新的天然堆石坝及坝后泥沙积累,堰塞坝的放大效应又会出现,在遭遇强降雨情况下,三眼峪沟和罗家峪沟可能暴发泥石流,但没有拦挡坝的作用,同样降雨条件下泥石流规模比 8·7 特大泥石流规模略小。

(3)在 20 年或更长的时期内,汶川地震的影响消失后但没有发生新的地震影响时,三眼峪沟和罗家峪沟流域内的固体物质相对稳定,在经历一次大规模暴发后,泥石流的规模将回到汶川地震前的水平。

7.3.5　小结

(1)三眼峪沟原是一条稀性泥石流沟,1992 年暴发过 50 年一遇的泥石流,造成 87 人死伤的重大灾情;罗家峪沟是一条低频率泥石流沟,近几十年来没有发生过泥石流灾害。

(2)三眼峪沟和罗家峪沟沟内有丰富的固体物源;三眼峪沟和罗家峪沟沟道狭窄,都有巨型天然堆石坝存在;汶川地震在三眼峪沟和罗家峪沟流域内产生了更多的固体物源,还形成了新的堆石坝。

(3)2010 年 8 月 7 日 21:00 至 8 月 8 日凌晨 4:00,三眼峪沟和罗家峪沟泥石流形成区遭遇强降雨,降水量达 96.3mm,特别是在 8 月 7 日 23:00 至 24:00 的 1h 内降雨强度特别大,达到 77.3mm。

(4)强降雨形成强大的洪水冲垮三眼峪沟和罗家峪沟沟道内的天然堆石坝和人工拦挡坝,洪水与坝中泥沙混合,再侵蚀沟道中固体物质形成 8·7 特大泥石流;泥石流造成 1744 人死亡和失踪,回水长 3km 的堰塞湖使县城一半被淹。

(5)8·7 特大泥石流是高容重黏性泥石流,容重在 2.15g/cm³ 左右;泥石流的屈服应力在 7000Pa 以上;三眼峪沟和罗家峪沟泥石流的洪峰流量分别达 1712m³/s 和 564m³/s,泥石流冲出总量和泥沙总量分别为 144.2×10⁴m³ 和 97.7×10⁴m³;三眼峪沟和罗家峪沟堆积扇上巨石的冲击力分别为 19007t 和 4369t。

(6)三眼峪沟和罗家峪沟如果在近期遭遇强降雨还会暴发泥石流,但规模比 8·7 特大泥石流小;如果强降雨发生在数年后,暴发的泥石流规模比 8·7 特大泥石流略小;在 20 年或更长的时期内,没有发生新的地震影响下,在三眼峪沟和罗家峪沟经历一次大规模泥石流暴发后,泥石流的规模将回到汶川地震前的水平。

7.4　汶川震区映秀镇 8·14 特大泥石流灾害调查研究

强烈地震导致山地区域的地质环境更加脆弱、泥石流活动更加频繁、危害更加严重;大量实事表明,5·12 汶川地震后,整个震区滑坡、泥石流活动异常强烈,泥石流活动极为旺盛(唐川等,2009,2010)。汶川大地震发生两年多以后,经历了近三个雨季,震后的暴雨过程诱发了群发泥石流灾害发生,造成大量人员伤亡,并给灾区的恢复重建带来了许多新的困难。

受 2010 年 8 月强降雨天气的影响,2010 年 8 月 7 日甘肃省舟曲县城后山三眼峪沟及罗家峪沟突发大规模泥石流，造成了重大的生命财产损失。截至 2010 年 8 月 17 日，遇难人数为 1270 人，失踪人数为 474 人；泥石流冲毁房屋 5500 余间，掩埋、冲毁耕地 1400 余亩；受灾最严重的月圆村几乎被全部掩埋。泥石流还穿过舟曲县城，冲毁县城一部分街道和房屋，毁坏公路桥、人行桥共 8 座，在白龙江内形成长约 550m、宽约 70m 的堰塞坝，堰塞坝堵塞白龙江并形成回水长 3km 的堰塞湖，堰塞湖使县城一半被淹，城区电力、通信、供水中断。尽管舟曲县城处于汶川地震 6 度烈度区，但是山地环境受汶川地震的影响亦非常明显，汶川地震导致流域内产生了更多的固体物源，还形成了新的堆石坝，使泥石流流量和规模特别大。根据实地调查和计算，三眼峪沟和罗家峪沟泥石流的洪峰流量分别达 1712m³/s 和 564m³/s，泥石流冲出总量和泥沙总量分别为 144.2× 10⁴m³ 和 97.7×10⁴m³。

2010 年 8 月 13 日在汶川地震高烈度区的四川省绵竹市清平乡的文家沟暴发特大泥石流灾害，形成长达 3500m、宽 350～450m 的超大型泥石流堆积扇，其冲出泥沙石块达 400 万 m³，这也是国内近 20 多年来有记录的规模最大的一次泥石流灾害。这场泥石流过程共造成 7 人死亡，7 人失踪，特别是冲下来的泥石流堆积体淤平了下游 3.5km 的绵远河河道，迫使主河道改道，由左岸向右岸推移 300m 左右，由此导致洪水大范围泛滥，淹没清平乡场镇，受灾人数为 6000 多人。2010 年 8 月 13 日在汶川地震震中区映秀镇的红椿沟也暴发了特大规模的泥石流灾害，其冲出的堆积物堵断了岷江河道形成堰塞湖，由于泥石流堆积扇的强烈顶托，迫使岷江洪水冲向映秀镇，新建的映秀镇被淹，洪水泛滥造成映秀镇 13 人死亡、59 人失踪，受灾群众 8000 余人被迫避险转移。由于映秀镇地处汶川地震的震中位置，是地质灾害高强度区，国土资源部门开展了大量调查工作。例如，2008 年 7 月四川省广汉地质工程勘察院完成了《四川省 5·12 特大地震后汶川县地质灾害应急排查报告》，其结论是红椿沟为一条老泥石流沟，沟口由于修建草坡变电站，沟道受挤压，虽修建了简易排导槽但仍不能满足泥石流过流的要求；5·12 地震后，沟道内大量松散物质进入沟道，致使沟道多处堆积堵塞严重，易发生泥石流，暴雨季节建议撤离沟口居住村民。2009 年 2 月该院又完成了《四川省阿坝州汶川映秀镇灾后恢复重建规划区地质灾害危险性评估报告》及《四川省阿坝州汶川映秀镇灾后恢复重建规划区地质灾害专项防治规划》，评估结论为红椿沟受汶川地震影响，沟道两侧斜坡变形破坏严重，沟内物源增加，原沟道堵塞严重，加之沟道汇水面积大，如遇暴雨极易产生规模较大的泥石流，危害性及危险性大，建议对其进行勘查治理。本节根据对映秀镇 8·14 红椿沟特大泥石流灾害的应急调查，结合前人的调查数据资料，分析泥石流灾害特征、成因和成灾过程，计算泥石流动力学参数，为进一步认识汶川震区泥石流规模、频率和危险性等特征提供重要参考资料，也为汶川震区泥石流灾害的预警预报及工程治理提供科学依据。

7.4.1 流域特征

红椿沟位于汶川县映秀镇东北侧，岷江左岸，沟口坐标北纬 31°04′01″，东经 103°29′33″，沟口堆积扇区为映秀镇场镇灾后恢复重建规划区，都江堰至汶川高速公路及 G213 国道亦穿越泥石流堆积区。映秀属于中低山河谷地区，位于四川台地的边缘与龙门山准地槽南延部分的过渡带上，是低山褶皱区逐渐过渡为高山的强烈断裂和岩浆浸入区的"龙门山深断裂"，即北川-中滩堡大断裂，又称映秀大断层。其地势以中滩堡大断层分界，西北高而东南低，断层西北部为平武茂汶褶皱带火山岩区，山高坡陡，河谷深切，断层东南属四川台地边缘，山体较低。境内以花岗岩为主，中细粒闪长岩次之。映秀镇所在地为岷江及其支流渔子溪河的一级阶地及斜坡台地，地势平坦开阔，一级阶地海拔约 920m，与江面的高差为 5~10m。

红椿沟流域地形总体上属深切割构造侵蚀低山和中山地形，总体上具有岸坡陡峻，切割深度较大的特点，中上游呈深切割"V"型谷，下游沟口段沟床较宽缓，呈"U"型谷。沟域面积 5.35km^2，主沟纵长 3.6km，最高点望乡石高程 2168.4m，沟口与岷江交汇处高程 880m，相对高差 1288.4m，主沟平均纵坡降约 358‰，其中上游新店子沟段纵坡较大，达 538‰，以下沟段总体上纵坡略缓，且呈现陡缓相间的空间变化特征（彩图 14）。

映秀镇属四川盆地边缘亚热带湿润季风气候区，属川西多雨中心区，是暴雨常出现的地区之一，四季分明，气候温和。映秀镇多年平均降水量为 1253.1mm，最大年降水量为 1688mm（1964 年），最小年降水量为 836.7mm（1974 年），夏季暴雨频繁，强度大、历时短，6~9 月降水量占全年的 60%~70%，日最大降水量 269.8mm。岷江由银杏乡、佛堂坝、东界脑地区流入映秀镇，境内全长约 14km。河谷深切，水流湍急，河面宽度一般在 80~100m，河床平均坡降 9.7‰，最大流速 6.9m/s，最小流速 1.44m/s；岷江常年水位 878.37m，最高水位 880.57m（1985 年测），最低水位 877.65m（1985 年测）；汛期主要为降水补给，枯季为融雪和地下水补给。

据 2009 年四川省广汉地质工程勘察院对红椿沟泥石流灾害的访问调查，该沟是一条老泥石流沟，历史上曾发生过两次规模较小的泥石流过程，一次为 20 世纪 30 年代初期，未造成灾害；另一次为 1962 年 8 月，泥石流冲出沟口，部分堵塞岷江河道，顶托岷江水流向对岸偏移，造成局部洪水泛滥。根据现场访问，5·12 地震后 2009 年 7 月 17 日出现暴雨过程，据离映秀镇最近的都江堰气象站降水资料，全天总降水量达 336mm，但是此次降雨仅诱发了红椿沟上游三条支沟发生小规模泥石流。

7.4.2　成因分析

震区泥石流的形成发育最显著而典型的特点就是强震作用下为泥石流流域提供大量松散固体物质来源，更有利于泥石流沟的活动（Lin et al.，2003，2006）。映秀镇红椿沟泥石流灾害的形成主要受地形地貌、地层岩性、地质构造以及地震活动的控制，特别是在强烈地震作用的基础上又叠加暴雨作用，导致了这场灾害性泥石流的暴发。

7.4.2.1　降雨条件

根据设置在映秀镇的气象台的实测数据，2010 年 8 月 12 日 17：00 映秀镇范围开始降雨，当日累计降水量 19.9mm；13 日降雨时段较长，累计降水量 126.8mm，最大小时雨强为 32.2mm；8 月 14 日泥石流暴发（3：00）前的累计降水量为 23.4mm，即红椿沟泥石流发生的前期降水量总计达 162.1mm。可能最终诱发红椿沟泥石流的激发降雨出现在 8 月 14 日凌晨 2：00~3：00，其小时最大雨强仅为 16.4mm。图 7.27 说明了诱发泥石流发生的整个降雨过程和强度特征。

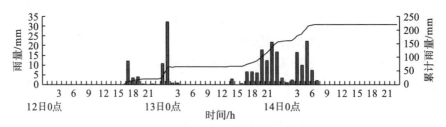

图 7.27　泥石流暴发前后映秀镇降雨累积图

关于降雨对泥石流的激发作用，即泥石流发生的临界雨量问题，很多学者进行了大量研究(崔鹏等，2003；Liu et al.，2008)。谭万沛和韩庆玉(1992)对四川省泥石流发生的临界雨量进行了研究，龙门山地区泥石流发生的临界积雨量为 80~100mm，小时雨强为 30~50mm(谭万沛和韩庆玉，1992)。对比这次映秀镇 8·14 泥石流发生的降雨条件，其前期的雨量大于此值，而激发雨强却降低 45%~67%。强降雨作用引起红椿沟上游多处滑坡强烈活动，在中游沟道两岸坡松散残坡积堆积层发生大面积滑塌，在局部较狭窄的沟段造成严重堵塞，流域上游洪水迅速汇流后，猛烈冲刷沟谷和斜坡松散固体堆积物，沟道中上游地震滑坡堵塞体突然溃决，导致大规模泥石流的暴发。

7.4.2.2　物源条件

5·12 汶川地震的发震断裂，即映秀-北川主断裂起始于映秀，并沿红椿沟沟谷主方向穿越整个流域，震后在沟口位置可见明显的地表破裂，最大垂直位移量达 2.3m，并右行位错 0.8m。汶川地震作用诱发了大量的崩塌、滑坡，为泥石流的形成提供了重要的松散物质，处于映秀-北川发震断裂带的红椿沟由寒武系花岗岩、闪长岩组成的斜坡体受汶川地震强烈作用导致沟谷两岸坡体大面积失稳，形成较大规模的滑坡体。这些滑坡堆积物胶结和固结很差，在流水冲刷下，极易产生底蚀和侧蚀，使泥沙迅速发生输移流动。我们利用 0.5m 分辨率的震后 2008 年 5 月 18 日拍摄的航空图像进行了解译和分析，红椿沟流域内发育大小规模滑坡体共 70 处(彩图 13)，滑坡平面总面积为 $76.1 \times 10^4 m^2$，厚度变化较大，从 1m 到 18m 不等，估算流域滑坡总体积可达 $384.3 \times 10^4 m^3$。这些滑坡相对集中分布于沟谷的右岸坡面，该地段恰处于映秀-北川断裂的上盘，说明上盘效应对斜坡稳定影响很明显。这里需要特别强调的是导致 8·14 特大泥石流灾害流量瞬时放大效应的根源在于沟内发育的滑坡堰塞体溃决作用。调查发现在海拔 1080m 和 1500m 处分别形成有一定规模的滑坡堰塞体(彩图 13)，海拔 1080m 处的滑体(H1)位于主沟中游右侧岸坡，滑坡体顺坡长约 590m，平均宽约 210m，滑坡平均厚度 4~12m，滑坡总方量约 $65 \times 10^4 m^3$。该滑坡整体下滑并严重堵塞沟道，沿沟道堆积长度约 150m，堆积高 10~40m(彩图 13)。分布在 1500m 处的滑坡(H2)位于主沟上游右侧岸坡，滑坡体顺坡长约 280m，平均宽约 140m，滑坡厚 3~8m，滑坡总方量约 $24 \times 10^4 m^3$，该滑坡下滑也堵塞沟道，沿沟道堆积长度约 60m，堆积高 10~30m(彩图 13)。此外，在泥石流物源区 70%以上的沟道都堆积了大量松散堆积物，这些大量的松散固体物质是泥石流强烈活动的重要补给源。

7.4.2.3　地形条件

红椿沟沟谷呈"V"型谷，纵坡比降大，沟道上游跌坎多，显出新构造运动期间山体强烈抬升的特征。特别是汶川地震后，沟谷地形发生了明显变化，部分山坡由凸形坡转为凹形坡，沟道堆积和堵塞现象严重，物源区扩大。此外，该流域的形成区与流通区沟道较顺直，有利于雨水的快速汇流，使得松散物质容易起动，并在运动过程中流速快、能量消耗少，有利于泥石流物质的流通。整条流域支沟不发育，仅发育两条支沟，沟域内两侧山高坡陡，坡度在 $35°\sim50°$，由于地形陡峻，表层土体结构松散及岩石节理裂隙发育，多被切割成块状。较大的地形高差，使处于斜坡高处的风化岩体具有较大势能，为形成崩塌、滑坡创造了有利临空条件。在地震影响下，陡急的山坡和沟床为坡面和沟床松散堆积物势能的释放和势能转化为动能提供了有利条件，为沟中洪水强烈冲刷坡面和沟床松散堆积物、形成高速泥石流汇流提供了巨大的动能。

7.4.3　泥石流形成、运动和堆积特征

红椿沟曾于 20 世纪 30 年代和 1962 年暴发过较小规模的泥石流过程，属于活动性较弱的低频泥石流沟。汶川地震后，由于流域地形条件和物源条件发生较大的变化，红椿沟转为高危险性泥石流沟。据对目击者访问，这场灾难性泥石流始发于 2010 年 8 月 14 日凌晨 3：00 左右，居住在沟口附近的民工描述当时沟内响声如雷，地面颤动，大规模泥沙石块冲入岷江河道，到了凌晨 4：00 以后沟内泥石流声音渐小，随后是山洪过程，整个泥石流过程大约持续了 90min 左右。红椿沟流域的泥石流起动首先是以"拉槽"方式侵蚀坡面上松散滑坡堆积体，形成山洪、泥石流过程。根据对泥石流沟上游物源区调查，泥石流起动发生在海拔 1500～1900m 处，位于沟谷右岸斜坡上的滑坡体表面和前缘松散物质在强降雨作用形成的地表径流强烈冲刷侵蚀下，首先在松散的滑坡体两侧相对低凹部位水流快速集中，迅速冲蚀成沟道，随着沟道不断加深加宽，山洪携带的泥沙也增多而转化为泥石流流体(图 7.28)；同时，主沟形成的洪水也冲刷沟道中的滑坡堰塞堆积体及其他松散固体物质，使沟中滑坡堆积物大量被掀动或发生局部溃决，迅速与新冲蚀沟道中的泥石流汇合并向下游运动。

图 7.28　泥石流起动区的滑坡体被表层水流冲蚀成的沟道

根据降雨历程和雨量分析(图 7.27)，2010 年 8 月 13 日晚 21：00 至 14 日凌晨 1：00

的四小时连续降雨，累计雨量 68.5mm。此时段的流域已形成山洪，开始产生冲刷侵蚀作用，在上游支沟或滑坡侧缘新沟道已出现小规模的泥石流。当大量泥沙石块运动到海拔 1080m 处的滑坡堰塞体时严重受阻，于是高挟砂洪水从滑坡堰塞体顶部和之前冲刷的狭窄沟道下泄，直到 14 日凌晨 2：00~3：00 再次出现较大的降雨，滑坡堰塞体受到上游更强烈的冲刷，于是整体发生突然完全溃决。图 7.29 是 H1 滑坡溃决后的沟道特征。溃决后沟谷两侧保留有原滑坡堰塞体的残留体，溃决后沟道拓宽至 25~35m。

图 7.29 H1 滑坡溃决后的沟道特征

溃决后泥石流洪峰流量瞬时放大，沿途强烈侵蚀两岸滑坡堆积物，掏蚀沟床松散物质，沿下游沟道直倾岷江，不仅冲毁淤埋在建的都江堰至汶川高速公路及 G213 国道，更是堵断了岷江干流河道形成堰塞体，图 7.30 是红椿沟泥石流堆积扇全貌。泥石流形成的堆积扇总长 470m，最大宽度 350m，总面积为 9.65m²，导致岷江约 150m 宽的河道全部淤满，堵断岷江河道，河水水位上涨，改道右岸形成 20~30m 宽的溢洪道冲入映秀新镇，造成映秀镇洪水泛滥（图 7.31，图 7.32）。根据对堰塞体测量，在岷江河道处最深大约 9m，堰塞体高出岷江上游水面近 3m，沿河从上游到下游长达 350m，面积大约 42576m²，堰塞体的应急处理难度非常大，直至 2010 年 8 月 19 日堰塞体左岸泄洪槽基本挖通泄洪。

a. 泥石流发生后形成的大型堆积扇，阻断岷江河道，掩埋公路　　　　　b. 泥石流发生前老堆积扇

图 7.30 红椿沟泥石流发生前后堆积扇特征

图 7.31　摄于 2010 年 8 月 15 日的航空照片反映红椿沟泥石流
扇、堰塞堆积体及映秀新镇洪水泛滥灾情
（由四川省地质环境监测总站提供）

图 7.32　映秀新镇被洪水泛滥，洪水水深 1.5~3.0m，水淹时间长达 5 日

　　这次红椿沟泥石流的搬运输送移动能力巨大，所搬运的直径 1m 以上粗大石块随处可见，在流通区发现的最大的巨石长、宽、高分别为 8.5m、4.5m、4.0m(图 7.33)，在堆积扇上，最大的巨石为 3.3m×2.5m×2.4m，泥石流中的巨石是造成建筑物被毁的主要原因。利用泥石流发生前的 1∶2000 地形图及发生后的航拍照片，可以计算出 8·14 特大泥石流活动的泥沙石块(固体物质)总量为 $71.1×10^4 m^3$，其中冲出 G213 国道以下形成堰塞体的堆积物方量为 $39.7×10^4 m^3$，仍然停留于 G213 国道以上宽谷段的堆积体方量为 $31.4×10^4 m^3$，属特大泥石流(表 7.10)。

表 7.10　映秀镇红椿沟 8·14 特大泥石流堰塞体总量计算

堆积扇总面积/m²	堰塞体面积/m²	堰塞体厚度/m	堰塞体泥砂量/($10^4 m^3$)	扇体上段堆积面积/m²	扇体上段堆积厚度/m	扇体上段扇堆积泥砂量/($10^4 m^3$)	冲出总泥砂量/($10^4 m^3$)
96510	49700	7~9	39.7	78500	2.0~6.0	31.4	71.1

图 7.33　泥石流搬运的最大的巨石

7.4.4　泥石流的静力学和动力学特征

泥石流的沉积特征为混杂沉积,有明显的反粒径分布,初步判断泥石流为黏性泥石流。根据调查时在红椿沟的取样实验分析,绘制出泥石流堆积物颗粒分布曲线(图7.34),利用黏性泥石流容重[式(3.3)],对红椿沟泥石流的两处断面的容重进行计算,计算结果见表 7.11。

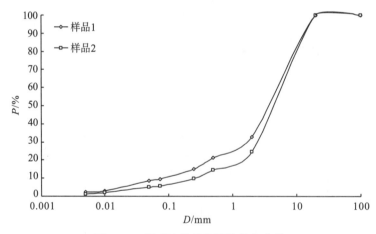

图 7.34　泥石流堆积物颗粒分布曲线

表 7.11　泥石流容重计算

位置	$P_2/\%$	$P_{05}/\%$	$\gamma_D/(g/cm^3)$	C
断面 1-1′	67.1	8.6	2.07	0.618
断面 2-2′	75.4	5.1	2.03	0.618

表 7.11 所列的泥石流容重为 $2.03 \sim 2.07 g/cm^3$,表明 8·14 特大泥石流都是典型的黏性泥石流,泥石流的泥沙体积浓度 C 超过 0.6,即泥石流流体中几乎 61.8% 都是泥沙。

红椿沟泥石流体中的黏粒含量为 2.3%。

泥石流的屈服应力是反映泥石流，特别是黏性泥石流特征的重要参数，根据在红椿沟的调查可以得到黏性泥石流的屈服应力[式(4.2)]：泥石流容重＝2069kg/m³，坡度＝8.5°，泥石流的最大堆积厚度＝3m，得到 τ_B＝4650Pa。

红椿沟泥石流的屈服应力为 4650Pa，具有较大的屈服应力，反映了泥石流堆积体有很强的抵抗上游岷江洪水冲刷侵蚀的能力，这是泥石流能堵塞岷江主河道的重要原因之一。

泥石流的运动速度、流量和总量是泥石流重要的动力学特性，也是泥石流防治的重要参数，通过对红椿沟流通区中残留的典型泥痕断面的测量及泥石流颗粒分析参数，按黏性泥石流运动速度[式(2.3)]计算，结果见表 7.12。

表 7.12　泥石流的运动速度、流量和总量计算

位置	R/m	S	D_{50}/mm	D_{10}/mm	A/m²	V/(m/s)	Q/(m³/s)	T/s	W_c/(10⁴m³)	W_s/(10⁴m³)
断面 1-1′	1.15	0.15	3.7	0.08	86.0	8.67	745.76	5400	106.3	80.5
断面 2-2′	2.61	0.16	4.3	0.25	88.7	7.85	696.45	5400	99.3	75.2

本次泥石流为溃决型泥石流，一次泥石流过程流体总量的计算方法采用水量平衡原理分析出的概化过程线，按下式计算(张健楠等，2010)。

$$W_c = 0.2TQ \tag{7.7}$$

式中，W_c 为一次泥石流流体总量，m³；T 为泥石流历时，s。

根据上述两个断面的计算，泥石流流速分别为 8.67m/s 和 7.85m/s；最大洪峰流量分别为 745.76m³/s 和 696.45m³/s，此值高出岷江映秀段日常流量(400m³/s)近一倍，也高于当天(8 月 14 日)的岷江洪峰流量 570m³/s。表 7.12 中计算的泥石流固体物质总量(W_s)比表 7.10 中调查的这条沟泥石流冲出的泥沙量略高，说明对红椿沟的泥石流运动速度、流量、流体总量及固体物质总量等参数的计算基本合理。

泥石流的冲击力，特别是泥石流中巨石的冲击力是造成建筑物毁坏的主要原因，8·14 特大泥石流中巨石冲击力的计算[式(7.6)]见表 7.13，红椿沟的泥石流冲击力为 117170t，可见其破坏力的巨大。

表 7.13　8·14 特大泥石流中巨石冲击力计算

C_1/(m/s)	A_d/m²	V_d/(m/s)	ρ_d/(kg/m³)	F/t
4500	1.63	8.67	2700	17170

注：石块与被撞物体的接触面积按堆积扇上最大石块的中、短径所在平面面积的 10%计算。

7.4.5　汶川震区泥石流灾害减灾对策

大量事实表明，汶川震区已进入一个新的活跃期，未来 5～10 年内泥石流发生将更加频繁、活动强度将更大。面对汶川震区泥石流灾害出现的新特点，今后泥石流的防治工作更加严峻，难度大；因此，需要进一步强化震区泥石流的减灾防灾工作，除了继续做好常规性的泥石流防治工作外，还应特别重视以下几点问题。

(1)紧急开展汶川震区地质灾害隐患点的详细排查和编目工作，尤其是对Ⅸ及以上地

震烈度区的大型泥石流沟谷进行再次排查和复核，进一步研究泥石流的发育特征、形成条件和演化规律。针对汶川震区泥石流出现的新特点，急需建立更准确合理的泥石流危险性评价新方法和危险范围预测的新模型，也可探讨利用已成功应用于日本、台湾强震区泥石流危险性和风险评估的新方法进行区划预测。

（2）针对威胁城镇和人口集中区的泥石流沟，总结汶川震区已发生的泥石流规律和特征开展泥石流频率和规模评估，在进行泥石流治理工程可行性研究和施工图设计中，应认真复核泥石流的参数，特别是泥石流容重、流速、流量等与工程设计密切相关的参数。例如，设计洪峰流量计算时，应充分调查沟道地震滑坡堵塞程度，在此基础上提高堵塞系数，保证设计流量及冲出量计算的合理性；在对上述问题充分论证和科学分析基础上，提高强震区泥石流灾害的防治标准。

（3）由于泥石流具有夜间突发性，不能完全依赖于区域性临灾预报和群策群防，还应重点加强潜在危险性大、频率较低的泥石流灾害群专项结合的预警，充分利用泥石流预警仪进行专业监测预警，目前已开发的泥位超声波警报仪、次声波预警仪和雨量法预警仪可以达到一定的防灾减灾效果。由于汶川地震后，滑坡、泥石流发生所需的前期雨量和激发雨量大大降低，应该尽快根据震后三个雨季数据资料，重新划定泥石流发生的临界雨量；在此基础上开展雨季区域性地质灾害气象临灾预报工作。

（4）强震区的泥石流防治工作应该充分考虑时机问题，因为在极重灾区部分大型泥石流流域已积累了特别丰富的滑坡物质来源，近几年内活动性极强，采取常规的泥石流防治工程难以有效控制泥石流的发生和运动；因此，在震后 5 年内对强震区的部分活动性强的大型泥石流沟不宜实施防治工程，或在充分可行性科学论证基础上进行工程治理；待流域侵蚀、搬运强度有所降低，斜坡土砂趋于基本稳定后，再实施全面的防治工程。

7.4.6 小结

由于映秀镇红椿沟泥石流灾害发生在汶川地震震中区，泥石流的发生是地震与降雨共同作用下的结果。研究其形成与成灾过程对于进一步认识汶川震区泥石流特征有重要的意义。通过对 2010 年 8 月 14 日暴雨诱发的泥石流灾害现场调查和分析，得出以下认识。

（1）汶川地震作用诱发了大量的崩塌、滑坡，为泥石流的形成提供了重要的松散物质。处于映秀-北川发震断裂上盘的红椿沟流域内由寒武系花岗岩、闪长岩组成的斜坡体受汶川地震强烈作用完整性地被破坏，导致沟谷两岸坡体大面积失稳，形成较大规模滑坡，并在沟床堆积了大量松散堆积物，成为泥石流固体物质补给源。

（2）地震后的强降雨过程是诱发泥石流的动力因素，泥石流暴发是前期累积雨量和当次激发雨强共同作用下的结果。泥石流暴发的前期累积雨量为 162.1mm，激发泥石流的是 2010 年 8 月 14 日凌晨 16.4mm 的小时雨强。

（3）红椿沟泥石流形成是由于降雨作用形成的地表径流侵蚀导致斜坡上的地震滑坡体表面和前缘松散物质向下输移，进入沟道后转为泥石流过程；此外，流域上游暴雨产生的山洪强烈冲刷沟道中的滑坡堆积体及其他松散固体物质，使沟槽内的松散堆积物被掀动或遭受揭底而形成大规模泥石流过程。

（4）这次大规模泥石流形成原因是沟床中的地震滑坡堰塞体溃决效应，导致泥石流瞬时洪峰流量放大，计算的最大流量高达 745.76m³/s。此值高出岷江映秀段日常流量

（400m³/s）近一倍，也大大高于当天上午（8月14日）的岷江洪峰流量570m³/s。泥石流形成的堆积扇堵断岷江河道，强烈顶托岷江水流向对岸偏移，造成映秀镇的洪水泛滥。

　　研究表明汶川地震导致高烈度区泥石流源地的滑坡更加发育，松散物质更加丰富，强降雨过程使泥石流源地滑坡进一步复活，并产生大量新滑坡，从而使强震区泥石流发生频率增高，规模增大。2010年在汶川震区发生的灾难性泥石流的实例表明汶川震区已进入一个新的活跃期，未来5~10年该区域泥石流发生将更加频繁。因此，应该紧急开展汶川震区山洪泥石流隐患点的详细排查和编目工作，进一步加强对汶川震区泥石流沟的危险源识别调查，开展重视山洪泥石流的灾害链效应研究，重点开展城镇泥石流灾害风险评估；在潜在高危险泥石流流域建立实时监测及早期预警系统；采取更有效的工程措施控制泥石流的发生和危害。

7.5　8·13四川清平文家沟特大泥石流灾害

　　2010年8月13日凌晨00：30，在持续强降雨作用下，位于汶川地震重灾区的四川省绵竹市清平乡文家沟暴发特大泥石流灾害，泥石流冲塌绵远河上游幸福大桥后，将大桥整体推移到下游并堵塞老清平大桥，致使绵远河堵塞、水位抬高、河水改道。泥石流在绵远河河道内淤积体长约1600m，宽200~500m，最大淤积厚度超过15m，平均淤积厚度为7m，泥石流总量约310104m³。泥石流造成7人死亡，5人失踪，39人受伤，479户农房被掩埋受损，清平乡卫生院、学校等设施被严重掩埋，农田被毁300余亩，水、电、通讯全部中断，直接经济损失4.3亿元（图7.35）。

图7.35　8·13文家沟泥石流在绵远河内淤积及掩埋部分清平乡场镇

　　在2008年5月12日汶川地震前清平乡文家沟不是泥石流沟，但在汶川地震后的三个雨季内，文家沟先后暴发了五次大规模和特大规模的泥石流灾害，文家沟在地震的影响下演变为一条高频率泥石流沟（许强，2010）。在将来还极有可能多次暴发大规模或特大规模泥石流灾害。为了进一步查明泥石流的发生原因和发展趋势，成都理工大学地质灾害防治与地质环境保护国家重点实验室组织调查组对文家沟在汶川地震后发生的泥石流进行了现场调查，分析了泥石流的特征、成灾原因、成灾过程及泥石流的各重要参数，探讨了将来文家沟泥石流的发展趋势并提出了针对文家沟泥石流的防治建议，为今后泥石流的防灾减灾提供了依据。

7.5.1 文家沟泥石流流域基本特征及泥石流发生历史

文家沟位于四川省绵竹市西北部山区的清平场镇北，属长江流域的沱江水系上游绵远河左岸一支沟，沟口坐标北纬 31°33′04.7″，东径 104°06′58.5″。在地貌上属构造侵蚀中切割陡峻低-中山地貌、斜坡冲沟地形。文家沟流域总体东西向伸展，主沟呈"7"字型，横断面呈"V""U"结合，汇水面积 7.81km²，主沟全长 3.25km，流域内最低点位于沟口，海拔 883m，最高峰位于东部分水岭九顶山的顶子崖，海拔 2402m，相对高差 1519m，沟床平均纵坡降 467.4‰。文家沟有两条支沟，其中 1 号沟流域面积 1.57km²，沟道长 2.23km，相对高差 1017m，沟床平均纵坡降 456.1‰；2 号支沟流域面积 0.64km²，沟道长 1.21km，相对高差 587m，沟床平均纵坡降 485.1‰。文家沟主沟发育于流域的峡谷区，岸坡陡峻，沟谷切割深，沟道短，纵坡降大，跌水坎多，横断面呈"V"型，为泥石流的暴发提供了有利的地形条件(图 7.36)。

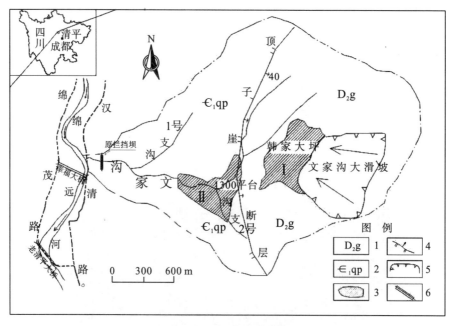

图 7.36 文家沟流域图

1.泥盆系观雾山组；2.寒武系清平组；3.滑坡碎屑物堆积区；
4.顶子崖逆掩断层；5.滑坡滑源区边界；6.拦挡坝

清平乡所属绵竹市地处四川盆地中亚热带湿润气候区，气候温和，降水充沛，四季分明。由于地形高差大，气候的垂直变化和差异很大，年平均气温 15.7℃。通过对绵竹市清平乡文家沟区域 1992 年以来近 20 年的降雨资料统计分析，最大日降水量达 496.5mm，出现在 1995 年 8 月 15 日；最大 1 h 降水量为 49.8mm，最大 10min 降水量为 23.98mm，均出现在 1995 年 8 月 11 日。由降水频率计算的 5 年一遇的 1h 降水量为 69.3mm。降雨主要集中在 7～9 月，这三个月的降水量占全年降水量的 80%以上。降雨具有波动变幅大、降水集中、雨强大和暴雨频率高的特点，这些特点有利于洪水灾害和泥石流等灾害的发育。绵远河属长江流域的沱江水系上游。该段河谷宽窄相间，河面宽 50～200m，多年平均总径流量 5.12 亿 m^3。

文家沟在地质构造上位于龙门山中央断裂（映秀-北川断裂）下盘的龙门山皱褶断束带中的太平推覆体，与映秀-北川断裂相距约 3.6km。在文家沟流域内出露地层主要为寒武系清平组和泥盆系观雾山组。泥盆系观雾山组出露地层主要为上部灰—深灰色石灰岩夹白云质灰岩；下部砂页岩夹泥质灰岩，夹有铁质砂岩；底部黄褐色、灰色中厚层石英砂岩，分布在"1300m 平台"以上，岩层产状 320°∠32°，呈顺向坡产出。寒武系清平组出露岩层主要为上部灰色薄层状长石云母石英粉砂质板岩及钙质泥质粉砂岩；中部暗紫—暗灰绿色薄层板状钙质粉砂岩；下部由灰绿色细粒状磷块岩、灰色含磷泥灰岩、薄层硅质岩及深灰色钙质磷块岩与磷质灰岩互层，统称为磷矿段，分布在"1300m 平台"以下，为文家沟的主要地层，总体倾向 N—NW。2008 年汶川地震时产生的滑坡-碎屑流堆积体极大地改变了文家沟沟内泥石流的物源条件。在汶川地震过程中，汶川地震中的第二大滑坡——文家沟滑坡使 $2750×10^4 m^3$ 的观雾山组灰岩岩体从高程 1780～2340m 的山顶顺层高速下滑，在滑动过程中"刮铲"沟道两侧坡体，一部分停留在韩家大坪处形成了主堆积区 I，方量约 $2000×10^4 m^3$；另一部分从其前缘陡坎顶部高速抛射而出，在与对岸山体剧烈碰撞后随即解体转化为碎屑流，进入"1300m 平台"并沿 SW 方向运动，最后大部分停留在 985～1400m 高程处形成了主堆积区 II，方量约 $3000×10^4 m^3$（许强等，2009）（图 7.36，彩图 15）。

主堆积区 I 分布高程 1599～1890m，与滑坡前地势平缓（坡度约 10°）的韩家大坪基本重合。该区现今滑坡堆积物（Q_4del）成分为灰岩及白云质灰岩块碎石，直径大于 1m 的块石含量超过 30%，20～40cm 的占 40%。块碎石均为棱角状，大小混杂，无分选，表面结构松散，但经过一年来流水所携带的砂性土填埋，砂土固结程度好，密实程度为中密至密实（许强等，2009）。由于该区块石粒径较大，密实程度较好，坡度较缓，上游汇水面积较小，在洪水作用下被起动形成泥石流的可能性很小。

主堆积区 II 分布高程 985～1400m，是文家沟滑坡的土体部分，也是地震后次生泥石流发生的主要物源区，堆积区的最大淤积厚度约 150m。该区堆积物主要为块碎石土，石质成分为灰白色棱角—次棱角状灰岩，土质成分为褐色黏土。堆积物表层结构松散，向下随厚度增加而逐渐密实。堆积物中直径小于 10mm 的占 30%，1～20cm 的占 60%，大于 20cm 的占 10%，其中最大的超过 160cm（许强等，2009）。由于该区块石粒径较小，密实程度一般，坡度较陡，上游汇水面积较大，该区滑坡-碎屑流堆积体很容易被洪水起动形成泥石流，且堆积体体积巨大，在持续较大降雨条件下，堆积体可以源源不断地被洪水起动形成规模巨大的泥石流灾害。

根据查阅绵竹县志和现场访问调查，绵远河清平段分别于 1934、1964、1992、1995 和 1998 年发生了较大的洪水，其中 1934 年暴发的洪水最大，根据统计相当于 150～200 年一遇的洪水。在所有这些绵远河暴发洪水时，绵远河流域都有较大降雨发生，而紧靠清平乡场镇的文家沟都没有发生泥石流。在 1933 年叠溪地震中，清平乡为该地震的轻破坏区（钱洪等，1999），但在 1934 年绵远河流域暴发大洪水时，绵远河流域均有较大降雨，文家沟也没有发生泥石流，因此可以判断文家沟在汶川地震前不是泥石流沟。

7.5.2　汶川地震后文家沟泥石流暴发过程及成因

在 2008 年 5 月 12 日汶川地震前清平乡文家沟不是泥石流沟，但在汶川地震后的三个雨季内，文家沟先后暴发了五次大规模和特大规模的泥石流灾害，文家沟在地震的影响下演变为一条高频率泥石流沟。这五次泥石流灾害暴发的时间和过程分别如下。

(1)2008 年 9·24 泥石流：2008 年 9 月 24 日四川西北部发生强降雨，总降水量达到 88mm，导致文家沟暴发特大规模泥石流，泥石流总量约 $50\times10^4\,m^3$，冲毁沟口公路并堵塞了绵远河河道，形成堰塞湖(许强等，2009；许强，2010)。

(2)2010 年 7·31 泥石流：2010 年 7 月 31 日绵竹市发生强降雨，3h 降水量达到 92.6mm(距文家沟约 6km 的楠木沟降雨资料)，导致文家沟暴发大规模泥石流，泥石流总量约 $10\times10^4\,m^3$，沟内部分谷坊溃决失效(许强，2010)。

(3)2010 年 8·13 泥石流：2010 年 8 月 12 日四川绵竹市清平乡发生局地大暴雨，从 18：00 开始降雨，在 22：00 之前雨量较小，22：30～13 日 1：30 降雨演变为大到暴雨，随后逐渐减小，至 3：00 左右降雨停止，总降水量 227mm。泥石流的暴发是在 13 日 00：30 左右，由于强大的洪水挟带大量的泥沙冲溃文家沟最后一道拦砂坝，形成溃决型特大规模泥石流。泥石流冲入绵远河，冲塌绵远河上游幸福大桥后，将大桥整体推移到下游并堵塞老清平大桥，致使绵远河堵塞、水位抬高、河水改道。泥石流持续时间约 2.5h，在形成区冲刷形成新的沟道，在文家沟最后一道拦砂坝下游 150m 处开始淤积。泥石流进入绵远河后，在河道内大量淤积，淤积体长约 1600m，宽 200～500m，平均宽 300m，最大淤积厚度超过 15m，平均淤积厚度为 7m，泥石流总量约 $310\times10^4\,m^3$。泥石流造成 7 人死亡，5 人失踪，39 人受伤，479 户农房被掩埋受损，清平乡卫生院、学校、场镇、加油站、部分汶川地震安置房等设施被严重掩埋，农田被毁 300 余亩，水、电、通讯全部中断，直接经济损失 4.3 亿元。

(4)2010 年 8·19 泥石流：2010 年 8 月 18 日 22：00 开始降雨，在 19 日 2：00～6：00 降水量增大，到 19 日上午 11：30 总降水量为 172.6mm(楠木沟降雨资料)；19 日凌晨暴发大规模泥石流，又有一部分民房被泥石流掩埋，泥石流总量约 $30\times10^4\,m^3$ (许强，2010)。

(5)2010 年 9·18 泥石流：2010 年 9 月 18 日上午 9：00 开始降雨，根据文家沟泥石流的清水汇流区和泥石流形成区交界的"1300m 平台"降雨资料，最大 5min 降水量 5.5mm(发生时间 9：40～9：45)，最大 30min 降水量 16.5mm(发生时间 9：30～10：00)，总降水量 51.5mm。在降雨过程中滑坡-碎屑流堆积体出现了一大块的垮塌堆积在沟道中，形成了堵塞坝；在 10：05 堵塞坝溃决形成大规模泥石流，泥石流洪峰流量约 $220m^3/s$ (图 7.37)；泥石流为黏性泥石流，容重为 2.1～2.3g/cm³；泥石流的淤积位置上移，在文家沟最后一道拦砂坝上游 150m 处就开始淤积，相比 8·13 泥石流的淤积起始点，淤积起始点位置上移了约 300m。泥石流掩埋一部分沟口民房，淤埋了在沟道内施工的两台钻机，泥石流总量约 $17\times10^4\,m^3$ (四川省地质工程集团公司提供了 2010 年 9 月 18 日文家沟泥石流的降雨、泥石流容重、泥石流流量和泥石流总量的泥石流现场观测资料)。

图 7.37　文家沟 9·18 泥石流龙头

文家沟在 2008 年汶川地震后的三个雨季连续暴发五次大规模和特大规模泥石流的原因是汶川地震为泥石流提供了非常丰富的松散固体物源。汶川地震前文家沟沟内松散固体物质来源主要是崩塌产生的零星块石，大多被洪水带走，很难形成具有一定规模并可以参与泥石流的松散固体物质积累，因此即使在 1934 年的大降雨情况下也没有泥石流发生。汶川地震后有 $3000 \times 10^4 \, \mathrm{m^3}$ 滑坡-碎屑流堆积体在"1300m 平台"下游，这些松散堆积物颗粒细小，堆积在文家沟沟道内并淤埋了原来的水流通道，在有小降雨时就会被流水冲刷形成高含沙水流，在较大降雨作用下就会形成泥石流（图 7.38），如 2008 年 9·24 和 2010 年 8·19 及 9·18 泥石流。在 2008 年 9·24 泥石流后，在文家沟泥石流形成区和堆积区修建了多道谷坊和拦砂坝，但强大的洪水挟带大量的泥沙冲毁了谷坊和拦砂坝，形成了 2010 年 7·31 和 8·13 泥石流。

在具备了非常丰富且很容易被洪水起动的固体物质和陡峻的地形条件后，降水量就是文家沟泥石流暴发的诱发因素。图 7.39 为所示文家沟 2010 年 9·18 泥石流暴发前后的文家沟"1300m 平台"和距文家沟约 6km 的楠木沟的降水量。文家沟 9·18 泥石流暴发前的 30min 降水量达到 16.5mm，正是这样集中的高强度降雨引起了滑坡-碎屑流堆积体的局部垮塌并堵塞沟道形成堰塞坝，在后来的强大洪水冲刷下溃决并形成泥石流。从图 7.39 可以看出，尽管文家沟和楠木沟两个地方的降水量有一些差别，但在没有降雨资料时楠木沟降雨资料可以作为文家沟降水量的参考值。

a. 泥石流形成区源头　　　　　　　　b. 泥石流形成区中部

图 7.38　文家沟泥石流形成区

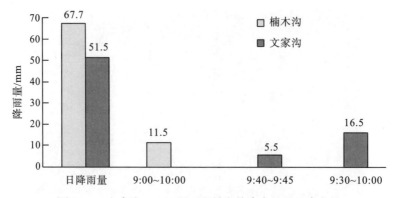

图 7.39　文家沟 9·18 泥石流暴发前降水量及日降水量

　　图 7.40 为文家沟 7·31、8·13 和 8·19 泥石流暴发前后楠木沟累积降水量。从这三次降雨过程与泥石流的形成条件分析这三次泥石流的暴发过程如下：①7 月 31 日的降雨主要发生在 3：00～4：00 和 4：00～5：00，小时降水量分别为 39.1mm 和 50.4mm，泥石流的暴发是在较大降雨强度形成的洪水冲溃沟内部分谷坊后形成的，随着降雨的结束泥石流也结束；②8 月 12 日 19：00～23：00 最大小时降水量为 16.6mm，此后的 23：00～24：00 降水量为 37.4mm，洪水冲刷滑坡-碎屑流堆积体并将沟内最后一道拦砂坝淤满，13 日 0：00～3：00 的小时降水量分别为 16.3mm、38.7mm、24.8mm，此时强大的洪水冲溃拦砂坝并形成泥石流，泥石流持续到降雨结束；③8 月 19 日 1：00～5：00 降水量增大，小时降水量为 16.1～21.9mm，此时因 8·13 泥石流将堆积体新冲刷出一条沟道，沟道坡度变缓，沟道宽度展宽，洪水单宽流量变小，流速降低，洪水冲刷能力降低，没有达到足够的洪水流量形成泥石流；5：00～6：00 的降水量达 31.9mm，洪水流量增大从而形成泥石流；6：00～7：00 降水量为 21.7mm，泥石流流量减小直到完全停止。

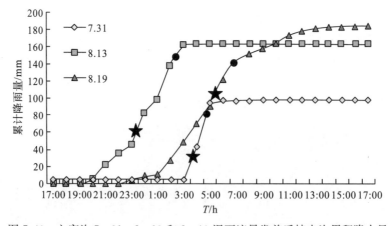

图 7.40　文家沟 7·31、8·13 和 8·19 泥石流暴发前后楠木沟累积降水量

　　★.泥石流暴发时间；●.泥石流结束时间，其中 7·31、8·19 为推测时间；楠木沟降水量资料由成都高原气象所提供

　　从 8·19 泥石流暴发的激发降水量是小时降水量 31.9mm，到 9·18 泥石流暴发的激发降水量是 30min 降水量 16.5mm，说明这两次泥石流暴发的激发降雨条件基本一致。汶川地震后文家沟这五次大规模和特大规模泥石流的暴发除了 8·13 泥石流的量特别大

以外，其他几次泥石流暴发的量不是很大，8·19 和 9·18 泥石流的总量分别为 $30 \times 10^4 \mathrm{m}^3$ 和 $17 \times 10^4 \mathrm{m}^3$，相对于 $3000 \times 10^4 \mathrm{m}^3$ 的滑坡-碎屑流堆积体，这两次泥石流带走的泥沙微不足道，对文家沟地震后 3 年内泥石流形成区的改变也很有限，因此 9·18 泥石流和 8·19 泥石流的触发条件基本一致，今后文家沟泥石流的诱发降雨条件也与 8·19 及 9·18 泥石流的诱发降雨条件一样：以小时降水量为标准，在 20mm 时接近泥石流暴发的临界值，30mm 时泥石流暴发。由于文家沟 5 年一遇的小时降水量为 69.3mm，因此在 2010 年文家沟多次暴发泥石流灾害，在今后的雨季中也可能一年多次暴发泥石流灾害。

7.5.3　文家沟泥石流的静力学和动力学特征

泥石流的静力学和动力学特征是泥石流的重要特征参数。四川省地质工程集团公司在 2010 年 9 月 18 日文家沟泥石流暴发现场通过观测和取样获得了泥石流的重要参数：泥石流为黏性泥石流，容重为 $2.1 \sim 2.3 \mathrm{g/cm}^3$。通过对文家沟的 8·13 和 9·18 泥石流在堆积区的沉积物调查得出，泥石流的沉积特征均为混杂沉积，有明显的反粒序分布，说明两次泥石流同样都是性质相近的黏性泥石流。

根据在 8·13 泥石流堆积区的取样（小样），由颗粒分析曲线（图 7.41）可以计算出黏性泥石流的容重[式(3.3)，$P_2 = 0.663$，$P_{05} = 0.172$]，计算结果为 8·13 泥石流容重为 $2.22 \mathrm{g/cm}^3$，这与 9·18 泥石流的现场取样结果一致，可以作为这两次泥石流的容重值，同样 2008 年 9·24 泥石流、2010 年 7·31 和 8·19 泥石流暴发在同一小流域，形成机理也相同，因此也可以将 $2.22 \mathrm{g/cm}^3$ 作为这几次泥石流的容重值。

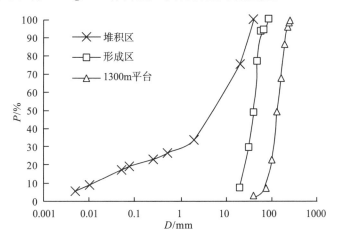

图 7.41　泥石流堆积物和泥石流形成区表面颗粒分布曲线

堆积区曲线为泥石流堆积物小样颗粒分析质量分数曲线；形成区曲线为占形成区 60％以上颗粒中径的颗粒个数百分比；“1300m 平台”曲线为占 80％以上颗粒中径的颗粒个数百分比

泥石流中的泥沙体积浓度可以根据泥石流容重计算得到式(4.1)，计算泥石流泥沙的体积浓度为 0.72。

泥石流容重为 $2.22 \mathrm{g/cm}^3$，表明文家沟泥石流是高容重泥石流，泥石流的泥沙体积浓度 C 为 0.72，即泥石流体中 72％都是泥沙。泥石流体中黏粒占泥沙的 5.5％。

泥石流的屈服应力是反映泥石流，特别是黏性泥石流的重要参数，根据在 8·13 泥石流的堆积物调查可以得到文家沟黏性泥石流的屈服应力[式(4.2)]。泥石流容重＝

$2220\mathrm{kg/m^3}$，坡度＝$3.3°$，h（泥石流的最大堆积厚度）＝8m，得到屈服应力＝10029Pa。文家沟泥石流具有很大的屈服应力，有很强的抵御洪水冲刷能力，这也是泥石流能堵塞绵远河的原因之一。此外，具有10029Pa的屈服应力可以使泥石流在绵远河内堆积厚度很大，如在文家沟到清平段的绵远河河底坡降为0.025，在河道内的最大堆积厚度可以达到18m，这也是8·13特大泥石流能够在绵远河河道内淤积超过15m的原因之一。

泥石流的流量和总量是衡量泥石流的危险程度和防治泥石流的重要参数。四川省地质工程集团公司在2010年9月18日文家沟泥石流暴发现场观测泥石流的洪峰流量约$220\mathrm{m^3/s}$，泥石流暴发持续时间约1h，泥石流总量约$17\times10^4\mathrm{m^3}$。文家沟泥石流的暴发主要由于溃坝形成（如7·31、8·13和9·18均为溃坝形成泥石流），因此对8·13泥石流可以用瞬时溃决洪峰流量作为泥石流洪峰流量计算，进而用溃决泥石流洪峰流量（曾向荣等，2009）和泥石流暴发时间计算泥石流总量[式(7.8)]：

$$Q = \frac{8}{27}\sqrt{g}\left(\frac{B}{b}\right)^{\frac{1}{4}}bH^{\frac{3}{2}} \tag{7.8}$$

式中，Q 为泥石流流量，$\mathrm{m^3/s}$；B 为溃决坝体总长度，m；b 为溃决坝溃口长度，m；H 为溃决坝溃口深度，m。

计算结果见表7.14，W 为泥石流总量，$\mathrm{m^3}$；T 为泥石流持续时间，s；W_s 为泥石流中泥沙总量，$\mathrm{m^3}$。

表7.14 文家沟8·13和9·18泥石流的流量和总量

泥石流暴发时间	B/m	b/m	H/m	$Q^{①}$/($\mathrm{m^3/s}$)	$Q^{②}$/($\mathrm{m^3/s}$)	T/s	$W^{①}$/($10^4\mathrm{m^3}$)	$W^{②}$/($10^4\mathrm{m^3}$)	C	$W_s^{①}$/($10^4\mathrm{m^3}$)
8·13	215	130	5	1530	—	9000	275	310	0.72	198
9·18	—	—	—	—	220	3600	16	17	0.72	11

注：①计算值；②调查值。

根据四川省地质工程集团公司在2010年9月18日文家沟泥石流暴发现场观测泥石流的洪峰流量约$220\mathrm{m^3/s}$，泥石流暴发持续时间约1h，计算的泥石流总量（张建楠等，2010）为$16\times10^4\mathrm{m^3}$，与现场测量的泥石流总量$17\times10^4\mathrm{m^3}$非常接近，因此，由洪峰流量和持续时间计算溃决泥石流的总量比较准确。用瞬时溃决洪峰流量计算代替泥石流洪峰流量计算，进而用溃决泥石流洪峰流量和泥石流暴发时间计算8·13泥石流的总量为$275\times10^4\mathrm{m^3}$，与现场调查的泥石流总量（$310\times10^4\mathrm{m^3}$）非常接近，因此用式(7.8)计算的8·13泥石流洪峰流量比较准确，$1530\mathrm{m^3/s}$可以作为8·13文家沟泥石流的洪峰流量。

文家沟泥石流的固体物质都来自汶川地震形成的滑坡-碎屑流堆积体，通过调查自汶川地震以来到9·18泥石流后，文家沟沟内的滑坡-碎屑流堆积体的减少量为$476\times10^4\mathrm{m^3}$，因堆积体中有间隙，因此实际的固体物质量还应去除堆积物中的间隙。由于堆积物的固结程度在地震后增长了很多，颗粒组成也很广泛（许强等，2009），因此参照现行《地基与基础设计规范》(JTJ024-85)中的碎石（砂土）密实度，选取中等密实程度的上限0.66作为现在文家沟滑坡-碎屑流堆积体的密实度（东南大学等，2005）。因此实际固体物质仅有66%，实际减少固体物质总量为$314\times10^4\mathrm{m^3}$。汶川地震后五次泥石流的总量为$417\times10^4\mathrm{m^3}$，泥石流体中泥沙体积浓度为0.72，除去泥石流中的水，实际泥沙总量为

$300 \times 10^4 \, \text{m}^3$（表 7.15），与滑坡-碎屑流堆积体实际减少量 $314 \times 10^4 \, \text{m}^3$ 非常接近。没有发生泥石流时的水流也会挟带走一部分堆积体泥沙，因此对文家沟五次泥石流的总量和泥沙总量调查比较准确。

表 7.15　文家沟五次泥石流的总量和泥沙总量

参数	9·24	7·31	8·1	8·19	9·18	总计
泥沙总量/($10^4 \, \text{m}^3$)	50	10	310	30	17	417
泥沙体积浓度	0.72	0.72	0.7	0.72	0.72	—
泥石流中泥沙量/($10^4 \, \text{m}^3$)	36	7	223	22	12	300
堆积体减少量/($10^4 \, \text{m}^3$)	—	—	—	—	—	476
堆积物密实度	—	—	—	—	—	0.66
实际堆积物减少量/($10^4 \, \text{m}^3$)	—	—	—	—	—	314

7.5.4　文家沟泥石流的发展趋势

文家沟在汶川地震后多次暴发大规模和特大规模泥石流的主要原因是在沟道内有汶川地震产生的滑坡-碎屑流堆积体，其中可以形成泥石流的堆积物总量在"1300m 平台"以下的沟内约有 $3000 \times 10^4 \, \text{m}^3$，经过三个雨季和五次大规模与特大规模的泥石流共消耗了 $476 \times 10^4 \, \text{m}^3$，占这部分滑坡-碎屑流堆积体总量的 16%，因此现在文家沟沟内仍然有大量的可以形成泥石流的滑坡-碎屑流堆积体。

在现在的文家沟"1300m 平台"以下到滑坡-碎屑流堆积体的前缘沟道中，沟道狭窄，大多都在 20m 以内，最狭窄处仅 13m；泥石流形成区域的沟道坡度较大，沟道内还有多处跌坎，沟道纵坡坡度上游较大，约 20°，到下游最小约 10°；沟道内的堆积物表层泥沙颗粒粒径较小，粒径有 60% 以上在 $20 \sim 85$mm（图 7.42）；沟道两岸边坡陡峻，处于非常不稳定的状态，边坡坡度达 35°~50°。在边坡上附近的堆积体也非常松散，在降雨的作用下极易垮塌进入沟道，造成沟道堵塞（图 7.42）。因此文家沟在将来的雨季有较大降雨时（如小时降水量达到 30mm）还会暴发泥石流，有大暴雨发生时还会形成大规模甚至特大规模泥石流。

图 7.42　文家沟沟道内滑坡-碎屑流堆积体

由于文家沟沟内可以形成泥石流的滑坡-碎屑流堆积体体积巨大，即使在今后的雨季中暴发几次规模如 8·13 泥石流一样大的特大规模泥石流，这些滑坡-碎屑流堆积体还会很多，仍然需要防范泥石流灾害，因此对文家沟泥石流的防治将是一个长期的工作。

7.5.5　小结

（1）汶川地震前文家沟沟内松散固体物质来源主要是崩塌产生的零星块石，很难形成具有一定规模并可以参与泥石流的松散固体物质积累，文家沟不是泥石流沟。汶川地震中的第二大滑坡——文家沟滑坡将 $3000 \times 10^4 \mathrm{m}^3$ 滑坡-碎屑流堆积在文家沟沟内，由于该堆积体很容易被洪水起动形成泥石流，且堆积体体积巨大，在持续的较大降雨条件下，堆积体可以源源不断地被洪水起动形成规模巨大的泥石流灾害。

（2）汶川地震时的滑坡-碎屑流堆积体改变了文家沟的泥石流形成条件，文家沟演变为一条高频率泥石流沟。从汶川地震后的 2008 年 9 月 24 日到 2010 年 9 月 18 日不到两年的时间内，文家沟先后暴发了五次大规模和特大规模的泥石流灾害，其中以 8·13 文家沟泥石流规模和危害最大。

（3）2010 年 8 月 13 日持续的强降雨诱发了 8·13 文家沟泥石流，强大的洪水挟带大量的泥沙冲溃文家沟最后一道拦砂坝，形成溃决型特大规模泥石流，泥石流持续时间约 2.5h，泥石流总量约 $310 \times 10^4 \mathrm{m}^3$。泥石流造成 7 人死亡，5 人失踪，39 人受伤，479 户农房被掩埋，直接经济损失 4.3 亿元。8·13 文家沟泥石流暴发过程前后的总降水量为 227mm。

（4）文家沟泥石流为高容重黏性泥石流，容重为 $2.22 \mathrm{g/cm}^3$，泥沙体积占泥石流体积的 72%，泥石流的屈服应力为 10029Pa；文家沟 8·13 泥石流的洪峰流量为 $1530 \mathrm{m}^3/\mathrm{s}$。

（5）汶川地震后的三个雨季和五次大规模与特大规模的泥石流共消耗了 $476 \times 10^4 \mathrm{m}^3$ 固体物质，仅占汶川地震后可以形成泥石流的滑坡-碎屑流堆积体总量的 16%，因此现在文家沟仍然具有再次暴发特大规模泥石流的物源条件。现在文家沟泥石流形成区的沟道地形条件也有利于泥石流的形成。

（6）文家沟如再遭遇较大降雨（如小时降水量达到 30mm）还会暴发泥石流。由于文家沟沟内依然有大量的可以形成泥石流的滑坡-碎屑流堆积体，即使在今后的雨季中暴发几次规模如 8·13 泥石流一样大的特大规模泥石流，文家沟在较大降雨下仍然可能暴发泥石流灾害，因此对文家沟泥石流的防治将是一个长期的工作。

四川省绵竹市清平乡文家沟泥石流与其他受地震影响的泥石流沟有显著不同的特点：汶川地震产生的巨大的滑坡-碎屑流堆积体使文家沟沟内拥有大量可以较容易形成泥石流的松散固体物质，只要遭遇较大降雨，文家沟就可能会暴发泥石流灾害。由于文家沟内可以形成泥石流的松散固体物质体积非常巨大，只要能形成泥石流的降雨过程持续较长时间，泥石流的暴发也会有较长的持续时间，泥石流的冲出量会非常巨大。文家沟的下游不远处就是清平乡场镇和汶川地震安置点与重建学校等，对文家沟的泥石流防治需要采取更加慎重而有效的措施，对此本节提出针对文家沟泥石流的防治建议。

（1）对文家沟泥石流防治的重点是防止泥石流的暴发，在泥石流形成区上游"1300m平台"处修建集水区，将"1300m 平台"及上游因降雨产生的洪水汇集并排导到其他区域，减少形成泥石流的水源，从而达到防止泥石流发生或减小泥石流规模的目的。

（2）在泥石流的形成区清理沟道，排除边坡隐患，降低边坡坡度，并采取护坡和护底工程，防止降雨在形成区形成的洪水冲刷沟道和边坡坡脚形成泥石流。

（3）尽管实施截水和护坡护底工程可以起到一部分防止泥石流发生的作用，但在泥石流形成区的堆积物仍然可能在较大降雨时垮塌进入沟道并堵塞沟道最终形成泥石流，因此还需要在形成区的下游修建拦挡工程，拦挡工程以拦挡较大规模泥石流及其巨石为主要目的，使洪水或小规模泥石流暴发时泥沙不会淤积在拦挡工程内，这样就能保证在暴发较大的泥石流时能起到拦挡的作用。由于拦挡工程位置处于堆积扇，地势比较开阔，在拦挡工程的设计和施工中应考虑泥石流对拦挡工程的冲击并采取相应措施，避免泥石流冲毁拦砂坝的事件再次发生。

（4）在采取拦挡工程措施后，对通过拦挡工程的泥石流或因拦挡工程失效而流出的泥石流还应该采取排导工程的方法将泥石流排导到绵远河内，排导工程在进入绵远河时与绵远河河道的交汇角应该成锐角，最好成 30°，这样经排导工程排导的泥石流就不会堵塞绵远河，排导出的泥沙可以通过绵远河水流冲刷自然排导到下游，不会影响清平乡在文家沟上下游居民的安全。

（5）所有防护治理工程在雨季前都必须进行检查、维护和清淤工作，在每一次降雨后也要采取相同的措施确保防护治理工程能起到相应的作用。同时在雨季前和每次降雨后都要检查沟道两边边坡的稳定性，在发现有较大的不稳定边坡时应采取相应措施排除险情，尽可能减小泥石流暴发的可能性。

（6）在泥石流形成区及上游"1300m 平台"建立降雨监测及泥石流预报系统，在有较大降雨时（如小时降水量为 30mm）发出泥石流警报。在截水通道上下游，泥石流形成区，泥石流拦挡工程及排导工程处设立全天候摄像监控系统，在降雨时监控各防护治理工程的运行状态，一旦有异常情况发生，立即采取报警措施，确保人员的安全。

（7）在每个雨季到来前组织文家沟沟口居民及有可能受到文家沟泥石流威胁的清平乡居民进行泥石流防灾演习，划分安全区域和避难场所，保证所有有关居民在泥石流警报发出后可以迅速撤退到安全的避难场所。

7.6　汶川地震后四川省都江堰市龙池镇群发泥石流灾害调查研究

龙溪河位于四川省都江堰市龙池镇，是岷江的一级支流。龙溪河流域在汶川地震前地质灾害就极为发育，共有 21 处地质灾害隐患点，其中泥石流灾害隐患点 2 处。泥石流灾害隐患点中的八一沟历史上曾发生过三期次的泥石流。汶川地震后，流域内崩塌、滑坡数量剧增，为泥石流的暴发提供了丰富的物源条件（沈军辉等，2008）。汶川地震后，位于汶川地震极震区的龙溪河流域在 2008 年 5 月 12 日、2008 年 6 月 24 日、2008 年 9 月 25 日、2009 年 7 月 17 日等相继有 13 条泥石流沟暴发泥石流，危害公路 780m，居民 74 户 458 人，造成经济财产损失 5200 万元。2010 年 8 月 13 日龙溪河流域遭遇强降雨过程，龙池镇暴发群发泥石流灾害（简称 8·13），流域内共有 45 处暴发泥石流灾害，泥石流冲出总量共 $334 \times 10^4 \text{m}^3$，造成大量泥沙淤积在龙溪河下游河道内，使该段河床整体抬升 3～8m，平均淤高 5m。8·13 龙池群发泥石流对龙溪河流域汶川地震灾后恢复重建安置点、道路、城镇管网、河道及耕地造成了严重影响和破坏，危害公路 4240m，河堤

3130m，233 栋民房受损，造成经济损失约 5.5 亿元；同时由于其群发性及链发性，危害范围波及整个龙池镇，威胁资产达 6.3 亿元（许强，2010）。沿龙溪河河谷分布的绝大多数房屋部分或全部被泥石流掩埋，其中以八一沟泥石流灾害最为典型和严重。八一沟泥石流位于龙池镇附近龙溪河右岸，流域面积仅 8.7km²，在 8·13 群发泥石流过程中，先后有两次大规模的泥石流冲出，集中于 8 月 13 日 16：00 左右和 8 月 14 日 5：00 左右，在堆积扇上淤积量约 31×10⁴m³，将沟内已完工的泥石流治理工程（拦挡坝和排导槽）全部摧毁，冲毁安置区板房 100 余间，淤埋公路 200 余米（图 7.43）。2010 年 8 月 18 日龙溪河流域再次遭遇较强降雨过程，又暴发六处泥石流灾害。

　　为了进一步查明龙池群发泥石流的发生原因和发展趋势，成都理工大学地质灾害防治与地质环境保护国家重点实验室组织调查组对龙溪河流域在汶川地震后发生的泥石流进行了现场调查，着重调查了 2010 年 8 月 13 日的泥石流灾害，分析了泥石流的群发特征、成灾原因、成灾过程，探讨了将来龙溪河泥石流的发展趋势并提出了防治泥石流的建议，为今后泥石流的防灾减灾提供了依据。

a. 8·13 前　　　　　　　　　　　　　　　b. 8·13 后

图 7.43　八一沟泥石流堆积扇

7.6.1　龙溪河流域环境背景

　　龙溪河位于四川省都江堰市西北部山区的龙池镇，属长江流域岷江水系的一级支流。龙溪河源出龙溪河流域北端的龙池岗，至南端的楠木园入岷江，流向总体由北向南，流域面积 96.78km²；龙溪河全长 18.22km，平均流量 3.44m³/s，最大流量 300m³/s，最小流量 0.2m³/s。龙溪河河道上半段冷浸沟以上的主河道坡度较陡，平均坡度为 132‰，主河道狭窄，平均宽度为 8m；龙溪河河道下半段冷浸沟以下的主河道坡度较缓，平均坡度为 45‰，主河道较宽阔，平均宽度为 25m。龙溪河主要支流有猪槽沟、孙家沟、碱坪沟、水鸠坪沟、煤炭洞沟、八一沟等。龙池流域内地形变化大，整体地势北高、南低，相对高差较大，在地形上属低-中山及河谷平坝阶梯状分布，地貌上属构造侵蚀低-中山地貌、堆积侵蚀低山地貌及构造侵蚀溶蚀中山地貌。龙溪河流域平面呈树权状分布，以主河龙溪河居中，在其两侧发育有多条泥石流沟。

　　龙溪河流域居龙门山断裂构造带，陡峻的峡谷地貌使龙溪河具有以下地形特征：

　　①流域相对高差大。全流域内最高峰为北端的龙池岗山顶，海拔 3090m，最低点位于南端紫坪铺水库边，海拔 770m，相对高差 2520m。各泥石流支沟海拔为 723～1605m，

最高的是八一沟 1605m，最低的是椿牙树沟 723m。②沟床纵坡陡。整个龙溪河流域平均纵比降 126‰，泥石流支沟纵比降 376‰～573‰。③流域山坡坡度大。流域山坡坡度在 30°～70°；在流域内龙池湖附近及其上游地区的山坡坡度最为陡峻，与之相反的是在流域东南部的晏家坪下游到紫坪铺水库左岸山坡坡度较缓，这两个区域与流域内其他区域有明显的不同。④大部分泥石流流域面积＜1.0km²，仅个别泥石流沟流域面积＞3.0km²。由此可见，该流域具有山高、坡陡、沟床比降大、支沟面积小的特征。巨大的地形高差，使沟道的松散堆积物具有较大的势能，陡峻的沟床和山坡为松散物质的起动提供了有利的条件，较小的流域面积便于径流的快速汇集。根据对 2010 年 8 月 13 日龙池群发泥石流的现场调查，现在龙溪河流域内共有 45 个泥石流灾害点，其中沟谷型泥石流沟 34 条，坡面型泥石流 11 处。

龙溪河流域在地质构造体系上为龙门山构造带的中南段，属华夏构造体系。在大地构造上分别属扬子准地台和青藏地槽区，地质构造复杂，区内褶皱构造和断裂构造发育。褶皱构造有彭灌复背斜，青城山向斜和背斜；断裂构造有虹口-映秀断裂北支、虹口-映秀断裂南支和飞来峰构造。流域内出露的地层岩性丰富，主要有第四系崩滑堆积物(Q_4del)、第四系洪积物(Q_4pl)、第四系崩坡堆积物(Q_4e+dl)，第四系主要分布在山前台地以及山区河流谷地、沟口和部分平缓斜坡中下部，以碎块石为主；石炭系(C)和二叠系下统梁山组(P_1l)主要分布在龙溪河南端飞来峰构造以南的紫坪铺水库两侧，以灰岩、砂岩和页岩为主；三叠系上统须家河组(T_3x)主要分布在飞来峰构造和虹口-映秀断裂南支之间，以砂岩、泥岩、碳质页岩为主；震旦系下统火山岩组(Za)主要分布在虹口-映秀断裂南支和虹口-映秀断裂北支之间，以灰绿色安山岩、凝灰岩及安山玄武岩为主；澄江-晋宁期斜长花岗岩分布广泛，主要分布在虹口-映秀断裂北支以上，以花岗岩为主[$\gamma_{02}^{(4)}$]。

龙溪河流域是一个地震活动频繁的地区，流域内的虹口-映秀断裂（映秀-北川断裂带的一部分）是汶川地震的发震断裂。在汶川地震主震发生后，映秀-北川断裂带相继发生 3.4 万余次余震，其中 4 级以上的余震 200 多次。虹口-映秀断裂 3～5km 宽带状区内地震最高烈度达Ⅺ度，其余山区地震烈度Ⅹ度。根据国家标准 GB 18306—2001《中国地震动参数区划图》第 1 号修改单（国标委服务函[2008]57 号）对四川、甘肃、陕西部分地区地震动参数的相关规定，该区地震动峰值加速度为 0.20g，地震动反应谱特征周期为 0.4s。

龙溪河流域内出露的岩性以砂岩、泥岩、碳质页岩为主，安山岩、凝灰岩及安山玄武岩次之。由于龙溪河流域内有虹口-映秀断裂北支、虹口-映秀断裂南支和飞来峰构造穿过，导致流域内岩层破碎，极易产生崩塌滑坡。汶川地震后，龙溪河流域发育有大量的崩塌、滑坡及松散堆积物，8·13 龙池群发泥石流后龙溪河流域仍然发育有崩塌、滑坡 66 个，物源量约 $1692×10^4$m³。其主要支沟八一沟内发育有众多的崩塌、滑坡，调查范围内松散物体积约 $308×10^4$m³。关门石也是该流域内主要物源区，关门石为四沟椿牙树沟、双养子沟、孙家沟和纸厂沟汇合处，该处约有松散物源 $120×10^4$m³。此外还有 $14×10^4$m³ 可参与坡面型泥石流的固体物源。

都江堰市龙池镇属四川盆地中亚热带湿润季风气候区，气候温和，降水充沛，四季分明，冬无严寒，夏无酷暑，日照较少，阴雨天气频繁。通过对都江堰市龙池镇区域 1955 年以来 50 年的气温和降雨资料统计分析，龙池镇极端最高气温 35℃，极端最低气温－4.1℃，年平均气温 12.2℃；年平均降水量 1134.8mm，年降水量小于 1000mm 的仅两年，最少年仅 713.5mm(1974 年)，最多年达 1605.4mm(1978 年)。最大月降水量为592.9mm，最大日降水量达 245.7mm，最大 1 h 降水量为 83.9mm，10 年一遇 1h 降水量为 71.3mm，20 年一遇 1h 降水量为 74.8mm；最大 10min 降水量 23.98mm，一次连续最大降水量 457.1mm，一次连续最长降水时间为 28 天。月平均降水量最多的 8 月降水量为289.9mm，最少的 1 月为 12.7mm；降水主要集中在 5～9 月，这五个月的降水量占全年降水量的 80％以上，因此，5～9 月也是地质灾害的高发期。

龙溪河流域降水具有波动变幅大、降水集中、雨强大和暴雨频率高的特点，这些特点往往成为洪水和泥石流等灾害的诱发因素。由于降水的季节分配不均，流域内各主要支流在枯、丰期流量变化很大，汛期流量大、水位陡增，为引发洪水或泥石流灾害提供了充足的水源。

7.6.2　8·13 龙池群发泥石流灾害

2010 年 8 月 13 日龙溪河流域遭遇持续强降雨，从 13 日 14：00 到 14 日 7：00，总降水量达到 229mm，最大小时(16：00～17：00)降水量达 75.0mm，相当于 20 年一遇的 1h 降水量；连续 2h(16：00～18：00)降水量达到 128.3mm，连续 3h(15：00～18：00)降水量达到 150mm(图 7.44)。

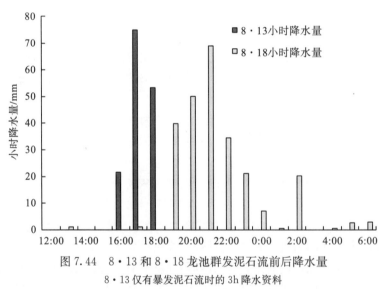

图 7.44　8·13 和 8·18 龙池群发泥石流前后降水量

8·13 仅有暴发泥石流时的 3h 降水资料

在持续强降雨诱发下，2010 年 8 月 13 日 16：00～17：00 暴发了 34 处沟谷型泥石流和 11 处坡面型泥石流，沟谷型泥石流持续时间 50～100min。多处泥石流堵断龙溪河主河道。泥石流堆积在龙溪河流域内泥石流堆积扇上的总量为 $161×10^4 m^3$，其中 $156×10^4 m^3$为沟谷型泥石流堆积，平均每条沟堆积 $4.7×10^4 m^3$；而坡面型泥石流在堆积扇上的总量仅 $5×10^4 m^3$，平均每处堆积 $0.45×10^4 m^3$。沟谷型泥石流还在龙溪河上游主河道内大量淤积，总淤积量 $143×10^4 m^3$，平均每条沟堆积 $4.3×10^4 m^3$；而坡面型泥石流在堆积扇上几乎耗尽了全部的泥石流泥沙，没有泥石流进入龙溪河主河道内。此外，沟谷型泥石流在龙溪河主河道内还有大量泥沙被龙溪河洪水冲向下游，进入紫坪铺水库并淤积在库区，总量约 $30×10^4 m^3$。泥石流将平均 30m 宽，9530m 长的龙溪河上游河床整体抬升 3～8m，平均抬高 5m(如图 7.45)。龙溪河河道在冷浸沟以上 400m 处一弯道开始淤积，一直淤积到进入紫坪铺水库库区。

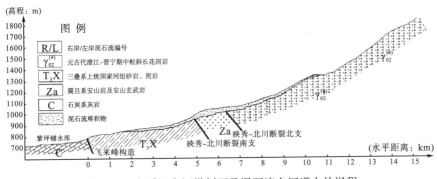

图 7.45　龙溪河主河纵剖面及泥石流在河道内的淤积

与坡面型泥石流相对很少的堆积量相比，沟谷型泥石流在堆积扇上有大量的泥石流堆积，在河道内的泥沙淤积量以及在河道中被洪水冲走的泥沙量也非常大，从总量和危害范围上说明沟谷型泥石流的危害性远大于坡面型泥石流。

8·13 龙池群发泥石流灾害造成了巨大的经济损失。其中的绝大部分损失和危害都是沟谷型泥石流造成的(图 7.46)。从危害方式和造成的损失上也说明沟谷型泥石流的危害性远大于坡面型泥石流。

a.峰洞岩沟泥石流危害民房　　　　b.黄央沟泥石流淤埋公路(淤埋厚度为 7m)

图 7.46　8·13 泥石流毁坏房屋和公路

在 8·13 龙池群发泥石流灾害过后仅 5 天，2010 年 8 月 18 日龙溪河流域再次遭遇持续强降雨，降雨从 18 日 17：00 到 19 日 5：00 左右，总降水量达到 251mm，最大小时(20：00～21：00)降水量达 69.0mm，接近 10 年一遇小时降水量，连续 2h(19：00～21：00)降水量达到 119.2mm，连续 3h(18：00～21：00)降水量达到 159mm(图 7.44)。从 18 日 20：00 到 19 日 5：00，陆续有六条泥石流沟暴发泥石流，泥石流冲出量 $19×10^4 m^3$，危害公路 550m，损毁民房 33 栋。

7.6.3　龙池群发泥石流的特征

(1)泥石流活动集中在汶川地震断裂带附近。

汶川地震的发震断裂带——映秀-虹口断裂(映秀-北川断裂北支)横穿龙溪河流域。受

断裂带影响，龙溪河泥石流灾害分布主要集中在该断裂带附近。在映秀-虹口断裂带附近
1km 范围内，集中了 8·13 暴发的 45 处泥石流中的 17 处，占总数的 37.8 %；距映
秀-虹口断裂带2km 范围内，集中了 27 处泥石流，占总数的 60.0%。距映秀-虹口断裂带
3km 范围内，集中了 40 处泥石流，占总数的 88.9 %。而其余的 5 处泥石流距映秀-虹口
断裂带也仅有 7km。这种集中在汶川地震发震断裂带附近的群发泥石流还有映秀 8·13
群发泥石流、清平 8·13 群发泥石流(许强，2010)、2010 年 8 月四川平武平通镇石坎河
流域群发泥石流以及北川 9·24 群发泥石流(唐川等，2009)，说明汶川地震发震断裂带
附近的山区在遭遇暴雨时很容易暴发群发泥石流灾害。

(2)泥石流活动受岩性和地形的影响。

龙溪河流域泥石流沿龙溪河的分布有三段截然不同的特征：①在映秀-虹口断裂带南
支上游(含断裂带)的龙溪河段，泥石流的分布基本是沿两岸均匀分布，左右岸分别有 16
处和 14 处泥石流灾害点；②在映秀-虹口断裂带南支(不含断裂带)下游，飞来峰构造上
游的龙溪河段，泥石流的分布全部是沿右岸分布，共有 15 处泥石流灾害点，而左岸没有
泥石流灾害点；③飞来峰构造下游泥石流不发育，两岸都没有泥石流灾害点。形成这样
的泥石流分布规律的原因如下：①在映秀-虹口断裂带南支上游(含断裂带)的主河两侧主
要岩性为灰绿色安山岩、凝灰岩、安山玄武岩及花岗岩，两岸山坡坡度相似，都非常陡
峻，因此都有较多的泥石流分布；②在映秀-虹口断裂带南支下游(不含断裂带)和飞来峰
构造之间主河两侧主要岩性为砂岩、泥岩、碳质页岩，但左岸山坡坡度较右岸山坡坡度
平缓，因此右岸泥石流较多，而左岸泥石流不发育；③在飞来峰构造下游右岸主要岩性
为石炭系灰岩，山坡坡度比龙溪河上游龙池湖附近的山坡坡度平缓，因此泥石流不发育；
左岸主要岩性为二叠系下统梁山组砂岩和页岩，但左岸山坡坡度较平缓，泥石流不发育。

(3)泥石流以黏性泥石流为主，新发生的泥石流以小规模为主，主要危害由沟谷型泥
石流造成。

(4)泥石流流域以小流域为主，8·13 暴发的 45 处泥石流流域主要是小流域，流域
面积≤1km² 的泥石流有 31 处，占总数的 68.9%；1km²<流域面积≤3.0km² 的泥石流有
11 处，占总数的 24.4%；流域面积>3km² 的泥石流仅 3 处，占总数的 6.7%。许多小流
域的泥石流沟在汶川地震前或 8·13 前从未暴发过泥石流，因此在排查和详查工作中不
易被发现，具有隐蔽性强的特点，但这些泥石流往往会造成巨大的灾害。

(5)龙溪河河道内的泥沙淤积受泥石流活动、主河道坡度和宽度的控制。

龙溪河河道冷浸沟以上的主河道平均坡度为 132‰，平均宽度为 8m；而冷浸沟以下
的主河道平均坡度为 45‰，平均宽度为 25m。冷浸沟以上的流域内仅有 7 处泥石流，其
中 1 处泥石流还流入龙池内，没有泥沙进入龙溪河；有 2 处泥石流为坡面型泥石流，没
有泥沙进入主河道；有 2 处泥石流为小型泥石流，仅有 2 处为中型泥石流，紧靠冷浸沟
的上游——猪槽沟和漆树坪沟。猪槽沟虽然是中型泥石流沟，有较多的泥石流堆积物，
但都淤积在堆积扇上，没有泥沙进入龙溪河主河道。漆树坪沟也是中型泥石流沟，有较
多的泥石流堆积物，有部分泥沙进入龙溪河主河道；尽管这段的坡度较缓，但洪水从上
游携带的泥沙较少，河道在漆树坪沟沟口宽仅 10m，因此洪水还是将河道中的泥沙冲向
下游，泥石流仅将河道向对岸推进了 2m；因河道底床是基岩，因此这段河道没有被冲
刷。漆树坪沟及以上河道边的泥石流带入到这段主河道内的泥沙较少，龙溪河洪水在较

大的沟道坡度和较小的沟道宽度条件下，可以集中水力冲刷泥石流带入主河道的少量泥沙到下游，其结果是没有泥沙在漆树坪沟及上游龙溪河河道内淤积。漆树坪沟下游400m的向右弯道处河道开始展宽，一直到冷浸沟出口处河道展宽到20m，河道坡度仍然较缓。冷浸沟冲出的泥石流堵断了龙溪河主河道，泥沙大量淤积在河道内，使河道坡度进一步减缓，上游冲下来的泥沙开始溯源淤积，一直淤积到冷浸沟和漆树坪沟中间的弯道处，这个弯道就是龙溪河泥沙在主河道淤积的起始点。冷浸沟以下的流域内紧密分布了大大小小的泥石流37处，因此龙溪河洪水在冷浸沟下游较小的沟道坡度和较大的沟道宽度条件下，只能冲刷泥石流带入主河道的大量泥沙中的一小部分，其结果是大量泥沙在冷浸沟下游龙溪河河道内淤积。

(6)龙溪河河道内淤积泥沙粒径受泥石流流域岩性控制。

龙溪河流域内以映秀-虹口断裂北支、映秀-虹口断裂南支和飞来峰构造为界，将流域内岩性分为四部分：上游元古代澄江-晋宁期的中粒斜长花岗岩$[\gamma_0^{2(4)}]$；中游震旦系下统火山岩组(Za)的灰绿色安山岩、凝灰岩及安山玄武岩；下游三叠系上统须家河组(T_3x)砂岩、泥岩；以及没有泥石流发生的最下游石炭系和二叠系下统梁山组的灰岩、砂岩和页岩。从龙溪河上游到下游有泥石流发生的地段，岩性从硬岩向软岩过渡，龙溪河主河道两边的泥石流堆积扇上的颗粒粒径也由大到小逐渐过渡，加上洪水从上游到下游的分选作用，龙溪河河道内泥石流淤积物的粒径从上游到下游呈更加明显的从大到小的变化规律。

7.6.4　龙池群发泥石流的发展趋势和防治建议

7.6.4.1　泥石流的发展趋势

尽管龙溪河流域在汶川地震前也有泥石流发生过，但仅有两条泥石流沟。在汶川地震后到2010年8月13日前，有13条泥石流沟暴发泥石流，但分散在两年内的四次降雨过程，没有呈现群发泥石流的特征。8·13龙池群发泥石流的原因如下：①汶川地震引起了大量的崩塌和滑坡，使大量的松散固体物质堆积在龙溪河流域内，不仅形成了泥石流的丰富物源，而且也容易被起动形成泥石流；②2010年8月13日的降水量和降雨强度都很大，总降水量接近最大日降水量，最大小时降水量相当于20年一遇的小时降水量，此后的持续降水量也很大。因此龙溪河流域内的泥石流沟在持续强降雨作用下先后暴发泥石流，不仅有规模较大的沟谷型泥石流，也有小规模的坡面型泥石流。相比之下，2010年8月18日的降雨强度稍小，最大小时降雨量接近10年一遇的小时降水量，因此群发泥石流的数量和规模都较小。

自从汶川地震以来，龙溪河流域内的泥石流沟沟内的地形变化很小，流域依然是山高、坡陡、沟床比降大。流域内的松散固体物质仍然很多，在沟谷型泥石流流域内有$1692\times10^4 m^3$可参与泥石流的固体物质，这是8·13沟谷泥石流总量的五倍；尽管坡面型泥石流仅有$14\times10^4 m^3$可参与泥石流的固体物质，但其他不稳定斜坡有可能转化为坡面型泥石流，因此龙溪河流域具备再次暴发群发泥石流的物源条件。

以泥石流形成的三大条件——地形、地质和降水条件对比汶川地震后在龙溪河流域内的四次泥石流和二次群发泥石流过程可以得出，地形和地质条件基本没有发生改变，控制泥石流发生数量和规模的是降水条件。当小时降雨量为 50mm 或以下时，龙溪河流域内会局部暴发泥石流灾害；当小时降雨量为 70mm 时，即相当于 10 年一遇的小时降水量时，龙溪河流域内会有一些泥石流暴发形成群发泥石流灾害；当小时降雨量为 75mm 时，即相当于 20 年一遇的小时降水量时，龙溪河流域内会有较多泥石流暴发形成较大规模的群发泥石流灾害；当小时降水量为 50 年或 100 年一遇的小时降水量时，龙溪河流域内将会有更多的泥石流暴发形成更大规模的群发泥石流灾害。目前龙溪河流域内可参与泥石流的固体物质依然很多，只有在遭遇多次强降雨和群发大规模泥石流事件后，这些固体物源被消耗将尽，流域内的泥石流活动才会恢复到汶川地震前的活动水平。

在有的汶川地震发震断裂带附近的山区在暴雨激发下已多次发生群发泥石流灾害，这些地区和其他汶川地震发震断裂带附近的山区在暴雨激发下还有可能暴发群发泥石流灾害，需要在雨季到来时提高警惕，特别要注意不易被发现的小流域泥石流危害，做好防灾预案和预警预报工作，在遭遇强降雨发生群发泥石流时将灾害减到最轻。

7.6.4.2　防治建议

四川省都江堰市龙池镇龙溪河流域有许多泥石流沟，这些泥石流流域的特点相近，都有陡峻的地形，丰富的松散固体物质，在较强降雨作用下容易暴发泥石流。泥石流在进入龙溪河主河道后不仅会堵塞或局部堵塞主河道，还会淤高河道，将大量泥沙带向下游，进入下游紫坪铺库区，因此对龙溪河流域的泥石流防治需要采取更加慎重而有效的措施，对此本节提出针对龙溪河流域泥石流的防治建议。

（1）龙溪河流域泥石流灾害点数量很多，有的泥石流规模巨大（如八一沟），因此实施拦挡的办法代价太大，除局部因居民需要保护建议采用防护堤的办法外，不建议修建拦挡工程。

（2）龙溪河主河道内泥沙淤积主要在冷浸沟及以下河道，由于龙溪河流域下游出口是紫坪铺水库库区，不可能对流域主河的泥沙采取排沙的办法疏通河道，因此很难改变冷浸沟以下主河道内泥沙大量淤积和抬高河床的现状。主河床被抬高后，泥沙溯源淤积，河道边各泥石流支沟的堆积区的坡度就会减缓，有利于泥石流在堆积扇上的淤积，而不利于泥石流的排导。这样的主河抬高—堆积扇坡度减缓—不利于排导泥石流的现象在将来的泥石流过程中将越来越严重，因此在冷浸沟及以下的泥石流流域采取排导的办法也不可取。

（3）由于龙溪河主河道内泥沙大量淤积和抬高河床的现象将在今后的泥石流事件中越来越严重，泥石流堆积扇的范围会越来越大，淤埋高度越来越高，因此建议重建的房屋应该建在现有的泥石流危害范围外并且比现有泥石流堆积高程高 10m 以上，以免被后续的泥石流淤埋。

（4）由于龙溪河流域内泥石流拦挡工程代价太大，冷浸沟及以下泥石流排导工程难度很大，且容易失效；而漆树坪沟及以上主河沟道狭窄，河道边也没有合适的建设场地，因此建议在龙溪河流域内采取以搬迁为主的措施，在少量具有较好避让泥石流条件的地方可以安置居民，其他不适宜的地方均应搬迁，避开泥石流危害。

（5）沿龙溪河主河的冷浸沟及以下的公路应考虑后续泥石流继续淤积主河、抬高河床的发展规律，选择较高位置线路修建公路，以免被泥石流再次淤埋或冲毁。

(6)在龙溪河流域内建立降雨监测及泥石流预警预报系统,在有较大降雨时(如小时降水量为50mm)发出泥石流警报。在每个雨季到来前组织流域内居民进行泥石流防灾演习,划分安全区域和避难场所,保证所有居民在泥石流警报发出后可以迅速撤退到安全的避难场所。

7.6.5　小结

(1)位于汶川地震极震区的龙溪河流域在2010年8月13日遭遇强降雨过程,暴发8·13龙池群发泥石流灾害,泥石流冲出总量共$334\times10^4\,m^3$,造成大量泥沙淤积在龙溪河下游河道内,该段河床平均淤高5m。

(2)诱发8·13群发泥石流的最大小时降水量达75mm,相当于20年一遇的小时降水量;共有45处暴发泥石流灾害,其中34处沟谷型泥石流,11处坡面型泥石流,沟谷型泥石流是造成8·13群发泥石流灾害的主要原因。

(3)8·13群发泥石流中88.6%的泥石流活动集中在汶川地震发震断裂带3km范围内,仅有11.1%的泥石流分布在距汶川地震发震断裂带3~7km范围内。除受汶川地震发震断裂带影响外,泥石流分布还受地层岩性和地形的影响。

(4)8·13群发泥石流以黏性泥石流为主,占总数的88.8%,而稀性泥石流很少,仅占总数的11.1%。小规模泥石流占多数,达到总数的60%;大规模泥石流很少,仅占总数的11.1%。泥石流流域主要是小流域,<1.0km²的泥石流流域占多数,达到总数的68.9%;而>3.0km²的泥石流流域很少,仅占总数的6.7%。

(5)龙溪河河道内的泥沙淤积受泥石流活动、主河道坡度和宽度的控制,河道上半段没有泥沙淤积,而河道下半段出现大量泥沙淤积。龙溪河河道内淤积的泥沙颗粒粒径受岩性控制,粒径从上游到下游呈明显的从大到小的变化规律。

(6)龙溪河流域在遭遇较强降雨时还会暴发泥石流灾害;在汶川地震发震断裂带附近的山区在暴雨激发下还有可能暴发群发泥石流灾害。对汶川地震次生泥石流灾害,需要在雨季到来时提高警惕,特别要注意不易被发现的小流域泥石流灾害,做好防灾预案和预警预报工作,最大程度地减轻泥石流灾害。

参 考 文 献

敖浩翔，刘晶，况明生，等.2006.泥石流的形成条件及灾害评估方法——以大寨沟流域泥石流灾害评估为例.江西师
    范大学学报(自然科学版)，30(3)：303-307.

陈光曦，王继康，王林海.1983.泥石流防治.北京：中国铁道出版社：2-29，71-77.

陈景武.1989.降雨预报泥石流的原理及方法.第二届全国泥石流学术会议论文集：84-89.

陈宁生，陈清波.2003.有限物源流域不同规模的泥石流频率分析——以川西黑水河罗家坝泥石流沟为例.成都理工大
    学学报(自然科学版)，30(6)：612-616.

陈宁生，张飞.2006.2003年中国西南山区典型灾害性暴雨泥石流运动堆积特征.地理科学，26(6)：701-705.

陈宁生，崔鹏，刘中港，等.2003.基于黏土颗粒含量的泥石流容重计算.中国科学，E辑，33(增刊)：164-174.

陈宁生，等.2006.大寨沟泥石流专题报告.成都：中国科学院成都山地灾害与环境研究所.

陈宁生，高延超，李东风，等.2004.丹巴县邛山沟特大灾害性泥石流汇流过程分析.自然灾害学报，13(3)：104-108.

陈奇伯，解明曙，张洪江.1996.三峡坝区非黏性均匀花岗岩沙粒起动条件研究.人民长江，27(7)：13-14.

陈生水，钟启明，陶建基.2008.土石坝溃决模拟及水流计算研究进展.水科学进展，19(6)：903-909.

陈世荣，马海建，范一大，等.2008.基于高分辨率遥感影像的汶川地震道路损毁评估.遥感学报，12(6)：949-955.

陈晓清，陈宁生，崔鹏.2004.冰川终碛湖溃决泥石流流量计算.冰川冻土，36(3)：357-362.

陈晓清，崔鹏，陈斌如，等.2006a.海螺沟050811特大泥石流灾害及减灾对策.水土保持通报，26(3)：122-126.

陈晓清，崔鹏，冯自立.2006b.滑坡转化泥石流起动的人工降雨试验研究.岩石力学与工程学报，25(1)：106-116.

陈亚宁，颜新，王志超.1992.天山阿拉沟泥石流考察研究.乌鲁木齐：新疆科技卫生出版社：137-145.

成都理工大学地质灾害防治与地质环境保护国家重点实验室.2007.雅鲁藏布江羊湖二厂抽水蓄能电站下线引水方案
    厂区泥石流发育特征及其对工程影响专题研究：1-45.

成都理工大学东方岩土工程勘察公司，成都理工大学地质灾害防治与地质环境保护国家重点实验室.2008.四川省甘
    孜藏族自治州九龙县石头沟泥石流应急治理工程勘查报告.

成都理工大学工程地质研究所，国家电力公司成都勘测设计研究院.2004.四川省阿坝州黑水河，色尔古水电站红水
    沟泥石流危险性研究.1-88.

成都理工大学工程地质研究所，国家电力公司成都勘测设计研究院.2005.四川省阿坝州黑水河，色尔古水电站红水
    沟泥石流危险性研究.

成都理工学院，长春地质学院.1984.地质学基础.北京：地质出版社：36-40.

崔鹏.1990.泥石流起动机制的研究.北京：北京林业大学硕士学位论文.

崔鹏.2003.前期降水量对泥石流形成的贡献——以蒋家沟泥石流形成为例.中国水土保持科学，1(1)：11-15.

崔鹏，刘世建，谭万沛.2000.中国泥石流监测预报研究现状与展望.自然灾害学报，9(2)：10-15.

崔鹏，韦方强，何思明，等.2008.5•12汶川地震诱发的山地灾害及减灾措施.山地学报，27(3)：280-282.

打荻珠男.1971.ひと雨による山腹崩壊について.新砂防，79：21-34.

邓明枫，陈宁生，胡桂胜，等.2011.松散及弱固结堰塞体溃坝形式与流量过程.水利水电科技进展，31(1)：11-14.

邓养鑫，朱明弟，赵德刚，等.1994.天山独库公路泥石流沉积特征.第四届全国泥石流学术讨论会论文集.兰州：甘
    肃文化出版社：384-390.

第宝锋，陈宁生，谢万银，等.2003.罗坝街沟泥石流特征分析.山地学报，21(2)：216-222.

东南大学，浙江大学，湖南大学，等.2005.土力学.北京：中国建筑工业出版社：41-42.

窦国仁.1999.再论泥沙起动流速.泥沙研究，(12)：1-9.

杜榕桓，章书成.1985.西藏古乡沟1953年特大冰川泥石流剖析.中国科学院兰州冰川冻土研究所集刊，第4号.北京：
    科学出版社：36-47.

杜榕桓，康志成，陈循谦，等.1987.云南小江泥石流综合考察与防治规划研究.重庆：科学技术文献出版社重庆分

社，94-113．

杜榕桓，李鸿涟，王立伦，等.1984.西藏古乡沟冰川泥石流的形成与发展.中国科学院兰州冰川冻土研究所集刊.北京：科学出版社：1-18.

杜友平，杨勇.1999.西藏八一电厂沟泥石流的特征及发展趋势.地质灾害与环境保护，10(1)：57-61.

范家骅.1959.异重流的研究与应用.北京：水利电力出版社：27-29.

方光迪，唐川，吕星，等.1996.泸沽湖大鱼坝沟泥石流及其防治问题.云南滑坡泥石流防治研究，第三卷：42-48.

费祥俊.1980.高浓度水沙混合体的屈服应力.第一届国际河流泥沙论文集.北京：科学出版社：195-204.

费祥俊.1981.高浓度浑水的宾汉极限剪应力.泥沙研究，(3)：19-28.

费祥俊，舒安平.2004.泥石流运动机理与灾害防治.北京：清华大学出版社：12-15，49-61.

费祥俊，朱平一.1986.泥石流的黏性及其确定方法.铁道工程学报，(4)：9-16.

冯自立，崔鹏，何思明.2005.滑坡转化为泥石流机理研究综述.自然灾害学报，14(3)：8-14.

弗莱施曼 C M.1986.泥石流.姚德基译.北京：科学出版社：242-266.

《工程地质手册》编写组.1975.工程地质手册.北京：中国建筑工业出版社：135-136.

谷复光，王清，张晨.2010.基于投影寻踪与可拓学方法的泥石流危险度评价.吉林大学学报(地球科学版)，40(2)：373-377.

郭颖，李智陵.2005.构造地质学简明教程.武汉：中国地质大学出版社：110.

韩林，余斌，鲁科，等.2011.泥石流暴发频率与其形成区块石粒径的关系研究.长江流域资源与环境，20(9)：1149-1156.

韩其为，何明民.1999.泥沙起动规律及起动流速.北京：科学出版社：18-20，58-64，125-132，155-158.

韩文亮，惠遇甲，等.1998.非均匀沙分组起动规律研究.泥沙研究，(3)：74-80.

韩晓雷.2003.工程地质学原理.北京：机械工业出版社：25-67.

何其修.1993.川西地区水电开发中的泥石流典型实例.山地研究(现山地学报)，11(3)：184-186.

何文社.2002.非均匀沙运动特性研究.成都：四川大学.

何文社，曹叔尤，等.2003b.不同底坡的均匀沙起动条件.水利水运工程学报，(3)：23-26.

何文社，曹叔尤，袁杰，等.2004.斜坡上非均匀沙起动条件初探.水力发电学报，23(4)：79-81.

何文社，方铎，曹叔尤等.2002.泥沙起动规律初探.泥沙研究，(5)：67-70.

何文社，方铎，曹叔尤等.2003a.泥沙起动判别标准探讨.水科学进展，(2)：143-146.

洪正修.1996.泥石流流速公式探讨.中国地质灾害与防治学报，7(1)：26-33.

胡绍友.1985.从勒古洛夺沟84.7.1泥石流探讨拦挡工程的合理运用.铁道建筑，(03)：24-26.

胡向德，黎志恒，魏洁，等.2011.舟曲县三眼峪沟特大型泥石流的形成和运动特征.水文地质工程地质，38(4)：82-87.

胡卸文，吕小平，黄润秋，等.2009a.唐家山堰塞湖大水沟泥石流发育特征及堵江危害性评价.岩石力学与工程学报，28(4)：850-858.

胡卸文，吕小平，黄润秋，等.2009b.唐家山堰塞坝"9·24"泥石流堵江及溃决模式.西南交通大学学报，44(3)：312-320，326.

黄润秋，等.2002.雅砻江锦屏二级水电站海腊沟泥石流调查研究报告.成都：成都理工大学.

黄润秋，等.2003.四川省丹巴县泥石流报告.成都：成都理工大学.

黄庭，张志，谷延群，等.2009.基于遥感和 GIS 技术的北川县地震次生地质灾害分布特征.遥感学报，13(1)：177-182.

霍坎松 L，杨松 M.1992.湖泊沉积学原理.北京：科学出版社：126-128.

蒋忠信，姚令侃，艾南山，等.1999.铁路泥石流非线性研究与防治新技术.成都：四川科学技术出版社：106-110，176-184.

金相灿，等.1995.中国湖泊环境.第三版.北京：海洋出版社：238-251.

康志成.1987.我国泥石流流速研究与计算方法.山地研究，5(4)：247-259.

康志成.1988.泥石流产生的力学分析.山地研究，5(4)：225-229.

李德基，等.1997.泥石流减灾理论与实践.北京：科学出版社：106-117.

李德基, 曾品炉, 陈发全. 1986. 四川金川八步里沟泥石流及其治理工程设计要点. 泥石流(第 3 集). 重庆: 科学技术文献出版社重庆分社: 114-121.

李磊, 任光明, 蒋权翔, 等. 2009. 某低频泥石流沟堆积物特征研究. 中国地质灾害与防治学报, 20(4): 41-44.

李铁锋, 徐岳仁, 潘懋, 等. 2007. 基于多期 SPOT5 影像的降雨型浅层滑坡遥感解译研究. 北京大学学报(自然科学版), 1(3): 1-7.

里丁 H G. 1985. 沉积环境和相. 北京: 科学出版社: 142-145, 474-502.

林冠慧, 张长义. 2006. 巨大灾害后的脆弱性: 台湾集集地震后中部地区土地利用与覆盖变迁. 地球科学进展, 21(2): 201-210.

刘德昭. 1986. 北京密云汗峪沟地区泥石流的分析. 泥石流学术讨论会兰州会议论文集. 成都: 四川科学技术出版社: 124-130.

刘耕年, 崔之久, 王晓晖. 1996. 泥石流的宏观沉积构造与形成机理. 见: 杜榕桓. 泥石流观测与研究. 北京: 科学出版社: 33-41.

刘金荣, 梁耀成. 2000. 资源县 "7·20" 山洪泥石流爆发特点及成因分析. 广西地质, 13(1): 45-47.

刘清华, 余斌, 唐川, 等. 2012. 四川省都江堰市龙池地区泥石流危险性评价研究. 地球科学进展, 27(6): 670-677.

刘树根, 罗志立, 戴苏兰, 等. 1995. 龙门山冲断带的隆升和川西前陆盆地的沉降. 地质学报, 69(3): 205-214.

刘希林. 1988. 泥石流危险度判定的研究. 灾害学, (3): 10-15.

刘希林. 2010. 沟谷泥石流危险度计算公式的由来及其应用实例. 防灾减灾工程学报, 30(3): 241-245.

刘希林, 兰肇生. 1995. 云南省巧家县白泥沟泥石流及其预报. 泥石流(第 4 集). 北京: 科学出版社: 48-54.

刘希林, 唐川. 1995. 泥石流危险性分析. 北京: 科学出版社: 35-61.

刘希林, 李秀珍, 苏鹏程. 2005a. 四川德昌县凹米罗沟泥石流成灾过程与危险性评价. 灾害学, 20(3): 78-83.

刘希林, 吕学军, 苏鹏程. 2004a. 四川汶川茶园沟泥石流灾害特征及危险性评价. 自然灾害学报, 13(1): 66-71.

刘希林, 莫多闻. 2002. 泥石流风险及沟谷泥石流风险度评价. 工程地质学报, 10(3): 266-273.

刘希林, 倪化勇, 苏鹏程. 2005b. 四川德昌县凉峰沟泥石流灾害特征及防治对策. 灾害学, 20(3): 68-72.

刘希林, 倪化勇, 赵源, 等. 2006a. 四川凉山美姑县 6·1 泥石流灾害研究. 工程地质学报, 14(2): 152-158.

刘希林, 王全才, 何思明, 等. 2004b. 都(江堰)汶(川)公路泥石流危险性评价及活动趋势. 防灾减灾工程学报, 24(1): 41-46.

刘希林, 王全才, 何思明, 等. 2006b. 四川布托县扎台沟泥石流微地貌及成灾特性. 中国地质灾害与防治学报, 17(2): 1-5.

刘希林, 王全才, 张丹, 等. 2003. 四川凉山州普格县 "6·20" 泥石流灾害. 灾害学, 18(4): 46-50.

刘希林, 赵源, 李秀珍, 等. 2006c. 四川德昌县典型泥石流灾害风险评价. 自然灾害学报, 15(1): 11-16.

刘希林, 赵源, 倪化勇, 等. 2006d. 四川泸定县 "2005.6.30" 群发性泥石流灾害调查与评价. 灾害学, 21(4): 58-65.

刘希林, 赵源, 苏鹏程. 2005c. 四川德昌县虎皮弯沟泥石流及灾害损失评估. 灾害学, 20(3): 73-77.

柳金峰, 游勇, 陈兴长. 2010. 震后堵溃泥石流的特征及防治对策研究——以四川省平武县唐房沟为例. 四川大学学报, 42(5): 68-75.

卢廷浩. 2002. 土力学. 南京: 河海大学出版社: 10-12.

吕儒仁, 李德基, 谭万沛, 等. 2001. 山地灾害与山地环境. 成都: 四川大学出版社: 36-43.

吕学军, 刘希林, 苏鹏程. 2005. 四川色达县切都柯沟 "7·8" 泥石流灾害特征及危险性分析. 防灾减灾工程学报, 25(2): 152-156.

罗德富, 钟敦伦, 赵惠林. 1986. 1983 年 5 月 20 日甘洛县尔古木沟泥石流调查分析. 泥石流(3). 重庆: 科学技术文献出版社重庆分社: 27-32.

马东涛, 祁龙. 1997a. 三眼裕沟泥石流灾害及其综合治理. 水土保持通报, 17(4): 26-31.

马东涛, 祁龙. 1997b. 关家沟泥石流灾害及其防治对策研究. 中国地质灾害与防治学报, 8(4): 94-101.

孟清河. 1986. 新基古沟 1981 年 8 月 16 日和 17 日泥石流. 泥石流学术讨论会兰州会议文集. 成都: 四川科学技术出版社: 111-114.

米德才, 徐国琼, 秦礼文. 2005. 广西山洪灾害现状与成因分析. 中国地质灾害防治学报, 16(3): 165-167.

那须信治. 1973. 地基地震灾害与地基调查的必要性, 关东大地震 50 周年论文集. 东京大学地震研究所.

倪化勇，郑万模，巴仁基，等.2010.基于水动力条件的矿山泥石流成因与特征——以石棉县后沟为例.山地学报，28
　　(4)：470-477.

倪化勇，郑万模，唐业旗，等.2011.绵竹清平 8・13 群发泥石流成因、特征与发展趋势.水文地质工程地质，38
　　(3)：129-134.

裴克宁.2007.龙头石水电站海尔沟泥石流发育特征及对移民场地影响评价.成都：西南交通大学.

亓星，余斌，马煜，等.2011.四川省都江堰龙池 8・13 麻柳沟泥石流灾害特征.中国地质灾害与防治学报，22
　　(1)：17-22.

祁龙.2000.黏性泥石流阻力规律初探.山地学报，18(6)：508-513.

祁龙，高守义.1994.甘家沟泥石流特征及其防治对策.水土保持通报，10(5)：58-63.

钱洪，周荣军，马声浩，等.1999.岷江断裂南端与1933年叠溪地震研究.中国地震，15(4)：333-338.

钱宁，万兆惠.1980.泥沙运动力学.北京：科学出版社：448-491.

钱宁，王兆印.1984.泥石流运动机理的初步探讨.地理学报，39(1)：1-33.

秦云鹏.1983.浅谈稀性泥石流流速.泥沙研究，(1)：36-40.

申冠卿，尚红霞，李小平.2009.黄河小浪底水库异重流排沙效果分析及下游河道的响应.泥沙研究，1：39-47.

沈军辉，朱容辰，刘维国，等.2008.5・12 汶川地震诱发都江堰龙池镇干沟泥石流可能性地质分析.山地学报，26
　　(5)：513-517.

沈娜.2008.四川省九龙县石头沟泥石流特征与防治工程措施研究.成都：成都理工大学硕士学位论文.

沈寿长，谢慎良.1986.黏性泥石流的结构模式和流变特性.铁道工程学报，(4)：26-33.

沈兴菊，张金山，王士革，等.2010.5・12 地震后灾区泥石流危险度增加系数评价.水土保持通报，30(5)：97-101.

斯潘基洛夫 Ｅ Ｃ.1986.泥石流与泥石流体的基本特征及其量测方法.孟河清译.重庆：科学技术文献出版社重庆分
　　社：66-75.

四川省地质工程勘察院.2010.四川省都江堰市龙池镇"8・13"暴雨地质灾害排查报告.

四川省地质局区域地质测量队.1976.1：20 万灌县幅区域地质调查报告.

四川省国土资源厅环境监测总站，成都理工大学.2006.丹巴县巴底乡邛山沟、岳扎乡鹅狼沟泥石流危害性评价及防
　　治方案设计：1-56.

四川省水利厅.1984.四川省中小流域暴雨洪水计算手册.成都：四川省水利厅.

苏凤环，刘洪江，韩用顺.2008.汶川地震山地灾害遥感快速提取及其分布特点分析.遥感学报，12(6)：956-963.

苏鹏程，刘希林，王全才，等.2004.四川丹巴县邛山沟泥石流灾害特征及危险度评价.地质灾害与环境保护，15
　　(1)：9-12.

苏小琴，朱静，沈娜.2008.四川省泸定县深家沟泥石流特征及危险度评价.中国地质灾害与防治学报，(2)：27-31.

孙书勤，王建华，李澎.2001.沙湾沟泥石流形成条件及发展趋势.地质灾害与环境保护，12(2)：12-15.

孙顺才，张立仁.1981.云南抚仙湖现代浊流沉积特征的初步研究.科学通报，11：678-681.

孙永传，郑浚茂，王德发，等.1980.湖盆水下冲积扇——一个找油的新领域.科学通报，17：799-801.

谭万沛.1989a.中国灾害暴雨泥石流预报分区研究.水土保持通报，9(2)：48-53.

谭万沛.1989b.泥石流沟的临界雨量线分布特征.水土保持通报，9(6)：21-26.

谭万沛.1998.八步里沟降雨的垂直分布特征与泥石流预报的雨量指标.四川气象，8(2)：25-28.

谭万沛，韩庆玉.1992.四川省泥石流预报的区域临界雨量指标研究.灾害学，7(2)：37-42.

谭万沛，王成华.1994.暴雨泥石流滑坡的区域预测与预报——以攀西地区为例.成都：四川科学技术出版社.

唐邦兴，柳素清.1993.四川省阿坝藏族羌族自治州泥石流及其防治研究.成都：成都科技大学出版社：21-25.

唐川.1994.泥石流堆积泛滥过程的数值模拟及其危险范围预测模型的研究.水土保持学报，8(1)：45-50.

唐川.2008.汶川地震区暴雨滑坡泥石流活动趋势预测.山地学报，28(3)：341-349.

唐川，黄润秋.2006a.金沙江美姑河牛牛坝水电站库区泥石流对工程影响分析.工程地质学报，14(2)：145-151.

唐川，梁京涛.2008a.汶川震区北川 9・24 暴雨泥石流特征研究.工程地质学报，16(6)：751-758.

唐川，铁永波.2009.汶川震区北川县城魏家沟暴雨泥石流灾害调查分析.山地学报，27(5)：625-630.

唐川，章书成.2008b.水力类泥石流起动机理与预报研究进展与研究方向.地球科学进展，23(8)：787-793.

唐川，朱静.2006.城市泥石流灾害风险评价探讨.水科学进展，17(3)：67-71.

唐川，丁军，齐信. 2010. 汶川地震高烈度区暴雨滑坡活动的遥感动态分析. 地球科学-中国地质大学学报，35(2)：317-323.

唐川，李为乐，丁军，等. 2011. 汶川震区映秀镇"8·14"特大泥石流灾害调查. 地球科学-中国地质大学学报，36(1)：172-180.

唐川，杨永红，李为乐. 2009. 四川省青川县红光集镇泥石流灾害特征及减灾对策. 地质灾害与环境保护，20(2)：94-98.

唐川，张军，万石云，等. 2006b. 基于高分辨率遥感影像的城市泥石流灾害损失评估. 地理科学，26(3)：358-368.

唐川，张伟峰，黄达. 2006c. 美姑河牛牛坝水电站库区泥石流基本特征. 工程地质学报，14(2)：129-135.

唐川，周钜乾，朱静，等. 1994. 泥石流堆积扇危险度分区评价的数值模拟研究. 灾害学，9(4)：7-13.

陶云，唐川，寸灿琼，等. 2004. 云南德宏州2004年7.5山洪泥石流气象成因分析. 山地学报，23(1)：53-62.

田连权. 1986a. 云南东川因民黑山沟泥石流调查报告. 泥石流(3). 重庆：科学技术文献出版社重庆分社：52-57.

田连权. 1986b. 四川炉霍地震区泥石流. 泥石流(3). 重庆：科学技术文献出版社重庆分社：58-66.

铁道部第三设计院. 1965. 铁路设计手册(桥涵水文). 北京：人民铁道出版社：90-91.

铁道部第一设计院. 1965. 铁路设计手册(路基). 北京：人民铁道出版社：113-126.

铁永波，唐川. 2006. 层次分析法在单沟泥石流危险度评价中的应用. 中国地质灾害与防治学报，17(4)：79-84.

万兆惠，钱意颖，杨文海，等. 1979. 高含沙水流的室内实验研究. 人民黄河，(1)：5-6.

王汉存. 1986. 江西井冈山北麓低山区的泥石流. 泥石流学术讨论会兰州会议论文集. 成都：四川科学技术出版社：130-134.

王继康. 1996. 泥石流防治工程技术. 北京：中国铁道出版社：61.

王劲光. 2005. 大渡河黄金坪水电站近坝库区叫吉沟泥石流发育特征及危险性评价. 成都：西南交通大学.

王立辉. 2006. 抛物型断面明渠溃坝波的简化分析. 水电能源科学，24(1)：56-61.

王全才，刘希林，孔纪名，等. 2003. 岷江上游桃关沟泥石流特性与工程治理. 山地学报，21(6)：752-757.

王士革. 1994. 云南省鹿鸣河流域泥石流及防治对策. 第四届全国泥石流学术讨论会论文集. 兰州：甘肃文化出版社：230-236.

王士革，范晓岭. 2006. 低频率泥石流灾害及工程防治. 山地学报，24(5)：562-568.

王士革，王成华，张金山，等. 2003. 四川汶川茶园沟2003-08-09泥石流灾害调查. 山地学报，21(5)：635-637.

王士革，钟敦伦，谢洪. 2001. 庐山风景区犁头尖北坡泥石流及其防治. 水土保持通报，21(6)：33-36.

王世新，周艺，魏成阶，等. 2008. 汶川地震重灾区堰塞湖次生灾害危险性遥感评价. 遥感学报，12(6)：900-907.

王文潜，章书成，王家义，等. 1984. 西藏古乡沟冰川泥石流特征. 中国科学院兰州冰川冻土研究所集刊. 北京：科学出版社：19-35.

王颖等. 1996. 中国海洋地理. 北京：科学出版社：8-56.

王裕宜，詹钱登，严璧玉. 2003. 泥石流体结构和流变特性. 长沙：湖南科学技术出版社：1-58.

王兆印，张新玉. 1989. 水流冲刷沉积物生成泥石流的条件及运动规律的试验研究. 地理学报，44(3)：291-301.

王正瑛，张锦泉，王文才，等. 1988. 沉积岩结构构造图册. 北京：地质出版社：5-7.

韦方强，谢洪，等. 2000. 委内瑞拉1999年特大泥石流灾害. 山地学报，18(6)：580-582.

魏成武，巫锡勇. 2008. 喇嘛溪沟泥石流运动特征及其对工程影响分析. 水土保持研究，15(6)：170-172.

魏永明，谢又予. 1997. 降雨型泥石流(水石流)预报模型研究. 自然灾害学报，6(4)：48-54.

吴积善，程尊兰，耿学勇. 2005. 西藏东南部泥石流堵塞坝的形成机理. 山地学报，23(4)：399-405.

吴积善，康志成，田连权，等. 1990. 云南蒋家沟泥石流观测研究. 北京：科学出版社：191-213，201-204.

吴积善，田连权，康志成，等. 1993. 泥石流及其综合治理. 北京：科学出版社：99-102，170-181.

吴丽君. 2006. 大渡河瀑布沟水电站坝址左岸深启低沟泥石流发育特征及防治研究. 成都：西南交通大学.

吴树仁，周平根，雷伟志，等. 2004. 地质灾害防治领域重大科技问题讨论. 地质力学学报，10(1)：1-6.

吴义鹰，邓雄业，赵建壮. 2008. 磨子沟泥石流的特征研究. 西部探矿工程，20(7)：44-46.

吴雨夫，余斌，马煜，等. 2011. 汶川强震区都江堰市双养子沟泥石流调查. 中国水土保持科学，9(3)：13-17.

武居有恒，小桥澄治，中山政一他. 1981. 地すべり·崩壊·土石流—予測と対策. 鹿島出版会：65-74.

夏邦栋. 2005. 普通地质学. 北京：地质出版社：135-139.

谢洪，钟敦伦.1990.资勒沟泥石流灾害及特征.山地研究，8(2)：114-117.

谢洪，钟敦伦.2001.北京山区番字牌西沟泥石流减灾规划探讨.山地学报，19(6)：560-564.

谢洪，钟敦伦.2003.岷江上游汶川县佛堂坝沟泥石流特征及危险性分区.中国地质灾害与防治学报，14(4)：30-32，53.

谢洪，王士革，周麟，等.2004.岷江上游干旱河谷区龙洞沟泥石流及其防治.自然灾害学报，13(5)：20-25.

谢洪，韦方强，李泳，等.2002.1999年委内瑞拉阿维拉山北坡入海型泥石流.自然灾害学报，11(1)：117-122.

谢洪，韦方强，钟敦伦.1994.哈尔木沟泥石流形成剖析.第四届全国泥石流学术讨论会论文集.兰州：甘肃文化出版社：214-220.

谢洪，钟敦伦，矫震，等.2008年汶川地震重灾区的泥石流.山地学报，27(4)：501-509.

徐道明，冯清华.1992.暴雨泥石流发生的水文气象条件.长江流域山地开发与灾害防治.成都：成都地图出版社：118-123.

徐俊名，谭万沛1986.1976年松潘平武地震泥石流.泥石流(3).重庆：科学技术文献出版社重庆分社：67-75.

徐俊名，张生仪，郭惠忠，等.1984.四川雅安市陆王沟干溪沟泥石流治理.山地研究，2(2)：117-124.

徐永年，匡尚富，舒安平.2001.阵性泥石流的平均流速与加速效应.泥沙研究，(6)：8-13.

许强，裴向军，黄润秋，等.2009.汶川地震大型滑坡研究.北京：科学出版社：381-406.

许强.2010.四川省8·13特大泥石流灾害、成因与启示.工程地质学报，18(5)：596-608.

许忠信.1985.四川省汶川县七盘沟泥石流治理.山地研究，3(3)：166-172.

薛峰.2006.黄金坪水电站坝区龙达沟泥石流发育特征及其对工程影响研究.成都：西南交通大学.

鄢松，姚亨林.2011.四川省安县千佛山景区王爷庙沟泥石流特征分析.四川建筑，31(1)：80-82.

杨健，赵忠明，黄铁青.2008.汶川地震遥感图像处理与灾难分析.中国体视学与图像分析，13(3)：151-157.

杨军杰，张志，王旭，等.2008.汶川县地震次生山地地质灾害遥感调查.山地学报，26(6)：755-760.

杨秀梅，梁收运.2008.基于模糊层次分析法的泥石流危险度评价.地质灾害与环境保护，19(2)：73-76.

杨针娘.1984.甘肃武都黏性泥石流及其基本参数的估算，中国科学院兰州冰川冻土研究所集刊.北京：科学出版社：4，207-217.

姚德基，商向朝.1980.国外泥石流试验研究的若干基本问题.地理译文集(泥石流)，(4)：26-33.

姚令侃.1987.降雨泥石流形成要素的分析.水土保持通报，7(2)：34-40.

姚鹏，王兴奎.1996.异重流潜入规律研究.水利学报，8：77-83.

雍万里.1985.中国自然地理.上海：教育出版社：63.

游繁结，蔡志隆，刘邦崇.2000.9·21地震后土石流潜在危险溪流初步判译——以云林古坑、嘉义梅山地区为例.海峡两岸山地灾害与环境保育研究，第二卷.中华防灾协会，中兴大学编印：171-180.

游勇，程尊兰.2005.西藏波密米堆沟泥石流堵河模型试验.山地学报，23(3)：288-293.

游勇，柳金峰.2009.汶川8级地震对岷江上游泥石流灾害防治的影响.四川大学学报(工程科学版)，41(3)：16-22.

游勇，陈兴长，柳金峰.2011.汶川地震后四川安县甘沟堵溃泥石流及其对策.山地学报，29(3)：20-327.

游勇，柳金峰，陈兴长.2010."5·12"汶川地震后北川苏保河流域泥石流危害及特征.山地学报，28(3)：358-366.

游勇，欧国强，吕娟，等.2003.四川九寨沟县关庙沟泥石流及其防治对策.防灾减灾工程学报，23(4)：50-55.

余斌.2002.泥石流异重流入海的研究.沉积学报，20(3)：382-386.

余斌.2007.无水滑的水下泥石流运动速度的实验研究.水科学进展，18(5)：641-647.

余斌.2008a.黏性泥石流平均运动速度研究.地球科学进展，23(5)：524-532.

余斌.2008b.根据泥石流沉积物计算泥石流容重的方法研究.沉积学报，26(5)：789-796.

余斌.2009.稀性泥石流容重计算的改进方法研究.山地学报，27(1)：70-75.

余斌.2010.不同容重的泥石流淤积厚度计算方法研究.防灾减灾工程学报，30(2)：78-92.

余斌，何淑芬，洪勇.2001.泥石流流域降雨的产流与产沙研究.水土保持学报，15(3)：72-75.

余斌，马煜，吴雨夫.2010a.汶川地震后四川省绵竹市清平乡文家沟泥石流灾害调查研究.工程地质学报，18(6)：827-836.

余斌，马煜，张健楠，等.2011b.汶川地震后四川省都江堰市龙池镇群发泥石流灾害.山地学报，29(6)：738-746.

余斌，王士革，章书成，等.2006.鹅掌河泥石流对四川邛海影响的初步研究.湖泊科学，18(1)：57-62.

余斌，谢洪，王士革，等.2011a.汶川县泥石流沟在汶川"5·12"地震后的活动趋势.自然灾害学报，20(6)：68-73.

余斌，杨永红，苏永超，等.2010b.甘肃省舟曲8.7特大泥石流调查研究.工程地质学报，18(4)：437-444.

余斌，章书成，王士革.2005.四川西昌邛海的浊流沉积初探.沉积学报，23(4).559-565.

郁淑华，高文良.2008."5·12"汶川特大地震重灾区泥石流滑坡气候特征分析.高原山地气象研究，28(12)：62-67.

原立峰，周启刚，马泽忠.2007.支持向量机在泥石流危险度评价中的应用研究.中国地质灾害与防治学报，18(4)：29-34.

曾思伟，张又安.1984.甘肃火烧沟泥石流排导沟的工程实践.中国科学院兰州冰川冻土研究所集刊.北京：科学出版社：218-226.

曾向荣，郝红星，孙博良.2009.唐家山堰塞湖泄洪问题研究.数学的实践与认识，39(16)：37-49.

张大伟，黄金池，何晓燕.2011.无黏性均质土石坝漫顶溃决试验研究.水科学进展，22(2)：222-228.

张惠惠，余斌，吴雨夫，等.2011.椿芽树沟泥石流灾害特征及防治对策.水电能源科学，20(10)：71-74

张继，韦方强，于苏俊，等.2008.泥石流对岩性的敏感性研究现状及展望.安徽农业科学，36(31)：13835-13837，13941.

张建云，李云，宣国祥，等.2009.不同黏性均质土坝漫顶溃决实体试验研究.中国科学 E 辑：技术科学，52(10)：3024-3029.

张健楠，马煜，张惠惠，等.2010.四川都江堰市虹口乡大干沟地震泥石流灾害研究.山地学报，28(5)：624-627.

张信宝.1986.云南大盈江流域泥石流堆积物的粒度特征.泥石流(3).重庆：科学技术文献出版社重庆分社：91-95.

张信宝，刘江.1989.云南大盈江流域泥石流.成都：成都地图出版社：35-64.

张志伟，裴向军.2011.青川县尹家沟泥石流形成条件及防治建议.中国水运，11(2)：166-167.

张自光，张志明，张顺斌.2010.都江堰市八一沟泥石流形成条件与动力学特征分析.中国地质灾害与防治学报，21(1)：34-38.

章书成，OldrichHungr，OlavSlaymaker.1996.泥石流中巨石冲击力计算.见：杜榕桓.泥石流观测与研究.北京：科学出版社：67-72.

章书成，等.2005a.四川省大渡河大岗山水电站可行性研究报告.成都：中国科学院成都山地灾害与环境研究所.

章书成，等.2005b.四川省大渡河龙头石水电站出路沟地质灾害调查研究.成都：中国科学院成都山地灾害与环境研究所.

赵旭润.2007.海流沟泥石流形成机理及治理方法研究.南京：河海大学硕士学位论文.

郑锦桐，顾承宇，邱显晋，等.2007.大甲溪上游土石灾害潜势评估方法之研究.中兴工程，95：31-39.

中村浩之，土屋智，井上公夫，等.2000.地震砂防.社團法人砂防學會.地震砂防研究會.东京：古今书院：190-220.

中国科学院冰川冻土沙漠研究所.1973.泥石流.北京：科学出版社：1-2.

中国科学院成都地理所.1986.泥石流(3).重庆：科学技术文献出版社：15-20.

中国科学院成都山地灾害与环境研究所.1989.泥石流研究与防治.成都：四川科学技术出版社：1-2，78-86，95-96，165-167，242-244，335-339.

中国科学院成都山地灾害与环境研究所.1990.中国科学院东川泥石流观测研究站.云南蒋家沟泥石流观测研究.北京：科学出版社：53-196.

中国科学院成都山地灾害与环境研究所.2000.中国泥石流.北京：商务印书馆：2，72-94，192-221.

中国科学院成都山地灾害与环境研究所，西藏自治区交通科学研究所.2001.西藏公路水毁研究.成都：四川科学技术出版社：123-162.

中国科学院成都山地灾害与环境研究所，中国水电顾问集团成都勘测设计研究院.1998.硗碛水电站么堂子沟，张卡沟及厂房区小沟泥石流对电站工程影响评价专题研究报告：1-50.

中国科学院兰州冰川冻土研究所，甘肃省交通科学研究所.1982.甘肃泥石流.北京：人民交通出版社：11-43，109-110.

中国科学院南京地理与湖泊研究所，中国科学院兰州地质研究所，中国科学院南京地质古生物研究所，中国科学院地球化学研究所.1989.云南断陷湖泊环境与沉积.北京：科学出版社：459-468.

中国水电顾问集团成都勘测设计研究院，中国科学院成都山地灾害与环境研究所.2005a.四川省大渡河龙头石水电站出路沟地质灾害调查研究：1-24.

中国水电顾问集团成都勘测设计研究院，中国科学院成都山地灾害与环境研究所. 2005b. 四川省大渡河大岗山水电站可行性研究报告，3 工程地质，附件 9 海流沟地质灾害研究：1-32.

中国水电顾问集团成都勘测设计研究院，中国科学院成都山地灾害与环境研究所. 2006. 金沙江白鹤滩水电站大寨沟泥石流及其治理方案研究专题报告：1-79.

中华人民共和国国土资源部. 2006. DE/T 0220-2006 泥石流灾害防治工程勘查规范. 北京：中国标准出版社：2.

钟敦伦. 1981. 试论地震在泥石流活动中的作用. 泥石流(1). 重庆：科技文献出版社重庆分社：30-35.

钟敦伦，谢洪，程尊兰，等. 1993. 低山丘陵区(岫岩满族自治县)山地灾害综合防治研究. 成都：四川科学技术文献出版社：80-83.

钟敦伦，谢洪，刘世建，等. 2001. 北京山区柯太沟泥石流. 山地学报，18(3)：212-216.

钟敦伦，谢洪，王爱英. 1990. 四川境内成昆铁路泥石流预测预报参数. 山地研究，8(2)：82-88.

钟敦伦，谢洪，王士革，等. 2004. 北京山区泥石流. 北京：商务印书馆：16-97.

钟敦伦，谢洪，韦方强，等. 1997. 1∶100 万四川与重庆泥石流分布及危险度区划图. 成都：成都地图出版社.

钟敦伦，杨庆溪，杨仁文. 1986. 1981 年辽宁省老帽山区的泥石流. 泥石流(3). 重庆：科学技术文献出版社重庆分社. 39-45.

周必凡，兰肇声. 1986. 1976 年唐山地震区的泥石流. 泥石流(3). 重庆：科学技术文献出版社重庆分社：76-83.

周必凡，李德基，罗德富，等. 1991. 泥石流防治指南. 北京：科学出版社：51-53，92-95.

朱海勇，胡卸文，吕小平. 2006. 大桥沟泥石流运动特征及其对工程影响分析. 成都理工大学学报(自然科学版)，33(6)：557-560.

朱静. 1995. 泥石流沟判别与危险度评价研究. 干旱区地理，18(3)：63-71.

朱平一，何子文，汪阳春，等. 1999. 川藏公路典型山地灾害研究. 成都：成都科技大学出版社.

朱勇辉，Visser P J，Vrijling J K，等. 2011. 堤坝溃决试验研究. 中国科学技术科学，41(2)：150-157.

Akgun A，Dag S，Bulut F. 2008. Landslide susceptibility mapping for a landslide-prone area(Findikli，NE of Turkey)by likelihood-frequency ratio and weighted linear combination models. Environmental Geology，54：1127-1143.

Akiyama J，Stefan H G. 1984. Plunging flows into a reservoir：Theory，ASCE. J. of Hydraulic Engineering，110(4)：484-499.

Allaby A，Allaby M. 1999. Oxford Dictionary of Earth Sciences：Oxford. U. K. ：Oxford University Press：640.

Anderson S A，Sitar N. 1995. Analysis of rainfall-induced debris flows. J. Geotech. Eng. ，(121)：544-552.

Arattano M，Deganutti A M，Marchi L. 1997. Debris Flow Monitoring Activities in an Instrumented Watershed on the Italian Alps，Debris-Flow Hazards Mitigation：Mechanics，Prediction，and Assessment. Rotdam：Published by ASCE(American Society of Civil Engineers)：506-515.

Armanini A，Gregoretti C. 2000. Triggering of debris flow by overland flow：a comparison between theoretical and experimental results. In：Wiezczorek，Naeser (eds) Proc 2nd Int Conf on Debris flow hazards mitigation，Taipei，August 2000：117-124.

Babbitt H E，Caldwell D H. 1940. Turbulent flow ofsludges in pipes. Univ. Illinois，Eng. Exper. Sta. Bul. ：323.

Babonneau N，Savoye B，Cremer M，et al. 2002. Morphology and architecture of the present canyon and channel system of the Zaire deep-sea fan. Marine and Petroleum Geology，19：445-467.

Bagnold R A. 1954. Experiments on A Gravity Free Dispersion of Large Solid Spheres in A Newtonian Fluid under shear. Proc. Royal Soc. London，Ser. A，225(1160)：49-63.

Berti M，Simoni A M. 2005. Experimental evidences and numerical modeling of debris flows initiated by channel runoff. Landslides，(2)：171-182.

Berti M，Genevois R，Simoni A M，et al. 1999. Field observations of a debris flow event in the dolomites. Geomorphology，(29)：265-274.

Blasio F V，Elverhoi A，Issler D，et al. 2004a. Flow models of natural debris flows originating from over consolidated clay materials. Marine Geology，213：439-455.

Blasio F V，Elverhoi A，Issler D，et al. 2005. On the dynamics of subaqueous clay rich gravity mass flows-the giant Storage slide，Norway. Marine and Petroleum，22：179-186.

Blasio F V, Engvik L, Harbitz C B, et al. 2004b. Hydroplaning and submarine debris flows. Journal of Geophysical Research, 109(C01002): 1-15.

Bonnel C, Dennielou B, Droz L, et al. 2005. Architecture and depostional pattern of the Rhone Neofan and recent gravity activity in the Gulf of Lion(west Mediterranean). Marine and Petroleum Geology, 22: 827-843.

Bouma A H. 1962. Sediment Logy of some Flysch Deposits: A Graphic approach to Farcies Interpretation. Amsterdam: Elsevier.

Bournet P E, Tassin B, Vincon-Leite B. 1999. Numerical investigation of plunging density current. J. of Hydraulic Engineering, 125(6): 584-594.

Bowen A J, Normark W, Piper D J W. 1984. Modeling of turbidity currentson Navy Submarine Fan, California Continental Borderland. Sedimentology, 31: 169-185.

Buckingham E. 1915. Model experiments and the form of empirical equations. American Society of Mechanical Engineers Transactions, 37: 263-296.

Caine N. 1980. The rainfall intensity-duration control of shallow landslides and debris flows. Geografiska Annaler, 62A: 23-27.

Campbell R H. 1975. Soil Slips, Debris Flows and Rainstorms in the Santa Monica Mountains and Vicinity, Southern California. Professional Paper 851. U. S. Geological Survey.

Cannon S H, Bigio E R, Mine E. 2001a. A process for fire-related debris flow initiation, Cerro Grande fire, New Mexico. Hydrological Processes, (15): 3011-3023.

Cannon S H, Kirkham R M, Mario P. 2001b. Wildfire-related debris flow initiation processes, Storm King Mountain, Colorado. Geomorphology, 39(3-4): 171-188.

Cao R X. 1992. Experimental study on density current with hyper concentration of sediment. International Journal of Sediment Research, 8(1): 51-67.

Catani F, Casagli N, Ermini L, et al. 2005. Landslide hazard and risk mapping at catchment scale in the Arno River basin. Landslides, 2: 329-342.

Chang T C. 2007. Risk degree of debris flow applying neural networks. Nature Hazards, 42: 209-224.

Chang T C, Chien Y H. 2007. The application of genetic algorithm in debris flows prediction. Environmental Geology, 53: 339-347.

Chang T C. Chao R J. 2006. Application of back-propagation networks in debris flow prediction. Engineering Geology, 85: 270-280.

Chen H, Hawkins A B. 2009. Relationship bet ween earthquake disturbance, tropical rainstorms and debris movement: an overview from Tai wan. Bull Eng. Geol. Environ. : 161-186.

Chen T C, Wang H Y, Shu C Y, et al. 2007. Chi Chi earthquake and Typhoons influence debris flows-106 debris flow events in Taiwan. Geophysical Research Abstracts, 9: 04786.

Cheng C T, Chiao C H, Ku C Y, et al. 2009. Evaluation of landslides and debris flow hazards for reconstruction of Chin-Shan Hydropower Plant in Ta-Chia watershed after Chi-Chi Earthquake. Proceeding of international conference in commemoration of 10th anniversary of the Chi-Chi earthquake: 360-374.

Cheng C T, Shen C W, Shao K S, et al. 2008. The assessment and prediction of the landslides and debris flows in Ta-Chia Watershed between Maan Dam and Techi Dam after Taiwan Chi-Chi earthquake. Proceeding of third Taiwan-Japan Joint Workshop on Geotechnical Natural Hazards. Taiwan.

Cheng J, Huang Y, Wu H, et al. 2003. Hydrometeorological and landuse attributes of debris flows and debris floods during typhoon Toraji, July 29-30, 2001 in center Taiwan. J. of Hydrology, 306: 161-173.

Coe J A, Glancy P A, Whitney J W. 1997. Volumetric analysis and hydrologic characterization of a modern debris flow near Yucca Mountain Nevada. Geomorphology, (20): 11-28.

Coe J A, Godt J W, Henceroth A J. 2002. Debris Flows Along the Interstate 70 Corridor, Floyd Hill to the Arapahoe Basin Ski Area, Central Colorado-A Field Trip Guidebook. U. S. Geological Survey Open-File Report, Washington, DC: 2-398.

Copjean R. 1994. Role of water as a triggering factor for landslides and debris flows, Proceedings Preprint of International Workshop on Floods and Inundations related to Large Earth Movements, Trent, Italy, October 4-7, A13-1-A13-19.

Costa J E, Jarrett R D. 1981. Debris flows in small mountain stream channels of Colorado and their hydrologic implications. Bulletin of the Association of Engineering Geologists, 18(3): 309-322.

Costa J E, Schuster R L. 1988. The format ion and failure of natural dams. Geological Society of America Bulletin, 100: 1054-1068.

Coussot P, Boyer S. 1995. Determination of yield stress fluid behavior from inclined plane test. Rheol Acta, 34: 534-543.

Coussot P, Laigle D, Arattano M, et al. 1998. Direct determination of rheological characteristics of debris flow. J. Hydraulic Engineering, 124(8): 865-868.

Cronin B T, Akhmetzhanov A M, Mazzini A, et al. 2005. Morphology, evolution and fill: Implications for sand and mud distribution in filling deep-water canyons and slope channel complexes. Sedimentary Geology, 179: 71-97.

Cui P. 1992. Studies on condition and mechanism of debris flow initiation by means of experiment. Chinese Science Bulletin, 37(9): 759-763.

David-Novak H B, Morin E, Enzel Y. 2004. Modern extreme storms and the rainfall thresholds for initiating debris flows on the hyperarid escarpment of the Dead Sea, Israel. Geological Society of America Bulletin, (116): 718-728.

De Blasio F V, Breien H, Elverhøi A. 2011. Modelling a cohesive-frictional debris flow: anexperimental, theoretical, and field-based study. Earth Surface Process and Landforms, 36: 753-766.

Deganutti A M, Marchi L. 2000. Rainfall and Debris-Flow Occurrence in the Moscardo Basin(Italian Alps). Debris-Flow Hazards Mitigation: Mechanics, Prediction, and Assessment. Rotdam: A. A. Balkema: 67-72.

D'Agostino V, Cesca M, Marchi L. 2010. Field and laboratory investigations of runout distances of debris flows in the Dolomites(Eastern Italian Alps). Geomorphology, (115): 294-304.

Elverhoi A, Harbitz C B, Dimarkis P, et al. 2000. On the dynamics of subaqueous debris flows. Oceanography, 13(3): 109-117.

Ercilla G, Alonso B, Estrada F, et al. 2002. The Magdalena Turbidite System (Caribbean Sea): present-day morphology and architecture model. Marine Geology, 185: 303-318.

Estrada F, Ercilla G, Alonso B. 2005. Quantitative study of a Magdalena submarine channel(Caribbean Sea): implications forsedimentary dynamics. Marine and Petroleum Geology, 22: 623-635.

Felix M, Peakall J. 2006. Trans formation of debris flows into turbidity currents: mechanisms inferred from laboratory experiments. Sedimentology, 53: 107-123.

Fildani A, Normark W R. 2004. Late Quaternary evolution of channel and lobe complexes of Monterey Fan. Marine Geology, 206: 199-223.

Fildani A, Normark W R, Kostic S, et al. 2006. Channel formation by flow stripping: large-scale scour features along the Monterey East Channel and their relation to sediment waves. Sediemntology, 53: 1-23.

Fleming R W, Ellen S, Algus M A. 1989. Transformation of dilative and contractive landslide debris into debris flows-an example from Marin County, California. Eng. Geol. , (27): 201-23.

Fookes P G, Dearman W R, Franklin J A. 1971. Some Engineering Aspects of Rock Wearthering with Field Examples from Dartmoor and Elsewhere. The Quarterly Journal of Engineering Geology, 4: 161-163.

Ford D E, Johnson M C, Monismith S G. 1980. Density inflows to DeGrayLake, Arkansas, second International Symposium on St ratified Flows, IAHR, Trondheim, Norway, June.

Fread D L. 1985. BREACH——An erosion model for earthern dam failures. Maryland: Silver Spring, National Weather Service: 29.

Gervais A. Mulder T, Savoye B, et al. 2001. Recent processes of levee formation on the Zaire deep-sea fan. Earth and Planetary Sciences, 332: 371-378.

Gilbert G K. 1890. Lake Bonneville: U. S. Geological Survey Monograph 1, 438.

Godt J W, Coe J A. 2007. Alpine debris flows triggered by a 28 July 1999 thunderstorm in the central Front Range, Colorado. Geomorphology, (84): 80-97.

Gonthier E, Faugères J C, Gervais A, et al. 2002. Quaternary sedimention and origin of the Orinoco sediment-wave field on the Demerara continental rise(NE marigin of South America). Marine Geology, 192: 189-214.

Gostelow T P. 1991. Rainfall and landslides CEC Report EUR 12918 EN, Prevention and control of landslides and other mass movements, 139-161, Brussels.

Govier G W, Aziz K. 1972. The Flow of Complex Mixtures in Pipes. New York: Van Nostrand Reinhond.

Graf W H. 1971. Hydraulics of Sediment Transport. New York: McGraw-Hill: 513.

Greene H G, Maher N M, Paull C K. 2002. Physiography of the Monterey Bay National Marine Sanctuary and implications about continental margin development. Marine Geology, 181: 55-82.

Griffiths P G, Webb R H, Melis T S. 2004. Frequency and initiation of debris flows in Grand Canyon, Arizona. Journal of Geophysical Research, (109): 321-336.

Hanes D M, Inman D. 1985. Observations of rapidly granular flows. J. Fluid Mech. , 150: 357-380.

Hanquiez V, Mulder T, Lecroart P, et al. 2007. High resolution seafloor images in the Gulf of Cadiz, Iberian margin. Marine Geology, 246: 42-59.

Harbitz C B, Parker G, Elverhoi A, et al. 2003. Hydroplaning of subaqueous debris flows and glide blocks: analytical solutions and discussion. Journal of Geophysical Research, 108(No. B7, EPM3): 1-18.

Heezen B C, Ewing M. 1929. Turbidity currents and submarine slumps, and the 1929 Grand Banks earthquake. American Journal of Science, 250: 849-873.

Heezen B C, Ewing M. 1950. Turbidity currents and submarine slumps, and the 1929 Grand Banks earthquake. American Journal of Science, 250: 849-873.

Hirano M. 1997. Prediction of Debris flow for Warning and Evacuation, Recent Developments on Debris Flows. Berlin: Springes Press: 7-26.

Huang X, Garcia M H. 1999. Modeling of no hydroplaning mud flows on continental slopes. Marine Geology, 154: 131-142.

Hürlimann M, Copons R, Altimir J. 2006. Detailed debris flow hazard assessment in Andorra: a multidisciplinary approach. Geomorphology, (78): 359-372.

Ilstad T, Blasio F V, Elverhoi A, et al. 2004a. On the frontal dynamics and morphology of submarine debris flows. Marine Geology, 213: 481-497.

Ilstad T, Elverhoi A, Issler D, et al. 2004b. Subaqueous debris flow behavior and its dependence on the sand/clay ratio: a laboratory study using particle tracking. Marine Geology, 213: 415-438.

Ilstad T, Marr J, Elverhoi A, et al. 2004c. Laboratory studies of subaqueous debris flows by measurements of pore-fluid pressure and total stress. Marine Geology, 213: 403-414.

Imran J, Parker G. 1998. A Numerical Model of Channel Inception on Submarine Fans. J. of Geophysical Research, 103(C1): 1219-1238.

Imran J, Parker G, Harff P. 2002. Experimental on incipient channelization of submarine fans. Journal of Hydraulic Research, 40: 21-32.

Imran J, Parker G, Locat J, et al. 2001. 1D numerical model of muddy subaqueous and subaerial debris flows. Journal of Hydraulic Engineering, 127(11): 959-968.

Imran J, Parker G, Pirmez C. 1999. A nonlinear model of flow in meandering submarine and subaerial channels. Journal of Fluid Mechanics, 400: 295-331.

Inoue K. 2001. The Kanto Earthquake(1923) and sediment disasters. The Earth Monthly, 23: 147-154.

Issler D, Blasio F V, Elverhoi A, et al. 2005. Scaling behavior of clay-rich submarine debris flows. Marine and Petroleum Geology, 22: 187-194.

Iverson R M. 1997. The physics of debris flows. Reviews of Geophysics, 35(3): 245-296.

Izumi N. 2002. Theory of the formation of submarine canyons due to turbidity currents. Japan Society of Civil Engineers Journal of Hydraulic, Coastal and Environmental Engineering, 712(Ⅱ-60): 45-56.

Izumi I, Ikeya H. 1978. A supposal method on dangerous area of debris flow and critical rainfall for warning and refuge (trial plan). Journal of Japan Society of Erosion Control Engineering, 31(1): 19-27.

Jakob M, Friele P. 2010. Frequency and magnitude of debris flows on Cheekye river, British Columbia. Geomophology, (114): 382-395.

Jakob M, Hungr O. 2005. Debris-flow Hazards and Related Phenolmena. Chichester: Praxis Publishing Ltd: 203-246, 519-538.

Jiang L, LeBlond P H. 1992. The coupling of a submarine slide and the surface water waves which it generates. J. Geophys. Res. , 97(C8): 12731-12744.

Johnson A M. 1970. Physical processes in geology. Freeman Cooper and Co. , San Francisco, Calif.

Johnson A M, Rodine J R. 1984. Debris Flow. UK, Chichester: John Wiley and Sons Ltd: 257-361.

Julien P Y, Paris A. 2010. Mean Velocity of Mudflows and Debris Flows. J. Hydraulic Engineering, 136(9): 676-679.

Kane I A, McCaffrey W D, Peakall J. 2008. Controls on sinuosity evolution within submarine channels. Geology, 36: 287-290.

Karim A, Veizer J. 2000. Weathering processes in the Indus River basin: implications from riverine carbon, sulfur, oxygen, and strontium isotopes. Chemical Geology, 170: 153-177.

Khripounoff A, Vangriesheim A, Babonneau N, et al. 2003. Direct observation of intense turbidity current activity in the Zaire submarine valley at 4000m water depth. Marine Geology, 194: 151-158.

Klaucke I, Masson D G, Kenyon N H, et al. 2004. Sedimentary processes of the lower Monterey Fan channel and channel-mouth lobe. Marine Geology, 206: 181-198.

Kneller B. 2003. The influence of flow parameters on turbidite slope channel architecture. Marine and Petroleum Geology, 20: 901-910.

Koi T, Hotta N, Ishigaki I, et al. 2008. Prolonged impact of earthquake-induced landslides on sediment yield in a mountain watershed: the Tanzawa region, Japan. Geomorphology, 101: 692-702.

Kostic S, Parker G, Marr J. 2002. Role of turbidity currents in setting thefore set slope of clino forms prograding into standing fresh water. Journal of Sedimentary Research, 72(3): 353-362.

Lan H X, Zhou C H, Wang L J, et al. 2004. Landslide hazard spatial analysis and prediction using GIS in the Xiaojiang watershed, Yunnan, China. Engineering Geology, 76: 109-128.

Latrubesse E M, Stevaux J C, Sinha R. 2005. Tropical rivers. Geomorphology, 70: 187-206.

Lee H Y, Yu W S. 1997. Experimental study of reservoir turbidity current . Journal of Hydraulic Engineering, 123(6): 520-528.

Lee S, Pradhan B. 2007. Landslide hazard mapping at Selangor, Malaysia using frequency ratio and logistic regression models. Landslides, 4: 33-41.

Lin C W, Liu S H, Chang W S, et al. 2009. The impact of the Chi-Chi earthquake on the subsequent rainfall induced landslides in the epicentral area of central Taiwan, Proceeding of international conference in commemoration of 10th anniversary of the Chi-Chi earthquake: 336-338.

Lin C W, Liu S H, Lee S Y, et al. 2006. Impacts on the Chi-Chi earthquake on subsequent Lin C W, rain induced landslides in central Tai wan. Engineering Geology, 86(223): 87-101.

Lin C W, Shieh C L, Yuan B D, et al. , 2004. Impact of Chi Chi earthquake on the occurrence of landslides and debris flows: example from the Chenyulan Riverwatershed, Nantou, Taiwan. Engineering Geology, 71: 49-61.

Lin C Y. 2009. Effect of Topographic Factors on the Occurrence of Debris Flow——Take the Chen-yu-lan Creek Watershed as an Example. Taichung, Taiwan: Thesis of National Chung Hsing University.

Lin J Y, Hung J C, Yang M D. 2002. Assessing debris-flow hazard in a watershed in Taiwan. Engineering Geology, 66: 295-313.

Liu C N, Huang F H, Dong J J. 2008. Impacts of September 21, 1999 Chi-Chi earthquake on the characteristics of gully-type debris flows in central Taiwan. Natural Hazards, 47: 349-368.

Liu C, Dong J, Peng Y, et al. 2009. Effects of strong ground motion on the susceptibility of gully type debris flows. Engineering Geology, 104(3-4): 241-253.

Lopez J S, Perez D, Garcia R. 2003. Hydrologic and geomorphologic evaluation of the 1999 debris-flow event in Venezuela. 3rd International Conference on Debris-flow Hazards Mitigation: Mechanics, Prediction, and Assessment, Davos, Switzerland, September: 13-15.

Lu G Y, Chiu L S, Wong D W. 2007. Vulnerability assessment of rainfall-induced debris flows in Taiwan. Nature Hazards, 43: 223-244.

Manley P L, Pirmez C, Busch W, et al. 1997. Grain size characterization of Amazon Fan deposits and comparison to seismic facies units. In: Flood R D, Piper D J W, Klaus A, et al(eds). Proceedings of the Ocean Drilling Program, Scientific Results, 155: Ocean Drilling Program, College Station, Texas: 35-52.

Marr J, Elverhoi A, Harbitz C B, et al. 2002. Numerical simulation of mud-rich subaqueous debris flows on the glacially active margins of the Sval-bard-Barents Sea. Marine Geology, 188: 351-364.

Marr J D G. 1999. Experiments on subaqueous sandy gravity flows: flow dynamics and deposit structures. Minneapolis: M. S. Thesis of University of Minnesota: 121.

Marr J G, Harff P A, Shanmugam G, et al. 2001. Experiments on subaqueous sandy gravity flows: the role of clay and water content in flow dynamics and depositional structures. Geological Society of America Bulletin, 113 (11): 1377-1386.

Metivier F, Lajeunesse E, CacasM C. 2005. Submarine canyons in the bathtub. Sedimentary Research, 75(1): 6-11.

Meyer G A, Wells S G. 1997. Fire-related sedimentation events on alluvial fans, Yellowstone National Park USA. Journal of Sedimentary Research, 67(5): 776-791.

Middleton G V. 1966. Experiments on density and turbidity currents: 1. Motion of the head: Canadian Journal of Earth Sciences, 3: 523-546.

Middleton G V, Wilcock P R. 1994. Mechanics in the Earth and Environmental Sciences. Cambridge: U. K. , Cambridge University Press: 66-69.

Migniot C. 1968. Study of the physical properties of various forms of very fine sediment and their behavior under hydrodynamic action. La Houille Blanche, 7: 591-620.

Mohrig D, Elverhoi A, Parker G. 1999. Experiments on the relative mobility of muddy subaqueous and subaerial debris flows, and their capacity to remobilize antecedent deposits. Marine Geology, 154: 117-129.

Mohrig D, Whipple K X, Hondzo M, et al. 1998. Hydroplaning of subaqueous debris flows. Geological Society of America Bulletin, 110(3): 387-394.

Mulder T, Savoye B, Syvitski J P M. 1997. Numericalmodeling of a midsized gravity flow: the 1979 nice turbidity current(dynamics, processes, sediment budget and seafloor impact). Sedimentology, 44: 305-326.

Mulder T, Syvitski J P M, Migeon S, et al. 2003. Marine hyperpycnal flows: initiation, behavior and related deposits. A review. Marine and Petroleum Geology, 20: 861-882.

Mutti E, Normark W R. 1987. Comparing examples of modern and ancient turbidite systems: problems and concepts. In: Leggett J K, Zuffa G G(eds). Marine Clastic Sedimentology: Concepts and Case Studies. London, Graham & Trotman: 1-38.

Mutti E, Normark W R. 1991. An integrated approach to the study of turbidite systems. In: Weimer P, Link M H (eds). Seismic Facies and Sedimentary Processes of Submarine Fans and Turbidite Systems. New York: Springer-Verlag: 75-106.

Nelson C H, Kulm L D. 1973. Submarine fans and deep-sea channels, in Turbidites and Deep Water Sedimentation, Society of Economic Paleontologists and Mineralogists, Pacific Section, Short Course, Anaheim. , Califorlia: 39-78.

Normark W R. 1989. Observed parameters for turbidity 2 current flow inchannels, reserve fan, lake superior. Journal of Sedimentary Peturology, 59(3): 423-431.

Normark W R, Piper D J W, Posamentier H, et al. 2002. Variability in form and growth of sediment waves on turbidity channel levees. Marine Geology, 192: 23-58.

Ohlmacher G C, Davis J C. 2003. Using multiple logistic regression and GIS technology to predict landslide hazard in northeast Kansas, USA. Engineering Geology, 69: 331-343.

Owen M W. 1971. The effect of turbulence on the settling velocities of silt flocs: International Association forHydraulic Research, 14th Congress Proceeding: 27-32.

O'Brien J S, Julien P Y. 1988. Laboratory Analysis of Mudflow Properties. Journal of Hydraulic Engineering, 114 (8): 877-887.

Paola C, Straub K, Mohrig D, et al. 2009. The "unreasonable effectiveness" of stratigraphic and geomorphic experiments. Earth-Science Reviews, 97: 1-43.

Parsons J D, Bush J W M, Syvitski J P M. 2001. Hyperpycnal plume formation from riverine outflows with small sediment concentrations. Sedimentology, 48: 465-478.

Peakall J, Mccaffrey W D, Kneller B C. 2000. A process model for the evolution, morphology and architecture of meandering submarine channels. Journal of Sedimentary Research, 70: 434-448.

Piper D J W, Normark W R. 2003. Sandy fans—from Amazon to Hueneme and beyond. American Association of Petroleum Geologists Bulletin, 85: 1407-1438.

Piper D J W, Savoye B. 1993. Processes of late quaternary turbidity currentflow and deposition on the Var deep-sea fan, north-west Mediterranean Sea. Sediment Logy, 40: 557-582.

Piper W, David J, Mormark W R. 2001. David J, Normark W R. Sandy fans-from Amazon to Hueneme and beyond. AAPG Bulletin, 85(8): 1407-1438.

Pirmez C. 1994. Growth of a submarine meandering channel-levee system on Amazon Fan. New York: Ph. D. Thesis of Columbia University: 587.

Pirmez C, Flood R D. 1995. Morphology and structure of Amazon channel. In: Flood R D, Piper D J W, Klaus A, et al(eds). Proceedings of the ODP, Initial Reports, 155, Ocean Drilling Program, College Station, TX: 23-45.

Pirmez C, Imran J. 2003. Reconstruction of turbidity currents in Amazon Channel. Marine and Petroleum Geology, 20: 823-849.

Plafker G, Ericksen G, Concha J F. 1971. Geological aspects of the May 31, 1970 Peru earthquake. Bulletin of the Seismological Society of America, 61(3): 543-578.

Prins M A, Postma G, Cleveringa J, et al. 2002. Control on terrigenous sediment supply to the Arabian Sea during the late Quaternary: The Indus Fan. Marine Geology, 169: 327-349.

Ranjan K D, Shuichi H, Atsuko N, et al. 2004. GIS-based weights-of-evidence modelling of rainfall-induced landslides in small catchments for landslide susceptibility mapping. Environmental Geology, 54: 311-324.

Reynolds S. 1987. A recent turbidity current event, Hueneme Fan, California: reconstruction of flow properties. Sediment Logy, 34: 129-137.

Richard M I, Mark E R, Richard G L. 1997. Debris-flow mobilization from landslides. Annu. Rev. Earth Planet. Sci. , (25): 85-138.

Sassa K. 1984. The mechanism starting liquefied landslides and debris flows. Proc. 4th Int. Symp. , Landslides, (2): 349-54.

Sassa K. 1985. The mechanics of debris flow, Proceedings of the 11th International Conference on Soil Mechanics and Foundation Engineering: 1173-1176.

Savage S B. 1984. The mechanics of rapid granular flows. Advance in Applied Mechanics, 24: 289-366.

Savage S B, Brimberg J. 1975. Analysis of plunging phenomenon in water resources. J. of Hydraulic Research, IAHR, 3 (2): 187-204.

Scharer K M. 2007. Earthquake affect size, not frequency, of debris flows in San Gabriel Mountains, CA, GSADenver Annual Meeting(28-31 October 2007), Paper: 64-66.

Schwenck T, Speiß V, Hubscher C, et al. 2003. Frequent channel avulsions within the active channel-levee system of the middle Bengal Fan-an exceptional channel-levee development derived from Para sound and Hydro sweep data. Deep-Sea Research Ⅱ, 50: 1023-1045.

Senuo K, et al. 1978. A study on rainfall causing debris flow disaster(second report). Journal of Japan Society of Erosion Control Engineering, 31(1): 14-18.

Shanmugam S. 1996. High-density turbidity currents: are they sandy debris flows? Journal of Sedimentary Research, 66(1): 2-10.

Shanmugam S. 2000. 50 years of the turbidite paradigm(1950s-1990s): deep-water processes and facies models—a critical perspective. Marine and Petroleum Geology, 17: 285-342.

Sitar N, Anderson S A, Johnson K. 1992. Conditions for initiation of rainfall-induced debris flows, inStability and Performance of Slopes and Embankments Ⅱ Proceedings, Geotech. Eng. Div., Am. Soc. of Civ. Eng., New York: 834-849.

Staley D M, Wasklewicz T A, Blaszczynski J S. 2006. Surficial patterns of debris flow deposition on alluvial fans in Death Valley, CA using airborne laser swath mapping data. Geomorphology, (74): 152-163.

Stow D A V, Mayall M. 2000. Deep-water sedimentary system: New models for the 21st century. Marine and Petroleum Geology, 17: 125-135.

Straub M K, Mohrig D, McElroy B, et al. 2008. Interactions between turbidity currents and topography in aggrading sinuous submarine channels: A laboratory study. GSA Bulletin, 120: 368-385.

Sturm M. 1975. Depositional and erosional sedimentary features in a turbidity current controlled basin(Lake Brienz): 9th International Sedimentol Congress, Nice, France: 385-390.

Suwa H, Yamakoshi T. 1997. Eruption, debris flow, and hydrogeomorphic condition at mount unzen, Debris-Flow Hazards Mitigation: Mechanics, Prediction, and Assessment. Published by ASCE(American Society of Civil Engineers): 289-298.

Takahashi T. 1978. Mechanical characteristics of debris flow. Journal of the Hydraulic Division, Proceedings ASCE 104 HY8: 1153-1169.

Takahashi T. 1981. Estimation of potential debris flows and their hazardous zones: soft countermeasures for a disaster. Journal of Natural Disaster Science, 3(1): 57-89.

Takahashi T. 1991. Debris flow. International Association for Hydraulic Research.

Takahashi T. 1993. Mechanism and existence criteria of various flow types during massive sediment transport. International. Workshop on Fluvial Hydraulics of Mountain Regions, Kagoshima, Japan: 465.

Takahashi T, Ashuida K, Sawai K. 1981. Delineation of debris flow Hazard Areas. In: Erosion and Sedimentation in Pacific Rim Steeplands. Proceedings of the Christchurch Symposium, January 1981. IAHS Publications, 32: 589-603.

Takahashi T, Nakagawa H, Harada T, et al. 1992. Routing debris flows with particle segregation. Journal of Hydraulic Engineering, 18: 1490-1507.

Tanbashi Y, Gotoh K, Sugiyama K. 1989. A case study and an attempt to predict debris flows occurrence. Journal of Japan Society of Erosion Control Engineering, 41(5): 3-13.

Tang C, Zhu J, Ding J, et al. 2011. Catastrophic debris flows triggered by a 14 August 2010 rainfall at the epicenter of the Wenchuan earthquake. Landslides, 8(4): 485-497.

Tang C, Zhu J, Li W L. 2009. Rainfall triggered debris flows after Wenchuan earthquake. Bull. Eng. Geol. Environ., 68: 187-194.

Tappin D R, Matsumoto T, Watts P, et al. 1999. Sediment slump likely cause 1998 Papua New Guinea Tsunami. Eos. Trans., 80(30): 329.

Thill A, Moustier S, Garnier J, et al. 2001. Evolution of particle size and concentration in the Rhone river mixing zone: influence of salt flocculation. Continent Shelf Research, 21: 2127-2140.

Thomas D G. 1962. Transport characteristics of suspensions: Part Ⅳ. Friction loss of concentrated-flocculated suspensions in turbulent flow. AICHE Journal, 8(2): 266-271.

Thomas D G. 1963. Non-Newtonian Suspension Part II. Turbulent Transport Characteristics. Industrial & Engineering Chemistry, 55: 27-35.

Tiranti D, Bonetto S, Mandrone G. 2008. Quantitative basin characterisation to refine debris-flow triggering criteria and processes: an example from the Italian Western Alps. Landslides, 5: 45-57.

Tognacca C, Bezzola G R, Minor H E. 2000. Threshold criterion for debris-flow initiation due to channel bed failure. In: Wieczoreck G F(ed). Proc. 2nd Int. Conf. on Debris Flow Hazards Mitigation: 89-97.

Toniolo H, Cantelli A. 2007. Experiments on upstream-migrating submarine knick points. Journal of Sedimentary Research, 77: 772-783.

Toniolo H, Harff P, Marr J, et al. 2004. Experiments on reworking by successive union fined subaqueous and sub aerial muddy debris flows. Journal of Hydraulic Engineering, 130(1): 38-48.

Torres J, Droz L, Savoye B, et al. 1997. Deep-sea avulsion and morphosedimentary evolution of the Rhone fan valley and neofan during the late Quaternary(north-western Mediterranean Sea). Sedimentology, 44: 457-477.

Tunusluoglu M C, Gokceoglu C, Nefeslioglu H A, et al. 2008. Extraction of potential debris source areas by logistic regression technique: a case study from Barla, Besparmak and Kapi mountains(NW Taurids, Turkey). Environmental Geology, 54: 9-22.

Twichell D C, Kenyon N H, Parson L M, et al. 1991. Depositional patterns of the Mississippi Fan surface: Evidence from GLORIA II and high-resolution seismic profiles. In: Weimer P, Link M H(eds). Seismic Faces and Sedimentary Processes of Modern and Ancient Submarine Fans. New York NY: Springer-Verlag: 349-364.

Twichell D C, Schwab W C, Nelson C H, et al. 1992. Characteristics of a sandy depositional lobe on the outer Mississippi Fan from Sea MARC IA side scan sonar images. Geology, 20: 689-692.

Wei F, Gao K, Hu K, et al. 2008. Relationships between debris flows and earth surface factors in Southwest China. Environmental Geology, 55(3): 619-627.

Weissel J K, Stark C P, Hovius N. 2001. Landslides triggered by the 1999 Mw716 Chi Chi earthquake in their relationship to topography. Geoscience and Remote Sensing Symposium1 IG ARSS01IEEE: 759-761.

White S E. 1981. Alpine mass movement forms(noncatastrophic): classification, description, and significance. Arctic and Alpine Research, 13(2): 127-137.

Whitehouse V G, Jeffrey L M, Debrecht J O. 1960. Differential settling trendencies of clay minerals in saline water. Clay Mineral, 8: 1-79.

Wieczorek G F. 1987. Effect of rainfall intensity and duration on debris flows in central Santa Cruz Mountains, California. In: Costa J E, Weiczorek G F(eds). 1987. Debris Flows/Avalanches: Processes, Recognition, and Mitigation. Geological Society of America Reviews in Engineering Geology, vol. 7. Boulder: Geological Society of America: 93-104.

Wilson R C, Wieczorek G F. 1995. Rainfall thresholds for the initiation of debris flows at La Honda, California. Environ. Eng. Geosci. , (1): 11-27.

Wright L D W J, Wiseman B D, Bornhold et al. 1988. Marine dispersal and deposition of Yellow River silts by gravity-driven underflows. Nature, 332(14 April), 629-632.

Xu Q, Fan X, Huang R, et al. 2009. Landslide dams triggered by the Wenchuan Earthquake, Sichuan Province, south west China. Bulletin of Engineering Geology and the Environment, 68: 373-386.

Yalin M S, Ferreira D S. 2001. Fluvial processes: International Association of Hydraulic Engineering and Research. Monograph: 197.

Yu B. 2001. Velocity of viscous debris flow . Proceedings for Eight international Symposinm on River Sedimentation. Egypt, Cario: NWRC Headquarters: 39-41.

Yu B. 2011. Experimental study on the Forming Conditions of Subaqueous depositional Channels by Turbidity Currents. J. Sedimentary Research, 81: 376-391.

Yu B. 2012. Discussion of "Mean Velocity of Mudflows and Debris Flows" by Pierre Y. Julien and Anna Paris. J. Hydraulic Engineering, 138(2): 223-225.

Yu B，Cantelli A，Marr J，et al. 2006. Experiments on self-channelized subaqueous fans emplaced by turbidity currents and dilute mudflows. J. Sedimentary Research，76：889-902.

Zeng J，Lowe D R. 1997. Numerical simulation of turbidity current flow and sedimentation：Ⅰ. Theory. Sediment Logy，44：67-84.

Zeng J，Lowe D R. 1997. Numerical simulation of turbidity current flow and sedimentation：Ⅱ. Results and geological applications. Sediment Logy，44：85-104.

彩　图

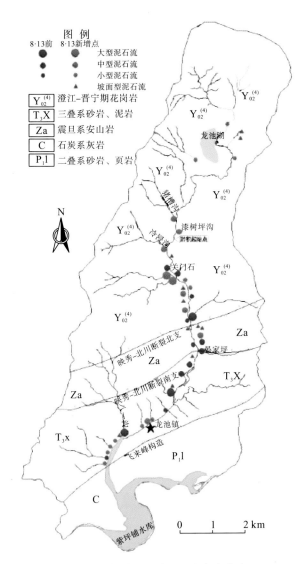

彩图 1　龙溪河流域泥石流灾害分布

彩图2　汶川地震前和震后北川县城西侧魏家沟和苏家沟泥石流源地变化特征

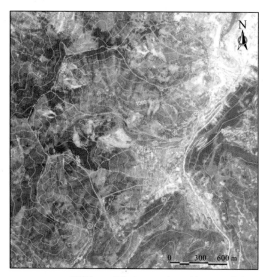

彩图3　摄于2008年5月18日的航空图像及汶川地震诱发滑坡遥感解译结果

①1♯无名沟；②沈家沟；③2♯无名沟；④苏家沟；⑤魏家沟；⑥3♯无名沟；⑦任家坪沟；⑧赵家沟

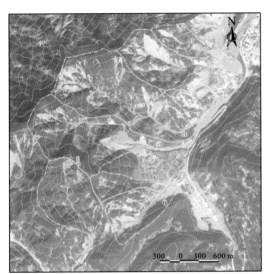

彩图 4 摄于 2008 年 10 月 14 日的 SPOT 图像及 9·24 暴雨诱发滑坡遥感解译结果

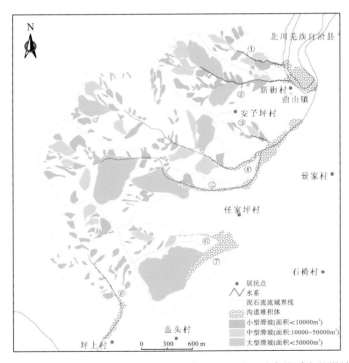

彩图 5 北川县城西侧的 8 条泥石流流域位置及汶川地震直接诱发的滑坡分布

①1♯无名沟；②沈家沟；③2♯无名沟；④苏家沟；⑤魏家沟；⑥3♯无名沟；⑦任家坪沟；⑧赵家沟

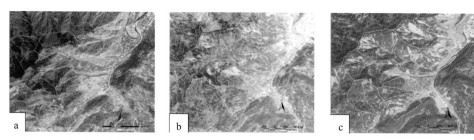

彩图 6　三期遥感图像反映的北川县城附近汶川地震前后及 9·24 暴雨后滑坡发育演化特征

a. IRS-P5 图像,摄于 2007 年 4 月 19 日;b. 航空影像,摄于 2008 年 5 月 18 日;c. SPOT5 图像,摄于 2008 年 10 月 14 日

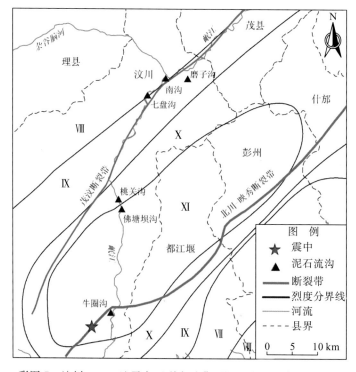

彩图 7　汶川 5·12 地震灾区烈度及典型泥石流沟考察点分布图

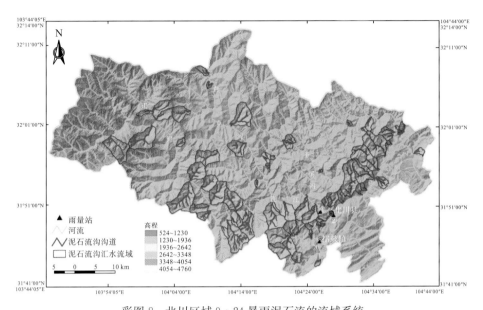

彩图 8　北川区域 9·24 暴雨泥石流的流域系统

①北川气象观测站；②擂鼓气象观测站；③唐家山雨量观测站

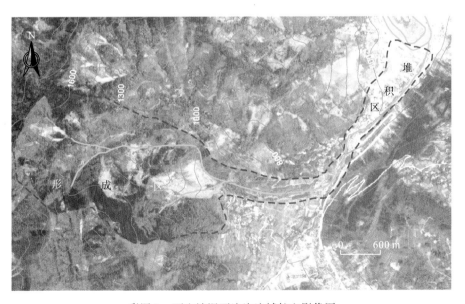

彩图 9　西山坡泥石流沟流域航空影像图

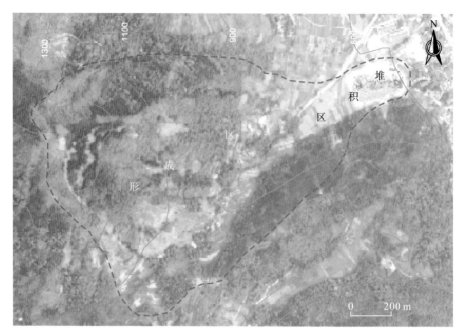

彩图 10　任家坪泥石流沟流域航空影像图

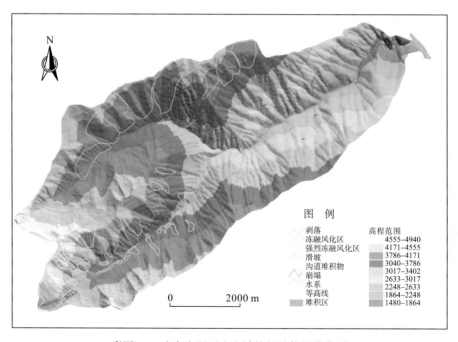

彩图 11　响水沟泥石流流域特征及物源分布图

舟曲县县城航空影像地图(灾后)

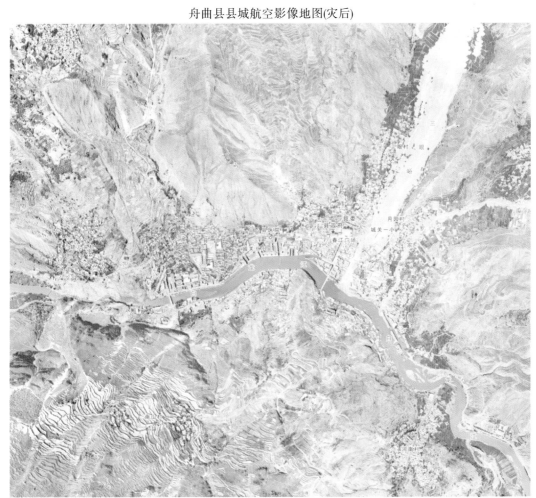

航摄资料由总参测绘局提供　　　　　比例尺：1：4000　　　　　国土资源部　国家测绘局　编制
航摄日期：2010年8月8日

彩图 12　泥石流爆发后的舟曲县城

舟曲县县城航空影像地图(灾前)

国家测绘局：2008年7月　航摄　　　　　比例尺：1：4000　　　　　国土资源部　国家测绘局　编制

彩图 13　泥石流爆发前的舟曲县城

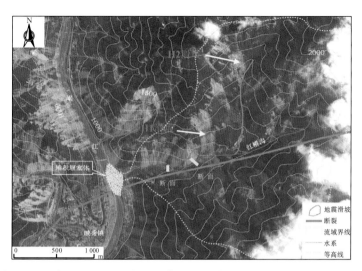

彩图 14　摄于 2008 年 5 月 18 日的航空影像反映红椿沟泥石流流域特征及地震诱发的滑坡

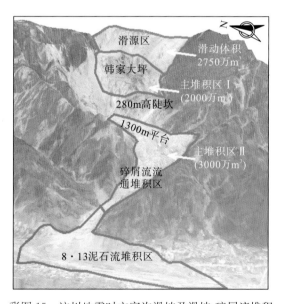

彩图 15　汶川地震时文家沟滑坡及滑坡-碎屑流堆积